ELEMENS

DES
PRINCIPALES PARTIES
DES
MATHÉMATIQUES.

ELEMENS
GENERAUX
DES PRINCIPALES PARTIES
DES
MATHÉMATIQUES,
NECESSAIRES
A L'ARTILLERIE ET AU GÉNIE.

Par M. l'Abbé DEIDIER, Professeur Royal des Mathématiques aux Ecoles d'Artillerie de LA FERE.

TOME SECOND.

A PARIS, QUAY DES AUGUSTINS,

Chez CHARLES-ANTOINE JOMBERT, Libraire du Roy pour l'Artillerie & le Génie, au coin de la ruë Gille-Cœur, à l'Image Notre-Dame.

═══════════════════════

M. DCC. XLV.
AVEC APPROBATION ET PRIVILEGE DU ROY.

ELEMENS
DES PRINCIPALES PARTIES
DES MATHEMATIQUES.

LIVRE TROISIÉME,

Contenant les Regles de l'Arithmétique des Infinis , & leur application à la Géométrie, la Méchanique, la Statique, l'Hydroſtatique, l'Airométrie, l'Hydraulique , & un Traité de Perſpeƈtive.

CHAPITRE PREMIER.

Des Principes de l'Arithmétique des Infinis, & de leur application à la Géométrie, & à la Meſure des Surfaces & des Solides.

1. MESURER ou chercher la valeur d'une figure MNR (*Fig.* 1.), c'eſt la même choſe que de chercher la valeur de la ſomme de ſes élemens infiniment proches AB, CD, &c. qui la compoſent. Or ſi ces élemens ſont tous égaux entr'eux (*Fig.* 2.); il eſt évident que leur ſomme eſt égale au produit du dernier

Tome II.

A

élement ou de sa base NR par le nombre qui en exprime la multitude, c'est à-dire, par la hauteur ou la droite MN qui coupe
tous ces élemens perpendiculairement ; mais si les élemens sont
inégaux (*Fig.* 1.) on ne peut trouver leur somme que par le rapport
qu'elle a au produit du dernier ou plus grand élement NR multiplié par la hauteur MN qui en exprime la multitude, & ce rapport est le même, comme on voit que celui de la figure au rectangle circonscrit NMHR.

2. Il en est de même à l'égard des solides ; si les plans élementaires qui composent un corps, sont tous égaux (*Fig.* 4.),
la valeur de ce corps ou la somme de ses élemens n'est autre chose
que le produit de l'élément ou plan XNRS par le nombre qui
en exprime la multitude, c'est-à-dire, par la hauteur ou la perpendiculaire MN qui coupe tous ses élemens. Mais si les plans
élementaires d'un solide (*Fig* 3.) sont inégaux, on ne peut en
connoître la valeur ou la somme des élemens que par le rapport
de cette somme au produit du dernier ou plus grand élement
XNRS par la hauteur XM qui en exprime la multitude, & ce
rapport est le même que celui du solide au Prisme circonscrit XT.

3. La ligne NM (*Fig.* 1.) qui coupe perpendiculairement tous
les élemens d'une figure, est coupée par ces élemens en une infinité de petites parties toutes égales ; c'est pourquoi les abscisses
MA, MC, &c. correspondantes aux élemens à commencer depuis la première au sommet M, laquelle est infiniment petite ou
zero jusqu'à la derniere MN sont entr'elles comme la suite infinie
o. 1. 2. 3. 4. 5. &c. des nombres naturels ; car comme il faut
une infinité d'élemens pour composer une surface, il y a aussi
une infinité d'abscisses correspondantes à ces élemens. Or il arrive toujours que les élemens d'une figure ont un rapport connu
ou inconnu à leur abscisses, par exemple dans le triangle (*Fig.* 5.)
les élemens AB, CD, &c. sont entr'eux comme leur abscisses
MA, MC, &c. ou comme la suite infinie des nombres naturels
o. 1. 2. 3. 4 5. &c. dans le complement MNR de la parabole
ordinaire (*Fig.* 6.) les élemens AB, CD, &c. sont entr'eux comme les quarrés de leurs abscisses, ou comme la suite infinie o. 1. 4.
9. 16. &c. des quarrés de la suite infinie des nombres naturels o. 1.
2. 3. 4. 5. &c. au contraire dans la parabole ordinaire (*Fig.* 7.) les
quarrés des élemens étant entr'eux comme les abscisses, ces mêmes élemens sont entr'eux comme les racines quarrées des abs-

ſes ou des nombres o. 1. 2. 3. 4. 5. &c. à l'infini. Dans d'autres figures les élemens ſont entr'eux ou comme les cubes, ou comme les quatriémes puiſſances ou comme les cinquiémes, les ſeptiémes puiſſances, &c. des nombres o. 1. 2. 3. 4. 5. &c. à l'infini, dans d'autres ils ſont comme les racines quarrées ou les racines cubiques ou les racines quatriéme, &c. des nombres o. 1. 2. 3. 4. 5. &c. à l'infini. Dans d'autres ils peuvent être comme quelque puiſſance des nombres o. 1. 2. 3. &c. multipliée par une autre puiſſance de ces mêmes nombres, par exemple comme les quarrés multipliés par les cubes, ou comme quelque puiſſance multipliée par quelque racine, ou comme quelque puiſſance diviſée par quelqu'autre puiſſance ou par quelque racine, ou comme quelque puiſſance augmentée ou diminuée de quelque autre puiſſance ou de quelque racine, ou comme les quarrés ou les cubes ou les quatriémes puiſſances, &c. de quelque puiſſance augmentée ou diminuée d'une autre puiſſance, ou d'une racine, ou comme des moyennes proportionnelles priſes entre les termes d'une puiſſance & les termes d'une autre puiſſance ou d'une racine, &c. ce qui peut ſe combiner comme on voit d'une infinité de façons. Et il faut dire la même choſe des Elemens qui compoſent un ſolide.

4. Connoiſſant donc le rapport qui ſe trouve entre les Elemens d'une figure ou d'un ſolide, les Regles *de l'Arithmétique des Infinis* nous apprennent à trouver tout d'un coup la valeur de la figure ou du ſolide, c'eſt-à-dire, le rapport de la ſomme des élemens au dernier & plus grand élement multiplié par le nombre qui en exprime la multitude, ou par le nombre des termes, lequel rapport, comme nous avons déja dit, eſt le même que celui de la figure ou du ſolide au parallelogramme ou au priſme circonſcrit. Or ces regles dépendent du Problême ſuivant, & des obſervations que nous ferons enſuite ſur la nature des nombres qu'on nomme *Infinis.*

5. PROBLEME. *Une ſuite quelconque finie & déterminée de nombres en progreſſion Arithmétique aſcendante étant donnée, trouver la ſomme des quarrés de ces nombres, celle de leurs cubes, celle de leurs troiſiémes puiſſances, &c.*

Soient les nombres en progreſſion Arithmétique aſcendante a, b, c, f, qui diffèrent entr'eux d'une quantité quelconque que nous nommerons d. Si je veux trouver la ſomme des quarrés de ces nombres, je prens celui qui viendroit immédiatement après le dernier f, fi la progreffion étoit continuée, je le nomme x, & je l'éleve à une puiffance plus élevée d'un degré que celle des quarrés que je cherche, c'eft-à-dire au cube, & j'ai x^3. Or comme tous les termes de la progreffion fe furpaffent d'une même quantité d, il eft évident que $x = f + d$, & par conféquent $x^3 = f^3 + 3ffd + 3fdd + d^3$, je prens les coefficiens des puiffances de f, dans le fecond membre de cette équation, c'eft à-dire, les grandeurs qui multiplient les puiffances de f & qui font 1. $3d$, $3dd$; je prens auffi le dernier terme d^3 & je le multiplie par le nombre des termes de la progreffion donnée, lequel dans cet exemple eft 4, ce qui fait $4d^3$; ainfi j'ai les grandeurs 1, $3d$, $3dd$, $4d^3$, que je prens pour guide en cette forte. Je regarde la premiere comme repréfentant le cube a^3 du premier terme de la progreffion, parce que j'ai élevé x au cube x^3; la feconde $3d$, comme repréfentant la fomme des quarrés que je cherche multipliée par $3d$ ou par le triple de la différence d de la progreffion; la troifiéme $3dd$, comme repréfentant la fomme des termes de la progreffion multipliée par $3dd$ ou par le triple du quarré de la différence, enfin la quatriéme $4d^3$ comme repréfentant le cube d^3 de la difference multiplié par 4 ou par le nombre des termes de la progreffion. Cela fait, je retranche du cube x^3 1°. le cube du premier terme de la progreffion à caufe de la grandeur 1 qui me reprefente ce cube. 2°. La fomme des termes de la progreffion multipliée par $3dd$ à caufe de la troifiéme grandeur $3dd$, & enfin le cube d^3 de la différence multipliée par 4 ou par le nombre des termes; après quoi comme il ne me refte plus que la feconde grandeur $3d$ qui reprefente la fomme des quarrés, multipliée par $3d$, je divife ce qui refte par $3d$, & le quotient eft la fomme des quarrés cherchés.

De même fi je cherche la fomme des cubes de la progreffion, je prens le terme x qui viendroit immédiatement après le dernier fi la progreffion étoit continuée, & je l'éleve à un degré plus haut que les cubes que je cherche, c'eft-à-dire, au quatriéme degré, ce qui donne x^4. Or $x = f + d$, donc $x^4 = f^4 + 4f^3d + 6ffdd + 4fd^3 + d^4$. Je prens les coefficiens 1, $4d$, $6dd$, $4d^3$ des puiffances de f dans le fecond membre de cette équation, & le dernier terme d^4 que je multiplie par le nombre des termes, 4 ce qui fait $4d^4$, & j'ai les grandeurs 1, $4d$, $6dd$, $4d^3$, $4d^4$, donc je regarde la premiere comme repréfentant la quatriéme puiffance a^4 du premier terme de la progreffion à caufe que x a été élevé à cette puiſſance, la ſeconde $4d$ comme repréſentant les cubes que je cherche multipliés par $4d$; la troiſiéme $6dd$ comme repréſentant la ſomme des quarrés, multipliée par $6dd$, la quatriéme $4d^3$ comme repréſentant la ſomme des termes multipliée par $4d^3$, & la cinquiéme $4d^4$ comme repréſentant la quatriéme puiſſance de la difference multipliée par le nombre des termes 4; c'eſt pourquoi je retranche de x^4, 1°. la quatriéme puiſſance a^4 du premier terme de la progreſſion à cauſe de la premiere grandeur 1. $2^\bullet$. La ſomme des quarrés des termes de la progreſſion multipliée par $6dd$ à cauſe de la troiſiéme grandeur $6dd$. 3°. La ſomme des termes de la progreſſion multipliée par $4d^3$ à cauſe de la quatriéme grandeur $4d^3$, & enfin la quatriéme puiſſance d^4 de la difference d multipliée par le nombre des termes 4, à cauſe de la cinquiéme grandeur $4d^4$, après quoi comme il ne me reſte plus que la grandeur $4d$ qui repréſente la ſomme des cubes multipliée par 4 fois la différence, je diviſe mon reſte par $4d$ & le quotient eſt la ſomme des cubes cherchés.

De même encore, ſi je cherche la ſomme des quatriémes puiſſances de la progreſſion, je prens le terme x qui viendroit immédiatement après le dernier, & je l'éleve à la puiſſance x^5 élevée d'un degré plus haut que les quatriémes puiſſances que je cherche. Or $x = f + d$, donc $x^5 = f^5 + 5 f^4 d + 10 f^3 dd + 10 ffd^3 + 5 fd^4 + d^5$, les coefficiens des puiſſances de f dans le ſecond membre ſont $1, 5d, 10dd, 10d^3, 5d^4$, & le dernier terme multiplié par le nombre des termes 4 eſt $4d^5$, ainſi j'ai les 6 grandeurs $1, 5d, 10dd, 10d^3, 5d^4, 4d^5$, dont je regarde la premiere 1 comme repreſentant le premier terme de la progreſſion élevé à la même puiſſance que x; la ſeconde $5d$, comme repreſentant les quatriémes que je cherche multipliées par $5d$; la troiſiéme $10dd$, comme repreſentant les cubes multipliés par $10dd$; la quatriéme $10d^3$, comme repreſentant les quarrés multipliés par $10d^3$; le cinquiéme $5d^4$; comme repreſentant la ſomme des termes de la progreſſion multipliée par $5d^4$; & le ſixiéme $4d^5$, comme repreſentant la cinquiéme puiſſance de la difference d multiplié par le nombre des termes 4; c'eſt pourquoi je retranche de x^5. 1°. La cinquiéme puiſſance du premier terme a de la progreſſion à cauſe de la premiere grandeur 1; 2°. la ſomme des cubes multipliées par $10dd$ à cauſe de la troiſiéme grandeur $10dd$; 3°. la ſomme des quarrés multipliée par $10d^3$ à cauſe de la quatriéme grandeur $10d^3$; 4°. la ſomme des termes de la progreſſion multipliée par $5d^4$ à

caufe de la cinquiéme grandeur $5d^4$; 5°. la cinquiéme puiffance
de la différence d multipliée par le nombre des termes 4; après
quoi comme il ne me refte plus que la feconde grandeur $5d$ qui
reprefente la fomme des quatriémes puiffances multipliée par $5d$;
je divife mon refte par $5d$, & le quotient eft la fomme cherchée
des quatriémes puiffances , & on feroit la même chofe fi l'on
cherchoit la fomme des puiffances plus élevées.

De façon que la premiere des grandeurs qu'on prend pour
guides, reprefente toujours une puiffance du premier terme a de
la progreffion élevée au même degré que x que les autres grandeurs à l'exception de la derniere , repréfentent les puiffances
defcendantes des termes de la progreffion depuis le degré que
l'on cherche jufqu'aux premiers multipliées par les quantités que
les grandeurs repréfentent , que la derniere grandeur repréfente
toujours la différence d élevée au même degré que x , & multipliée par le nombre des termes , que toutes les grandeurs , à l'exception de la feconde , repréfentent ce qu il faut retrancher de x
élevé à une puiffance plus grande d'un degré que celle que l'on
cherche , & enfin que la feconde grandeur fait voir quel eft le
divifeur qui doit divifer le refte pour avoir la fomme des puiffances cherchées.

Si l'on fe donne la peine de mettre des nombres au lieu des
lettres , & de faire les calculs que nous venons d'indiquer, on ne
manquera pas de fe convaincre de la vérite de ce Problême. Cependant en voici la démonftration.

Quand nous cherchons la fomme des quarrés de la progreffion Arithmétique afcendante a, b, c, f, dont la différence eft
d, le cube du terme x qui viendroit immédiatement après le dernier , fi la progreffion étoit continuée eft x^3, & il eft clair que
$x^3 = x^3 - f^3 + f^3 - c^3 + c^3 - b^3 + b^3 - a^3 + a^3$, à caufe que
tous les termes du fecond membre fe détruifent par des fignes
contraires à l'exception de x^3 , qui par conféquent eft égal au terme x^3 du premier membre. Or $x = f + d$, donc $x^3 = f^3 + 3ffd$
$+ 3fdd + d^3$, & partant $x^3 - f^3 = 3ffd + 3fdd + d^3$, de même
$f = c + d$, donc $f^3 = c^3 + 3ccd + 3cdd + d^3$, & $f^3 - c^3 = 3ccd$
$+ 3cdd + d^3$, de même encore $c = b + d$, donc $c^3 = b^3 + 3bbd$
$+ 3bdd + d^3$, & $c^3 - b^3 = 3bbd + 3bdd + d^3$; enfin $b = a + d$,
donc $b^3 = a^3 + 3aad + 3add + d^3$, & partant $b^3 - a^3 = 3aad$
$+ 3add + d^3$, fubftituant donc dans notre équation $x^3 = x^3 - f^3$
$+ f^3 - c^3 + c^3 - b^3 + b^3 - a^3 + a^3$, les valeurs de $x^3 - f^3$,

$f^3 - c^3$, $c^3 - b^3$ & $b^3 - a^3$, que nous
venons de trouver, nous aurons :

$$x^3 = \begin{array}{l} 3ffd + 3fdd + d^3 \\ + 3ccd + 3cdd + d^3 \\ + 3bbd + 3bdd + d^3 \\ + 3aad + 3add + d^3 \\ + a^3 \end{array}$$

Ce qui fait voir que le cube x^3 contient 1°. le cube a^3 du premier terme de la progreſſion, 2°. la ſomme des quarrés aa, bb, cc, ff de la progreſſion multipliés par $3d$, 3°. la ſomme des termes a, b, c, f, multipliés par $3dd$. 4°. Le cube d^3 de la différence d pris quatre fois ou multiplié par le nombre des termes 4 ; donc ſi de x^3 nous retranchons le cube a^3, plus la ſomme $a + b + c + d$ multipliée par $3dd$, & enfin le cube d^3 pris 4 fois, c'eſt-à-dire $4d^3$, le reſte ſera la ſomme des quarrés multipliés par $3d$, & par conséquent en diviſant par $3d$, nous aurons la ſomme des quarrés. Or les grandeurs que nous avons priſes pour guides ci-deſſus, nous ont indiqué de faire les mémes opérations, donc elles ont preſcrit ce qu'il falloit faire.

De méme quand nous cherchons la ſomme des cubes de la progreſſion a, b, c, f, la quatriéme puiſſance de x eſt x^4, & nous avons $x^4 = x^4 - f^4 + f^4 - c^4 + c^4 - b^4 + b^4 - a^4 + a^4$; or $x = f + d$, donc $x^4 = f^4 + 4f^3d + 6ffdd + 4fd^3 + d^4$, & partant $x^4 - f^4 = 4f^3d + 6ffdd + 4fd^3 + d^4$, de méme $f = c + d$, donc $f^4 = c^4 + 4c^3d + 6ccdd + 4cd^3 + d^4$, & $f^4 - c^4 = 4c^3d + 6ccdd + 4cd^3 + d^4$, de méme encore $c = b + d$, donc $c^4 = b^4 + 4b^3d + 6bbdd + 4bd^3 + d^4$, & partant $c^4 - b^4 = 4b^3d + 6bbdd + 4bd^3 + d^4$; enfin $b = a + d$, donc $b^4 = a^4 + 4a^3d + 6aadd + 4ad^3 + d^4$, & par conséquent $b^4 - a^4 = 4a^3d + 6aadd + 4ad^3 + d^4$, ſubſtituant donc dans notre équation $x^4 = x^4 - f^4 + f^4 - c^4 + c^4 - b^4 + b^4 - a^4 + a^4$, les valeurs de $x^4 - f^4$, $f^4 - c^4$, $c^4 - b^4$, & $b^4 - a^4$ que nous venons de trouver, nous aurons :

$$x^4 = \begin{array}{l} 4f^3d + 6ffdd + 4fd^3 + d^4 \\ + 4c^3d + 6ccdd + 4cd^3 + d^4 \\ + 4b^3d + 6bbdd + 4bd^3 + d^4 \\ + 4a^3d + 6aadd + 4ad^3 + d^4 \\ + a^4 \end{array}$$

Ce qui fait voir que x^4 contient 1°. la quatriéme puiſſance a^4 du premier terme a de la progreſſion. 2°. Les cubes a^3, b^3, c^3, f^3 multipliés par $4d$. 3°. Les quarrés aa, bb, cc, ff multipliés par $6dd$. 4°. La ſomme des termes a, b, c, f multipliés par $4d^3$. 5°. Enfin

la quatriéme puiſſance d^4 de la différence d priſe 4 fois , c'eſt-à-
dire multipliée par le nombre des termes 4. Donc ſi de x^4 on retranche la quatriéme puiſſance a^4, plus les quarrés multipliés par
$6dd$, plus la ſomme des termes multipliée par $4d^3$, & enfin $4d^4$,
le reſte ſera la ſomme des cubes multipliée par $4d$, & par conſéquent en diviſant ce reſte par $4d$, le quotient ſera la ſomme des
cubes. Or les grandeurs que nous avons priſes pour guides ci-
deſſus , nous ont indiqué les mêmes opérations ; donc elles ont
preſcrit ce qu'il falloit faire ; & on démontrera la même choſe à
l'égard des puiſſances plus élevées.

6. *REMARQUE.* J'ai dis au ſujet des piles de boulets (Livre Ier
N. 267.) , que ſi l'on prend un nombre de termes fini dans la
ſuite 0. 1. 2. 3. 4. 5 , &c. des nombres naturels , & que l'on faſſe
les quarrés des termes qu'on aura pris , la ſomme de ces quarrés
eſt au plus grand multiplié par le nombre des termes , comme
1 eſt à 3 , plus comme 1 eſt à la racine du plus grand multipliée
par 6 ; & delà j'ai tiré une formule aiſée pour trouver la ſomme
des boulets contenus dans une pyramide ou pile quarrée. Or
comme je ne l'ai démontré que par induction , & que bien des
gens ne veulent point mettre les preuves par induction au rang
des preuves Géométriques ; je vais le démontrer en rigueur, en
ſuivant ce qui vient d'être dit , ce qui fera voir en même-tems
l'accord des principes.

Soient donc les termes 0. *a. b. c. x* , dont le dernier eſt *x* , & la
différence eſt 1 , le nombre des termes ſera donc $x + 1$, à cauſe
que la progreſſion commence par zero , & les quarrés ſeront
$0, a^2, b^2, c^2, x^2$; ainſi le dernier terme multiplié par le nombre
des termes $x + 1$ ſera $x^3 + x^2$. Or le terme qui viendroit immédiatement après le dernier *x* , ſi l'on continuoit, la progreſſion eſt
$x + 1$, & ſon cube eſt $x^3 + 3xx + 3x + 1$; donc prenant dans
ce cube les coefficiens 1. 3. 3 des puiſſances de *x* , & multipliant
le dernier terme 1 par le nombre des termes $x + 1$, ce qui fait
$x + 1$, les quatre grandeurs 1. 3. 3. $x + 1$, me font voir qu'il
faut retrancher du cube $x^3 + 3xx + 3x + 1$: premierement , le
cube du premier terme 0 , lequel n'eſt rien ; ſecondement , la ſomme des termes multipliée par 3 ; troiſiémement, le cube de la différence 1 multipliée par le nombre des termes ; & enfin , diviſer
le reſte par trois , ce qui me donnera au quotient la ſomme des
quarrés. Or la ſomme des termes eſt $\frac{xx + x}{2}$, c'eſt-à-dire , le dernier

terme

terme x, & le premier zero multipliés par la moitié $\frac{x+1}{2}$ du nombre des termes $x+1$; multipliant donc cette somme par 3, nous aurons $\frac{3xx+3x}{2}$, ce qui étant retranché du cube $x^3+3xx+3x+1$, nous laissera un reste $x^3+\frac{3xx}{2}+\frac{3x}{2}+1$, & retranchant encore de ce reste le cube de la différence multiplié par le nombre des termes, c'est-à-dire retranchant $x+1$, le reste sera $x^3+\frac{3xx}{2}+\frac{x}{2}$, ou $x^3+x^2+\frac{xx+x}{2}$; ainsi divisant ce reste par 3 le quotient $\frac{x^3+x^2}{3}+\frac{xx+x}{6}$ sera la somme des quarrés; or en multipliant le dessus & le dessous de la seconde fraction par x, ce qui n'en altere point la valeur, la somme des quarrés est $\frac{x^3+x^2}{3}+\frac{x^3+x^2}{6x}$, & cette somme est au dernier terme multiplié par le nombre des termes, c'est-à-dire à x^3+x^2, comme $\frac{x^3+x^2}{3}+\frac{x^3+x^2}{6x}$ est à x^3+x^2, ou comme $\frac{1}{3}+\frac{1}{6x}$ est à 1; donc la somme des quarrés est au dernier quarré multiplié par le nombre des termes comme 1 à 3, plus comme 1 est à $6x$.

Maintenant puisque la somme des quarrés est $\frac{x^3+x^2}{3x}+\frac{xx+x}{6}$ si nous multiplions le dessus & le dessous de la premiere fraction par 2, nous aurons $\frac{2x^3+2x^2+x^2+x}{6}$, ou $\frac{2x^3+3x^2+x}{6}$ qui est la même formule générale que nous avons trouvée dans l'endroit cité (*Liv. I. N.* 267.) ce qui fait voir que l'induction dont nous nous sommes servi en cet endroit, nous a conduit à la découverte de la vérité.

On pourroit trouver de la même façon des formules pour avoir la somme des cubes, des quatriémes puissances, des cinquiémes, &c. des termes d'une progression finie 0. 1. 2. 3, &c. mais comme ces formules deviendroient trop compliquées, & que d'ailleurs la méthode de ce Problême est plus générale, nous n'en dirons rien de peur de nous écarter de notre sujet.

Observations touchant les nombres infinis.

7. On dit qu'un nombre a est *partie aliquote* d'un autre nombre b, lorsqu'il est contenu exactement un certain nombre de fois dans b.

8. *Une partie aliquote* a *d'un nombre* b , *eſt d'autant plus petite qu'elle eſt contenuë plus de fois dans* b ; cela eſt évident, car ſi *a* eſt contenu trois fois dans *b* , il eſt certainement plus petit que s'il n'y étoit contenu que deux fois.

9. Donc ſi un nombre *a* eſt contenu dans un autre nombre *b* plus de fois qu'on ne peut l'exprimer par un nombre quelconque quelque grand qu'il puiſſe être, ce nombre *a* eſt une partie aliquote *infiniment petite* de *b*.

10. *Un nombre* a *qui eſt partie aliquote infiniment petite d'un autre nombre* b , *n'eſt rien à l'égard de* b ; car il eſt moindre à l'égard de *b* , que la plus petite partie aliquote de *b* que l'on puiſſe exprimer & concevoir.

11. Donc un nombre *b* augmenté ou diminué d'une partie aliquote infiniment petite *a* , n'eſt pas différent de ce qu'il étoit avant l'augmentation ou la diminution, puiſque la différence qu'il peut y avoir eſt plus petite que la moindre partie aliquote de *b* que l'on puiſſe concevoir.

12. Donc ſi deux nombres *b* & *c* ne different entr'eux que d'une grandeur *a* infiniment petite à l'égard de l'un & de l'autre, ils ſont parfaitement égaux entr'eux.

13. On dit qu'un nombre *x* eſt *infini*, lorſqu'il contient un nombre quelconque *a* connu & déterminé plus de fois qu'on ne peut l'exprimer par un nombre quelque grand qu'il puiſſe être.

14. Donc tout nombre connu & déterminé quelque grand qu'il puiſſe être, eſt une partie aliquote infiniment petite d'un nombre infini *x*.

15. *Le produit* ab *de deux nombres* a , b , *déterminés quelques grands qu'ils puiſſent être eſt infiniment petit par rapport à un nombre infini* x ; car le nombre déterminé *a* eſt contenu dans le produit *ab* un nombre de fois qu'on peut exprimer par le nombre déterminé *b* , & par conséquent le produit *ab* n'étant pas infini, n'eſt qu'une partie aliquote infiniment petite du nombre infini *x*.

16. Donc ſi on multiplie une partie infiniment petite *a* , d'un nombre infini *x* par un nombre déterminé *b* , quelque grand qu'il puiſſe être , le produit *ab* eſt encore infiniment petit par rapport à *x*.

17. *Toute partie aliquote qu'on peut exprimer d'un nombre infini* x , *eſt encore infiniment grande quelque petite qu'elle puiſſe être à l'égard de* x. Soit *y* la partie aliquote de *x* , & *a* le nombre qui marque combien de fois *y* eſt dans *x* ; donc le produit *ya* de *y* par *a* ſera

égal à x, & par conséquent infini : or le nombre a étant déterminé puifqu'on peur l'exprimer, eft contenu dans l'infini x ou ya plus de fois que le plus grand nombre imaginable ne peut l'exprimer (*N.* 13.) ; donc la grandeur y qui marque combien de fois a eft contenu dans ya, eft plus grande que le plus grand nombre qu'on puiffe concevoir, & par conféquent y eft infini.

18. *Tout nombre infini* x *eft infiniment petit par rapport à fon quarré* xx ; *fon quarré* xx *eft infiniment petit par rapport à fon cube* x³ ; *fon cube* x³ *eft infiniment petit par rapport à fa quatriéme puiffance* x⁴, & *ainfi de fuite.* Le quarré xx n'eft autre chofe que le nombre infini x multiplié par lui-même, ou pris autant de fois qu'il contient d'unités ; or le nombre d'unités que x contient eft plus grand qu'on ne peut l'exprimer par un nombre quelconque quelque grand qu'il puiffe être, donc x eft contenu dans xx plus de fois qu'on ne peut l'exprimer, & par conféquent il eft partie aliquote infiniment petite de xx (*N.* 9.). De même le cube $x³$ n'eft autre chofe que le quarré xx multiplié par x, ou pris autant de fois qu'il y a d'unités dans x, donc xx eft dans $x³$ plus de fois qu'on ne peut peut l'exprimer, & par conféquent il eft infiniment petit par rapport à $x³$, & on prouvera la même chofe à l'égard des puiffances fupérieures de x.

19. Il y a donc des infiniment petits d'infiniment petits à l'infini : par exemple tout nombre connu & déterminé étant infiniment petit par rapporr à un nombre infini x, lequel eft infiniment petit par rapport à fon quarré. Il eft clair que tout nombre connu a eft par rapport au quarré xx, un infiniment petit d'un infiniment petit x, ou un infiniment petit du fecond genre, & par la même raifon tout nombre connu a eft par rapport à $x³$ un infiniment petit d'un infiniment petit x d'un autre infiniment petit xx, c'eft-à-dire a eft un infiniment petit du troifiéme genre, &c.

20. *Avertissement.* Avant d'aller plus loin il eft bon qu'on fe rappelle ici ce que nous avons dit touchant le Calcul des Expofans (*Liv. I. N.* 153. 154., &c.) fçavoir 1°. Que les puiffances afcendantes d'une grandeur a font $a¹$, $a²$, $a³$, $a⁴$, $a⁵$, &c. qui ont pour expofans les nombres 1, 2, 3, 4, &c. 2°. Que fi l'on divife la premierc puiffance $a¹$ par elle-même, on aura $a⁰=1$ dont l'expofant eft zero. 3°. Que pour multiplier une puiffance $a²$ par un autre $a³$, il n'y a qu'à ajouter les expofans 2 & 3 enfemble, ce qui fait 5, & écrire $a⁵$ pour le produit. 4°. Que pour divifer une puiffance $a⁶$ par une autre $a³$, il faut retrancher de

l'expofant 6 du dividende l'expofant 3 du divifeur, ce qui donne 3 & écrire a^3 pour le quotient. 5°. Que pour élever une puiffance quelconque a^2 à une autre puiffance, par exemple à la troifiéme, il faut multiplier l'expofant 2 de a^2 par l'expofant 3 de la puiffance à laquelle on veut élever a^2, ce qui fait 6, & écrire a^6. 6°. Que pour tirer la racine quelconque par exemple la racine troifiéme d'une puiffance a^6, il faut divifer l'expofant 6 de la puiffance a^6 par l'expofant 3 de la racine qu'on veut tirer, ce qui fait 2, & écrire a^2. 6°. Enfin que les racines 2e. 3e. 4e, &c. de a^1 s'expriment par $a^{\frac{1}{2}}$, $a^{\frac{1}{3}}$, $a^{\frac{1}{4}}$, &c. qui ont pour expofans $\frac{1}{2}$, $\frac{1}{3}$, $\frac{1}{4}$, &c. de même que les racines 3e, 4e, 5e, &c. de a^2 s'expriment par $a^{\frac{2}{3}}$, $a^{\frac{2}{4}}$, $a^{\frac{2}{5}}$, &c. & ainfi des autres ; de façon que quand l'expofant de a eft une fraction quelconque, par exemple $\frac{3}{4}$, le numérateur 3 reprefente la puiffance à laquelle la grandeur a eft élevée, & le dénominateur 4 reprefente la racine qu'on veut extraire de cette puiffance a^3.

21. *DEFINITION.* Si l'on prend la fuite infinie des nombres naturels 0. 1. 2. 3. 4. 5. 6, &c. x qui commence par zero, & qui fe termine à l'infini x, l'expofant de cette fuite fera 1, à caufe que chaque terme de cette fuite eft au premier dégré, l'expofant de la fuite des quarrés de ces mêmes nombres fera 2, à caufe que chaque terme eft au fecond dégré, l'expofant de la fuite de leurs cubes fera 3, & ainfi de fuite. De même l'expofant de la fuite de leurs racines quarrées fera $\frac{1}{2}$, celui de la fuite de leurs racines cubiques fera $\frac{1}{3}$, &c. & fi l'on divife chacun des termes de la fuite 0. 1. 2. 3, &c. par lui-même, on aura une fuite infinie d'unités 1, 1, 1, 1, &c. dont l'expofant fera zero, parce qu'une premiere puiffance a divifée par elle-même eft a^0, dont l'expofant eft zero.

Dans toutes ces fuites le nombre des termes fera toujours $x+1$, c'eft-à-dire le dernier terme x de la premiere fuite 0. 1. 2. 3. 4. 5, &c. x, augmenté de l'unité ; car fi la progreffion commençoit par 1, il eft clair que le dernier terme x feroit égal au nombre des termes, mais comme elle commence par zero, ce qui donne un terme de plus, ls nombre des termes doit être $x+1$.

22. PROPOSITION Ire. *Si l'on prend la fuite infinie des nombres naturels 0. 1. 2. 3. 4. 5. 6, &c. x celle des quarrés de ces nombres, celle de leurs cubes, celle de leurs quatriémes puiffances, & ainfi de fuite à l'infini. La fomme de chacune de ces fuites fera toujours au*

dernier & plus grand terme multiplié par le nombre des termes comme
1 est à l'exposant de la suite augmenté de l'unité.

La suite 0. 1. 2. 3. 4, &c. x étant une progreſſion arithmétique, ſa ſomme ſe trouve en ajoutant le premier terme au dernier, & multipliant la ſomme $0 + x$ par la moitié du nombre
des termes $x + 1$, c'eſt-à-dire par $\frac{x+1}{2}$ (*Liv. I. N.* 251.); donc
la ſomme des termes eſt $\frac{xx+x}{2}$, ou bien $\frac{xx}{2}$, à cauſe que x étant
infiniment petit à l'égard de xx (*N.* 18.) n'eſt par conſéquent
rien par rapport à xx; or le dernier terme x multiplié par le
nombre des termes $x + 1$ eſt $xx + x$, ou xx par la raiſon que
nous venons de dire ; donc la ſomme des termes eſt au dernier
multiplié par le nombre des termes comme $\frac{xx}{2}$ eſt à xx, ou
comme $\frac{1}{2}$ eſt à 1 , ou comme 1 eſt à 2, c'eſt-à-dire comme l'unité
eſt à l'expoſant 1 de la ſuite augmenté de l'unité.

Dans la ſuite des quarrés des nombres 0. 1. 2. 3. 4, &c. x
le dernier quarré xx multiplié par le nombre des termes $x + 1$
eſt $x^3 + x^2$, ou ſimplement x^3, à cauſe que x^2 eſt infiniment petit
par rapport à x^3 (*N.* 18.) ; or pour avoir la ſomme des quarrés, je
prens le terme $x + 1$ qui viendroit après le dernier terme ſi la progreſſion pouvoit être continuée , & ſuivant les regles données ci-
deſſus (*N.* 5.) j'éleve $x + 1$ au cube, ce qui donne $x^3 + 3x^2 +$
$3x + 1$, ou ſimplement x^3 ; car x^2 étant infiniment petit par rapport à x^3 (*N.* 18.) le terme $3x^2$ eſt encore infiniment petit (*N.* 16.)
& par la même raiſon les termes $3x$ & 1 ſont auſſi infiniment petits par rapport à x^3 ; ainſi le cube du terme $x + 1$, n'eſt pas différent du quarré xx multiplié par le nombre des termes. Maintenant les coëfficiens de x dans $x^3 + 3x^2 + 3x + 1$, ſont 1 , 3 , 3,
& le dernier terme 1 multiplié par le nombre des termes eſt $x + 1$
qui me font voir que pour avoir la ſomme des quarrés il faut que
je retranche du cube de $x + 1$, ou du quarré xx multiplié par le
nombre des termes, 1°. le cube du premier terme 0 de la progreſ-
ſion, lequel n'eſt rien ; 2°. le ſomme des termes $\frac{x^2+x}{2}$, ou $\frac{x^2}{2}$
multiplié par 3, c'eſt-à-dire $\frac{3x^2}{2}$, ce qui eſt infiniment petit à
l'égard de $x^3 + x^2$, ou ſimplement de x^3 (*N.* 18. 16.); 3°. le terme
$x + 1$ qut n'eſt encore rien à l'égard de x^3 ou du quarré xx multiplié par le nombre des termes ; donc après ces ſouſtractions, le
cube de $x + 1$, ou le quarré xx multiplié par le nombre des ter-

mes ne fera pas différent de ce qu'il étoit ; or la feconde grandeur 3 me fait voir qu'il faut enfin divifer le refte par 3 ; donc en divifant par 3 le cube de $x+1$, ou le quarré xx multiplié par le nombre des termes, le quotient $\frac{x^3}{3}$ fera la fomme des termes & par conféquent cette fomme fera au dernier quarré multipliée par le nombre des termes, c'eft-à-dire à x^3 comme $\frac{x^3}{3}$ eft à x^3, ou comme $\frac{1}{3}$ eft à 1, ou comme 1 eft à 3, c'eft-à-dire comme 1 eft à l'expofant 2 de la fuite des quarrés augmenté de l'unité.

Dans la fuite des cubes des nombres 0. 1. 2. 3. 4. 5, &c. x, le dernier cube x^3 multiplié par le nombre des termes $x+1$ eft x^4+x^3, ou fimplement x^4, à caufe que x^3 eft infiniment petit à l'égard de x^4 (N. 18.) or pour avoir la fomme des cubes felon les regles ci-deffus (N. 5.), je prens le terme $x+1$ qui viendroit après le dernier terme x, & je l'éleve à la quatriéme puiffance, laquelle eft $x^4+4x^3+6x^2+4x+1$, ou fimplement x^4 ; car x^3 étant infiniment petit par rapport à x^4, le fecond terme $4x^3$ eft encore infiniment petit par rapport à x^4 (N. 16.) & quant aux autres termes $6x^2$, $4x^2$, & 1, il eft vifible qu'ils font des infiniments petits d'infiniment petits (N. 19.) & que par conféquent ils font, pour ainfi dire, moins que rien par rapport à x^4 ; ainfi la quatriéme puiffance du terme $x+1$ n'eft pas différente du dernier cube x^3 multiplié par le nombre des termes : or les coëfficiens de x dans $x^4+4x^3+6x^2+4x+1$ font 1, 4, 6, 4, & le dernier terme 1 multiplié par le nombre des termes eft $x+1$. J'ai donc cinq grandeurs 1, 4, 6, 4, $x+1$ qui me font voir qu'il faut que je retranche de la quatriéme puiffance de $x+1$, ou du dernier cube multiplié par le nombre des termes, c'eft-à-dire, de x^4, 1°. la quatriéme puiffance du premier terme 0, de la progreffion, laquelle n'eft rien. 2°. La fomme $\frac{x^3}{3}$ des quarrés multipliée par 6, c'eft-à-dire $\frac{6x^3}{3}$, ou $2x^3$, ce qui eft infiniment petit par rapport à x^4. 3°. La fomme $\frac{x^2}{2}$ de la progreffion multipliée par 4, ou $\frac{4x^2}{2}$, ou $2x^2$, ce qui eft un infiniment petit d'infiniment petit par rapport à x^4, & enfin le terme $x+1$ qui eft un infiniment petit du troifiéme genre par rapport à x^4 ; donc après toutes ces fouftractions x^4 ne différera pas de ce qu'il étoit auparavant : or à caufe de la feconde grandeur 4, il faut divifer le reste par 4 pour avoir la somme des cubes ; divisant donc x^4 par 4, la somme des cubes sera $\frac{x^4}{4}$, & cette somme sera au dernier cube x^3 multiplié par le nombre des termes comme $\frac{x^4}{4}$ est à x^4, ou comme $\frac{1}{4}$ est à 1, ou comme 1 à 4, c'est-à-dire comme 1 est à l'exposant 3 de la suite des cubes augmenté de l'unité.

Et la même chose se démontreroit à l'égard des suites des quatriémes puissances, des cinquiémes, &c.

23. COROLLAIRE I. Si l'on divise tous les termes de la suite 0, 1, 2, 3, 4, 5, &c. x, chacun par lui-même, il est clair qu'on aura une suite infinie d'unités, & que cette suite sera au dernier terme multiplié par le nombre des termes comme 1 à 1 ; or l'exposant de cette suite d'unités est zero (N. 21.), donc la somme sera encore au dernier terme multipliée par le nombre des termes comme 1 est à l'exposant zero augmenté de l'unité.

Nous nommerons *Suite des égaux* la suite composée d'unités.

24. COROLLAIRE II. Les rapports de la suite des égaux, de celle des premieres puissances, de celle des cubes, des quatriémes puissances, &c. à leurs derniers termes multipliés par le nombre des termes sont donc $\frac{1}{1}$, $\frac{1}{2}$, $\frac{1}{3}$, $\frac{1}{4}$, $\frac{1}{5}$, $\frac{1}{6}$, &c. ainsi quand les exposans 0, 1, 2, 3, 4, &c. de ces différentes suites sont en progression arithmétique, les rapports de ces différentes suites à leurs derniers termes multipliés par le nombre des termes, sont des fractions qui ont toutes l'unité pour numérateur, & dont les dénominateurs 1, 2, 3, 4, 5, &c. sont aussi en progression arithmétique.

25. PROPOSITION II. *Si l'on prend la suite des racines quarrées des nombres* 0, 1, 2, 3, 4, 5, *&c.* x, *qui se terminent à l'infini* x, *la suites de leurs racines cubiques, celles de leurs racines quatriémes, & ainsi de suite, le rapport de chacune de ces suites à leur dernier terme multiplié par le nombre des termes sera comme* 1 *à l'exposant de la suite augmenté de l'unité.*

La suite des racines quarrées a pour exposant $\frac{1}{2}$, & cet exposant est moyen arithmétique entre l'exposant 0 de la suite des égaux, & l'exposant 1 de la suite des premieres puissances 0, 1, 2, 3, 4, &c. x ; donc le dénominateur du rapport de la suite des racines au dernier terme multiplié par le nombre des termes, doit être moyen arithmétique entre le dénominateur 1 du rapport $\frac{1}{1}$ de la suite des égaux, & le dénominateur 2 du rapport $\frac{1}{2}$ de la suite des premieres puissances (N. 24.) prenant donc un moyen arithmétique entre 1 & 2, lequel eſt $\frac{1}{2}$, le rapport de la ſuite des racines quarrées à leur dernier terme multiplié par le nombre des termes ſera comme 1 eſt à $\frac{1}{2}$, ou comme 1 eſt à l'expoſant $\frac{1}{2}$ augmenté de l'unité; car $\frac{1}{2} + 1 = \frac{3}{2}$, & ce rapport peut ſe changer en celui de 2 à 3, car 1 eſt à $\frac{3}{2}$ comme $\frac{2}{2}$ eſt à $\frac{3}{2}$, ou comme 2 à 3.

De même l'expoſant de la ſuite des racines cubiques eſt $\frac{1}{3}$, & cet expoſant eſt le premier des deux moyens arithmétiques entre l'expoſant 0 de la ſuite des égaux, & l'expoſant 1 de la ſuite des premieres puiſſances 0, 1, 2, 3, &c. x; car les deux moyens arithmétiques entre 0 & 1 ſont $\frac{1}{3}$, $\frac{2}{3}$, donc le dénominateur du rapport des racines cubiques à leur dernier terme multiplié par le nombre des termes, doit être le premier de deux moyens arithmétiques entre le dénominateur 1 du rapport des égaux & le dénominateur 2 du rapport des premieres puiſſances (N. 24.); prenant donc deux moyens arithmétiques $\frac{4}{3}$, $\frac{5}{3}$ entre 1 & 2, le rapport de la ſuite des racines cubiques à leur dernier terme multiplié par le nombre des termes eſt comme 1 eſt à $\frac{4}{3}$, ou comme 1 eſt à l'expoſant $\frac{1}{3}$ de la ſuite augmenté de l'unité; car $\frac{1}{3} + 1 = \frac{4}{3}$, & ce rapport peut ſe changer en celui de 3 à 4; car 1 eſt à $\frac{4}{3}$, comme $\frac{3}{3}$ eſt à $\frac{4}{3}$, comme 3 à 4.

De même encore l'expoſant de la ſuite des quatriémes racines des nombres 0, 1, 2, 3, 4, &c. x eſt $\frac{1}{4}$, & cet expoſant eſt le premier de trois moyens arithmétiques $\frac{1}{4}$, $\frac{2}{4}$, $\frac{3}{4}$, entre l'expoſant 0 de la ſuite des égaux, & l'expoſant 1 de la ſuite 0, 1, 2, 3, 4, &c. x; donc le dénominateur du rapport de la ſuite des quatriémes puiſſances à leur dernier terme multiplié par le nombre des termes doit être le premier de trois moyens arithmétiques entre le dénominateur 1 du rapport de la ſuite des égaux, & le dénominateur 2 du rapport de la ſuite 0, 1, 2, &c. x (N. 24.); prenant donc trois moyens arithmétiques $\frac{5}{4}$, $\frac{6}{4}$, $\frac{7}{4}$, entre 1 & 2, le rapport de la ſuite des quatriémes racines à leur dernier terme multiplié par le nombre des termes eſt comme 1 eſt à $\frac{5}{4}$, c'eſtà-dire comme 1 eſt à l'expoſant $\frac{1}{4}$ augmenté de l'unité; car $\frac{1}{4} + 1 = \frac{5}{4}$, & ce rapport peut ſe changer en celui de 4 à 5, à cauſe que 1 eſt à $\frac{5}{4}$ comme $\frac{4}{4}$ eſt à $\frac{5}{4}$, ou comme 4 à 5, & on prouvera la même choſe à l'égard des autres racines.

26. Corollaire I. Si l'on multiplie les termes de quelqu'une des ſuites dont nous venons de parler, par exemple les termes de la ſuite des quarrés qui ont pour expoſant 2 par les termes

d'une

d'une autre suite, par exemple, par les termes de celle des cubes qui ont pour exposant 3 , on aura une autre suite qui aura pour exposant la somme des exposans 2 & 3 (*N*. 20.) ainsi les termes de cette suite étant les cinquiémes puissances, le rapport de leur somme au dernier terme multipliée par le nombre des termes , sera comme 1 est à l'exposant 5 augmenté de l'unité, c'est-à-dire comme 1 à 6 (*N*. 22.) & ainsi des autres.

De même si l'on divise les termes d'une suite, par exemple , de la suite des cinquiémes puissances qui a pour exposant 5 par les termes d'une autre suite dont l'exposant est moindre que 5 ; par exemple par les termes de la suite des cubes dont l'exposant est 3 , on aura une nouvelle suite dont l'exposant positif 2 sera la différence des deux exposans 5 & 3 (*N*. 20.) & par conséquent les termes de cette suite étant les quarrés, le rapport de leur somme à leur dernier terme multiplié par le nombre des termes , sera comme 1 est à l'exposant 2 augmenté de l'unité, ou comme 1 est à 3 (*N*. 22.) & ainsi des autres.

27. Corollaire II. Mais si l'on divise les termes d'une suite par les termes d'une autre qui ait un exposant plus grand, par exemple, les termes de la suite 0. 1. 2. 3, &c. x, dont l'exposant est 1 par les termes des quarrés dont l'exposant est 2, ou par ceux des cubes dont l'exposant est 3, ou par ceux des quatriémes puissances, &c. on aura alors des nouvelles suites qui auront des exposans négatifs 1—2, 1—3, 1 —4, &c. (*N*. 20.), ou —1, —2, —3 , —4, &c. & le rapport de la somme de chacune de ces suites à son dernier terme sera toujours comme 1 est à l'exposant augmenté de l'unité ; car les exposans de ces suites formeront avec l'exposant 0 de la suite des égaux une progression arithmétique négative 0, —1, —2, —3, —4, &c. & par conséquent les dénominateurs de leur rapport devront aussi former une progression arithmétique négative, dont le premier sera le dénominateur 1 du rapport des égaux, & c'est ce qui arrive effectivement ; car le rapport de la suite qui a pour exposant —1 à son dernier terme multiplié par le nombre des termes étant comme 1 est à l'exposant —1 augmenté de l'unité est $\frac{1}{0}$; celui de la suite qui a pour exposant —2 étant comme 1 est à l'exposant —2 augmenté de l'unité est $\frac{1}{-1}$, celui de la suite qui a pour exposant —3, étant comme 1 à l'exposant —3 augmenté de l'unité est $\frac{1}{-2}$, &c. donc le raport $\frac{1}{1}$ des égaux, & les raports des

fuites négatives font $\frac{1}{1}$, $\frac{1}{0}$, $\frac{1}{-1}$, $\frac{1}{-2}$, $\frac{1}{-3}$, $\frac{1}{-4}$, &c. & il eſt viſible que leurs dénominateurs forment une progreſſion arithmétique négative ; de même que les expoſans des fuites.

28. Il faut obſerver que les termes de toute ſuite dont l'expoſant eſt négatif, ſont réciproques aux termes de la ſuite dont l'expoſant poſitif eſt le même nombre que celui de l'expoſant négatif. Nommons 0, a, b, c, d, &c. x, les termes de la ſuite 0. 1. 2. 3. 4, &c. x, la fuite des quarrés ſera donc 0^2, a^2, b^2, c^2, d^2, &c. $x x$, & la ſuite négative qui aura le même expoſant 2, ſera 0^{-2}, a^{-2}, b^{-2}, c^{-2}, d^{-2}, &c. x^{-2} ; or cette ſuite peut s'exprimer en cette ſorte $\frac{1}{0^2}$, $\frac{1}{a^2}$, $\frac{1}{b^2}$, $\frac{1}{c^2}$, $\frac{1}{d^2}$, &c. $\frac{1}{x^2}$, ainſi que nous l'avons dit en parlant du Calcul des expoſans (*Liv. I. N.* 161.) & la ſuite 0^2, a^2, b^2, c^2, d^2, &c. x^2, peut s'exprimer ainſi : $\frac{0^2}{1}$, $\frac{a^2}{1}$, $\frac{b^2}{1}$, $\frac{c^2}{1}$, $\frac{d^2}{1}$, &c. $\frac{x^2}{1}$. Maintenant pour démontrer que les termes de ces deux fuites ſont réciproques, il n'y a qu'à prendre dans la premiere les deux termes $\frac{1}{a^2}$, $\frac{1}{b^2}$, & dans la ſeconde les termes correſpondants $\frac{a^2}{1}$, $\frac{b^2}{1}$, & faire voir que l'on a cette proportion $\frac{1}{a^2}$. $\frac{1}{b^2}$ :: $\frac{b^2}{1}$. $\frac{a^2}{1}$, ce qui eſt aiſé, puiſqu'en faiſant le produit $\frac{a^2}{a^2}$ des extrêmes, & le produit $\frac{b^2}{b^2}$ des moyens, on trouve que ces deux produits ſont égaux, à cauſe de $\frac{a^2}{a^2} = 1$, & de $\frac{b^2}{b^2} = 1$.

Delà il ſuit que les termes de la ſuite 0^{-2}, a^{-2}, b^{-2}, c^{-2}, d^{-2}, &c. x^{-2}, qui eſt la même que la ſuite $\frac{1}{0^2}$, $\frac{1}{a^2}$, $\frac{1}{b^2}$, $\frac{1}{c^2}$, $\frac{1}{d^2}$, &c. $\frac{1}{x^2}$, vont en diminuant, au lieu que ceux de la ſuite réciproque 0^2, a^2, b^2, c^2, d^2, &c. x^2, vont en augmentant, & qu'au lieu que le premier terme 0^2 de la ſuite 0^2, a^2, b^2, &c. eſt infiniment petit, au contraire le premier terme $\frac{1}{0^2}$ de la ſuite $\frac{1}{0^2}$, $\frac{1}{a^2}$, $\frac{1}{b^2}$, &c. eſt infiniment grand : car puiſque ſelon les regles de la diviſion le quotient devient d'autant plus grand que le diviſeur eſt moindre, il eſt clair que lorſque le diviſeur ſera infiniment petit ou zero, le quotient doit être infiniment grand, & par conſéquent $\frac{1}{0^2}$, c'eſt-à-dire 1 diviſé par zero doit être infini.

30. De peur qu'on ne prenne pour un paradoxe ce que je viens de dire au sujet de $\frac{1}{0}$, on n'a qu'à faire attention que 1 divisé par 1 donne 1 au quotient ; que 1 divisé par $\frac{1}{2}$, donne 2 au quotient ; que 1 divisé par $\frac{1}{3}$ donne au quotient 3, &c. c'est-à-dire 1 divisé par une fraction, donne toujours au quotient le dénominateur de la fraction qui sert de diviseur ; or on sçait que les fractions $\frac{1}{2}$, $\frac{1}{3}$, $\frac{1}{4}$, $\frac{1}{5}$, &c. diminuent d'autant plus, que leurs dénominateurs deviennent grands ; donc quand la fraction aura un dénominateur infiniment grand, & que par conséquent elle sera infiniment petite, la grandeur 1 divisée par cette fraction donnera un quotient infiniment grand : mais une fraction infiniment petite n'est rien, puisqu'elle est moindre que tout ce qu'on peut assigner de plus petit ; donc elle est égale à zero, & partant 1 divisé par zero est infini.

Application des Principes précédens à la Géométrie.

31. Les élemens AB, CD, &c. d'un triangle MNR (*Fig.* 5.) sont entr'eux comme leurs abscisses MA, MC, &c. car les triangles semblables MAB, MCD, &c. donnent AB. CD :: MA. MC : or les abscisses MA, MC, &c. sont ent'elles comme les nombres 0. 1. 2. 3. 4. 5, &c. x dont l'exposant est 1 ; donc la somme des elemens AB, CD, &c. c'est-à-dire le triangle MNR est au dernier élement NR, ou à la base multiplié par le nombre des termes, ou par la hauteur NM, comme 1 est à l'exposant 1 augmenté de l'unité, c'est-à-dire, comme 1 à 2, ce que nous sçavous être véritable par la Geometrie.

32. Si l'on divise le rayon AB d'un cercle (*Fig.* 8.) en une infinité de parties égales, & que du centre A on décrive des circonférences qui passent par les points de division N, M, &c. toutes ces circonférences seront comme leurs rayons AN, AM, &c. ou comme les nombres 0. 1. 2. 3, &c. x dont l'exposant est 1 ; donc la somme de ces circonférences sera à la plus grande multipliée par le nombre des termes, ou par le rayon AB, comme 1 est à l'exposant 1 augmenté de l'unité, ou comme 1 à 2 ; or la somme des circonférences n'est pas différente du cercle BCD ; donc le cercle est égal à sa circonférence multipliée par la moitié du rayon ou à un triangle qui auroit pour base une ligne droite égale à la circonférence, & pour hauteur le rayon, ce que nous sçavons être vrai par la simple Geométrie.

33. Les plans élementaires PQ, RS, &c. d'une pyramide, (*Fig. 9.*) sont entr'eux comme les quarrés de leurs distances AX, AZ, &c. au sommet A (*Liv. II. N.* 540.) c'est-à-dire, comme les quarrés des abscisses qu'elles occupent sur la hauteur AB de la pyramide, & par conséquent comme les quarrés des nombres o. 1. 2. 3, &c. x, desquels quarrés l'exposant est 2 ; donc la somme des plans élementaires, ou la pyramide est au plus grand, ou à la base multipliée par le nombre des termes, ou par la hauteur AB, comme 1 est à l'exposant 2 augmenté de l'unité, c'est-à-dire, comme 1 à 3 ; ainsi la pyramide est le tiers d'un prisme de même base & de même hauteur, ce qui est vrai par la Geometrie ordinaire.

34. Si l'on fait tourner un quart de cercle ABC (*Fig. 10.*) autour de son rayon fixe & immobile AC, les élemens perpendiculaires sur AC, décriront des cercles dont la somme sera une demi-sphere, & qui seront entr'eux comme les quarrés des élemens, c'est-à-dire de leurs rayons, & par conséquent comme les rectangles des parties du diamétre que les élemens coupent ; or les parties AE, AF, AG, &c. que les élemens coupent du côté de A, sont entr'elles comme la suite infinie o. 1. 2. 3. 4, &c. & les parties restantes EP, FP, &c. sont égales au diamétre AP, moins les parties AE, AF, &c. nommant donc o, a, b, c, d, &c. x, les parties AE, AF, AG, &c. jusqu'à la derniere AC qui est le rayon, & que nous nommons x, le diamétre sera par conséquent $2x$, & les parties EP, FP, GP, &c. seront $2x$ —o, $2x$—a, $2x$—b, $2x$—c, $2x$—d, &c. $2x$—x ; ainsi multipliant les termes de cette suite par ceux de la suite o, a, b, c, d, &c. x, les produits $2x \times$ o —oo, $2xa$—aa, $2xb$—bb, $2xc$—cc, $2xd$—dd, &c. $2xx$—xx, seront la suite des rectangles correspondans aux quarrés des élemens : or cette suite est composée de deux autres, l'une positive, & l'autre négative. La positive est $2x \times$ o, $2xa$, $2xb$, $2xc$, $2xd$, &c. $2xx$, & comme dans cette suite les grandeurs o, a, b, c, d, &c. x, se trouvant multipliées par la même quantité $2x$, sont entr'elles comme si elles n'étoient pas multipliées ; il s'ensuit que la somme de cette suite est à son dernier terme $2xx$ multiplié par le nombre des termes x, comme 1 à l'exposant 1 de la suite o, a, b, c, &c. augmenté de l'unité, ou comme 1 à 2, c'est-à-dire que cette suite est égale à x^3. La négative est —o, —aa, —bb, —cc, —dd, &c. —xx. & les termes de celle-ci étant comme les quarrés des nombres o. 1. 2. 3, &c. leur

fomme eſt égale au tiers du dernier terme — xx multiplié par le nombre des termes x ; donc la fomme de la fuite des rectangles eſt égale au produit de fon dernier terme $2xx - xx$, c'eſt-à-dire xx multiplié par le nombre des termes, moins le tiers de ce produit : or les cercles décrits par les élemens du quart de cercle font dans la même raifon que les rectangles ; donc leur fomme, c'eſt-à-dire la demi-Sphere eſt égale au produit du plus grand cercle BCN multiplié par le nombre des termes, ou par le rayon AC moins le tiers de ce produit., & par conféquent elle en vaut les deux tiers tiers ; d'où il eſt aifé de conclure que la demi-Sphere eſt égale aux deux tiers d'un cylindre BNMD, qui auroit pour bafe le grand cercle BCN, & pour hauteur le rayon, & que la Sphere entiere eſt égale aux deux tiers du cylindre circonfcrit, ou qui auroit pour bafe le cercle BCN, & pour hauteur le diamétre AP : ce que nous fçavons être véritable par la Géométrie ordinaire.

35. Les quarrés des élemens du quart de cercle ABC étant entr'eux comme la fuite des rectangles correfpondans $2x \times o - oo$, $2xa - aa$, $2xb - bb$, $2xc - cc$, $2xd - dd$, &c. $2xx - xx$, les élemens feront donc entr'eux comme la fuite $\sqrt{2x \times o - oo}$, $\sqrt{2xa - aa}$, $\sqrt{2xb - bb}$, $\sqrt{2xc - cc}$, $\sqrt{2xd - dd}$, &c. $\sqrt{2xx - xx}$. On auroit donc la quadrature du cercle, fi l'on pouvoit trouver le rapport de cette fuite à fon dernier terme multiplié par le nombre des termes, mais c'eſt ce qu'on n'a pû découvrir jufqu'à prefent.

36. Si l'on fait tourner une demi-Ellipfe ACB (*Fig.* 11.) autour de fon grand axe AB, l'ellipfoïde qui en fera formé fera égal au cercle que décrira le petit diamétre OC multiplié par les deux tiers du grand axe AB ; car les élemens de l'ellipfe ordonnés au grand axe AB, font entr'eux comme les élemens du demi-cercle circonfcrit AEB, ainfi leurs quarrés, ou les cercles qu'ils décriront autour du grand axe, feront entr'eux comme les quarrés, ou comme les cercles que décriront les ordonnées du demi-cercle ; or la fomme des cercles décrits par les élemens du demi-cercle, c'eſt-à-dire la Sphere eſt égale à fon grand cercle multiplié par les deux tiers du diamétre AB ; donc l'ellipfoïde, ou la fomme des cercles décrits par les élemens de l'ellipfe fera égale à fon plus grand cercle, c'eſt-à-dire au cercle décrit par OC multiplié par $\frac{2}{3}$ AB.

C iij

37. Il est aisé de voir que si l'on fait tourner une demi-ellipse DAC autour de son petit axe DC, le spheroïde qui en sera formé sera égal au cercle que décrira le demi grand axe AO multiplié par les deux tiers du petit axe CD ; car les élemens de cette demi-ellipse ordonnés au petit axe, sont entr'eux comme les élemens du demi cercle inscrit DHC.

38. Dans la parabole ordinaire MNR (*Fig.* 7.), les quarrés des élemens AB. CD, sont entr'eux comme les abscisses MA, MC, &c. ou comme les nombres 0. 1. 2. 3. 4. 5, &c. *x* ; donc les élemens sont entr'eux comme les racines quarrées de ces nombres, lesquelles ont pour exposans $\frac{1}{2}$, & par conséquent leur somme est au dernier ou plus grand NR multiplié par le nombre des termes, ou par NM comme 1 est à l'exposant $\frac{1}{2}$ augmenté de l'unité, c'est-à-dire, comme 1 est $\frac{3}{2}$, ou comme $\frac{2}{3}$ est à $\frac{1}{2}$, ou comme 2 à 3 ; ainsi la parabole est les deux tiers du rectangle circonscrit.

40. Si l'on fait tourner une demi-parabole MNR (*Fig.* 13.) autour de son axe fixe & immobile MR, ses élemens AB, CD perpendiculaires à l'axe, décriront des cercles dont la somme sera un paraboloïde, & ces cercles seront entr'eux comme les quarrés des élemens qui sont leurs rayons : or les quarrés des élemens sont entr'eux comme leurs abscisses, ou comme les nombres 0. 1. 2. 3. 4, &c. *x* ; donc la somme des quarrés des élemens, ou celle de leurs cercles, est au dernier & plus grand NS multiplié par le nombre des termes, ou par la hauteur MR comme 1 à 2, c'est-à-dire le paraboloïde est la moitié du cylindre circonscrit.

40. Si l'on fait tourner une demi-parabole MNR (*Fig.* 14.) autour de la base HN de son complement MHN, on trouvera le solide décrit en cette sorte. Je cherche d'abord le solide décrit par son complement, c'est-à-dire, la somme des cercles décrits par ses élemens BE, DF, &c, perpendiculaires à HN, mais comme le rapport de ces élemens entr'eux m'est inconnu, car je ne connois dans ce complement que le rapport des élemens perpendiculaires sur MH ; j'observe que les élemens BE, DF, &c. ne sont autre chose que les élémens AE, CF, &c. du rectangle circonscrit, moins les élemens AB, CD, &c. de la parabole, lesquels sont entr'eux comme les racines de leurs abscisses MA, MC, &c. ou des nombres 0. 1. 2. 3, &c. Nommant donc *e* chaque élement AE, &c. du rectangle, & *r* chaque élement AB, &c. de la parabole, chaque élement BE, &c. du comple-

ment fera $e—r$; or les cercles que les élemens $e—r$ décriront autour de HN feront comme les quarrés de ces élemens qui font leurs rayons; faifant donc le quarré de $e—r$ qui eft $ee—2er+rr$, les quarrés des élemens BE, DF, &c. formeront la fuite des $ee—2er+rr$, & par conféquent cette fuite contiendra la fuite ee des quarrés des égaux ou des quarrés des élemens AE, CF, &c. du reĉtangle circonfcrit RH, moins $2er$, c'eft-à-dire moins deux fuites des racines quarrées ou des élemens AB, CD, &c. de la parabole multipliés chacun par e, plus la fuite des quarrés rr de ces racines; or la fuite des ee eft égale à fon dernier terme, c'eft-à-dire au quarré de RN, ou MH multiplié par le nombre des termes, ou par la hauteur HN; les er étant tous multipliés par la même quantité e, font entr'eux comme s'ils n'étoient pas multipliés, & par conféquent leur fomme eft à leur dernier terme, ou au quarré de RN, ou MH multiplié par le nombre des termes HN comme 1 eft à l'expofant $\frac{1}{2}$ augmenté de l'unité, ou comme 2 eft à 3; donc les $2er$, c'eft-à-dire les doubles des er, font les $\frac{4}{3}$ de leur dernier terme multiplié par HN; enfin les rr étant les quarrés des racines, font comme les nombres $0. 1. 2. 3$, &c. & leur fomme eft la moitié du produit de leur dernier terme, ou quarré de RN ou HM multiplié par le nombre des termes, ou par la hauteur HN; donc la fuite des quarrés des élemens eft égale au produit $\overline{HM}^2 \times HN$, moins les $\frac{4}{3}$ de ce produit, plus la moitié, c'eft-à-dire elle eft égale à $\frac{3}{2} — \frac{4}{3} = \frac{9}{6} — \frac{8}{6} = \frac{1}{6}$ du produit de fon dernier terme multiplié par le nombre des termes; or les cercles décrits par les élemens BE, DF, &c. du complement font entr'eux comme les quarrés de ces élemens; donc la fomme des cercles, ou le folide décrit par le complement eft le fixiéme du produit de fon plus grand cercle MT multiplié par la hauteur HN, c'eft-à-dire le fixiéme du cylindre circonfcrit RT.

D'où il fuit que le folide décrit par la circonvolution de la parabole MNR autour de HN doit être les $\frac{5}{6}$ du cylindre RT.

41. *Nota.* Que lorfqu'on a une fuite compofée de plufieurs autres, il faut que les derniers termes de chacune de ces fuites foient égaux entr'eux pour pouvoir en tirer la fomme totale, comme nous avons fait dans l'exemple précédent; mais fi cela n'étoit pas, on s'y prendroit comme il fera dit plus bas.

42. Si l'on fait tourner une demi-parabole MNR (*Fig.* 15.) autour d'une droite MH tangente à fon fommet M, on trouvera le folide décrit en cette forte: les élemens AB, CD, &c. du

complement MHN perpendiculaires fur MH, font entr'eux comme les quarrés de leurs abfciffes MA, MC, ou des nombres 0. 1. 2. 3. 4, &c. donc les quarrés de ces élemens font entr'eux comme les quatriémes puiffances de ces nombres, & par conféquent ils font à leur dernier terme, c'eft-à-dire au quarré de HN multiplié par le nombre des termes, ou par la hauteur MH, comme 1 eft à l'expofant 4 augmenté de l'unité, ou comme 1 à 5; mais les cercles que les élemens décrivent en tournant autour de MH, font entr'eux comme les quarrés des élemens ; donc leur fomme eft le $\frac{1}{5}$ du produit du plus grand NT multiplié par MH, c'eft-à-dire le cinquiéme du cylindre circonfcrit RT ; donc le folide produit par la circonvolution de la demi-parabole MNR doit être les $\frac{4}{5}$ de ce cylindre·

43. Si l'on fait tourner une demi-parabole MNR (*Fig.* 16.) autour de fa bafe RN, voici comme on trouvera le folide décrit : les élemens AB, CD, &c. perpendiculaires fur la bafe RN font égaux aux élemens AE, CF, du rectangle circonfcrit RH moins les élemens BE, DF, &c. du complement qui font entr'eux comme les quarrés des nombres 0. 1. 2. 3. 4, &c. Nommant donc e chaque élement AE, &c. du rectangle, & q chaque élement BE du complement, les élemens AB, &c. feront les $e - q$, & leurs quarrés feront les $ee - 2eq + qq$; ainfi la fuite de leurs quarrés contiendra la fuite des ee, ou des quarrés égaux des élemens du rectangle moins $2eq$, c'eft-à-dire moins deux fois la fuite des quarrés ou des élemens du complement multipliés chacun par e, plus la fuite des qq ou des quatriémes puiffances des nombres 0. 1. 2. 3, &c. x ; or la fuite des ee eft égale à fon dernier terme, ou au quarré de MR multiplié par le nombre des termes NR; les eq étant la fuite des quarrés multipliés chacun par une même grandeur e, font entr'eux comme s'ils n'étoient pas multipliés, & par conféquent à caufe de leur expofant 2 leur fomme eft le tiers du produit de leur dernier terme eq, ou du quarré de HN ou MR multiplié par le nombre des termes RN; d'où il fuit que la fomme des $2eq$ eft les deux tiers du même produit ; enfin la fomme des qq dont l'expofant eft 4, eft le cinquiéme du produit de fon dernier terme qq, c'eft-à-dire du quarré $\overline{HN}^2$, ou $\overline{RM}^2$ multiplié par le nombre des termes RN; donc la fomme des quarrés des élemens AB, CD, &c. de la parabole eft égale au produit $\overline{RM}^2 \times RN$ du quarré de leur dernier terme multiplié

multiplié par le nombre des termes, moins les $\frac{2}{3}$ de ce produit, plus le $\frac{1}{5}$, c'eft-à-dire égale à $\frac{6}{5}$ — $\frac{2}{3}$ = $\frac{16}{15}$ — $\frac{10}{15}$ = $\frac{8}{15}$ du produit; donc la fomme des cercles décrits par ces élemens eft auffi au plus grand MS multiplié par le nombre des termes RN comme 8 à 15, & par conféqnent elle eft les huit cinquiémes du cylindre circonfcrit MT.

44. *Remarque.* Il y a des paraboles de tous les dégrés au-deffus de la parabole ordinaire qui fe nomme parabole quarrée, parce que les quarrés de fes ordonnées font entr'eux comme leurs abfciffes, & dans chaque dégré excepté dans le fecond qui eft celui de la parabole ordinaire il fe trouve plus d'une parabole : par exemple en nommant y chaque ordonnée, x chaque abfciffe, & a le parametre, la premiere parabole du troifiéme dégré eft $y^3 = aax$, c'eft-à-dire les cubes des ordonnées font égaux aux abfciffes multipliées par le quarré du parametre, & par conféquent les cubes des ordonnées font comme les abfciffes. La feconde parabole du même dégré eft $y^3 = axx$, c'eft-à-dire les cubes des ordonnées font entr'eux comme les quarrés des abfciffes, & dans ce dégré il n'y a qne ces deux paraboles, parce qu'on ne peut pas combiner les lettres a, x, autrement que de ces deux façons. La premiere parabole du quatriéme dégré eft $y^4 = a^3x$, où les quatriémes puiffances des ordonnées font entr'elles comme leurs abfciffes : la feconde eft $y^4 = ax^3$, & quoiqu'il femble qu'on puiffe en trouver une troifiéme $y^4 = aaxx$, cependant celle - ci eft du fecond dégré ; car celle du fecond dégré étant $yy = ax$, il eft clair qu'en quarrant les deux membres on aura $y^4 = aaxx$. La premiere parabole du cinquiéme dégré eft $y^5 = a^4x$; la feconde $y^5 = a^3xx$; la troifiéme eft $y^5 = aax^3$, & la quatriéme eft $y^5 = ax^4$. Dans le fixiéme dégré on trouve $y^6 = a^5x$, $y^6 = ax^5$, mais $y^6 = a^4xx$ n'eft pas de ce dégré ; car en tirant la racine quarrée de part & d'autre, on a $y^3 = a^2x$, ce qui fait voir que cette parabole eft du troifiéme dégré. De même $y^6 = a^3x^3$, & $y^6 = a^2x^4$ ne font pas du fixiéme dégré ; car par l'extraction de la racine cubique, on réduit la premiere à $y^2 = ax$ qui eft la parabole quarrée, & par l'extraction de la racine quarrée on réduit la feconde à $y^3 = axx$ qui eft la feconde parabole du troifiéme dégré ; on trouvera de même les paraboles du feptiéme dégré, &c. en obfervant que dans tous les dégrés, les premieres paraboles font celles où l'abfciffe x eft au premier dégré. Cela pofé.

45. Il eft aifé de trouver le rapport de toutes les paraboles au

rectangle circonfcrit de quelque dégré que foient ces paraboles : par exemple dans la premiere parabole cubique ou du troifiéme dégré $y^3 = aax$, les cubes AB, CD, &c. (*Fig.* 17.) étant entre eux comme leurs abfciffes, les ordonnées ou les élemens font par conféquent comme les racines cubiques des abfciffes MA, MC, &c. ou comme les racines des nombres 0. 1. 2. 3. 4, &c. x, lefquelles ont pour expofant $\frac{1}{3}$; donc la fomme des élemens eft au dernier ou plus grand RN multiplié par le nombre des termes MR, comme 1 à l'expofant $\frac{1}{3}$ plus 1, ou comme 1 à $\frac{4}{3}$, ou comme $\frac{3}{3}$ à $\frac{4}{3}$, c'eft-à-dire comme 3 à 4, & partant la parabole eft les $\frac{3}{4}$ du rectangle circonfcrit. De même dans la premiere parabole $y^4 = a^3x$ du quatriéme dégré, les 4es. puiffances des ordonnées ou des élemens étant entr'eux comme les abfciffes, ou comme les nombres 0. 1. 2. 3. 4, &c. x, les élemens font comme les racines quatriémes de ces nombres, lefquels ont pour expofant $\frac{1}{4}$; donc leur fomme eft au rectangle circonfcrit comme 1 à l'expofant $\frac{1}{4}$ plus un, ou comme 1 à $\frac{5}{4}$, ou comme $\frac{4}{4}$ à $\frac{5}{4}$, comme 4 à 5, & par conféquent cette parabole eft les $\frac{4}{5}$ du rectangle circonfcrit, & ainfi des autres premieres paraboles de tous les dégrés.

Dans la feconde parabole cubique $y^3 = axx$ les cubes des ordonnées ou des élemens étant entr'eux comme les quarrés des abfciffes, ou comme les quarrés des nombres 0. 1. 2. 3. 4, &c. x, lefquels quarrés ont pour expofant 2, les élemens font par conféquent comme les racines cubiques de ces quarrés, & ces racines ont pour expofant $\frac{2}{3}$; car nous fçavons que pour tirer la racine d'une puiffance, il faut divifer l'expofant de cette puiffance par l'expofant de la racine qu'on veut tirer (*N.* 20.) ; donc la fomme des elemens eft au dernier terme multiplié par le nombre des termes, ou au rectangle circonfcrit comme 1 eft à l'expofant $\frac{2}{3}$ plus 1, ou comme 1 à $\frac{5}{3}$, ou comme $\frac{3}{3}$ à $\frac{5}{3}$, ou comme 3 à 5. De même dans la feconde parabole du quatriéme dégré $y^4 = ax^3$, les quatriémes puiffances des ordonnées étant entre elles comme les cubes des abfciffes ou des nombres 0. 1. 2. 3, &c. x, lefquels cubes ont pour expofant 3, les élemens font comme les racines quatriémes de ces cubes, & par conféquent leur expofant eft $\frac{3}{4}$, donc leur fomme eft au rectangle circonf- crit comme 1 eft à $\frac{3}{4}$ augmenté de l'unité, ou comme 1 à $\frac{7}{4}$, ou comme $\frac{4}{4}$ à $\frac{7}{4}$, c'eft-à-dire comme 4 à 7, & ainfi des autres.

46. Si fur l'axe MR d'une demi-parabole ordinaire MNR

(*Fig.* 18.) on éleve perpendiculairement un triangle rectangle MRT, & qu'on multiplie les élemens AB, CD, &c. de la parabole par les élemens correspondans AE, CF, &c. du triangle, les rectangles formés par ces produits composeront un solide TPNRM dont on trouvera la solidité en cette sorte. Les élemens AB, CD, &c. de la parabole sont entr'eux comme les racines quarrées de leurs abscisses ou des nombres 0. 1. 2. 3, &c. *x*, lesquelles racines ont pour exposant $\frac{1}{2}$, & les élemens AE, CF, &c. du triangle sont entr'eux comme leurs abscisses, ou comme les nombres 0. 1. 2. 3, &c. *x*, dont l'exposant est 1; donc les produits des termes de ces deux suites, c'est-à-dire les rectangles faits par les élemens de la parabole multipliés par ceux du triangle auront pour exposant $\frac{1}{2} + 1$, ou $\frac{3}{2}$ (*N.* 20.) & par conséquent ces rectangles seront à leur dernier terme ou à la base TPNR multipliée par le nombre des termes, ou par la hauteur MR, comme 1 est à l'exposant $\frac{3}{2}$ plus un, ou comme 1 à $\frac{5}{2}$, ou comme $\frac{2}{2}$ à $\frac{5}{2}$, c'est-à-dire comme 2 à 5 ; ainsi le solide TPRNM sera les deux cinquiémes du paralellepipede circonscrit, c'est-à-dire de même base & de même hauteur.

47. A l'exemple du solide précédent on pourroit en former une infinité d'autres & en trouver la solidité tout aussi aisément ; par exemple on pourroit multiplier les élemens d'un triangle par les élemens d'un complement de parabole, ou les élemens d'une parabole par ceux de son complement, ou les élemens d'une parabole d'un certain dégré par ceux d'une parabole d'un autre dégré, &c.

48. Si l'on ajoute aux élemens BA, DC, &c. d'une demi-parabole quarrée MNR (*Fig.* 19.) les élemens AE, CF, &c. d'un rectangle MRTP, & qu'on fasse tourner leur somme autour du côté PT fixe & immobile du rectangle, le solide produit par la circonvolution de la figure NMPT se connoîtra en cette sorte. Les élemens de la figure NMPT étant composés des élemens du rectangle qui sont tous égaux entr'eux, & des élemens de la demi-parabole qui sont entr'eux comme les racines de leurs abscisses, ou des nombres 0. 1. 2. 3, &c. *x*. Si nous nommons *e* chaque element du rectangle, & *r* chaque element de la demi-parabole, les élemens de la figure NMPT seront les *e* + *r*, & leurs quarrés feront la suite des *ee* + *2er* + *rr* ; or cette suite contient 1°. la suite des *ee*, ou des quarrés des élemens du rectangle. 2°. La suite *2er*, c'est-à-dire deux fois la suite des ele-

mens de la demi-parabole multipliés chacun par e. 3°. la fuite
des rr, ou des quarrés des élemens de la demi-parabole ; mais
la fuite des ee eft égale à fon dernier terme, ou au quarré de RT
multiplié par le nombre des termes, ou par la hauteur PT ; les
er étant les r multipliés par la même quantité e font entr'eux
comme les r, & par conféquent leur fomme eft au dernier terme
er, c'eft-à-dire au rectangle RT × NR multiplié par le nombre
des termes, ou par PT, comme 1 eft à l'expofant $\frac{1}{2}$ des r augmenté de l'unité, c'eft-à-dire comme 1 eft à $\frac{3}{2}$, ou comme 2 à
3 ; d'où il fuit que les $2er$ font les $\frac{4}{3}$ de RT×NR multiplié par
PT, enfin les rr étant les quarrés des racines quarrées ou des
élemens de la demi-parabole font comme les nombres 0. 1. 2.
3, &c. x, & leur fomme eft la moitié de leur dernier terme,
ou du quarré de NR multiplié par le nombre des termes PT:
maintenant comme ces trois fuites ee, $2er$, rr, n'ont pas leurs
derniers termes égaux, à caufe que RT peut être plus grand ou
moindre que NR, nous ne pouvons pas faire une fomme totale
de leurs fommes, ainfi nous nous contenterons de fçavoir que
la fomme des quarrés des élemens BE, DF, &c. de la figure
NMPT eft $\overline{RT}^2 \times PT + \frac{4}{3} RT \times RN \times PT + \frac{1}{2} \overline{NR}^2 \times PT$; or le
quarré du dernier terme de cette fomme, c'eft-à-dire le quarré
de NT ou de RT + NR eft $\overline{RT}^2 + 2RT \times RN + \overline{NR}^2$; donc
ce quarré multiplié par le nombre des termes PT eft $\overline{RT}^2 \times PT$
$+ 2RT \times RN \times PT + \overline{NR}^2 \times PT$, & par conféquent la fomme
des quarrés des élemens de la figure NMPT eft à fon dernier
terme multiplié par le nombre des termes comme $\overline{RT}^2 \times PT$
$+ \frac{4}{3} RT \times RN \times PT + \frac{1}{2} \overline{NR}^2 \times PT$ eft à $\overline{RT}^2 \times PT + 2RT \times RN$
$\times PT + \overline{NR}^2 \times PT$, ou comme $\overline{RT}^2 + \frac{4}{3} RT \times RN + \frac{1}{2} \overline{NR}^2$ eft
à $\overline{RT}^2 + 2RT \times RN + \overline{NR}^2$, à caufe du multiplicateur commun
PT, c'eft-à-dire que la fomme eft au dernier terme multiplié
par le nombre des termes comme le quarré de RT plus les $\frac{4}{3}$
du rectangle fait de RT par NR plus la moitié du quarré de
NR, eft au quarré de RT plus deux fois le rectangle de RT
par NR, plus le quarré de NR, & ce rapport peut fe connoître
aifément quand les lignes RT, NR, feront connues : or les cercles que les élemens BE, DF, &c. décrivent en tournant au-

tour de PT font comme les quarrés de ces élemens ; donc leur fomme ou le folide décrit par la circonvolution de la figure NMPT autour de PT eft au dernier terme ou au cercle NH multiplié par le nombre des termes PT comme $\overline{RT}^2 + \frac{1}{3}RT \times RN + \frac{1}{2}\overline{NR}^2$ eft à $\overline{RT}^2 + 2RT \times RN + \overline{NR}^2$.

A l'imitation de ce folide on pourroit en former une infinité d'autres, & en trouver la valeur avec la même facilité : par exemple on pourroit ajouter aux élemens du rectangle RMPT les élemens d'un complement de parabole quarrée, ou ceux d'une parabole de quelque dégré qu'elle fut, ou ceux d'un complement d'une parabole quelconque, &c.

De plus fi du folide décrit par la circonvolution de la figure NMPT autour de PT nous ôtons le cylindre décrit par le rectangle MRTP, nous aurons le folide, ou l'anneau ouvert décrit par la demi-parabole NMR autour de PT, ce qui donne le moyen de connoître une infinité d'anneaux ouverts qu'on pourroit former en mettant au lieu de la parabole NMR quelqu'autre parabole d'un dégré plus élevé, où quelque complement, &c.

49. *Nota.* Que dans toutes les paraboles le rapport des élemens du complement paralelles à l'axe fe connoît par l'équation même de la parabole : par exemple foit la premiere parabole cubique MNR (*Fig.* 19.) dont le complement eft MHN, & dont l'équation eft $y^3 = aax$ qui fignifie que les cubes des ordonnées font entr'eux comme leurs abfciffes. Je mene dans fon complement les élemens AB, CD, &c. paralelles à l'axe, & des points B, D, &c. les ordonnées BE, DF, &c. ainfi les élemens AB, CD, &c. font égaux aux abfciffes ME, MF, &c. de l'axe, & les coupées MA, MC, &c. font égales aux ordonnées BE, DE, &c. à l'axe ; donc les élemens AB, CD, &c. du complement font comme les cubes de leurs abfciffes MA, MC, &c. & c'eft ce que l'équation $y^3 = aax$ me fait voir ; car x reprefentant les abfciffes, reprefente par conféquent les élemens du complement, & y^3 reprefentant les cubes des ordonnées à l'axe reprefente auffi les cubes des coupées MA, MC, &c. par la même raifon on trouvera que dans la feconde parabole cubique $y^3 = axx$, les quarrés des élemens du complement font comme les cubes de leurs abfciffes, & ainfi des autres.

50. Si l'on fait tourner une demi hyperbole MNR (*Fig.* 20.) autour de fon premier axe prolongé FH, on trouvera le folide

décrit en cette forte. Les quarrés des élemens AB, CD, &c. font entr'eux comme les rectangles MB × BP, MD × DP, &c. des abfciffes MB, MD, &c. par les droites PB, PD, &c. qui ne font autre chofe que l'axe PM augmenté des abfciffes MB, MD; nommant donc a l'axe, & x chaque abfciffe, chaque droite PB, PD, &c. fera donc $a + x$, & chaque rectangle fera $ax + xx$, ainfi la fuite des rectangles fera la fuite des $ax + xx$, qui contient la fuite des ax, & celle des xx ; or les ax étant les abfciffes x multipliées par la même grandeur a font entr'eux comme les x, c'eft-à-dire comme les nombres 0. 1. 2. 3. 4, &c. x ; donc leur fomme fera la moitié de leur dernier terme $\overline{MR} \times PM$ multiplié par le nombre des termes ou par MR, c'eft-à-dire $\frac{1}{2}\overline{MR}^2 \times PM$, & les xx étant les quarrés des abfciffes, font le tiers de leur dernier terme $\overline{MR}^2$ multiplié par le nombre des termes ou par MR, c'eft-à-dire $\frac{1}{3}\overline{MR}^3$; partant la fomme des rectangles eft $\frac{1}{2}\overline{MR}^2 \times PM + \frac{1}{3}\overline{MR}^3$, mais le dernier ou le plus grand rectangle eft MR × PR, ou MR × PM + MR × MR, à caufe que PR = PM + MR, & ce rectangle multiplié par le nombre des termes MR eft $\overline{MR}^2 \times PM + \overline{MR}^3$; donc la fomme des rectangles eft à fon dernier terme multiplié par le nombre des termes comme $\frac{1}{2}\overline{MR}^2 \times PM + \frac{1}{3}\overline{MR}^3$ eft à $\overline{MR}^2 \times PM + \overline{MR}^3$, & divifant tout par $\overline{MR}^2$, la fomme eft au dernier terme multiplié par le nombre des termes comme $\frac{1}{2}PM + \frac{1}{3}MR$ eft à $PM + MR$, c'eft-à-dire comme la moitié du premier axe PM, plus le tiers de la plus grande abfciffe MR eft à la fomme PM + MR du premier axe & de la plus grande abfciffe ; or les cercles décrits par les ordonnées autour de MR font entr'eux comme les quarrés des ordonnées, donc leur fomme ou l'hyperboloïde eft au dernier cercle NH multiplié par MR, c'eft-à-dire au cylindre circonfcrit comme $\frac{1}{2}PM + \frac{1}{3}MR$ eft à $PM + MR$.

51. Soit un angle MAX *(Fig. 21.) de* 45 *dégrés dont les côtés* AM, AX, *font indéfinis, fi l'on conçoit dans cet angle une infinité d'élemens* CG, FH, *&c. perpendiculaires au côté* AX, *& qu'après avoir pris des troifiémes proportionnelles à chaque élement* CG, FH, *&c. & à une même grandeur conftante* AB, *on mette ces troifiémes proportionnelles perpendiculairement fur* AX *de* G *en* u, *de* H *en* i, *&c. & qu'enfuite on faffe paffer une courbe par leurs extrémités* u,

i, E, *&c. je dis que cette courbe ne touchera les deux droites* A*d*,
AX, *qu'à l'infini, & que les espaces compris de part & d'autre
entre la courbe & les droites* A*d*, AX, *sont infinis & égaux entr'eux.*

En premier lieu, la droite A*d* étant troisiéme proportionnelle à l'élement de l'angle MAX, lequel élement est égal à
zero au point A, & à la droite AB, doit être infinie en longueur,
& par conséquent la courbe qui doit passer par son extrêmité ne
peut la rencontrer qu'à l'infini.

En second lieu, les élemens CG, FH, &c. de l'angle MAB
allant toujours en augmentant, il s'en trouve un *b*B égal à AB,
après quoi ceux qui viennent après tels que *r*R, M*m*, &c. deviennent d'autant plus grands que *b*B, qu'ils s'en éloignent davantage, c'est pourquoi les troisiémes proportionnelles à ces élemens, & à AB, vont toujours en diminuant, cependant il ne
peut cesser d'y avoir de troisiéme proportionnelle, ou la troisiéme proportionnelle ne peut devenir égale à zero, que lorsque
l'élement de l'angle MAX deviendra infiniment grand par rapport
à AB, son abscisse prise sur la ligne AX sera aussi infinie ; car les
élemens CG, FH, &c. de l'angle MAX sont égaux chacun à
chacun à leurs abscisses AG, AH, &c. à cause qu'ils sont perpendiculaires sur AX, & que l'angle MAX est de 45 degrés ;
donc la courbe ne rencontrera la droite AX qu'à l'infini ; ainsi
les deux droites A*d*, AX, sont asymptotes de la courbe.

En troisiéme lieu, à cause de CG. AB :: AB. G*u*, nous avons
CG × G*u* = $\overline{AB}^2$; de même à cause de FH. AB :: AB. H*i*, nous
avons FH × H*i* = $\overline{AB}^2$; donc CG × G*u* = FH × H*i*, & partant
G*u*. H*i* :: FH. CG ; or les triangles semblables FHA, CGA,
donnent FH. CG :: AH. AG ; donc G*u*. H*i* :: AH. AG, c'est-
à-dire les élemens G*u*. H*i*, &c. perpendiculaires à l'asymptote
AX, sont entr'eux réciproquement comme leurs abscisses ; or les
abscisses AG, AH, &c. sont comme les nombres naturels 0. 1.
2. 3, &c. dont l'exposant est 1 ; donc l'exposant de la suite des
ordonnées G*u*, H*i*, &c. à l'asymptote AX est —1 (*N.* 28.), ainsi
la somme des élemens compris dans l'espace BA*due* est à son
dernier terme BE multiplié par le nombre des termes BA, c'est-
à-dire au quarré ABED comme 1 est à —1 + 1, ou comme 1 à
zero ; mais le rapport de 1 à zero est infini ; donc l'espace BA*due*
est infini par rapport au quarré ABED.

Nota. Que je dis *le quarré* ABED, à cause que l'élement *b*B de l'angle MAX mené de l'extrêmité B de la droite AB étant égal à AB, la troifiéme proportionnelle BE à l'élement bB, & à la droite AB eft égale à AB.

De même fi je mene des ordonnées Ts, Px, &c. à l'afymprote Ad, & que de leurs extrêmités s, x, je mene les ordonnées sS, xm, &c. à l'afymptote AX, j'aurai à caufe des paralelles, AT $=$Ss, AP$= mx$, &c. & T$s =$ AS, P$x =$ Am, &c. or nous venons de trouver que les ordonnées Ss, mx, &c. font réciproques à leurs abfciffes; donc les ordonnées Ts, Px, &c. à l'afymptote Ad font réciproques à leurs abfciffes AT, AP, &c. mais ces abfciffes font entr'elles comme les nombres o. 1. 2. 3, &c. dont l'expofant eft 1; donc la fuite des ordonnées Ts, Px, &c. de l'efpace indéfini ADESX a pour expofant —1, & par conféquent cette fuite eft à fon dernier terme DE multiplié par le nombre des termes AD, c'eft-à-dire au quarré ADEB comme 1 eft à —1 +1, ou comme 1 à o, ainfi l'efpace indéfini eft infiniment grand par rapport au quarré ABED.

Les efpaces indéfinis BAdue, ADEsX ayant le même rapport infini au quarré ABED font donc parfaitement égaux entr'eux.

52. La courbe que nous venons de décrire eft une hyperbole ordinaire équilatere, c'eft-à-dire dont les deux axes font égaux, & fa puiffance eft le quarré ABED.

Car d'un point quelconque i menant les ordonnées iH, iN aux deux afymptotes, nous aurons iH. BE :: AB. AH, comme on a vû ci-deffus; donc iH $\times$ AH $= \overline{\text{BE}}^2$; or à caufe des paralelles nous avons iN $=$ AH, & H$i =$ AN; donc iN $\times$ AN $= \overline{\text{BE}}^2$, ce qui eft la proprieté de l'hyperbole entre fes afymptotes.

Nota. Que j'ai dit que cette hyperbole eft équilatere, à caufe que l'angle des afymptotes eft droit; car fi l'on décrit une hyperbole avec deux axes égaux, on trouvera toujours que fes afymptotes formeront un angle droit, ce qui n'arrive jamais quand les deux axes font inégaux.

Nota. *Si l'on fait tourner l'efpace hyperbolique infini* BAduE *autour de l'afymptote* Ad *immobile, le folide infiniment long* pqtxzh, *produit par cette circonvolution, eft cependant d'une grandeur finie & égal à un paralellepipede qui auroit pour bafe le quarré* ABED, & *pour hauteur une ligne égale à la circonférence décrite par le rayon* AB.

Car par la proprieté de l'hyperbole G$u \times$ AG $=$ H$i \times$ AH $=$ BE $\times$ AB, c'eft-à-dire les produits des ordonnées Gu, Hi, &c.

par

par leurs abſciſſes AG, AH, &c. ſont tous égaux entr'eux, & au quarré de AB ; or les abſciſſes AG, AH, &c. AB, ſont entr'elles comme les circonférences qu'elles décriront autour de l'aſymptote Ad; donc les ordonnées Gu, Hi, &c. BE multipliées par les circonférences que leurs abſciſſes AG, AH, &c. AB, décriroient, donnent des produits égaux, c'eſt-à-dire Gu × (AG = Hi × (AH = BE × (AB ; mais quand la figure BAduE tourne autour de l'aſymptote, ſes ordonnées Gu, Hi, &c. BE décrivent des ſurfaces de cylindres qui ont pour baſes les cercles décrits par les abſciſſes AG, AH, &c. AB, & ces ſurfaces ne ſont autre choſe que les produits Gu×(AG, Hi ×(AH, &c. BE× (AB ; donc le ſolide décrit par la circonvolution de la figure BAduE n'eſt pas différent de la ſomme de ces ſurfaces, ou des produits Gu×(AG, Hi×(AH, &c. or la ſomme de ces produits eſt égale au dernier produit BE×(AB multiplié par le nombre qui en marque la multitude, c'eſt-à-dire par AB, donc le ſolide eſt égal à BE ×(AB×AB, ou BE×AB×(AB, c'eſtà-dire que ſi l'on prend une ligne droite égale à (AB, & qu'on multiplie le quarré ADEB par cette ligne, on aura la valeur du ſolide ; mais le produit du quarré ADEB par la ligne égale à (AB eſt un paralellepipede ; donc le ſolide eſt égal à ce paralellepipede.

On prouveroit la même choſe par l'arithmetique des Infinis ; car les élemens Gu, Hi, &c. étant réciproques aux élemens CG, FH, &c. de l'angle indéfini MAX, ont pour expoſant — 1, à cauſe que l'expoſant des élemens CG, FH, &c. eſt 1 ; multipliant donc ces élemens Gu, Hi, &c. par les circonférences de leurs abſciſſes AG, AH, dont l'expoſant eſt 1 ; la ſuite des produits aura pour expoſant — 1+1, ou o, & par conſéquent cette ſuite ſera à ſon dernier terme BE×(AB multiplié par le nombre des termes AB comme 1 eſt à o+1, ou comme 1 eſt à 1 ; ainſi la ſomme des ſurfaces décrites par les élemens Gu, Hi, ou le ſolide ſera BE× AB ×(AB, ce qui fait voir le parfait accord de l'arithmétique des Infinis avec la Geometrie.

53. *Soit une demi-parabole ordinaire indéfinie* Abrm *(Fig. 22.) dont le parametre ſoit la ligne* AB, *& dans laquelle on ait mené l'ordonnée* ab *égale au parametre, & par conſéquent égale à ſon abſciſſe* aA *(Liv. II. N. 673.) Si l'on prend des troiſiémes proportionnelles aux élemens* CG, FH, *&c. du complement indéfini* mAX, *& au parametre* AB, *& qu'après avoir mis ces troiſiémes propor-*

Tome II.   E *tionnelles perpendiculairement sur AX de G en u, de H en i, &c. on faſse paſser une courbe par ſes extrêmités, je dis 1° que cette courbe ne rencontrera les droites Ad, AX, qu'à l'infini; 2° que l'eſpace indéfini compris entre la courbe & l'aſymptote Ad eſt pour ainſi dire plus qu'infini, & qu'au contraire l'eſpace compris entre la courbe & l'autre aſymptote AX eſt d'une valeur finie quoiqu'il ſoit indéfini en longueur.*

En premier lieu Ad eſt infinie en longueur à cauſe qu'elle eſt troiſiéme proportionnelle à l'élement du complement parabolique, lequel eſt égal à zero au point A, & au parametre AB.

En ſecond lieu, les élemens du triangle parabolique qui ſe trouvent au-deſſous de l'élement bB $=$ AB ſont d'autant plus grands que bB ou AB qu'ils s'en éloignent davantage; ainſi les troiſiémes proportionnelles à ces élemens & au parametre AB, ſont d'autant plus petites que BE $=$ AB qu'elles s'en éloignent davantage; cependant la troiſiéme proportionnelle ne peut devenir infiniment petite on égale à zero, que lorſque l'élement mM du complement ſera infiniment grand par rapport à bB; or alors nous aurons mM. bB :: $\overline{\text{MA}}^2$. $\overline{\text{AB}}^2$ par la proprieté de la parabole; donc $\overline{\text{MA}}^2$ ſera infiniment grand par rapport à $\overline{\text{AB}}^2$, & par conſéquent MA ſera auſſi infiniment grand par rapport à AB, ainſi la courbe ne rencontrera la droite AX qu'à l'infini.

En troiſiéme lieu, à cauſe de CG. AB :: AB. Gu, nous avons CG $\times$ Gu $= \overline{\text{AB}}^2$, & à cauſe de FH. AB :: AB. Hi, nous avons FH $\times$ Hi $=$ CG $\times$ Gu; donc Gu. Hi :: FH. CG; mais par la proprieté de la parabole, on a FH. CG :: $\overline{\text{AH}}^2$. $\overline{\text{AG}}^2$; donc Gu. Hi :: $\overline{\text{AH}}^2$. $\overline{\text{AG}}^2$, c'eſt-à-dire les ordonnées à l'aſymptote AX, ſont entr'elles réciproquement comme les quarrés de leurs abſciſſes; or les abſciſſes étant entr'elles comme les nombres naturels o. 1. 2. 3, &c. leurs quarrés ont pour expoſant 2; donc dans l'eſpace indéfini BAduE, la ſuite des élemens ordonnés à AX, a pour expoſant —2 (*N.* 28.) & par conſéquent cette ſuite eſt à ſon dernier terme multiplié par le nombre des termes AB, c'eſt-à-dire au quarré ABED comme 1 eſt à —2 $+$ 1, ou comme 1 eſt à —1; ainſi l'eſpace indéfini BAduE eſt pour ainſi dire plus qu'infini par rapport au quarré ABED, puiſque ſon rapport à ce quarré eſt comme 1 à —1, lequel eſt plus grand que le rapport de 1 à o qui eſt infini.

Maintenant fi je mene des ordonnées Ts, Px, &c. à l'autre asymptote Ad, & que de leurs extrêmités s, x, j'en mene d'autres sS, Mx à l'asymptote AX, j'aurai Ss = At, Mx = AP, &c. à caufe des paralelles, & Ts = As, Px = AM, &c. or Ss, Mx, &c. font réciproques aux quarrés de AS, AM, &c. donc les quarrés des ordonnées Ts, Px, &c. à l'afymptote Ad font auffi réciproques à leurs abfciffes, & par conféquent leurs racines, c'eft-à-dire les ordonnées Ts, Px, &c. font entr'elles réciproquement comme les racines quarrées des abfciffes ; or les abfciffes étant comme les nombres o. 1. 2. 3, &c. leurs racines quarrées ont pour expofant $\frac{1}{2}$, donc dans l'efpace indéfini DAXsE la fuite des élemens ordonnés à AD, a pour expofant — $\frac{1}{2}$, & par conféquent cette fuite eft à fon dernier terme DE multiplié par le nombre des termes AD, c'eft-à-dire au quarré ABED, comme 1 eft — $\frac{1}{2}$ + 1, ou comme 1 eft à $\frac{1}{2}$, ou enfin comme 2 eft à 1 ; ainfi l'efpace indéfini DAXsE eft double du quarré ABED, & par conféquent cet efpace eft fini.

· 54. La courbe que nous venons de décrire eft une hyperbole équilatere du troifiéme dégré, & fa proprieté eft que fi l'on mene une ordonnée quelconque iN à l'afymptote Ad, le produit du quarré de cette ordonnée par fon abfciffe AN eft toujours égal au cube de AB ; car à caufe que les ordonnées Hi, BE, &c. à l'afymptote AX, font réciproques aux quarrés de leurs abfciffes, nous avons Hi. BE :: $\overline{\text{BA}}^2$. $\overline{\text{AH}}^2$; donc Hi × $\overline{\text{AH}}^2$ = $\overline{\text{BA}}^2$ × BE = $\overline{\text{AB}}^3$; or Hi = AN, & iN = AH, à caufe des paralelles ; donc AN × $\overline{i\text{N}}^2$ = $\overline{\text{AB}}^3$.

Au contraire fi l'on mene une ordonnée quelconque Hi à l'afymptote AX, le produit de cette ordonnée par le quarré de fon abfciffe AH eft toujours égal au cube de AB, ainfi qu'on vient de voir.

55. Si au lieu d'un complement de parabole quarrée, on prenoit un complement de premiere parabole cubique, & qu'après avoir pris des troifiémes proportionnelles à chacun de fes élemens & à fon parametre, on achevât le refte comme ci-deffus, la courbe qu'on décriroit par ce moyen feroit une hyperbole du quatriéme dégré dont on découvriroit aifément les proprietés de même que de la précédente, on auroit les hyperboles des dégrés fupérieurs, c'eft-à-dire du cinquiéme dégré, du fixiéme,

&c. en employant des complemens de premiere parabole du quatriéme dégré, du cinquiéme , &c.

CHAPITRE II.

DE LA MECHANIQUE.

56. LA Mechanique eſt la Science du mouvement ; elle
comprend cinq parties , les loix du mouvement, la Statique , l'Hydroſtatique , l'Airometrie , & l'Hydraulique.

57. On dit qu'un corps eſt en *mouvement* , lorſqu'il eſt tranſ-
porté d'un lieu à un autre , & qu'il eſt en *repos* lorſqu'il ne change
point de place.

58. La *Maſſe* d'un corps eſt la quantité de matiere qui le com-
poſe , & ſon volume eſt ſon extenſion en longueur , largeur &
profondeur.

59. La *Force mouvante* d'un corps eſt ce qui donne le mouvement à ce corps.

60. La viteſſe d'un corps eſt un effet de la force motrice , par
lequel le corps parcourt un certain eſpace en un tems déterminé ;
de façon que ſi deux corps A , B , dans un même tems , ou dans
des tems égaux parcourent des eſpaces égaux , leurs viteſſes ſont
égales , & s'ils parcourent des eſpaces inégaux , leurs viteſſes
ſont inégales ; la plus grande eſt celle qui fait parcourir un plus
grand eſpace , la moindre eſt celle qui fait parcourir un moindre eſpace.

61. La *direction* du mouvement d'un corps eſt la ligne droite
le long de laquelle on conçoit que ce corps ſe meut.

AXIÔMES.

62. *Rien ne ſe fait dans la Nature ſans quelque raiſon.* Si aujourd'hui une choſe eſt d'une façon , & demain d'une autre , il
y a certainement une raiſon de changement.

63. *Les effets ſont proportionnels à leurs cauſes.* Si une cauſe produit un tel effet , il faut une cauſe double ou triple pour produire un effet double ou triple.

64. *Tout corps eſt indifférent au mouvement ou au repos.* Il eſt in-

capable de choix & de volonté, & par conféquent il ne peut fe mettre lui-même dans un état différent.

Delà il fuit que fi un corps paffe du mouvement au repos, du repos au mouvement, ou d'une direction de mouvement à une autre, il y a néceffairement quelque caufe externe qui produit ces effets.

65. *Si un corps* A *double ou triple , &c. d'un autre corps* B, *parcourt un efpace égal à celui que* B *parcourt dans un même tems, la force qui donne le mouvement au corps* A *eft double, ou triple, &c. de la force motrice de* B. Suppofons A double de B, je le coupe en deux parties égales entr'elles, & au corps B; ainfi il faudra deux forces égales à la force motrice de B, pour faire parcourir à ces deux parties un efpace égal à celui que B parcourt ; or la force qui meut le corps A tout entier, fait le même effet, donc, &c.

66. *Si un corps* A *égal à un autre corps* B *parcourt un efpace double, triple, &c. de celui que* B *parcourt dans le même tems, la force motrice de* A *eft double, ou triple, &c. de la force motrice de* B, à caufe de l'égalité des corps A, B, la force de A fait le même effet que fi la force de B faifoit parcourir à B un efpace double, triple, &c. de celui que B parcourt ; or en ce cas la force de B feroit double, ou triple de ce qu'elle eft, puifque l'effet feroit double ou triple, &c. donc

67. On nomme *quantité de mouvement* d'un corps le produit de fa maffe par fa viteffe ; car comme il faut plus de force lorfque la maffe & la viteffe font plus grandes, il eft clair que pour eftimer la quantité de mouvement, il faut avoir égard à ces deux chofes. La quantité de mouvement fert à eftimer la force motrice dont elle eft l'effet, & à laquelle elle eft par conféquent proportionnelle.

Soient par exemple la maffe du corps A $=$ 1, celle du corps B $=$ 2, la viteffe de A $=$ 1, celle de B égale à trois. La quantité de mouvement de A fera donc 1, & celle de B fera 6 ; & par conféquent les forces de ces deux corps feront auffi comme 1 à 6, puifque ce feront ces forces qui auront produit ces quantités de mouvement, & que les caufes font proportionnelles à leurs effets, & ceci fe confirme encore par ce raifonnement : fi les viteffes des corps A, B, étoient égales, la force du corps B feroit double de la force du corps A, à caufe de la maffe de B double de celle de A (*N.* 65.) ; or pour donner à B une viteffe

triple de celle qu'il auroit dans cette fuppofition, il faut une
force triple ; donc cette force doit être fextuple de celle de A,
car le triple du-double eft le fextuple ; ainfi les forces de A & B
doivent être comme 1 à 6, mais 1 eft le produit de la maffe 1 du
corps A par fa viteffe 1, & 6 eft le produit de la maffe 2 du corps
B par fa viteffe 3, donc les forces des deux corps font entr'elles
comme les produits des maffes par les viteffes, ou comme les
quantités de mouvement.

68. Le mouvement d'un corps fe fait ou en *ligne droite*, ou
en *ligne courbe*, en comprenant fous le nom de lignes courbes
celles qui changent de tems en tems de direction, telle qu'eft
par exemple le circuit d'un polygone, & l'un & l'autre de ces
mouvemens eft ou uniforme, ou acceleré.

69. Le mouvement uniforme eft celui par lequel un corps
parcourt des efpaces égaux dans des tems égaux.

70. Le mouvement acceleré eft celui par lequel un corps parcourt dans des tems égaux des efpaces qui vont en augmentant,
& à ce mouvement répond le mouvement retardé par lequel un
corps parcourt dans des tems égaux des efpaces qui vont en diminuant.

71. Le mouvement ne peut s'accelerer que lorfqu'un corps
reçoit d'un inftant à l'autre des nouveaux accroiffemens de viteffe, foit que ces accroiffemens viennent de la part de la premiere force motrice, ou de la part d'autres forces qui le pouffent
dans fon chemin ; ainfi on pourroit fe former une infinité d'hy-
pothèfes d'accéleration: par exemple on pourroit concevoir que
les accroiffemens des viteffes feroient comme les tems, ou
comme les quarrés des tems, ou comme leurs cubes, &c. ou
comme quelques-unes de leurs racines, &c. mais pour ne pas
nous arrêter à des fpéculations inutiles à notre fujet, nous ne
traiterons ici que du mouvement qu'on nomme uniformement
acceleré, par lequel un corps reçoit dans des tems égaux des accroiffemens égaux de viteffe. Ce mouvement eft celui des corps
qui par leur propre pefanteur tendent vers le centre de la terre.

72. Le mouvement fe diftingue encore en mouvement fimple
& en mouvement compofé : le mouvement fimple eft celui qui
eft caufé par une feule & unique force, & le mouvement compofé
eft celui qui eft produit par deux ou plufieurs forces qui ont des
directions différentes, foit que ces forces foient uniformes ou
accelerées, ou les unes uniformes & les autres accelerées.

Des Loix du Mouvement uniforme.

73. PROPOSITION. I. *Dans le mouvement uniforme d'un corps, les espaces parcourus sont entr'eux comme les temps employés à les parcourir.*

Puisque dans le mouvement uniforme les espaces parcourus dans des tems égaux sont égaux, il est clair que si le corps A dans un tems quelconque, par exemple dans une minute, parcourt un espace quelconque, il doit dans un tems double, ou triple, &c. du premier, parcourir un espace double, ou triple de l'espace parcouru dans le premier ; & que par conséquent le second espace parcouru doit être au premier, comme le second tems est au premier tems.

74. Pour abreger les démonstrations des Propositions suivantes dans lesquelles nous considerons deux corps A, B, en mouvement, nous nommerons V la vitesse du premier, T le tems de son mouvement, E l'espace qu'il parcourt, M sa masse, & Q sa quantité de mouvement; de même nous nommerons *u* la vitesse du second corps, *t* le tems de son mouvement, *e* l'espace qu'il parcourt, *m* sa masse, & *q* sa quantité de mouvement.

75. PROPOSITION II. *Dans le mouvement uniforme, les espaces parcourus par deux corps A, B, sont en raison composée des vitesses & des tems, c'est-à-dire les espaces parcourus sont entr'eux comme les produits des vitesses par les tems.*

Supposons d'abord que les vitesses & les tems soient égaux, les espaces parcourus E, *e*, seront par conséquent égaux ; car on ne voit point de raison pour laquelle l'un des deux corps parcoureroit un plus grand espace que l'autre. Supposons en second lieu que les tems étant égaux, la vitesse V de A soit double de la vitesse *u* de B ; il est clair qu'alors l'espace parcouru par A sera double de l'espace parcouru par B; car une vitesse double d'une autre fait parcourir en un même tems un espace double de l'espace que l'autre vitesse fait parcourir. Enfin supposons non-seulement que la vitesse V de A soit double de la vitesse *u* de B, mais encore que le tems T du mouvement de A, soit triple du tems *t* du mouvement de B. Il est encore visible que le corps A dans le tems T parcourera un espace triple de celui qu'il parcoureroit dans le tems *t* (*N*. 73.) ; or A dans le tems *t* parcoureroit un espace double de celui que B parcoureroit dans le même tems, à cause

de sa vitesse double ; donc A dans le tems T doit parcourir un espace sextuple de celui que B parcoureroit dans le tems t ; ainsi les
espaces parcourus doivent être entr'eux comme 6 à 1, mais 6 est
le produit de la vitesse $V = 2$ du corps A par son tems $T = 3$, &
1 est le produit de la vitesse $u = 1$ du corps B par son tems $t = 1$;
donc nous avons E. e :: 6. 1 :: TV. tu.

76. De cette Proposition on peut déduire aisément grand nombre de Corollaires, ainsi qu'on va voir.

77. E. e :: TV. tu ; donc si l'on suppose $T = t$, on aura E. e
:: V. u, c'est-à-dire *dans le mouvement uniforme, les espaces parcourus par deux corps A, B, dans des tems égaux sont entr'eux
comme les vitesses de ces corps.*

78. E. e :: TV. tu ; donc si l'on suppose $V = u$, on aura E. e
:: T. t, c'est-à-dire *dans le mouvement uniforme, les espaces parcourus par deux corps qui ont des vitesses égales sont entr'eux comme
les tems employés à les parcourir.*

79. E. e :: TV. tu ; donc si l'on suppose $V = u$, & $T = t$, on
aura $E = e$, ce qui est évident.

80. E. e :: TV. tu ; donc $Etu = eTV$, & partant V. u :: Et. eT ;
c'est-à-dire *dans le mouvement uniforme, les vitesses V, u de deux
corps sont en raison composée de la raison directe des espaces E, e,
& de la raison inverse t, T des tems ;* car la raison composée de
ces deux raisons est Et, eT.

81. Puisque V. u :: Et. eT ; donc en divisant la seconde rai-
son par T & par t, on aura V. u :: $\frac{E}{T}$. $\frac{e}{t}$, c'est-à-dire *dans le
mouvement uniforme, les vitesses de deux corps sont entr'elles comme
les espaces divisés par les tems.*

Et de même si dans V. u :: Et. eT on divise la derniere rai-
son par e, & ensuite par E, on aura V. u :: $\frac{t}{e}$. $\frac{T}{E}$, c'est-à-dire
*dans le mouvement uniforme les vitesses de deux corps sont entr'elles
réciproquement comme les tems divisés par les espaces.*

82. E. e :: TV. tu ; donc $Etu = eTV$, & partant T. t :: Eu. eV,
c'est-à-dire *dans le mouvement uniforme les tems du mouvement de
deux corps sont en raison composée de la raison directe E, e, des espaces, & de la raison inverse des vitesses V, u.*

83. Puisque T. t :: Eu. eV, donc en divisant la derniere raison
par u & par V, on aura T. t :: $\frac{E}{V}$. $\frac{e}{u}$, c'est-à-dire *dans le mou-*

vement

vement uniforme, les tems du mouvement de deux corps font entr'eux comme les efpaces divifés par les viteffes.

De même, fi dans $T. t :: Eu. eV$, on divife la derniere raifon par E & par e, on on aura $T. t :: \dfrac{u}{e} . \dfrac{V}{E}$, c'eft-à-dire dans le mouvement uniforme de deux corps les tems font entr'eux réciproquement comme les viteffes divifées par les efpaces.

84. Proposition III. *Dans le mouvement uniforme les quantités de mouvement Q, q, de deux corps A, B, font en raifon compofée de la raifon des maffes M, m, & des viteffes V, u.*

La quantité de mouvement felon fa Définition (*N.* 67.) eft le produit de la maffe par la viteffe ; donc les quantités de mouvement des corps A, B, font entr'elles comme MV, mu ; mais cette raifon eft compofée des deux M, m, & V, u ; donc, &c.

85. $Q. q :: MV. mu$; donc fi l'on fuppofe $Q = q$, on aura $MV = mu$, & partant $M. m :: u. V$, c'eft-à-dire *dans le mouvement uniforme de deux corps, fi les quantités de mouvement font égales, les maffes font entr'elles réciproquement comme les viteffes.*

D'où il fuit que fi outre $Q = q$ on fuppofe $M = m$, on aura $V = u$; de même fi on fuppofe $Q = q$, & $V = u$, on aura $M = m$.

86. $Q. q :: MV. mu$; donc $Qmu = qMV$, & par conféquent $V. u :: Qm. qM$, c'eft-à-dire *dans le mouvement uniforme de deux corps, les viteffes font en raifon compofée de la raifon directe des quantités de mouvement Q, q, & de la raifon inverfe m, M, des maffes.*

87. $Q. q :: MV. mu$; donc $Qmu = qMV$, & partant $M. m :: Qu. qV$, c'eft-à-dire dans le mouvement uniforme de deux corps, les maffes M, m, font entr'elles en raifon compofée de la raifon directe des quantités de mouvement Q, q, & de la raifon inverfe u, V, des viteffes.

88. Nous avons trouvé ci-deffus $V. u :: Et. eT$ (*N.* 80.) fi l'on multiplie donc les termes de cette proportion par ceux de la proportion $Q. q :: MV. mu$, nous aurons $QV. qu :: MVEt. mueT$, ou $QV. MVEt :: qu. mueT$, d'où l'on tirera grand nombre d'autres Corollaires, ainfi qu'on va voir.

89. $QV. MVEt :: qu. mueT$; donc en divifant la premiere raifon par V, & la feconde par u, on aura $Q. MEt :: q. meT$, ou $Q. q :: MEt. meT$, c'eft-à-dire *dans le mouvement uniforme de deux corps les quantités de mouvement font en raifon compofée de la raifon directe M, m, des maffes, de la raifon directe E, e, des efpaces, & de la raifon inverfe t, T, des tems.*

Tome II.   F

90. Puifque Q. q :: MEt. meT , donc QmeT $=$ qMEt, & partant E. e :: QmT. qMt, c'eft-à-dire *dans le mouvement uniforme de deux corps, les efpaces parcourus font en raifon compofée de la raifon directe des quantités de mouvement* Q, q, *de la raifon directe des tems* T, t, *& de la raifon inverfe* m, M, *des maffes.*

91. Q. q :: MEt. meT, donc QmeT $=$ qMEt, & par conféquent M. m :: QeT. qEt, c'eft-à-dire *dans le mouvement uniforme de deux corps, les maffes font entr'elles en raifon compofée de la raifon directe* Q, q, *des quantités de mouvement, de la raifon directe* T, t, *des tems & de la raifon inverfe* e, E, *des efpaces.*

92. Q. q :: MEt. meT , donc QmeT $=$ qMEt, & partant T. t :: qME. Qme, c'eft-à-dire *dans le mouvement uniforme de deux corps, les tems font entr'eux en raifon compofée de la raifon directe des maffes* M, m, *de la raifon directe des efpaces* E, e, *& de la raifon inverfe* q, Q, *des quantités de mouvement.*

93. Si dans les analogies des Corollaires précédens on fuppofe quelques grandeurs égales entr'elles, on en tirera encore d'autres conféquences : par exemple fi dans Q. q :: MEt. meT; on fuppofe Q$=$q, on aura MEt $=$ meT; donc 1°. T. t :: ME. me, c'eft-à-dire *les quantités de mouvement étant égales, les tems font entr'eux en raifon compofée des raifons directes des maffes & des efpaces.* 2°. E. e :: mT. Mt, c'eft-à-dire *les quantités de mouvement étant égales, les efpaces font en raifon compofée de la raifon directe des tems & de la raifon inverfe des maffes.* 3°. M. m :: eT. Et, c'eft-à-dire *les quantités de mouvement étant égales, les maffes font en raifon compofée de la raifon directe des tems & de la raifon inverfe des efpaces,* & ainfi des autres.

Des Loix du Mouvement uniformement acceleré.

94. Le mouvement uniformement acceleré comme nous avons dit eft celui dont la viteffe reçoit dans des tems égaux des accroiffemens égaux , c'eft-à-dire que fi dans le premier inftant le corps a un dégré de viteffe, dans le fecond il en a deux, dans le troifiéme il en a trois, & ainfi de fuite,

95. On a éprouvé que la pefanteur des corps eft toujours la même dans tous les lieux où on a pû faire des experiences, foit au-deffus de la furface de la Terre, foit en deffous, & que les corps pefans tendent vers le centre de la Terre avec un mouvement qui s'accelere ; or c'eft fur ces expériences qu'eft fondée la doctrine du mouvement acceleré dont Galilée eft l'inventeur.

96. Proposition III. *Dans le mouvement uniformement acceleré,
les efpaces parcourus dans des tems égaux infiniment petits & fucceffifs les uns aux autres, font entr'eux comme les nombres* 1. 2. 3.
4. 5, &c.

Pendant le premier inftant la force motrice donnant au corps
un premier dégré de viteffe lui fait parcourir un petit efpace qu'on
peut regarder comme étant uniformement parcouru à caufe de la
durée infiniment petite de ce premier inftant ; ainfi fi l'on fuppofoit que la force motrice ne donnât point une nouvelle impreffion au corps dans le fecond inftant, ce corps ne laifferoit
pas que de continuer à fe mouvoir en vertu de la premiere viteffe reçue, à moins que quelque obftacle ne s'oppofât à lui, &
il parcoureroit pendant le fecond inftant un efpace égal à celui
qu'il auroit parcouru pendant le premier, puifqu'il auroit le même
dégré de viteffe ; mais comme la force motrice lui donne dans
ce fecond inftant un fecond dégré de viteffe égal au premier,
au lieu d'un efpace il en parcourt deux, égaux chacun au premier.
De même fi l'on fuppofoit encore que la force motrice au fecond inftant n'agît plus fur le corps, néanmoins ce corps en vertu
des deux dégrés de viteffe reçus dans les deux premiers inftans
parcoureroit un efpace égal à celui qu'il auroit parcouru dans le
fecond, c'eft-à-dire un efpace double de l'efpace parcouru dans
le premier, mais comme la force motrice lui donne encore un
nouveau dégré de viteffe égal au premier, au lieu de deux efpaces il en parcourt trois égaux chacun à l'efpace parcouru dans
le premier inftant, & par un femblable raifonnement il eft aifé
de voir qu'au quatriéme inftant le corps doit parcourir un efpace
quadruple du premier, au cinquiéme un efpace quintuple, &c.
& que par conféquent les efpaces parcourus dans des inftans
infiniment petits, égaux & fucceffifs doivent être comme les
nombres 1. 2. 3. 4. 5. 6, &c.

97. La viteffe du corps à la fin d'un inftant quelconque fe
nomme *viteffe acquife* ; ainfi la viteffe acquife du troifiéme inftant
eft 3, celle du quatriéme eft 4, &c.

98. Soit la hauteur AB d'un triangle ABM (*Fig.* 23.) divifée
en une infinité de parties égales, & des points de divifion foient
menés les élemens CD, EF, &c. fi l'on conçoit que la hauteur
AB reprefente le tems ou la durée du mouvement d'un corps
qui fe meut avec une viteffe uniformement accelerée, les petites parties de cette ligne reprefenteront les inftans infiniment

petits égaux & fucceffifs, & les élemens CD, EF, &c. reprefenteront les efpaces parcourus pendant ces inftans, de même
que les viteffes acquifes à la fin de ces inftans ; de façon que les
efpaces parcourus pendant chacun de ces inftans font entr'eux
comme les viteffes acquifes à la fin de chacun de ces inftans,
avec cette différence cependant que chaque efpace eft parcouru
tout entier dans l'inftant auquel il appartient, au lieu que chaque
viteffe acquife n'a qu'une partie qui ait été produite dans l'inftant auquel elle appartient: je m'explique, l'efpace EF parcouru
dans le fecond inftant eft parcouru tout entier dans ce fecond
inftant, au contraire la viteffe EF acquife à la fin du fecond inftant n'eft pas produite toute entiere dans ce fecond inftant; mais
l'une de fes parties EN eft la même que la viteffe CD acquife à
la fin du premier inftant, & l'autre partie NF eft produite dans
le fecond; ainfi la viteffe acquife à la fin d'un inftant quelconque
eft la fomme de toutes les viteffes inftantanées de tous les inftans depuis le commencement du mouvement, au lieu que l'efpace d'un inftant eft parcouru tout entier dans un inftant. Par
exemple la viteffe SR acquife à la fin du quatriéme inftant n'eft
autre chofe que la viteffe CD acquife à la fin du premier, plus
la viteffe NF acquife du premier au fecond, plus la viteffe IH
acquife du fecond au troifiéme, plus la viteffe QR acquife du
troifiéme au quatriéme, tandis que l'efpace SR eft parcouru tout
entier dans le quatriéme inftant, ce qui met une grande différence entre les efpaces parcourus dans les inftans infiniment petits égaux & fucceffifs, & les viteffes acquifes à la fin de ces
inftans.

99. PROPOSITION IV. *Dans le mouvement uniformement acceleré,*
les efpaces parcourus dans des tems égaux, fucceffifs & fenfibles,
c'eſt-à-dire qui ne font pas infiniment petits, font entr'eux comme les
nombres impairs 1. 3. 5. 7. 9, &c.

Concevons que la hauteur AB du triangle ABM (*Fig.* 24.) repréfente le tems, ou la durée du mouvement d'un corps dont la
viteffe eft uniformement accelerée ; fi cette hauteur étoit divifée
en parties égales & infiniment petites, & que des points de divifion on menât les élemens du triangle paralelles à la bafe, les
parties infiniment petites de AB reprefenteroient les inftans infiniment petits, égaux & fucceffifs dont le tems AB eft compofé,
& les élemens du triangle reprefenteroient les efpaces parcourus
dans ces inftans.

Maintenant concevons que AB foit divifée en quatre parties égales AC, CE, EG, GB, ces parties reprefenteront des parties égales du tems AB, lefquelles ne feront pas infiniment petites ; or l'efpace parcouru pendant le tems fenfible AC n'étant autre chofe que la fomme des efpaces parcourus pendant les inftans infiniment petits qui compofent le tems AC, fera par conféquent la fomme des élemens du triangle ACD, c'eft-à-dire cet efpace fera reprefenté par le triangle ACD ; par la même raifon l'efpace parcouru pendant le tems AE compofé des deux premiers AC, CE, fera reprefenté par le triangle AEF, l'efpace parcouru pendant le tems AG compofé des trois premiers AC, CE, EG, fera reprefenté par le triangle AGH ; enfin l'efpace parcouru pendant le tems compofé des quatre AC, CE, EG, GB fera reprefenté par le triangle ABM ; or les quatre triangles ACD, AEF, AGH, ABM, étant femblables, font entr'eux comme les quarrés de leurs hauteurs AC, AE, AG, AB, lefquelles font comme les nombres 1. 2. 3. 4 ; donc ces triangles font entr'eux comme les quarrés 1. 4. 9. 16 ; ainfi les efpaces parcourus dans le premier tems, dans les deux premiers, dans les trois premiers, & dans les quatre premiers, font entr'eux comme ces nombres 1. 4. 9. 16 ; mais fi de l'efpace 4 parcouru dans les deux premiers tems on retranche l'efpace 1 parcouru dans le premier tems, le refte 3 fera l'efpace parcouru dans le fecond tems. De même fi de l'efpace 9 parcouru dans les trois premiers tems on retranche l'efpace 4 parcouru dans les deux premiers, le refte 5 fera l'efpace parcouru dans le troifiéme tems ; enfin fi de l'efpace 16 parcouru dans les quatre premiers tems, on retranche l'efpace 9 parcouru dans les trois premiers, le refte 7 fera l'efpace parcouru dans le quatriéme tems, & ainfi de fuite ; or les efpaces 1. 3. 5. 7, &c. font la fuite des nombres impairs, donc, &c.

100. *Les efpaces parcourus à la fin du premier tems, des deux premiers, des trois premiers, des quatre premiers, &c. font entr'eux comme les quarrés des viteffes acquifes à la fin de ces tems.* Par la Démonftration précédente les efpaces parcourus à la fin du premier tems, des deux premiers, des trois premiers, &c. font entr'eux comme les quarrés de ces tems ; or les viteffes acquifes à la fin de ces mêmes tems, font entr'elles comme les tems, car la viteffe acquife à la fin du premier tems étant 1, celle qui eft acquife à la fin du fecond, c'eft-à-dire à la fin des deux premiers eft 2, celle qui eft acquife à la fin des trois premiers eft 3,

&c. à caufe que la viteffe reçoit des accroiffemens égaux dans des tems égaux ; donc les efpaces parcourus à la fin des tems, en comptant toujours les tems depuis l'origine du mouvement, font entr'eux comme les quarrés des viteffes acquife à la fin des mêmes tems.

101. PROPOSITION V. *Les corps pefans defcendent vers le centre de la Terre avec un mouvement uniformement acceleré.*

Par l'expérience les corps pefans defcendent vers le centre de la Terre avec un mouvement qui s'accelere (*N.* 95.) & cette accélération ne peut venir que de leur pefanteur qui les pouffe à chaque inftant ; car fi leur pefanteur ne leur donnoit qu'une premiere impreffion, leur mouvement feroit uniforme ; or la pefanteur eft la même partout (*N.* 95.) ; donc à chaque inftant elle donne une nouvelle impreffion au corps égale à la premiere, & par conféquent les dégrés de viteffe que le corps reçoit à chaque inftant font égaux entr'eux ; mais quand les accroiffemens de viteffe font égaux dans des tems égaux, le mouvement eft uniformément acceleré ; donc les corps graves defcendent vers le centre de la Terre avec un mouvement uniformement acceleré.

102. Donc fi l'on divife le tems de la defcente d'un corps en parties fenfibles, par exemple en fecondes, les efpaces parcourus dans la premiere feconde, dans les deux premieres, dans les trois premieres, &c. feront comme les quarrés 1. 4. 9, &c. de ces tems, ou comme les quarrés des viteffes acquifes à la fin de ces tems.

103. *Nota.* Que tout ceci ne doit s'entendre que des corps qui ne font pas à une diftance trop grande de la furface de la Terre ; car comme on ne peut pas faire des expériences à des diftances fi grandes, nous ne pouvons pas fçavoir non plus fi cette loi d'accéleration eft la même partout.

104. PROPOSITION VI. *Si un corps grave defcend vers le centre de la Terre pendant un tems déterminé, l'efpace parcouru à la fin de ce tems, n'eft que la moitié de l'efpace qu'il auroit parcouru dans le même tems s'il s'étoit mû d'un mouvement uniforme, & avec une viteffe égale à celle qu'il a acquife à la fin de ce tems.*

Concevons que la hauteur AB du triangle ABM (*Fig.* 24.) reprefente le tems pendant lequel le corps eft defcendu, fi l'on divife cette hauteur en une infinité de parties égales qui reprefenteront les inftans infiniment petits dont le tems AB eft compofé, les élemens du triangle menés des points de divifion re-

prefenteront les efpaces parcourus dans ces inftans, & la bafe
BM reprefentera l'efpace parcouru dans le dernier inftant, de
même que la viteffe acquife à la fin de cet inftant ; or fi le corps
s'étoit mû pendant le tems AB avec une viteffe uniforme égale
à BM, c'eft-à-dire qui dans un inftant lui auroit fait parcourir
un efpace égal à BM, ce corps dans chacun des inftans du tems
AB auroit parcouru un efpace égal à BM, & par conféquent l'efpace total parcouru dans le tems AB auroit été BM pris autant
de fois qu'il y a d'inftans dans AB ou BM multiplié par AB,
c'eft-à-dire l'efpace total parcouru par le mouvement uniforme
auroit été reprefenté par le rectangle ABMm, mais le triangle
ABM qui reprefente l'efpace total parcouru par le mouvement
uniformement acceleré, n'eft que la moitié du rectangle ABMm,
donc, &c.

105. PROBLEME. *Connoiffant l'efpace parcouru d'un mouvement ac-*
celeré pendant un tems, connoître celui que le corps doit parcourir dans
un autre tems, en fuppofant que les deux tems doivent commencer tous
les deux à l'origine du mouvement.

Suppofons que le corps dans une minute ait parcouru trois
pieds, & qu'on demande combien il en auroit parcouru fi le
mouvement avoit duré trois minutes. Je fais les quarrés 1. 9.
des tems, une minute, trois minutes ; & je dis par Regle de
Trois, 1 eft à 9 comme l'efpace trois pieds eft à un quatriéme
terme 27 qui eft l'efpace que le corps auroit parcouru dans trois
minutes ; car les efpaces 3 & 27 parcourus dans les tems, une
minute & trois minutes font entr'eux comme les quarrés de ces
tems (*N. 99.*)

106. PROBLEME. *Connoiffant l'efpace parcouru d'un mouvement*
uniformement acceleré dans un certain tems, connoître celui qui de-
vroit être parcouru dans un autre tems, en fuppofant que ce fecond
tems ne doit commencer qu'à la fin du premier tems.

Suppofons que le corps dans une minute parcoure trois pieds,
& qu'on demande combien il en doit parcourir dans les deux
minutes fuivantes ; j'ajoute au fecond tems le premier tems 1,
ce qui fait 3 ; ainfi j'ai deux tems 1 & 3 qui commencent à l'origine du mouvement. Faifant donc les quarrés 1 & 9 de ces tems,
je dis par Regle de Trois : le quarré 1 du premier tems eft au
quarré 9 du fecond comme l'efpace trois pieds parcouru dans le
premier eft à un quatriéme terme 27 qui eft l'efpace parcouru
dans le fecond ; retranchant donc de cet efpace 27 l'efpace 3

parcouru dans le premier tems une minute, le reste 24 est l'espace parcouru dans les deux minutes suivantes.

107. PROBLEME. *Connoissant le tems pendant lequel un corps a parcouru d'un mouvement uniformement acceleré un certain espace, connoître le tems pendant lequel il parcoureroit un autre espace déterminé, en supposant que les deux tems doivent commencer tous les deux à l'origine du mouvement.*

Supposons que le corps ait parcouru huit pieds dans deux minutes, & qu'on demande dans combien de tems il en parcourera 50 : je fais le quarré 4 du premier tems deux minutes, & je dis par Regle de Trois : l'espace huit pieds parcouru dans le premier tems deux minutes, est à l'espace 50 qui doit être parcouru dans le second, comme le quarré 4 du premier tems est à un quatriéme terme 25 qui est le quarré du second tems. Tirant donc la racine quarrée 5 de ce quarré, je dis que le corps parcoureroit 50 pieds dans 5 minutes à compter depuis l'origine du mouvement.

108. PROBLEME. *Connoissant le tems pendant lequel un corps a parcouru un espace déterminé, connoître le tems pendant lequel il parcoureroit un autre espace déterminé, en supposant que ce second tems ne doit commencer qu'à la fin du premier.*

Supposons que le corps ait parcouru huit pieds dans deux minutes, & qu'on demande combien il lui faudroit de tems pour parcourir 42 pieds si son mouvement continuoit ; j'ajoute 8 pieds à 42, ce qui fait 50, ainsi 50 pieds sont l'espace que le corps parcoureroit pendant le tems qu'on demande, joint aux deux premieres minutes, & ces deux espaces 8 pieds & 50 pieds seroient parcourus l'un & l'autre depuis l'origine du mouvement ; c'est pourquoi faisant le quarré 4 du premier tems deux minutes, je dis par Regle de Trois : 8 pieds parcourus dans le premier tems deux minutes sont à 50 pieds que le corps parcoureroit dans le tems qu'on demande joint au premier tems 2 minutes, comme le quarré 4 du premier tems est à un quatriéme terme 25 qui est le quarré de la somme du tems demandé & du premier tems. Tirant donc la racine quarrée 5, cette racine sera la somme du tems demandé & du premier ; or puisque dans 5 minutes le corps parcoureroit 50 pieds, & que dans les deux premieres il en parcourt 8, il doit parcourir les 42 autres dans les trois minutes suivantes, ainsi il faudroit que le corps continuât à se mouvoir encore pendant trois minutes.

109.

109 PROBLEME. *Connoiſſant l'eſpace parcouru pendant un certain tems, connoître les eſpaces parcourus dans toutes les parties de ce tems.*

Suppoſons que le corps ait parcouru 50 pieds dans 5 minutes, je nomme *x* l'eſpace parcouru dans la premiere minute, & faiſant les quarrés 25 & 1 des tems 5 minutes & une minute, je dis par Regle de Trois : le quarré 25 du tems 5 minutes, eſt au quarré 1 du tems une minute, comme l'eſpace 50 parcouru dans le tems 5 eſt à un quatriéme terme 2 qui ſera l'eſpace *x* parcouru dans la premiere ; or les eſpaces parcourus dans la premiere minute, dans la ſeconde, dans la troiſiéme, dans la quatriéme, &c. ſont *x*. 3*x*. 5*x*. 7*x*, &c. (*N*. 99.) ; mettant donc 2 au lieu de *x*, nous aurons 2. 6. 10. 14, &c. 18 pour les eſpaces parcourus pendant chacune de 5 minutes, & en effet ces 5 eſpaces ſont l'eſpace total parcouru dans les 5 minutes.

110. PROBLEME. *Connoiſſant le tems total du mouvement, & l'eſpace parcouru pendant une partie de ce tems, laquelle n'a pas commencé à l'origine du mouvement, trouver l'eſpace parcouru dans toutes les parties du tems.*

Suppoſons que la durée du mouvement ait été 5 minutes, & que pendant les deux dernieres le corps ait parcouru 32 pieds, je nomme *x* l'eſpace parcouru dans la premiere minute, donc l'eſpace parcouru dans la ſeconde ſera 3*x*, celui qui aura été parcouru dans la troiſiéme ſera 5*x*, celui de la quatriéme ſera 7*x*, & celui de la cinquiéme 9*x*, & par conſéquent l'eſpace parcouru dans les deux dernieres, c'eſt-à-dire pendant la quatriéme & la cinquiéme ſera $7x + 9x = 16x$, & nous aurons $16x = 32$; donc $x = 2$, ainſi l'eſpace parcouru dans la premiere minute ſera 2 pieds, & mettant cette valeur de *x* dans 3*x*. 5*x*. 7*x*, & 9*x*, nous aurons 6. 10. 14 & 18 pour les eſpaces parcourus dans la ſeconde minute, dans la troiſiéme, la quatriéme, & la cinquiéme.

111. PROPOSITION VII. *Dans le mouvement uniformement retardé, les eſpaces qu'un corps parcourt dans des tems infiniment petits égaux & ſucceſſifs, ſont entr'eux comme les nombres* 1. 2. 3. 4. 5. 6, *&c. pris en rétrogradant.*

Le mouvement uniformement retardé eſt celui où le corps ſouffre à chaque inſtanr des diminutions égales de viteſſe. Cela poſé.

Nous avons démontré ci-deſſus que lorſqu'un corps ſe meut d'un mouvement uniformement acceleré, c'eſt-à-dire lorſqu'il reçoit à chaque inſtant des dégrés égaux de viteſſe, les eſpaces

qu'il parcourt dans des tems infiniment petits, égaux & fucceffifs augmentent toujours de la même quantité, & font par
conféquent comme les nombres 1. 2. 3. 4. 5. 6 , &c. pris directement; donc quand le corps fe meut d'un mouvement uniformement retardé, c'eft-à-dire lorfqu'il perd à chaque inftant des dégrés
égaux de viteffe , les efpaces parcourus dans des inftans infiniment
petits , égaux & fucceffifs, doivent diminuer toujours de la même
quantité, & par conféquent ces efpaces doivent être comme les
nombres 1. 2. 3. 4. 5. 6 , pris en rétrogradant.

112. Donc fi la hauteur BA du triangle ABM (*Fig.* 23.) reprefente la durée du mouvement uniformement retardé d'un corps,
les parties infiniment petites & égales de cette hauteur reprefenteront les inftans infiniment petits, égaux & fucceffifs qui
compofent le tems total du mouvement, & les élemens de ce
triangle, à commencer depuis la bafe BM reprefenteront les efpaces parcourus dans des inftans infiniment petits, égaux & fucceffifs, & les viteffes reftantes à la fin de ces tems. Par exemple
fuppofons que le corps commence à fe mouvoir avec une viteffe égale à BM, c'eft-à-dire avec une viteffe qui dans un petit
inftant lui feroit parcourir un efpace égal à BM , l'efpace qui fe
trouvera parcouru à la fin du premier inftant, fera reprefenté par
l'élement du triangle qui vient après BM, & qui eft moindre que
BM, à caufe que la viteffe à la fin de cet inftant eft moindre.
De même l'efpace qui fera parcouru à la fin du fecond inftant
fera reprefenté par le troifiéme élement du triangle , & ainfi de
fuite.

113. Proposition VIII. *Dans le mouvement uniformement re-*
tardé, les efpaces qu'un corps parcourt dans des tems égaux, fucceffifs,
mais fenfibles, font entr'eux comme les nombres impairs 1. 3. 5. 7,
&c. pris en rétrogradant.

Suppofons que la bafe BM du triangle ABM (*Fig.* 24.) reprefente la viteffe avec laquelle le corps commence à fe mouvoir,
c'eft-à-dire une viteffe qui dans un tems infiniment petit lui feroit parcourir un efpace égal à BM, & que la hauteur AB de ce
triangle reprefente la durée du mouvement que nous fuppofe-
rons de 4 minutes ; je divife cette hauteur en quatre parties égales
qui par conféquent reprefenteront chacune une minute ; ainfi
l'efpace parcouru dans la premiere minute fera reprefenté par le
trapezoïde GHMB ; car cet efpace n'eft autre chofe que la
fomme des efpaces parcourus pendant les tems infiniment petits,

égaux & fucceffifs qui compofent la premiere minute, c'eft-à-dire la fomme des élemens du trapezoïde GHBM ; par la même raifon, l'efpace parcouru dans la feconde minute GE fera reprefenté par le trapezoïde EFHG, l'efpace parcouru pendant la troifiéme minute fera reprefenté par le trapezoïde CDFE, & l'efpace parcouru pendant la quatriéme minute fera le triangle ACD; or les triangles ABM, AGH, AEF, ACD, étant entr'eux comme les quarrés de leurs hauteurs AB, AG, AE, AC, font par conféquent entr'eux cômme les nombres 16. 9. 4. 1; donc fi du premier triangle ABM=16, je retranche le fecond triangle AGH=9, le refte 7 fera le trapezoïde GBHM ; de même fi du fecond triangle AGH = 9, je retranche le troifiéme AEF = 4, le refte 5 fera le trapezoïde EFGH ; enfin fi du troifiéme triangle AEF=4, je retranche le dernier ACD=1, le refte 3 fera le trapezoïde CDFE ; donc les trois trapezoïdes & le dernier triangle ACD, feront entr'eux comme 7. 5. 3. 1, & par conféquent les efpaces parcourus pendant chacune des 4 minutes, feront entr'eux comme ces mêmes nombres, c'eft-à-dire comme les nombres impairs 1. 3. 5. 7, &c. pris en rétrogradant.

114. PROPOSITION IX. *Si un corps pefant eft pouffé de bas en haut par une force queiconque, fon mouvement eft uniformement retardé.*

Tandis que le corps monte par l'impreffion de la force motrice fa pefanteur lui donne à chaque inftant des impreffions contraires qui lui font perdre des dégrés égaux de viteffe : or quand un corps en mouvement perd des dégrés égaux de viteffe, fon mouvement eft uniformement retardé; donc, &c.

115. PROPOSITION X. *Si un corps pefant qui eft defcendu pendant un certain tems vers le centre de la Terre, eft repouffé de bas en haut avec une viteffe égale à celle qu'il a acquife à la fin de ce tems, ce corps dans un fecond tems égal au premier, remonte à une hauteur égale à celle dont il eft defcendu, & parcourt le même efpace.*

Suppofons que dans 4 minutes reprefentées par les quatre parties égales AC, CE, EG, GB, de la hauteur AB (*Fig.* 24) du triangle ABM, le corps parcoure en defcendant un efpace reprefenté par le triangle ABM, l'efpace parcouru dans la premiere minute fera donc reprefenté par le triangle ACD, celui qui eft parcouru dans la feconde par le trapezoïde CDFE, celui qui eft parcouru dans la troifiéme, par le trapezoïde EFHG, & celui qui eft parcouru dans la quatriéme par le trapezoïde GHMB : or fi la pefanteur ceffoit d'agir à la fin de la premiere minute AC,

le corps en vertu de fa viteſſe acquiſe CD à la fin de cet inſtant
parcoureroit un eſpace repreſenté par le paralellogramme CDNE;
car dans cette ſuppoſition ſa viteſſe CD étant uniforme, lui feroit
parcourir dans chacun des inſtans infiniment petits qui compofent la ſeconde minute CE un eſpace égal à CD ; donc l'eſpace
que la peſanteur fait parcourir dans la ſeconde minute indépendamment de la viteſſe acquiſe à la fin de la premiere, eſt le petit
triangle DNF égal au triangle ACD parcouru dans la premiere
minute. De même ſi la peſanteur ceſſoit d'agir à la fin de la ſeconde minute, le corps en vertu de ſa viteſſe acquiſe EF à la fin
de cette minute parcoureroit dans la troiſiéme minute le paralellogramme EFRG, & par conſéquent l'eſpace que la peſanteur
fait parcourir dans cette troiſiéme minute indépendamment de
la viteſſe acquiſe, eſt le triangle FRH égal au triangle ACD
parcouru dans la premiere minute ; & par la même raiſon l'eſpace
que la peſanteur fait parcourir dans la quatriéme minute indépendamment de la viteſſe acquiſe à la fin de la troiſiéme, eſt le
triangle HPM égal au triangle ACD ; de façon que les eſpaces
que la peſanteur fait parcourir dans chacune des quatre minutes
indépendamment des viteſſes acquiſes à la fin de ces minutes, ſont
tous égaux entr'eux.

Maintenant ſuppoſons qu'une force repouſſe le corps de bas
en haut avec une viteſſe égale à la viteſſe acquiſe BM à la fin des
4 minutes. Ce corps s'il ne trouvoit point d'obſtacles parcoureroit dans la premiere minute GB le paralellogramme GSMB ;
car dans cette ſuppoſition ſa viteſſe BM étant uniforme, lui feroit parcourir dans chacun des inſtans infiniment petits qui compoſent la minute GB un eſpace égal à BM ; mais comme la peſanteur qui s'oppoſe à ſon paſſage, lui fait perdre pendant cette
minute un dégré de viteſſe égal à celui qu'elle lui donneroit s'il
deſcendoit, cette peſanteur l'empêche de parcourir un petit triangle HSM égal au triangle HPM ou ACD ; ainſi le corps ne doit
parcourir dans cette minute que le trapezoïde GHMB qu'il a
parcouru pendant la quatriéme minute lorſqu'il deſcendoit. De
même ſi à la fin de la premiere minute GB la peſanteur ceſſoit
d'agir, le corps en vertu de ſa viteſſe reſtante GH parcoureroit
le paralellogramme GHTE, pendant la ſeconde minute GE ;
mais comme la peſanteur l'empêche de parcourir le petit triangle TEH égal au triangle ADC, il ne parcourt que le trapezoïde ; par la même raiſon il parcourt dans la troiſiéme minute

CE, le trapezoïde EFDC, & dans la quatriéme CA, le triangle ACD; or les trois trapezoïdes BMHG, GHFE, EFDC joints au triangle ADC, compofent le triangle total ABM, c'eft-à-dire l'efpace parcouru en defcendant pendant quatre minutes; donc le corps parcourt en remontant pendant 4 minutes le même efpace qu'il avoit parcouru en defcendant pendant quatre minutes.

116. PROPOSITION XI. *Si deux ou plufieurs corps pefans inégaux entr'eux defcendent vers le centre de la Terre, les efpaces qu'ils parcourent dans un même tems font égaux entr'eux.*

Suppofons qu'un corps A ait une maffe double de celle d'un autre corps B, & que l'un & l'autre defcendent vers le centre de la Terre pendant une minute, je conçois que A foit divifé en deux parties C, D, égales entr'elles, & par conféquent égales chacune à la maffe du corps B; donc la partie C en defcendant pendant une minute, décrira un efpace égal à celui que B parcourt; car les maffes C & B étant égales, il n'y a pas de raifon de dire que la pefanteur de l'une foit plus grande que la pefanteur de l'autre. De même la partie D décrira pendant une minute un efpace égal à celui que B décrit, & par conféquent C & D defcendant enfemble, décriront encore le même efpace, mais D & C pris enfemble compofent le corps A; donc A doit parcourir dans une minute le même efpace que B.

117. *Nota.* Que je fuppofe ici que les corps defcendent dans un milieu qui ne leur fait point de réfiftance; c'eft pourquoi fi l'expérience eft quelquefois contraire à ce que je viens de dire, cela vient de la réfiftance de l'air.

REMARQUE. La doctrine du mouvement uniformement acceleré ou retardé a fait tomber l'un des plus grands Genies de notre fiécle, je veux dire M. Leibnitz dans une erreur affez fenfible qui ne laiffe pas que d'avoir encore de célebres Partifans. M. Leibnitz diftingue dans le mouvement uniformement acceleré ou retardé deux fortes de force, l'une qu'il appelle force *morte*, & l'autre force *vive*. La force morte eft celle qui pouffe un corps fans pouvoir vaincre l'obftacle qui s'oppofe à fon mouvement, telle eft la pefanteur, lorfqu'elle pouffe un corps qui fe trouve arrêté invinciblement par un plan horizontal. La force vive eft celle qui meut actuellement le corps. Selon cet illuftre Auteur, les forces mortes font entr'elles comme les produits des maffes par les viteffes qu'elles tendent à donner au corps, & les forces vives font comme les produits des maffes par les quarrés des viteſſes : or voici ſur quoi il fonde cette prétention.

Suppoſons que deux corps A, B, (*Fig. 25.*) deſcendent vers le centre de la Terre, l'un pendant deux minutes AC, CD, & l'autre pendant trois minutes BE, EF, FG, les eſpaces parcourus par ces corps feront repreſentés par les triangles ſemblables ADH, BGL, qui ſont entr'eux comme les quarrés des tems AD, BG, pendant leſquels leur mouvement aura duré, & les viteſſes acquiſes à la fin de ces tems feront repreſentées par les baſes DH, GL, de ces triangles, leſquelles ſont entr'elles comme leur hauteur. Maintenant ſuppoſons que ces corps après avoir parcouru leurs eſpaces ſoient repouſſés en haut avec leurs viteſſes acquiſes, ils parcoureront dans des tems égaux aux premiers les mêmes eſpaces en remontant, qu'ils auront parcouru en deſcendant; & à la fin de ces eſpaces, les forces qui les feront remonter feront détruites, & la peſanteur recommencera à faire deſcendre ces corps vers le centre de la Terre ; donc, conclut M. de Leibnitz, puiſque ces forces ſe conſomment à faire parcourir aux corps ces eſpaces, il faut qu'elles ſoient entr'elles comme les maſſes multipliées par les eſpaces, mais les eſpaces ſont comme les quarrés des viteſſes ; donc les forces ſont ici comme les maſſes multipliées par les quarrés des viteſſes.

Pour faire voir la fauſſeté de ce raiſonnement, je dis 1°. que les forces de ces deux corps ne ſont point détruites à cauſe des eſpaces qu'ils ont parcourus, mais à cauſe des obſtacles qu'ils ont rencontrés, c'eſt-à-dire des impreſſions contraires de la peſanteur. En effet concevons que lorſque ces corps ſont repouſſés en haut avec leurs viteſſes acquiſes DH, GL, la peſanteur ceſſe d'agir ſur eux; il eſt clair que le premier, en vertu de ſa viteſſe DH qui dans cette ſuppoſition ſera uniforme, parcourera dans la premiere minute DC, en remontant le paralellogramme DCMH, & que le ſecond en vertu de ſa viteſſe GL parcourera dans la premiere minute GF, le paralellogramme GFPL, que les forces de ces deux corps feront entr'elles comme les produits des maſſes par leurs viteſſes DH, GL, à cauſe que les eſpaces parcourus dans des tems égaux, où les paralellogrammes DCMH, GFPL, ayant les hauteurs égales feront entr'eux comme leurs baſes DH, GL, & qu'enfin ces forces n'auront rien perdu pour avoir fait parcourir ces eſpaces, puiſque dans un ſecond tems égal au premier, dans un troiſiéme, dans un quatriéme, & ainfi de fuite à l’infini elles feroient parcourir aux corps des efpaces égaux aux premiers, fi nul obftacle étranger ne s’oppofoit à leur mouvement.

En fecond lieu, je dis que fi les deux corps A, B, en remontant parcourent les efpaces ADH, BGL, qui font entr’eux comme les quarrés de leurs viteffes, cela ne provient pas de la nature de leurs forces, mais uniquement de la nature des obftacles qu’ils rencontrent, lefquels ne font pas proportionnels aux viteffes; car la pefanteur du corps A s’oppofant à fon mouvement pendant la premiere minute DC, l’empêche de parcourir le petit efpace HMN égal à l’efpace NZH qu’elle lui a fait parcourir pendant la feconde minute lorfqu’il defcendoit, indépendamment de la viteffe acquife à la fin de la premiere; de même la pefanteur du corps B s’oppofant à fon mouvement pendant la premiere minute GF, l’empêche de parcourir le petit efpace QPL, & en conféquence de ces deux efpaces HMN, QPL, non parcourus, chacun des corps perd un dégré de viteffe; or un dégré de viteffe à l’égard de la viteffe 2 du premier corps, eft plus grand qu’un dégré de viteffe à l’égard de la viteffe 3 du fecond; & par conféquent les obftacles que ces deux corps ont rencontré dans le même tems ne font pas proportionnels à leurs viteffes. Il eft aifé de voir que dans la feconde minute la pefanteur empêchant le corps A de parcourir le petit efpace ARN, & le fecond de parcourir le petit efpace TSQ ôte à chacun de ces corps encore un dégré de viteffe qui n’eft pas proportionnel à leurs viteffes reftantes; car 1 eft plus grand par rapport à la viteffe reftante 1 du premier corps, que par rapport à la viteffe reftante 2 du fecond, donc, &c.

En troifiéme lieu, je dis que les forces des deux corps A, B, font entr’elles comme les maffes multipliées par les viteffes, & non pas comme les maffes multipliées par les quarrés des viteffes; car les forces font entr’elles comme les obftacles qui les détruifent. Une force, par exemple capable de faire parcourir à un corps deux pieds dans une minute, felon une certaine direction, ne peut être détruite que par une autre force qui dans la même minute feroit parcourir à ce corps deux pieds dans une direction oppofée, ou par un obftacle équivalent. Examinons donc quels font les obftacles que nos deux corps rencontrent, le premier A pendant la premiere minute trouve un obftacle qui l’empêche de parcourir le petit efpace NMH, ou qui lui feroit parcourir le même efpace dans une direction oppofée, & pendant la feconde minute, il rencontre un obftacle qui l'empêche de parcourir le petit efpace ARN, ou qui le lui feroit parcourir dans un fens oppofé, & ce font ces deux obftacles égaux qui détruifent la force de A. De même le corps B trouve dans la premiere minute un obftacle qui l'empêche de parcourir l'efpace QPL; dans la feconde un obftacle qui l'empêche de parcourir l'efpace TSQ, & dans la troifiéme un obftacle qui l'empêche de parcourir l'efpace BXT, & ce font ces trois obftacles qui détruifent fa force; or chacun des deux obftacles qui détruifent la force de A eft égal à chacun des trois obftacles qui détruifent la force de B; donc les obftacles qui détruifent la force de A, font à ceux qui détruifent la force de B, comme 2 à 3, ou comme la viteffe de A eft à la viteffe de B; & par conféquent la force de A eft à celle de B, comme la maffe A multipliée par fa viteffe 2 eft à la maffe B multipliée par fa viteffe 3.

Du Mouvement compofé de deux ou plufieurs forces uniformes.

117. Si un corps A (*Fig. 26.*) eft pouffé par deux forces égales avec des directions oppofées CA, DA, ce corps doit refter en repos; car il n'y a pas de raifon pour dire que l'une des deux forces doit l'emporter fur l'autre; mais fi l'une des deux forces, par exemple la force C eft plus grande que la force D, la force C perdra une partie égale à la force D, & elle mouvra le corps avec le refte de fa force, ce qui eft évident.

118. Si un corps A (*Fig. 27.*) eft pouffé par deux forces avec des directions AB, AC, qui ne foient pas oppofées, ces deux forces ne perdront rien, & feront chacune leur effet; car ces directions n'étant pas oppofées, rien n'empêche le corps de prendre une direction moyenne qui fe trouve compofée des deux; par exemple, fi l'on fuppofe que la premiere puiffe faire parcourir au corps l'efpace AC dans le même tems que l'autre force peut lui faire parcourir l'efpace AB, il eft clair que fi l'on fait le paralellogramme ABCH des deux efpaces AC, AB, & que le corps fe trouve en H dans le même tems que chacune des forces lui auroit fait parcourir fon efpace, ce corps aura obéï aux deux directions à la fois; car il fe trouvera éloigné de la ligne AC de l'efpace CH = AB, & de la ligne AB de l'efpace BH = AC, & aucun obftacle ne fe fera oppofé à ce mouvement.

119.

119. PROPOSITION XII. *Si un corps* A (Fig. 28.) *eſt pouſſé par deux forces dont l'une lui feroit parcourir ſelon la direction* AC *un eſpace* AC *dans le même tems que l'autre lui feroit parcourir l'eſpace* AB *ſelon la direction* AB, *je dis que ſi l'on fait le paralellogramme* ABHC *des deux eſpaces, le corps* A *parcourera la diagonale* BH *dans le même tems que chacune des forces lui feroit parcourir ſon eſpace.*

Je nomme x la force qui feroit parcourir AC, & z celle qui feroit parcourir AB; je conçois que les eſpaces AC & AB ſoient diviſés en un même nombre de parties égales, qui par conſéquent ſont proportionnelles entr'elles, & que le tems de la durée du mouvement ſelon AC, ou ſelon AB ſoit auſſi diviſée en un même nombre d'inſtans égaux; ainſi les parties AM, MN, &c. de l'eſpace AC repreſenteront les eſpaces qui devroient être parcourus ſelon la direction AC pendant ces inſtans égaux, & les parties AQ, QR, &c. de l'eſpace AB, repreſenteront les eſpaces qui devroient être parcourus ſelon AB, cela poſé.

Le corps A ne pouvant parcourir dans le premier inſtant le petit eſpace AM que la force x lui feroit parcourir ſi elle agiſſoit ſeule, ni le petit eſpace AQ que z lui feroit parcourir ſi l'autre n'agiſſoit pas conjointement avec elle; il faut que ce corps ſe trouve en un point tel qu'il ſe ſoit éloigné de AM d'une grandeur égale à l'eſpace AQ, & de AQ d'une grandeur égale à l'eſpace AM; faiſant donc le paralellogramme AQTM des eſpaces AQ, AM, le corps A doit ſe trouver en T à la fin du premier inſtant; or les paralellogrammes AQTM, ABHC étant ſemblables à cauſe des côtés AM, AC, proportionnels aux côtés AQ, AB; ſi l'on mene les diagonales AT, AH, ces diagonales tomberont l'une ſur l'autre, & par conſéquent l'extrêmité T de la diagonale AT tombera ſur un point T de la diagonale AH, & le corps ſe trouvera ſur cette diagonale à la fin du premier inſtant.

De même le corps ne pouvant parcourir pendant les deux premiers inſtans, les eſpaces AN, AR, que les forces x, z, lui feroient parcourir ſi elles agiſſoient ſeules, il faut qu'il ſe trouve à l'angle V du paralellogramme ARVN des eſpaces AN, AR; or les paralellogrammes ARVN, ABHC, ſont ſemblables, à cauſe des côtés AN, AC, proportionnels aux côtés AR, AB; donc leurs diagonales AV, AH, doivent tomber l'une ſur l'autre, & partant le corps A qui eſt en V doit être ſur la diagonale AH, & on prouvera que dans tous les autres inſtans, le corps A doit être

fur la diagonale AH, & fe trouver en H dans le même tems qu'il
fe trouveroit en C ou en B, s'il étoit pouffé par les deux forces
féparément.

120. Les forces *x*, *z*, qui prifes à part feroient parcourir au
corps A les efpaces AC, AB, fe nomment forces *compofantes*
du mouvement compofé, & ces forces font *équivalentes* à une
troifiéme force, laquelle agiffant toute feule, feroit parcourir au
corps A la diagonale AH dans le même tems qu'elles la font
parcourir.

121. Comme il n'eft point de ligne droite AB (*Fig.* 29.) autour
de laquelle on ne puiffe décrire une infinité de paralellogrammes
AMBC, ANBD, &c. il n'eft point auffi de force fimple capable
de faire parcourir dans un certain tems la diagonale qu'on ne
puiffe regarder comme équivalente à une infinité de forces prifes
deux à deux qui feroient parcourir les côtés de leurs paralellogrammes dans le même tems qu'elle feroit parcourir la diagonale. Par exemple la force qui feroit parcourir la diagonale AB,
eft équivalente aux deux forces, qui prifes féparément, feroient
parcourir dans le même tems les côtés AM, AC du paralellogramme AMBC : elle eft auffi équivalente aux deux qui feroient
parcourir dans le même tems les côtés AN, AD, du paralellogramme ANBD, &c.

122. Si l'on connoît la force compofée AB, & les angles que
les directions compofantes font avec elle, on pourra toujours
connoître les forces compofantes ; car il eft facile de décrire autour de la diagonale AB avec les angles donnés, le paralellogramme AMBC dont les côtés AM, AC, exprimeront les forces
compofantes, c'eft-à-dire les efpaces qu'elles feroient parcourir
felon leurs directions dans le même tems que la compofée feroit parcourir la diagonale AB. De même fi l'on connoit les efpaces AM, AC, que les forces compofantes feroient parcourir,
& la diagonale AB, on pourra connoître les forces compofantes
en faifant fur AB avec AC & CB $=$ AM, le triangle ACB,
& achevant enfuite le paralellogramme AMBC dont les côtés
AM, AC, exprimeront les forces compofantes : mais fi l'on ne
connoit ni les angles des directions des compofantes, ni les efpaces qu'elles feroient parcourir, on ne peut pas connoître précifément quelles font les forces compofantes de AB, puifqu'il
peut s'en trouver une infinité. (*N.* 121.)

123. La force compofée de deux forces compofantes eft d'au-

tant plus grande, que l'angle que les directions font entr'elles
est plus aigu ; car suppofons que les deux compofantes foient
exprimées par les droites AB, AC, (*Fig.* 30.) dont le paralellogramme est ACDB, la force compofée fera exprimée par AD ;
or fi je fais faire aux deux forces AB, AC, un angle plus aigu
cAb, il est vifible qu'en achevant le paralellogramme A*cdb*, l'angle A*bd* fera plus grand que l'angle ABD, & partant la bafe A*d*
du triangle A*bd* fera plus grande que la bafe AD du triangle
ABD, mais A*d* étant la diagonale du paralellogramme A*cdb* est
la force compofée des deux A*c*, A*b*, fous l'angle *cAb*; donc
cette force est plus grande que la force AD, compofée des mêmes forces fous l'angle CAB.

75. PROPOSITION XII. *La force compofée AH (Fig. 28.) eft à
l'une des forces compofantes AB comme le finus de l'angle BAC formé
par les directions AB, CA, des deux forces compofantes, eft au finus
de l'angle CAH formé par la direction de l'autre force AC avec la
direction AH de la compofée, & les deux compofantes font entr'elles
réciproquement, comme les finus des angles formés par leurs directions
avec la direction de la compofée.*

Puifque la force *x* & la force *z* feroient parcourir, l'une l'efpace AC, & l'autre l'efpace AB dans le même tems que la
compofée fait parcourir l'efpace AH, les viteffes que ces trois
forces donneroient au corps A feroient donc entr'elles comme
les efpaces AC, AB, AH, & par conféquent les forces font entr'elles comme les quantités de mouvement A×AC, A×AB,
& A×AH, c'eft-à-dire comme les viteffes AC, AB, AH, ou
comme les trois côtés AC, CH, AH, du triangle AHC, à
caufe de AB = CH; or les trois côtés de ce triangle font entr'eux
comme les finus des angles aufquels ils font oppofés ; donc les
forces font entr'elles comme ces finus, & par conféquent la
force AH eft à la force CH, ou AB, comme le finus de l'angle
ACH eft au finus de l'angle CAH, mais le finus de l'angle ACH
eft égal au finus de l'angle CAB complement à deux droits de
l'angle ACH ; donc la force AH eft à la force CH ou AB,
comme le finus de l'angle CAB, fait par les directions des compofantes, eft au finus de l'angle CAH fait par la direction AC
de l'autre force avec la direction AH de la compofée.

De même le côté AC eft au côté CH ou AB, comme le finus
de l'angleAHC eft au finus de l'angle CAH; donc la force AC
eft à la force HC comme le finus de l'angle AHC eft au finus de

l'angle CAH; mais l'angle AHC eſt égal à ſon alterne BAH; donc la force AC eſt à la force CH ou AB, comme le ſinus de l'angle BAH eſt au ſinus de l'angle CAH, c'eſt-à-dire ces deux forces ſont entr'elles réciproquement comme les ſinus des angles que leurs directions font avec la direction de la compoſée,

125. **Probleme.** *Un corps étant pouſſé par pluſieurs forces exprimées par les droites AB, AC, AD, trouver la force qui doit en réſulter, & ſa direction* (Fig. 31.)

Je fais le paralellogramme ABEC des forces AB, AC, & la diagonale AE repreſente la force équivalente aux deux AB, AC; ainſi mettant la force AE au lieu des deux AB, AC, je fais le paralellogramme AEFD des forces AE, AD, & la force AF, étant équivalente aux deux AE, AD, eſt par conſéquent équivalente aux trois forces AB, AC, AD; d'où il ſuit que le corps A pouſſé par les trois forces AB, AC, AD, doit parcourir ſelon la direction AF, l'eſpace AF dans le même tems que les trois autres forces priſes ſéparément lui feroient parcourir les eſpaces AB, AC, AD.

Du Mouvement compoſé d'une force uniforme, & d'une force uniformement accelerée, où l'on traite du mouvement des corps projettés, & du jet des Bombes.

126. Un corps eſt *projetté perpendiculairement* lorſqu'on le pouſſe avec une direction perpendiculaire à l'horiſon, il eſt *projetté horiſontalement*, lorſque ſa direction eſt paralelle à l'horiſon; enfin il eſt projetté *obliquememt*, lorſqu'on le pouſſe avec une direction oblique à l'horiſon, & alors l'angle fait par la direction avec l'horiſon, ſe nomme *angle de direction.*

127. *Si un corps eſt projetté perpendiculairement, ſon mouvement eſt toujours perpendiculaire à l'horiſon.* Car tandis que ce corps ſuit ſa premiere direction de bas en haut, la peſanteur qui ne l'abandonne jamais, fait périr inſenſiblement ſa force & le repouſſe enſuite de haut en bas vers le centre de la Terre, c'eſt-à-dire encore perpendiculairemenr à l'horiſon; donc le corps doit toujours être dans la verticale.

Il ſuit delà que ſi on tiroit une bombe avec une direction verticale, elle retomberoit préciſément dans le mortier, à moins que l'agitation de l'air à travers lequel elle paſſeroit ne le détournât de ſa direction.

128. **Proposition XIII.** *Si un corps* A *(*Fig. 32. 33.*) est pro-jetté selon une direction* AC *horifontale ou inclinée à l'horifon, l'ef-pace qu'il décrit est une courbe parabolique* APMN.

Je prens fur la direction AC de la force qui projette le corps, plufieurs parties égales AD , DE , &c. & comme cette force que je nomme x eft uniforme, les parties AD , DE , &c. font les efpaces que le corps parcoureroit dans des tems égaux felon la direction AC , & par conféquent les efpaces AD , AE , AF, &c. feroient ceux que le corps parcoureroit felon cette direction dans le premier tems, dans les deux premiers, dans les trois premiers, & ainfi de fuite ; or pendant le mouvement felon la direction AC , la pefanteur n'abandonnant jamais le corps , le fait defcen-dre vers le centre de la Terre felon la direction verticale AL ; c'eft pourquoi fi nous fuppofons que dans le tems que la force x feroit parcourir au corps l'efpace AD , la pefanteur le feroit defcendre d'une quantité égale à AG , la même pefanteur pen-dant les deux premiers tems fera defcendre le corps d'une quan-tité AH quadruple de AG , & pendant les trois premiers elle le fera defcendre d'une quantité AL neuf fois plus grande que AG, &c. à caufe que les efpaces que la pefanteur fait parcourir pen-dant un premier tems, pendant les deux premiers , pendant les trois premiers, &c. font entr'eux comme les quarrés de ces tems, ou comme les nombres 1. 4. 9. 16 , &c.

Maintenant puifque le corps A pouffé par le corps x devroit parcourir dans le premier tems l'efpace AD , & que pendant le même tems la pefanteur doit lui faire parcourir AG , fi nous fai-fons le paralellogramme AGPD de ces deux efpaces, le corps A doit être au point P à la fin de ce tems ; car ce n'eft qu'en ce point où il fe trouvera éloigné de AG d'un efpace GP égal à AD , & de AD d'un efpace DP égal à AG ; de même puifque le corps A pouffé par x, devroit avoir parcouru l'efpace AE à la fin des 2 premiers tems , & qu'en conféquence de fa pefanteur il devroit avoir parcouru l'efpace AH à la fin des mêmes tems , fi nous faifons le paralellogramme AHME , le corps doit fe trouver au point M , & par la même raifon à la fin des trois premiers tems, il doit fe trouver à l'angle N du paralellogramme ALNF, & ainfi de fuite ; donc la courbe qui paffera par les points A , P, M , N , &c. fera la trace , ou le chemin du corps pendant ce mouvement, & il ne s'agit plus que de faire voir que cette courbe eft une parabole , ce que je fais ainfi:

Par la conftruction les droites GP, HM, LN, font paralelles & égales chacune à chacune aux efpaces AD, AE, AF, &c. ou aux tems pendant lefquels ces efpaces feroient parcourus felon la direction AC; or les hauteurs AG, AH, AL, &c. font entr'elles comme les quarrés de ces tems; donc ces hauteurs font comme les quarrés des droites GP, HM, LN, &c. c'eft-à-dire que dans la courbe APMN, les abfciffes AG, AH, AL, font entr'elles comme les quarrés des ordonnées GP, HM, LN, &c. & par conféquent cette courbe eft une parabole.

129. Si la force x au lieu de pouffer le corps felon la direction AC, le pouffoit felon la direction Ac oppofée à AC, le corps décriroit une autre courbe parabolique An, qui feroit la continuation de la précédente AN; car divifant la direction Ac aux points d, e, f, en parties égales entr'elles, & aux parties AD, DE, EF, &c. de la direction oppofée, on prouveroit comme ci-deffus qu'à la fin du premier tems, le corps devroit fe trouver à l'angle p du paralellogramme AGpd, qu'à la fin des deux premiers il devroit fe trouver à l'angle m du paralellogramme AHme, & ainfi des autres; c'eft pourquoi la courbe qui pafferoit par les points Apmn, feroit la trace ou le chemin du corps pendant fon mouvement, & l'on prouveroit comme ci-devant que cette courbe feroit une parabole; or par la conftruction les droites pG, mH, nL feroient égales chacune à chacune aux droites GP, HM, LN, &c. dont elles font les prolongemens; donc les droites pP, mM, nN, feroient les doubles ordonnées du diametres AL, & par conféquent An feroit la continuation de la courbe AN.

130. La ligne AC ou Ac felon la direction de laquelle une force pouffe un corps, eft donc tangente de la courbe AN ou An que le corps décrit pendant fon mouvement; car cette ligne eft paralelle aux ordonnées GP, HM, &c. au diametre AL qui paffe par le point A de cette ligne.

131. PROPOSITION XIV. *Soit une parabole* AB (Fig. 34.) *décrite par le mouvement d'un corps projetté felon la direction horifontale* AR *par une force uniforme que je nomme* x. *Si d'un point quelconque* B *pris hors du fommet de la parabole, on mene une ordonnée* BC *à l'axe* AC, *un diametre* BR *qui coupe la tangente* AR *au fommet, au point* R, *& une tangente* BT *qui coupe* AR *en* L, *je dis que fi le même corps eft projetté de* B *en* T *felon la direction* BT *par une autre force uniforme que je nommerai* z, *& qui foit à la force* x *comme la tangente* BT *eft à la tangente* AR, *ce corps décrira pendant*

son mouvement la parabole BA *dans le même tems qu'il a employé à la décrire, lorsqu'il étoit poussé par la force* x.

Il faut se rappeller ici que les deux triangles RLB, TLA, faits par les deux tangentes AR, BT, l'un avec l'axe, & l'autre avec le diametre, sont parfaitement semblables & égaux, ainsi qu'il a été démontré dans le second Livre en parlant des Sections coniques, & que par conséquent ces deux tangentes se coupent mutuellement en deux parties égales au point L, cela posé

Je divise la tangente AR en parties égales, par exemple en 6, & ces parties égales AD, DH, &c. representeront les espaces que le corps poussé par la force x parcoureroit selon la direction AR dans des tems égaux, & par conséquent les droites AD, AH, AL, &c. feront les espaces que ce corps parcoureroit selon cette même direction dans le premier tems, dans les deux premiers, dans les trois premiers, &c. abaissant donc des points de division des lignes verticales DF, HI, LM, &c. jusqu'à ce qu'elles coupent la courbe aux points F, I, M, &c. ces lignes marqueront les quantités dont la pesanteur aura abaissé le corps vers le centre de la Terre, pendant le 1er tems, pendant les 2 premiers, pendant les 3 premiers, &c. & partant ces lignes ou abaissemens feront entr'eux comme les quarrés 1. 4. 9. 16. 25. 36, de ces tems.

Je divise l'autre tangente BT aussi en six parties égales, & comme la force x est à la force z comme AR est à BT, c'est-à-dire que la force x feroit parcourir AR dans le même tems que la force z feroit parcourir BT, il est clair que les six parties égales de la tangente representent les espaces égaux que le corps parcoureroit selon la direction BT pendant six tems égaux chacun à chacun aux six tems que le même corps employeroit à parcourir selon la direction AR les six espaces égaux de AR, & qu'ainsi les droites BS, BQ, BL, &c. representent les espaces que le corps parcoureroit selon la direction AT pendant le premier tems, pendant les deux premiers, pendant les trois premiers, &c.

Or comme la pesanteur à la fin du premier tems selon la direction BT ne peut pas avoir abaissé le corps d'une quantité plus grande qu'elle ne l'auroit abaissé à la fin du premier tems selon la direction AR, ni l'avoir abaissé à la fin des deux premiers tems selon la direction BT, plus qu'elle ne l'auroit abaissé à la fin des deux premiers tems selon la direction AR, & ainsi de suite, à cause que la pesanteur d'un corps étant toujours la même, agit toujours de la même façon; il s'enfuit que si par les points de division S, Q, L, Z, Y, T, de la tangente BT, on mene des verticales SV, QO, &c. égale chacune à chacune aux verticales DF, HI, &c. menées par les points de division de la tangente RA, ces verticales SV, QO, &c. marqueront les quantités dont la pesanteur aura abaissé le corps poussé selon la direction BT à la fin du premier tems, à la fin des deux premiers, à la fin des trois premiers, &c. & il faut observer que les verticales SV, QO, &c. menées des points de la tangente BT sont dans la direction des verticales menées des points de la tangente TR; car dans le triangle rectangle RLB, le côté RL étant divisé aux points P, N en même raison que le côté BL aux points S, Q, les droites PS, NQ, menées par ces points sont paralelles à la verticale RB, & par conséquent elles sont verticales aussi; d'où il suit que les verticales menées des points P, N, &c. passent par les points S, Q, &c. ou passent les verticales menées par les points S, Q, &c. & on dira la même chose à l'égard de l'autre triangle TLA.

Il ne reste donc plus qu'à faire voir que les extrêmités F, I, M, O, &c. des verticales DF, HI, &c. menées des points de la tangente AR sont aussi les extrêmités des verticales YF, ZI, &c. menées des points des points de la tangente BT, & que par conséquent le corps poussé par la force z, passe par les mêmes points par lesquels il passeroit s'il étoit poussé par x, & cela dans les mêmes tems, ce que je démontre ainsi:

Dans le triangle LTA, la ligne YD étant paralelle à la base TA, nous avons TA. YD :: LT :: LY :: 3. 2; or à cause que TA est la quantité dont la pesanteur doit avoir abaissé le corps poussé selon la direction BT à la fin du sixiéme tems, nous avons TA $= 36$; donc 36. YD :: 3. 2, & par conséquent YD $= 24$; & ajoutant à YD la droite DF qui est la quantité dont la pesanteur à la fin du premier tems doit abaisser le corps poussé selon la direction DA, nous aurons YD $+$ DF $=$ YF $= 24 + 1 = 25$; or 25 est la quantité dont la pesanteur à la fin des cinq premiers tems doit avoir abaissé le corps poussé selon la direction BT, donc YF est égal à cette quantité, & par conséquent le corps poussé selon la direction BT doit se trouver à la fin du cinquiéme tems au point F où il se trouveroit à la fin du premier tems, s'il étoit poussé selon la direction AR.

De même dans le triangle LTA, nous avons TA. ZH :: LT. LZ :: 3. 1; or TA $= 36$, donc 36. ZH :: 3. 1, & partant ZH $= 12$, & ajoutant à ZH la droite HI égale à 4, à cause qu'elle

est

eſt la quantité dont la peſanteur auroit abbaiſſé le corps à la fin du ſecond tems ſelon la direction AR, nous aurons $ZH + HI = ZI = 16$; or 16 eſt la quantité dont la peſanteur doit avoir abbaiſſé le corps à la fin des quatre premiers tems ſelon la direction BT; donc le corps pouſſé ſelon la direction BT doit ſe trouver à la fin du cinquiéme tems au point I, où il ſe trouveroit à la fin du ſecond tems, s'il étoit pouſſé ſelon la direction AR, ainſi des autres.

132. *Si après le ſixiéme tems, le corps pouſſé ſelon la direction* BT *continuoit à ſe mouvoir, il décriroit de l'autre côté de* A *une autre demi parabole* Ab, *qui ſeroit la continuation de la demi parabole* AB, & *la ligne* AC *ſeroit l'axe de la parabole entiere* ABb.

Je prolonge BT en t, faiſant $Tt = TB$; je diviſe Tt en ſix parties égales entr'elles, & aux ſix parties de TB; ainſi le corps pouſſé ſelon la direction BT par la force z, ſe trouveroit en y à la fin du ſeptiéme tems, en z à la fin du huitiéme, & ainſi de ſuite; mais comme la peſanteur agit toujours ſur lui, il doit ſe trouver à la fin de ces tems en des points f, i, &c. tels que les verticales yf, zi, &c. ſoient entr'elles comme les quarrés de ces tems, c'eſt-à-dire comme les quarrés 49, 64, &c.

Je prolonge la direction AR du côté oppoſé en r, & il eſt aiſé de voir que Ar ſe trouve diviſée en ſix parties égales chacune à chacune aux ſix diviſions de AR par les verticales yf, zi, &c. cela poſé.

Dans les triangles Lyd, LTA, nous avons TA. yd :: LT. Ly :: 3.4; or $TA = 36$; donc 36. yd :: 3.4, & partant $yd = 48$; or $yf = yd + df = 49$; donc $df = 1$. Par un ſemblable raiſonnement on trouvera $hi = 4$, $lm = 9$, &c. & partant $lm = LM$, $no = NO$, &c. Menant donc les lignes Ff, Ii, Mm, &c. ces lignes ſeront paralelles entr'elles & à la direction RA; d'où il ſuit que la ligne AC perpendiculaire ſur RA leur ſera perpendiculaire, & les coupera toutes en deux également à cauſe du point A également éloigné de D & de d, de H & de h, &c. & que par conſéquent AC ſera l'axe de la parabole entiere BAb.

133. *Le corps pouſſé par la force* z *ſelon la direction* BT, *décrit les deux demi-paraboles* BA, Ab, *dans deux tems égaux*; car BT étant égal à Tt par la conſtruction, la force uniforme z feroit parcourir au corps les eſpaces BT, Tt, dans deux tems égaux; mais à la fin du premier tems le corps, au lieu d'être en T ſe trouve en A, & a décrit la demi-parabole BA, & à la fin du ſe-

cond tems, au lieu d'être en *t*, il se trouve en *b*, & il a décrit pendant ce second tems la demi-parabole A*b* ; donc ces deux demi-paraboles sont décrites dans des tems égaux.

134. *Definition.* Un corps étant projetté selon une direction BT inclinée à l'horifon ; si du point B de projection on mene une ligne horifontale B*b* qui coupe en un autre point *b* la parabole BA*b* que le corps décrit dans son mouvement, cette ligne se nomme *Amplitude* de la parabole, & l'axe AC se nomme *la plus grande hauteur du jet* ; ainsi l'axe AC coupe l'amplitude en deux parties égales.

135. Proposition XV. *Une parabole* AB (Fig. 35.) *étant donnée trouver son parametre.*

J'ai donné plusieurs façons de résoudre ce problême, en parlant des Sections coniques dans le second Livre, mais en voici une autre qui nous sera d'une grande utilité pour le jet des bombes.

D'un point quelconque B pris sur la parabole hors du sommet A, je mene l'ordonnée BC à l'axe AC, un diamétre BD qui coupe en D la tangente AD menée du sommet A, & une tangente BT qui coupe la même tangente AD en R ; du point R je mene la droite RC à l'extrêmité C de l'abscisse AC, & j'éleve en R la droite RE perpendiculaire sur RC, & qui coupe en E l'axe prolongé ; cela fait, je dis que la droite AE comprise entre le sommet A de la parabole, & la droite RE est le quart du parametre demandé, ce que je démontre ainsi :

A cause que les deux tangentes AD, BT, se coupent entre l'axe & le diametre BD, nous avons $DR = RA$; or $DA = BC$ à cause des paralelles AC, DB, & DA, BC ; donc $RA = \frac{1}{2} BC$, & par conséquent $\overline{RA}^2 = \frac{1}{4} \overline{BC}^2$, mais en nommant p le parametre demandé, nous avons par la proprieté de la parabole $\overline{BC}^2 = CA \times p$; donc $\overline{RA}^2 = \frac{1}{4} \overline{BC}^2 = CA \times \frac{1}{4} p$; or le triangle ERC étant rectangle par la construction, est divisé par la perpendiculaire RA menée du sommet R sur son hypothenuse en deux triangles semblables ERA, ARC, & partant $EA . AR :: AR . AC$; donc $\overline{RA}^2 = AC \times EA$; mais nous venons de trouver $\overline{RA}^2 = AC \times \frac{1}{4} p$; donc $AC \times \frac{1}{4} p = AC \times EA$, & par conséquent $EA = \frac{1}{4} P$.

136. Il suit delà 1°. que si après avoir mené d'un point quelconque B l'ordonnée BC à l'axe AC, un diametre BD qui coupe en D la droite AD tangente au sommet A, & la tangente BT

qui coupe la même tangente AD en R, l'on prend fur l'axe prolongé la partie AE égale au quart du parametre de l'axe, & que
des points E, C, on mene au point R les droites ER, CR, l'angle ERC fera droit; car à caufe de $RA = \frac{1}{2} DA = \frac{1}{2} BC$, on
aura toujours $\overline{AR}^2 = \frac{1}{4}\overline{BC}^2 = \frac{1}{4}p \times CA$, mais par la fuppofition
$EA = \frac{1}{4}p$; donc $\overline{AR}^2 = EA \times CA$; donc dans le triangle ERC
la perpendiculaire RA fera moyenne proportionnelle entre les
fegmens EA, CA, de la bafe, & par conféquent ce triangle
fera rectangle en R. 2°. Que les lignes RC, BR, feront égales;
car les triangles rectangles RDB, RAC font parfaitement égaux
& femblables, à caufe de DR = RA, & de DB = AC, ce qui
donne BR = RC. 3°. Que fi on prolonge le diametre BD en H
jufqu'à ce qu'on ait BH = CE, & que du point H, on mene
la droite HR, le triangle HBR fera égal & femblable au triangle ERC; car dans les triangles femblables & égaux DBR,
ACR, l'angle DBR eft égal à l'angle ACR; or dans les triangles HBR, EAC, les côtés HB, BR, font égaux chacun à chacun aux côtés EC, CR; donc à caufe de l'angle compris HBR,
égal à l'angle compris ECR, le troifiéme côté HR eft égal au
troifiéme côté RE, & partant le triangle HRB eft égal & femblable au triangle rectangle ERC. 4°. Que fi fur BH pris pour
diamétre on décrit un demi-cercle HRC, ce demi-cercle coupera la tangente DA en deux également, ce qui eft évident,
puifque le triangle HRB eft rectangle. 5°. Que la droite DR comprife dans le demi-cercle HRB eft le quart de l'amplitude Bb de la
parabole BAb qui feroit décrite par un corps projetté felon la direction BT; car DR eft égal à $\frac{1}{2}$BC, & partant égal à $\frac{1}{4}$Bb.

137. PROPOSITION XVI. *Si un corps projetté felon une direction
horifontale AD (Fig. 35.) décrit une parabole AB, la viteffe avec
laquelle il eft pouffé eft égale à la viteffe qu'il auroit acquife en tombant
d'une hauteur EA égale au quart de fon parametre.*

Je cherche par la Propofition précédente la droite EA égale
au quart du parametre, en menant d'un point B pris fur la courbe
une ordonnée BC à l'axe, un diamétre BD, une tangente BT, &c.
cela pofé:

La viteffe que le corps auroit acquife en tombant de la hauteur EA, eft à celle qu'il a acquife en s'abbaiffant de la hauteur
DB ou AC, comme la racine quarrée de EA eft à la racine
quarrée de AC; car dans le mouvement uniformément acceleré,

I ij

les efpaces parcourus étant comme les quarrés des viteffes acquifes à la fin de ces efpaces, ces viteffes font entr'elles comme
les racines quarrées des efpaces ; or à caufe des triangles rectangles femblables EAR, RAC, nous avons EA. AR :: AR. AC;
donc $\overline{EA}^2$. $\overline{AR}^2$ :: EA. AC, & par conféquent EA. AR :: √EA.
√AC; donc la viteffe que le corps auroit acquife en tombant de
la hauteur EA eft à celle qu'il a acquife en s'abbaiffant de la
hauteur AC comme EA eft à AR, & les tems employés à parcourir ces hauteurs font auffi comme EA eft à AR, c'eft-à-dire
comme les viteffes acquifes ; or le corps avec une viteffe uniforme
égale à celle qu'il auroit acquife en tombant de la hauteur EA,
parcoureroit dans un tems égal à EA un efpace double de EA,
(*N.* 104.) donc avec la même viteffe uniforme il doit parcourir
un efpace AD double de AR dans un tems égal à AR, c'eft-à-
dire dans un tems égal à celui que la pefanteur a employé à l'ab-
baiffer de la hauteur AC ou DB ; car dans le mouvement uniforme, les efpaces parcourus par un corps font entr'eux comme les
tems : mais par la fuppofition la force horifontale qui a projetté
le corps lui auroit fait parcourir AD dans un tems égal à celui
pendant lequel la pefanteur l'a abbaiffé de la hauteur AC ; donc
la viteffe que cette force horifontale donne au corps eft égale à
celle qu'il auroit acquife s'il étoit tombé de la hauteur EA égale
au quart de fon parametre.

138. Proposition XVII. *Si un corps* A *projetté felon une direction*
BT *oblique à l'horifon, décrit une parabole* BAb (Fig. 35.) *la viteffe
avec laquelle il eft pouffé, eft égale à celle qu'il auroit acquife s'il étoit
tombé d'une hauteur égale au quart du parametre du diametre* BD,
mené par le point B *de projection.*

Du point B je mene le diamétre BD, & l'ordonnée BC à l'axe
AC ; du fommet, je mene la tangente AD qui coupe la direction
BT au point R ; de ce point R je mene la droite RC à l'extrêmité C de l'abfciffe AC, & élevant en R la droite RE perpendiculaire fur RC, j'ai EA égal au quart du parametre de l'axe,
(*N.* 135.) & EC égal au quart du parametre du diametre BD ;
car le parametre du diamétre BD eft égal au parametre de l'axe
plus quatre fois l'abfciffe AC, ainfi qu'il a été dit dans les Sections coniques Livre fecond, & par conféquent fon quart eft égal
à AC + AE = EC ; ainfi il s'agit de faire voir que la force qui
pouffe le corps felon la direction BT donne à ce corps une viteffe

égale à celle qu'il auroit acquise en tombant de la hauteur EC, ce que je fais ainsi.

Si le corps poussé par une force x avec la direction horizontale AR décrivoit la demi-parabole AB, dans un tems égal à celui qu'il employe à la décrire, lorsqu'il est poussé par la force z avec la direction oblique BT, la force x seroit à la force z, comme la tangente AD est à la tangente BT, car nous avons fait voir (N. 131.) que deux forces qui seroient entr'elles comme ces tangentes feroient parcourir la même demi-parabole AB dans des tems égaux ; donc nous aurions $x.z :: $ AD. BT :: AR. BR :: AR. CR (N. 136.) ; mais les triangles semblables ARC, ERC donnent AR. CR :: ER. EC, donc $x.z :: $ ER EC ; or, à cause des triangles semblables EAR, ECR, nous avons EA. ER :: ER. EC, ce qui donne $\overline{ER}^2. \overline{EC}^2 :: $ EA. EC, & ER. EC :: $\sqrt{EA}.\sqrt{EC}$, ainsi $x.z :: \sqrt{EA}. \sqrt{EC}$, c'est-à-dire comme la vitesse que le corps acquerroit en tombant de la hauteur EA est à la vitesse qu'il acquerroit en tombant de la hauteur EC. Mais les forces uniformes x, z étant entr'elles comme les quantités de mouvement, ou comme les produits des masses par les vitesses, sont par conséquent entr'elles comme leurs vitesses, à cause que la masse est ici la même. Donc la vitesse que x donneroit au corps est à celle que z lui donne, comme $\sqrt{EA}$ est à $\sqrt{EC}$; or, $\sqrt{EA}$ est la vitesse que x donneroit au corps (N. 137.), donc $\sqrt{EC}$ est la vitesse que z lui donne.

139. PROBLEME. *Connoissant l'angle d'inclinaison* TBC (Fig. 35.) *sous lequel un corps est projetté, & l'amplitude* Bb *de la parabole qu'il décrit, connoître la plus grande hauteur du jet, & décrire la parabole.*

Je coupe l'amplitude Bb en deux parties égales en C, j'éleve au point C la droite CT perpendiculaire sur Bb, & je la prolonge jusqu'à ce qu'elle coupe la direction BT en T. Je coupe la droite TC en deux également en A, & la droite AC moitié de TC est la plus grande hauteur du jet, c'est-à-dire l'axe de la parabole compris entre le sommet & l'amplitude Bb. Cherchant donc une troisiéme proportionnelle à l'axe AC, & à l'ordonnée ou demi-amplitude BC, cette troisiéme proportionnelle sera le paramétre, & par conséquent il sera aisé de décrire la parabole demandée. Tout cela est évident, car 1°. l'axe où la plus grande hauteur du jet doit couper perpendiculairement & en deux également l'amplitude B*b* (*N.* 134.), ainſi que nous avons fait. 2°. La direction BT doit être tangente en B de la parabole que le corps décrit (*N.* 132.), ce qui arrive en effet ici, puiſque la droite TC ayant été coupée en deux également en A , la droite BT eſt néceſſairement tangente en B ; donc la parabole BA*b* eſt la parabole que décrit le corps projetté, ſelon la direction BT.

140. P R O B L E M E. *Connoiſſant la parabole* AHC (Fig. 36.) *que décrit un corps projetté ſous un angle d'inclinaiſon* DAC, *par une force quelconque, connoître la parabole qu'il décriroit s'il étoit projetté par la même force ſous un autre angle d'inclinaiſon* EAC.

Je cherche par le Problème précédent la plus grande hauteur du jet ou l'axe SH ; du ſommet H, je mene la tangente HL qui coupe le diamétre AL en L , & la direction ou tangente AD au point T ; je cherche le quart du paramétre de l'axe (*N.* 135.), & prolongeant AL , je fais LB égal au quart de ce paramétre. Ainſi AB étant égal à l'abſciſſe SH, plus le quart du paramétre de l'axe eſt par conſéquent égal au quart du paramétre du diamétre AL. C'eſt pourquoi décrivant ſur AB pris pour diamétre un demi-cercle BMA, ce demi-cercle paſſe par le point T où les tangentes AL, HT ſe coupent (*N.* 136.).

Du point M où la direction EA coupe le cercle, je mene NR paralelle à LH ou AC, je fais la partie extérieure MR égale à la partie intérieure NM ; du point R, j'abaiſſe RP perpendiculaire ſur AC, & prenant RP pour l'axe d'une parabole, & AP pour l'une de ſes ordonnées, je décris la parabole ARX qui ſera la parabole que doit décrire le corps lorſqu'il ſera projetté avec la direction EA par la même force qui l'a projetté avec la direction DA, ce que je démontre ainſi.

Du point M, je mene la droite MP, & élevant en M la droite MZ perpendiculaire ſur MP, la droite ZR ſera le quart du paramétre de l'axe RP, & ZP le quart du paramétre du diamétre AB qui paſſe par le point A. Or, à cauſe de NM=MR par la conſtruction, & des paralelles égales NA, RP, les triangles rectangles NMA, MRP ſont parfaitement égaux ; donc ſi je mene la droite BM, laquelle ſera perpendiculaire ſur AM, à cauſe que l'angle AMN à la circonférence embraſſe le diamétre, les triangles rectangles AMB, PMZ ſeront ſemblables & égaux, à cauſe de AM=MP, & de l'angle aigu MAN égal à l'angle aigu MPR, donc BA=ZP. Ainſi ſi le corps pouſſé avec la direction AM décrivoit la parabole ARX, la force qui le pouſſeroit lui donneroit une viteffe égale à celle qu'il auroit acquife en tombant de la hauteur ZP ou BA (*N.* 138.); or, quand le corps pouffé, felon la direction AD, a décrit la parabole AHC, la force qui le pouffoit lui a donné une viteffe égale à celle qu'il auroit acquife en tombant de la même hauteur BA qui eft auffi le quart du paramétre AL à l'égard de cette parabole, donc la viteffe que le corps auroit reçù fous la direction AM s'il avoit parcouru la parabole ARX eft égale à celle qu'il a reçu fous la direction AD; or, les forces qui donnent ces viteffes étant entr'elles comme leurs quantités de mouvement, ou comme les produits des maffes par les viteffes, font par conféquent entr'elles comme les viteffes, à caufe que la maffe eft ici la même, donc le corps qui décrit la parabole AHC eft pouffé avec la même force qu'il feroit pouffé s'il décrivoit la parabole ARX.

141. Comme toutes les directions obliques fur AX avec lefquelles la même force peut projetter le corps coupent néceffairement le demi-cercle BMA; il s'enfuit que par le moyen de ce demi-cercle on peut trouver toutes les paraboles que le corps pouffé par cette force peut décrire fous différentes inclinaifons.

142. *Dans toutes les paraboles qu'un corps pouffé par une même force, peut décrire les paramétres des axes font tous inégaux.* Car le quart du paramétre de l'axe de la parabole AHC étant LB, le quart du paramétre de l'axe de la parabole ARX, eft NB, & par conféquent ces deux quarts étant inégaux, les paramétres le font auffi.

143. *Dans toutes les paraboles qu'un corps pouffé par une même force peut décrire fous differentes inclinaifons, les amplitudes des paraboles, font entr'elles comme le finus des angles doubles, des angles d'inclinaifon.* La droite LT eft le quart de l'amplitude AC de la parabole AHC (*N.* 136.), & par la même raifon la droite NM eft le quart de l'amplitude de la parabole ARX; & comme les amplitudes font dans la même raifon que leurs quarts, il ne s'agit que de faire voir que les droites LT, NM font les finus des angles doubles des angles d'inclinaifon LAC, EAC, ce que je fais ainfi:

Du centre O du demi-cercle BMA, je mene les rayons OT, OM, aux points T, M où les directions LA, MA coupent le demi-cercle. L'angle au centre TOA eft double de l'angle d'inclinaifon TAC qui eft l'angle du fegment TA; de même l'angle au centre MOA eft double de l'angle d'inclinaifon MAC qui eft

l'angle du ſegment MA ; or, LT eſt le ſinus de l'angle TOA, &
MN eſt le ſinus de l'angle MOA ; donc les amplitudes CA, XA
qui ſont entr'elles comme leurs quarts LT, NM, ſont auſſi entr'elles comme les ſinus des angles doubles des angles d'inclinaiſon LAC, EAC.

144. *Dans toutes les paraboles qu'un corps pouſſé par une même
force, peut décrire ſous differentes inclinaiſons les plus grandes hauteurs des jets, ſont entr'elles comme les ſinus verſes des angles doubles
des angles d'inclinaiſon.*

Dans la parabole AHC la plus grande-hauteur HS eſt égale à
AL, & dans la parabole ARX, la plus grande hauteur RP eſt
égale à AN ; or, AL eſt le ſinus verſe de l'angle TOA double
de l'angle d'inclinaiſon TAC, & AN eſt le ſinus verſe de l'angle
MOA double de l'angle d'inclinaiſon MAC ; donc les plus grandes hauteurs HS, RP de ces deux paraboles ſont entr'elles comme les ſinus verſes des angles doubles des angles d'inclinaiſon.

On peut dire auſſi que *les plus grandes hauteurs des jets* HS,
RP, &c. *ſont entr'elles comme les quarrés des ſinus des angles d'incli-
naiſon.* Car à cauſe des triangles rectangles ſemblables NAM,
BAM, nous avons NA. AM :: AM. AB ; donc $\overline{AM}^2$=NA×AB.
De même ſi du point T nous menions une droite au point B,
nous aurions deux autres triangles rectangles ſemblables LAT,
BAT qui donneroient LA. AT :: AT. AB, & partant $\overline{AT}^2$=LA
×AB ; donc $\overline{AT}^2$. $\overline{AM}^2$ :: LA×AB. NA×AB ; & diviſant les termes de la derniere raiſon, nous aurions $\overline{AT}^2$. $\overline{AM}^2$ :: AL. AN ;
or, la moitié de la corde AT eſt le ſinus de la moitié de l'angle
TOA, c'eſt à-dire le ſinus de l'angle d'inclinaiſon TAC, & la
moitié de la corde AM eſt le ſinus de la moitié de l'angle MOA,
c'eſt-à-dire le ſinus de l'angle d'inclinaiſon MAC ; or, ces ſinus
ou demi-cordes étant entr'eux comme les cordes, leurs quarrés
ſont auſſi comme les quarrés des cordes ; donc puiſque nous
avons AL. AN :: $\overline{AT}^2$. $\overline{AM}^2$, nous aurons auſſi AL eſt à AN
comme le quarré du ſinus de l'angle d'inclinaiſon TAC eſt au
quarré du ſinus de l'angle d'inclinaiſon MAC, mais AL=HS,
& AN = RP ; donc les plus grandes hauteurs HS, RP, ſont
entr'elles comme les quarrés des ſinus des angles d'inclinaiſon.

145. *Dans toutes les paraboles qu'un corps pouſſé par une même force,*
peut

*peut décrire fous differentes directions les efpaces que ce corps parcoure-
roit fur fes directions, fi la pefanteur ne l'abaiffoit pas, font entr'eux
comme les finus des angles d'inclinaifon.*

De l'extrémité C de l'amplitude AC, j'éleve fur AC la perpendiculaire CV, jufqu'à ce qu'elle coupe la direction AV en V, &
la droite AV marque l'efpace que le corps auroit parcouru fur fa
direction AV dans un tems égal à celui qu'il a employé à parcourir la parabole AHC, par les principes ci-deffus (*N*.128.131.);
par la même raifon élevant à l'extrémité X de l'amplitude AX la
perpendiculaire XY qui coupe la direction AY, la droite AY
marque l'efpace que le corps parcoureroit fur cette direction dans
un tems égal à celui qu'il employeroit à parcourir la parabole
ARX. Des points T, M où les directions AV, AY coupent le
demi-cercle BMTA, j'abbaiffe fur l'horizontale AX les perpendiculaires TG, MK, & à caufe des triangles femblables ATG,
AVC, j'ai AG. AC :: AT. AV; mais AG eft le quart de AC,
donc $AT = \frac{1}{4}AV$, de même à caufe des triangles femblables
AMK, AYX, j'ai AK. AX :: AM. AY; mais $AK = \frac{1}{4}AX$, donc
$AM = \frac{1}{4}AY$; ainfi les cordes AT, AM du demi-cercle, font les
quarts des directions totales AV, AY, & par conféquent ces directions font entr'elles comme les cordes AT, AM, ou comme
les moitiés de ces cordes, mais les moitiés des cordes font les
finus des angles d'inclinaifon, comme on a vû (*N*. 144.); donc
les efpaces AV, AY que le corps parcoureroit fur fes directions,
fi la pefanteur ne l'abaiffoit pas, font entr'eux comme les finus
des angles d'inclinaifon.

146. *Dans toutes les paraboles qu'un corps projetté par une même
force peut décrire, fous differentes directions, les tems pendant lefquels
ces paraboles font décrites, font entr'eux comme les finus des angles
d'inclinaifon.*

Puifque le corps auroit parcouru la droite AV fur la direction AV
dans un tems égal à celui qu'il a employé à décrire la parabole
AHC, la verticale VC eft la hauteur dont la pefanteur a abaiffé
ce corps dans le même tems; & par la même raifon la verticale
YX eft la hauteur dont la pefanteur abaifferoit le corps lorfqu'il
décriroit la parabole ARX. Or, à caufe des triangles femblables
ATG, AVC, nous avons AG. AC :: TG. VC; donc à caufe
de $AG = \frac{1}{4}AC$, nous avons $TG = \frac{1}{4}VC$, de même dans les triangles femblables AMK, AYX, nous avons AK. AX :: MK. YX;
donc à caufe de $AK = \frac{1}{4}AX$, nous avons $MK = \frac{1}{4}YX$, & par

conséquent VC.YX :: TG. MK ; mais TG=AL, & MK=AN, donc VC. YX :: AL. AN, c'est-à-dire les verticales VC, YX sont entr'elles comme les sinus verses AL, AN des angles doubles des angles d'inclinaison, mais ces sinus sont entr'eux comme les quarrés des sinus des angles d'inclinaison (*N.* 144.); donc les verticales VC, YX, sont entr'elles comme les quarrés des sinus des angles d'inclinaison, ou comme $\frac{1}{4}\overline{AT}^2$, $\frac{1}{4}\overline{AM}^2$ (*N.* 145.); or, le tems que la pesanteur employe à abaisser le corps d'une quantité égale à VC est au tems qu'elle employeroit à l'abaisser d'une quantité égale à YX comme la racine quarrée de VC est à la racine quarrée de YX ; donc ces tems sont entr'eux comme les racines quarrées de $\frac{1}{4}\overline{AT}^2$, $\frac{1}{4}\overline{AM}^2$, c'est-à-dire comme $\frac{1}{2}$AT, $\frac{1}{2}$AM, ou comme les sinus des angles d'inclinaison (*N.* 145.); il suit de là que les tems employés à parcourir les paraboles AHC, ARX, &c. sont entr'eux comme les moitiés des cordes AT, AM, &c. ou comme les huitièmes des directions totales, & par conséquent comme ces directions.

147. *De toutes les paraboles que peut décrire un corps poussé par une même force avec differentes directions, celle qui a une plus grande amplitude, est celle qui est décrite sous un angle de 45 degrés, & celles qui sont décrites sous des angles également éloignés de 45 degrés, sont égales* (Fig. 37.).

Quand le corps est projetté sous un angle de 45 degrés, la perpendiculaire MO abaissée sur le diamétre BA du point M où la direction AM coupe le cercle est le quart de l'amplitude de la parabole, & en même tems le sinus de l'angle de 90 degrés double de l'angle d'inclinaison MAC ; or, le sinus de 90 degrés est le plus grand de tous les sinus, donc puisque les amplitudes sont comme les sinus des angles doubles des angles d'inclinaison, l'amplitude sous 45 degrés est plus grande que l'amplitude sous un autre angle quelconque, puisque le sinus du double de cet angle sera toujours moindre que le rayon ou le sinus de 90 degrés.

Maintenant prenons les angles TAC, VAC également éloignés de 45 degrés ; par exemple, l'un de 15 degrés, & l'autre de 75, le double du premier sera de 30 degrés, & le double du second de 150, & par conséquent celui-ci étant le complement à deux angles droits de l'angle de 30 degrés, son sinus VH sera égal au sinus TL, de l'angle de 30 degrés ; or, les sinus VH, LT

font les quarts des amplitudes fous les angles VAC, TAC;
donc les amplitudes fous les angles également éloignés de 45
degrés, font égales.

148. *La force qui projette le corps demeurant la même, l'amplitude fous 45 degrés eft double de l'amplitude fous 15 degrés.* L'angle
double de 45 degrés étant de 90, fon finus eft égal au rayon.
De même l'angle double de 15 degrés eft de 30 degrés, & le
finus de 30 degrés eft la moitié de la corde qui foutient l'arc de
60 degrés double de 30 degrés, & par conféquent le finus de
30 degrés eft la moitié du rayon. Or l'amplitude fous 45 eft à
l'amplitude fous 15, comme le finus de 90 degrés eft au finus
de 30; donc ces amplitudes font entr'elles comme le rayon eft
à la moitié du rayon, ou comme 2 eft à 1.

149. *La plus grande amplitude AX d'une force*, (Fig. 37.) *eft
double du quart du paramétre du diamétre qui paffe par le point A
de projection.*

La plus grande amplitude étant fous l'angle de 45 degrés
MAX, fi je prolonge la direction AM jufqu'à ce qu'elle coupe
l'axe prolongé en P, le triangle AZP fera rectangle & ifofcele,
& partant AZ = ZP = 2ZN; or le rayon AO eft alors égal à
ZN; donc AB = 2AO = 2ZN, & par conféquent AB=ZP
= AZ, mais AZ eft la moitié de l'amplitude; donc AB ou le
quart du paramétre du diamétre qui paffe par A eft égal à la moitié de l'amplitude; donc l'amplitude entiere AX eft égale à deux
quarts ou à la moitié de ce paramétre, & par conféquent elle eft
double du quart de ce paramétre.

150. PROBLEME. *Compofer une table qui contienne toutes les amplitudes des differentes paraboles que peut décrire une Bombe projettée
avec une même force de poudre ou avec une même charge d'une même
poudre.*

Il faut faire une épreuve, c'eft-à-dire tirer une Bombe avec
la charge donnée fous un angle pris à volonté; mefurer enfuite
exactement l'amplitude ou la diftance du Mortier à l'endroit où
la Bombe eft tombée; après quoi fi on veut trouver l'amplitude
fans un autre angle, on cherchera dans la table des finus, le finus
double de celui fous lequel on a fait l'épreuve, & le finus double de celui fous lequel on cherche l'amplitude, puis l'on dira
par regle de trois: comme le finus double de l'angle fous lequel
on a tiré eft au finus double de celui fous lequel on cherche
l'amplitude; ainfi l'amplitude de la parabole décrite fous le pre-

mier angle eſt à un quatriéme terme qui ſera l'amplitude de la parabole qui ſeroit décrite dans le ſecond angle ; & faiſant la même choſe à l'égard de tous les autres angles ſous leſquels on peut tirer la même Bombe avec la même charge, on aura toutes les amplitudes demandées. Cela fait, on écrira dans une colonne tous les degrés ſous lequel on peut tirer, c'eſt-à-dire depuis 1 juſqu'à 90, & à côté de ces degrés les amplitudes correſpondantes, & la table ſera faite. Ce qui eſt évident, puiſque les amplitudes ſont entr'elles comme le ſinus des angles doubles des angles d'inclinaiſon.

151. Cette table étant ainſi compoſée, on peut par ſon moyen & ſans le ſecours des ſinus trouver les amplitudes des différentes paraboles que pourroit décrire la même Bombe avec une autre charge. Par exemple, ſuppoſons que la Bombe pouſſée avec la premiere charge que je nomme a ait eu ſous un angle $= b$ une amplitude $= m$, & ſous un angle $= c$ une amplitude $= n$; & qu'on demande quelles amplitudes elle auroit ſous les mêmes angles, ſi elle étoit tirée avec une autre charge $= f$, on tirera la Bombe avec la charge f ſous un angle $= b$, & meſurant exactement ſa portée ou amplitude, l'on dira par regle de trois : l'amplitude m de la force a ſous l'angle b eſt à l'amplitude n de la même force ſous l'angle c, comme l'amplitude trouvée de la force f ſous l'angle b eſt à un quatriéme terme qui ſera l'amplitude que la même force f donneroit ſous l'angle c ; ce qui eſt encore évident, puiſque les angles des amplitudes de la force a & celles des amplitudes de la force f ſont les mêmes, & que les amplitudes de l'une & de l'autre force ſont comme les ſinus des angles doubles des angles b & c.

152. PROBLEME. *Compoſer une table pour trouver tout d'un coup quels ſont les angles qui conviennent à toutes les amplitudes poſſibles d'une même force.*

Il faut tirer une Bombe avec la charge donnée ſous un angle de 45 degrés ou de 15 ; ſi on tire ſous 45, la diſtance du Mortier à l'endroit où la Bombe tombera ſera la plus grande amplitude, (N. 147.) & ſi on tire ſous 15 degrés, on n'aura qu'à doubler cette diſtance pour avoir la plus grande amplitude (N. 148.) après quoi ſi on veut tirer pour avoir une amplitude moindre que la plus grande, on dira par regle de trois ; la plus grande amplitude eſt à celle qu'on demande comme le ſinus de l'angle double de 45 degrés, c'eſt-à-dire le rayon à un quatriéme terme qui fera le finus de l'angle double de celui fous lequel il faudroit tirer pour avoir l'amplitude demandée. Cherchant donc dans les Tables des *Sinus* à quel angle appartient ce finus, la moitié de cet angle fera celui qui donneroit l'amplitude demandée, & ainfi des autres. Ayant donc trouvé les degrés qui conviennent à toutes les amplitudes qui font au-deffous de la plus grande, on écrira dans une colonne toutes les amplitudes, à commencer depuis la moindre jufqu'à la plus grande, & vis-à-vis de chacune on écrira dans une autre colonne les degrés qu'on aura trouvé leur convenir.

153. Si l'on faifoit le coup d'épreuve fous un angle différent de celui de 45 degrés ou de celui de 15, il faudroit pour avoir la plus grande amplitude faire un calcul tel que nous l'avons dit ci-deffus, (*N.* 150.) au lieu qu'en tirant fous 45 ou fous 15, la plus grande amplitude fe trouve plus aifément, & c'eft pourquoi j'ai dit qu'il falloit faire le coup d'épreuve fous l'un ou l'autre de ces deux angles.

154. M. Blondel après avoir rapporté dans le premier Livre de fon *Art de jetter les Bombes*, ce qu'on avoit dit avant lui fur ce fujet, nous fait obferver que la plûpart des Auteurs qui ont écrit fur l'Artillerie fe font trompés à l'égard des portées d'une même force convenables aux différens angles d'inclinaifon, pour n'avoir pas bien connu les regles du mouvement de projection. Deftitués de ce fecours, ils ont crû pouvoir s'en dédommager en fe jettant du côté des épreuves ; mais ces épreuves n'étant pas guidées par cette fine théorie qui nous apprend à en écarter les circonftances & les accidens étrangers, loin de leur être utiles les ont jettés dans l'erreur, & leur ont fait imaginer des fyftêmes bien éloignés de la réalité. Ce qu'il y a de furprenant, c'eft que M. de Saint-Remi qui avoit lû la judicieufe Critique que M. Blondel a faite des tables des Bombardiers, nous en ait cependant rapporté quelques-unes dans fes Memoires d'Artillerie telles qu'il les a trouvées dans l'Ouvrage de cet Auteur, & qu'il ait prétendu les juftifier par la frivole raifon que l'expérience, furtout en fait de poudre, doit l'emporter fur les plus fçavantes obfervations. Heureufement les expériences même ont détrompé les Bombardiers de nos jours, & je ne crois pas qu'il s'en trouve beaucoup aujourd'hui qui, dans l'exercice de leur Art, s'avifent d'avoir recours à ce que leurs anciens Confreres avoient crû pouvoir ftatuer là-deffus. Au refte je n'ai garde

de confondre avec les tables que les anciens Auteurs nous ont laiſſé dans leurs Ecrits, celles qui ſe trouvent dans le Bombardier François & dans la théorie ſur le méchaniſme de l'Artillerie par M. Dulacq Capitaine d'Artillerie du Roy de Sardaigne. Celles-ci ayant été faites ſur les principes de Galilée qui ont été adoptés par tous les Sçavans, ſont exemptes de tout ſoupçon, & ne peuvent qu'être utiles, ſuppoſé qu'il n'y ait point de fautes d'impreſſion ni d'erreurs de calcul, ce qui arrive quelquefois aux ouvrages de cette nature.

Ce qui a fait que bien des gens ſe ſont ſcandaliſés des regles que la théorie nous enſeigne, c'eſt qu'ils ſe ſont apperçûs qu'elles ſe trouvent ſouvent en défaut lorſqu'on fait des épreuves, & qu'ils ne ſe ſont pas apperçû en même tems que cela ne provenoit point du fonds de ces regles, mais uniquement des circonſtanes & de grand nombre d'accidens qui ſont inſéparables de la pratique. Ces accidens ſont, 1°. La réſiſtance & l'agitation de l'air; par ſa réſiſtance qui eſt plus ou moins grande ſelon qu'il eſt plus ou moins comprimé, il diminue plus ou moins les portées, & par ſon agitation qui varie auſſi à tout moment, il en altere les directions. 2°. L'hétérogeneité de la poudre, les trois matieres qui la compoſent ne ſe mêlent pas uniformément, quelque ſoin qu'on puiſſe y prendre, les grains n'en ſont pas tous d'égale groſſeur, l'air compris dans ſes pores & dans ſes interſtices eſt tantôt plus ou moins comprimé de même que l'air que nous reſpirons; les inflammations par conſéquent ne ſe font pas partout également, ni toujours avec la même promptitude, & les portées en ſouffrent de l'altération. 3°. La différence de poids & de diamétre dans les Bombes, quoique faites pour un même Mortier. Le degré de chaleur n'étant pas toujours le même quand on coule la matiere, le grain en devient plus ou moins fin, & de-là la peſanteur en devient plus ou moins grande. Toutes les parties de la matiere n'ont pas partout une égale denſité, ou du moins cela eſt très-rare; ainſi le centre de gravité n'eſt pas le même que le centre de la figure. D'ailleurs les Bombes ne partent que très-difficilement ſelon la direction de l'ame de la piece, ſoit à cauſe que le feu n'étant pas porté directement dans le centre de la chambre, le fort de l'inflammation n'eſt pas toujours dans ce centre, ſoit parce que les Bombes ayant du vent ne peuvent pas toujours ſe mettre dans le Mortier, de façon que l'ame de la piece paſſe par leur centre de gravité, d'où il arrive que la Bombe en partant frappe contre quelqu'un des côtés du Mortier, ce qui lui fait changer la direction qu'on prétendoit lui donner. 4°. Enfin, les négligences qu'on peut commettre en ne prenant pas exactement l'angle fous lequel on veut tirer, en n'affurant pas affez le coin de mire, en ne refoulant pas la poudre toujours également, & en n'obfervant pas fi la piece panche d'un côté ou d'un autre. Tous ces accidens venant à fe combiner entr'eux de différentes façons, peuvent produire des varietés infinies dans les portées, auxquelles il n'eft pas toujours également facile de remédier.

Si cela eft, dira-t-on peut-être, quel avantage pourra-t-on tirer de cette belle théorie que l'on nous vante tant? La réponfe n'eft pas difficile à faire. Un Officier qui joint la fcience à l'expérience, (car il faut l'un & l'autre pour n'être pas embarraffé dans fes opérations) un tel Officier, dis-je, après avoir fait fon coup d'épreuve fçait d'abord tout ce qui arriveroit fi les accidens dont nous avons parlé ne dérangeoient rien; il part donc d'un point fixe, & c'eft déja beaucoup dans une matiere où la pratique la plus confommée ne trouve que de l'incertitude. Or comme il fçait que l'air réfifte, & que fa réfiftance eft d'autant plus grande que les projections font de plus longue durée; il s'apperçoit que dans les projections qui font au-deffous de l'angle de 45 degtés, celles qui approchent plus de cet angle doivent fouffrir de plus grandes diminutions, & que lorfque les projections font également éloignées de 45 degrés, les portées de celles qui font audeffus doivent être un peu moins longues que celles qui font en-deffous; cependant à caufe que nos projections fe font avec beaucoup de rapidité, & que leur hauteur ni leur amplitude ne font pas bien grandes, il en infere que la différence des portées à celles que la théorie lui donne, doit toujours avoir des bornes affez refferrées, & par conféquent il fçait encore à quoi s'en tenir, s'il ne fe rencontroit que cette difficulté. Que fi les dérangemens deviennent plus confidérables qu'il ne les a jugés, alors fçachant bien que cela ne peut provenir que des autres accidens qui n'ont rien de commun avec la réfiftance de l'air, il tourne fes foins à obferver que la manœuvre fe faffe avec toute l'exactitude requife, & s'il ne parvient pas à la précifion géométrique, du moins il s'en approche affez pour avoir l'effet qu'il fouhaite, & c'eft tout ce qu'on peut demander de lui, puifqu'il s'agit non pas de faire tomber une Bombe fur la pointe d'une aiguille, mais de la faire donner fur un but qui eft toujours d'une certaine étendue.

Laiffons maintenant agir un Officier qui n'a que la pratique pour lui, un coup d'épreuve ne lui donnera certainement pas la connoiffance des portées fous les différens angles; il faudra donc qu'il en faffe autant qu'il y a d'angles fous lefquels on peut tirer, & qu'il brûle bien de la poudre inutilement; mais quand ces épreuves feront faites, que pourra-t-il compter fur elles? les portées qu'il aura trouvées feront-elles les véritables portées? point du tout. Il faudroit pour cela qu'aucun accident ne les eût troublées, & c'eft ce qui eft impoffible; que s'il s'attache uniquement à atteindre fon but, fous combien d'angles ne faudra t-il pas qu'il tire, & avec combien de différentes charges avant qu'il y parvienne; qui l'affurera que la charge avec laquelle il a tiré eft la moins difpendieufe, & qu'on ne pourroit pas tirer avec moins de poudre & donner au but propofé fous un angle différent; paffons cependant par deffus cette confidération, & voyons ce qu'il fera, fi par hazard les coups fuivans ne lui donnent plus la même portée. Il changera de nouveau fon angle, il hauffera & baiffera le Mortier, il augmentera la poudre, il la diminuera, il fe donnera des foins fatiguans, il fe tourmentera & tourmentera les autres, & prefque toujours fans aucun fruit. Qu'on fe défabufe donc, la Science, & furtout la Géométrie & la Phyfique font ici plus néceffaires que l'on ne penfe; & fi quelques Auteurs ont prétendu qu'on ne pouvoit rien ftatuer, c'eft qu'ils n'ont pas voulu fe donner la peine d'étudier des principes qui leur ont paru trop abftraits, & que n'ayant pû trouver la folution de leur difficulté dans leur aveugle pratique fur laquelle ils ont fait trop de fonds, ils fe font imaginés fauffement que le hazard devoit être l'unique regle des projections.

155. **PROBLEME.** *Trouver le cercle qui renferme toutes les amplitudes d'une même force de poudre fous différens angles, fans être obligé de chercher la plus grande hauteur du coup d'épreuve ni le paramètre de l'axe de la parabole que ce coup d'épreuve a fait décrire à la Bombe.* (*Fig. 38.*)

Soit A B l'amplitude que le coup d'épreuve m'a donné, j'éleve en A la droite indéfinie AS perpendiculaire fur AB; je fais au même point A un angle PAD égal à l'angle fous lequel j'ai fait le coup d'épreuve; je coupe l'amplitude AB en quatre parties égales, & à l'extrêmité E de fon premier quart AE, j'éleve une perpendiculaire ER qui coupe la direction AP en R. Au point R,

j'éleve

j'éleve fur AR le perpendiculaire RS qui coupe l'indéfinie AS
au point S, & fur AS pris pour diamétre je décris le demi-cercle
SRA qui eft le demi-cercle demandé, c'eft-à-dire le demi-cercle
par lequel je puis connoître toutes les amplitudes de la même
charge fous différens angles : ce que je prouve ainfi.

Du milieu D de l'amplitude, j'éleve la perpendiculaire DT
qui coupe la direction AP en P; du point R je mene NH paralelle à AD & la droite RD; fur RD, j'éleve la perpendiculaire
RT ; enfin prenant HD pour axe & AD pour ordonnée, je décris la parabole AHB qui eft la même que la Bombe a décrit
quand j'ai fait le coup d'épreuve; car les triangles femblables
RNA, PRH font parfaitement égaux à caufe de NR = RH;
& partant PH = NA = HD, ainfi la direction AP eft tangente
de cette parabole, comme cela doit être; or on ne peut pas décrire deux paraboles différentes qui ayent la même amplitude
AB la même tangente AD au même point; donc la parabole
AHD eft celle que la Bombe a décrit.

Or à caufe de RT perpendiculaire fur RD, la droite TH eft
le quart du paramétre de l'axe (N. 135.) & TD eft le quart du
paramétre du diamétre qui paffe par le point A; & à caufe des
triangles femblables & égaux SRA, TRD, nous avons SA
= TD; donc SA eft le quart du paramétre du diamétre qui paffe
par le point A.

Maintenant le demi-cercle BMA eft précifément le même que
nous avons décrit ci-deffus (N. 140.) puifque fon diamétre AS
eft le quart du paramétre du diamétre qui paffe par le point A
de la parabole décrite par le coup d'épreuve fous l'angle PAD,
& nous avons fait voir dans cet endroit que ce cercle fert à
trouver les amplitudes de la même force de poudre fous différens
angles; donc, &c.

156. Il faut obferver que ce demi-cercle comprend tous les
quarts d'amplitude fous différens angles, par exemple, lorfque
la Bombe tirée fous l'angle DAC (Fig. 36.) décrit la parabole
AHC, la droite LT eft le quart de l'amplitude AC, & lorfque
la même Bombe fous l'angle MAX décrit la parabole ARX,
la droite NM eft le quart de fon amplitude AZ, & ainfi des
autres.

157. PROBLEME. *Trouver les différentes amplitudes d'une même
force de poudre fous différens angles, & les angles convenables à
différentes amplitudes propofées fans avoir befoin de recourir aux tables.*

Tome II.   L

Je conftruis fur un papier une échelle que je divife en deux mille parties qui repréfenteront des toifes; j'ai choifi le nombre de deux mille, parce qu'il eft la plus grande amplitude d'une Bombe pouffée fous l'angle de 45 degrés avec la plus grande charge. Cette échelle étant faite, je fais un coup d'épreuve fous un angle quelconque, & après avoir mefuré exactement fa portée. Je mene fur un papier une ligne droite indéfinie AZ (*Fig. 39.*) je prens fur l'échelle avec le compas une grandeur égale au quart de la portée que j'ai trouvé, & je la porte fur AZ de A en B. Je fais en A un angle MAZ égal à l'angle fous lequel j'ai fait le coup d'épreuve; j'éleve fur les points A & B deux perpendiculaires AC, BR; du point R où BR coupe la direction AM, j'éleve RC perpendiculaire fur AR, & enfin autour de AC pris pour diamétre, je décris le demi-cercle CRA, & ce demi-cercle eft celui qui comprend tous les quarts d'amplitude fous différens angles de la charge avec laquelle j'ai fait le coup d'épreuve, (*N. 155.*)

Maintenant fi je veux fçavoir quelle fera l'amplitude fous un autre angle, je fais en A un angle SAZ égal à l'angle donné, & du point S où la jambe SA coupe le demi-cercle CRA, je mene la perpendiculaire ST fur le diamétre CA, puis prenant avec le compas la grandeur TA, je la porte fur mon échelle, & trouvant qu'elle vaut un certain nombre de toifes, je quadruple ce nombre pour avoir l'amplitude convenable à l'angle SAZ.

De même, fi je veux fçavoir quel eft l'angle convenable à une amplitude demandée, je prens fur mon échelle une grandeur égale au quart de cette amplitude, je la porte fur AZ de A en T, & au point T j'éleve une perpendiculaire TS; fi cette perpendiculaire coupe le cercle en deux points V, S, je mene de ces deux points les droites VA, SA, ce qui me donne deux différens angles VAZ, SAZ fous lefquels je puis avoir l'amplitude demandée; que fi TS touchoit le cercle fans le couper, je n'aurois qu'un angle fous lequel je pourrois tirer, & cet angle feroit celui de 45 degrés; mais fi TS ne coupoit point le cercle, l'amplitude demandée feroit plus grande qu'il ne faut pour pouvoir y atteindre avec la même charge.

Comme une échelle divifée en deux mille parties dont chacune feroit un peu fenfible devroit néceffairement être fort longue, ce qui demanderoit un papier trop grand, on peut en faire une qui n'en contienne que le quart, c'eft-à-dire cinq cens parties

égales, & on s'en fervira de la même façon, puifqu'on n'a befoin dans cette pratique que des quarts d'amplitude.

Que fi une échelle de 500 parties fenfibles étoit encore trop
grande, on en feroit une autre qui n'en contiendroit que la moitié, c'eft-à-dire 250 parties, & alors comme cette échelle repré-
fenteroit la huitiéme partie de l'amplitude de la plus forte charge, il faudroit conftruire un cercle qui ne contînt que la huitiéme partie des amplitudes de la charge avec laquelle on auroit
fait l'épreuve, ce qui fe fait ainfi.

Suppofons qu'après avoir tiré fous un angle RAZ (*Fig.* 40.)
& avoir pris le quart AB de l'amplitude trouvée, je m'apperçoive
que le demi-cercle CRA qui contient tous les quarts d'amplitude de la même charge demanderoit un papier trop grand, je
prens la huitiéme partie de cette amplitude, c'eft-à-dire la moitié du quart AB, je la porte de A en H, j'éleve la perpendiculaire HS, & au point S j'éleve fur AS la perpendiculaire ST,
puis autour du diamétre TA je décris le demi-cercle TSA qui
contiendra tous les huitiémes des amplitudes de la même charge; car à caufe des triangles femblables ASH, ARB, nous aurons AS. AR :: AH. AB, & par conféquent AS $= \frac{1}{2}$ AR, &
à caufe des triangles femblables ASV, ARX, nous aurons VS.
XR :: AS. AR, & partant VS $= \frac{1}{2}$ XR; or dans le demi-cercle
CRA la droite RX eft le finus de l'angle double de l'angle RAZ
de projeftion, (*N*. 143.) & dans le demi-cercle TSA la droite
VS eft auffi le finus de l'angle double du même angle RAZ ou
SAZ; donc le finus XR eft double du finus VS. Que fi je veux
tirer fous un autre angle LAZ, je trouverai de même que dans
le cercle CRA le finus LP de l'angle double de l'angle LAZ
eft auffi double du finus MN de l'angle double du même angle
LAZ ou NAZ; car à caufe des triangles femblables CRA, TSA,
nous aurons CA. TA :: AR. AS, & partant CA $=$ 2TA; or
les demi-cercles étant femblables, les finus PL, MN correfpondant aux mêmes angles font proportionnels à leur diamétre, &
par conféquent PL $=$ 2MN; puis donc que tous les finus du
demi-cercle CRA font doubles de tous les finus correfpondans
du demi-cercle TSA, & que les finus du demi-cercle CRA
font les quarts d'amplitude de la charge avec laquelle l'épreuve
a été faite, il s'enfuit que les finus du demi-cercle TSA font les
huitiémes des mêmes amplitudes.

Pour me fervir donc de ce demi-cercle qui contient les huitiémes des amplitudes, fuppofons qu'on demande l'amplitude convenable à l'angle NAZ; je mene du point N où la direction NA coupe le demi-cercle TSA, la droite NM perpendiculaire fur le diamétre TA, & prenant MN, je la porte fur mon échelle, puis je multiplie la quantité de toifes que je trouve qu'elle vaut par 8, & le produit eft l'amplitude demandée.

Et fi on me demande quel eft l'angle qui convient à une certaine amplitude, je prens fur mon échelle une quantité égale à la huitiéme partie de cette amplitude, je le porte de A en Q, & j'éleve la perpendiculaire QN; fi cette perpendiculaire coupe le demi-cercle TSA en deux points O, N, je mene les droites OA, NA qui me donnent deux angles fous lefquels je puis tirer pour avoir l'amplitude demandée, &c.

Il eft vifible que fi le diamétre TA n'étoit que le quart du diamétre CA, le demi-cercle TSA ne contiendroit que les moitiés des huitiémes, c'eft-à-dire les feiziémes parties des amplitudes; ainfi on pourroit fe fervir de ce cercle, fi l'on trouvoit que le cercle précédent fût encore trop grand; par exemple, fi l'on vouloit l'amplitude convenable à l'angle NAZ, on prendroit avec le compas la grandeur MN que l'on porteroit fur l'Echelle pour avoir fa valeur en toifes; mais comme dans la fuppofition que nous venons de faire, MN ne feroit que le feiziéme de l'amplitude, on multiplieroit fa valeur par 16, ou par 4, & le produit enfuite par 4, ce qui donneroit l'amplitude demandée; & fi on demandoit l'angle convenable à une amplitude, on diviferoit cette amplitude par 16, ou par 4, & le quotient par 4, & portant ce dernier quotient de A en Q, le refte s'acheveroit comme ci-deffus.

On me dira peut être qu'il n'eft pas facile de faire une échelle divifée exactement, c'eft pourquoi pour prévenir cet embarras, voici un inftrument fimple, portatif, & extrêmement commode, dont on pourra fe fervir. Cet inftrument eft compofé de deux Régles, femblables à celles d'un pied de Roy, qui fe joignent de même par une charniere; mais au lieu de donner 6 pouces de longueur à chacune de ces Régles, je voudrois leur en donner 8, afin que les divifions fuffent plus fenfibles; ces deux Régles étant mifes en ligne droite, on fera divifer la longueur totale en 250 parties; fçavoir, les deux cens premieres de 20 & 20, les 50 autres de 10 en 10, & la derniere de celle-ci en 10 parties égales qui reprefenteront des toifes; & l'échelle fera faite,

& fa longueur totale fera la huitiéme partie de la plus grande amplitude avec la plus forte charge. Ainfi on pourra s'en fervir, comme ci-deffus, pour des cercles qui contiendront les huitié-mes ou les feiziémes des amplitudes, &c.

J'ai beaucoup infifté fur la pratique dont je viens de parler, non-feulement parce qu'elle eft extrémement aifée, mais encore à caufe qu'elle difpenfe d'avoir recours à des Tables imprimées qui font fouvent fujettes à des erreurs ou de calcul ou d'impref-fion.

158. PROBLEME. *Trouver l'angle fous lequel il faut tirer avec une charge donnée pour atteindre un but fitué au-deffus ou au-deffous du niveau de la batterie.*

Il faut d'abord faire un coup d'épreuve fous l'angle de quinze degrés, & mefurer exactement l'amplitude qu'il aura donné ; le double de cette amplitude fera (*N.* 148.) l'amplitude de 45 de-grés, c'eft-à dire la plus grande, & la moitié de la plus grande amplitude ou l'amplitude de 45 degrés, fera le diamétre du cercle qui renferme les amplitudes de toutes les projections de la charge de poudre donnée (*N.* 149.) ; cela fait, il faut mener fur un papier deux lignes AB, AC (*Fig.* 41.) perpendiculaires l'une fur l'autre, & faire la verticale AC égale à l'amplitude de quinze degrés ou à la demi plus grande amplitude, & mener du point C une ligne CZ indéfinie & paralelle à l'horizontale.

Maintenant fi le but fur lequel on veut tirer eft au-deffus de l'horizon de la batterie comme le point P ; il faut mefurer par la Trigométrie, ou autrement fa diftance horizontale AB, & fa hau-teur BP, & tranfporter ces mefures fur le papier par le moyen d'une Echelle. Du point A pris pour centre & avec un rayon égal au diamétre AC; il faut décrire un arc CRS, & du point P pris pour centre, & avec un rayon égal à la diftance PZ du but à la ligne CZ, on décrira un autre arc ZRS ; fi les deux arcs ne fe coupent point, il fera impoffible d'atteindre au but propofé avec la charge donnée, & fi les deux arcs fe coupent en deux points R, S, il faut prendre ces points pour les foyers de deux paraboles AHP, ADP qui auroient pour directrice la droite CZ, & ce feront les deux paraboles que la bombe peut décrire pour atteindre le but. Enfin, fi les deux arcs fe touchoient fans fe couper, on prendroit le point d'attouchement pour le foyer d'une parabole dont la directrice feroit la droite CZ, &

cette parabole feroit alors l'unique que la bombe pourroit décrire pour frapper au but.

La raifon de ceci eft facile à deviner, fi l'on fait attention que la perpendiculaire AC menée du point A fur la directrice CZ de la parabole AHP étant égale à la droite AR menée du point A au foyer R de cette parabole ; il s'enfuit néceffairement que cette parabole doit paffer par le point A de projection, & comme la perpendiculaire PZ menée du point P fur la même directrice eft égale à la droite PR menée du même point P au foyer de cette parabole, il s'enfuit encore que cette parabole paffera auffi par le but P ; (tout cela a été démontré dans les Sections Coniques) & on démontrera de la même façon que la parabole dont le foyer eft le point S, & la directrice eft CZ doit auffi paffer par les points A, P.

Pour trouver l'angle fous lequel la Bombe doit décrire la parabole AHP, il faut mener du point C au foyer R de cette parabole la droite CR, couper cette droite en deux également au point M, & du point A par le point M, mener la droite AMV qui fera tangente de la parabole, comme il a été démontré dans les Sections Coniques, & par conféquent l'angle VAB fera l'angle demandé ; de même menant du point C au foyer S de l'autre parabole AVP la droite CS, & la coupant en deux également en X, la droite XA fera la tangente, & l'angle XAB fera l'angle fous lequel la Bombe décrira la parabole ADP.

On trouveroit de la même façon les angles fous lefquels la Bombe peut atteindre un but fitué au-deffous de l'horizon de la batterie, ainfi que la Figure 42 le fait voir.

159. *REMARQUE*. Ce Problême a été réfolu de grand nombre d'autres façons différentes par la plupart des Auteurs qui ont écrit fur les Méchaniques ; mais comme la folution que je viens de donner, & qui eft de M. de la Hire, eft la plus naturelle & en même-tems la plus commode, furtout lorfqu'on fe fert d'une Echelle fur le papier ; j'ai crû devoir la préferer aux autres dont l'ufage feroit plus embarraffant.

160. M. de la Hire, après avoir donné la conftruction de ce Problême, nous apprend de quelle manière on peut trouver l'angle où les angles fous lefquels la bombe peut atteindre le but, lorfqu'on veut agir par la Trigonométrie ; mais pour mieux faire entendre ce qu'il dit, je crois qu'il eft néceffaire de faire attention aux principes fuivans,

161. *Si une ligne* AB (Fig. 43.) *est coupée en deux également au point* C, *le produit de l'une de ses parties* BC *par le quadruple de l'autre partie* AC *est égal au quarré de toute la ligne* AB; *mais si la même ligne* AB *est divisée en deux parties inégales au point* D, *le produit de l'une de ses parties* BD *par le quadruple de l'autre partie* AD *est moindre que le quarré de la ligne entiere* AB, *d'une quantité égale au quarré de la différence des deux parties* BD, AD.

A cause de BC=AC, le produit de BC par 4AC est égal au produit de AC par 4AC, & par conséquent il est égal à $\overline{4AC}^2$, c'est-à-dire à quatre quarrés de la moitié AC de la ligne AB; mais le quarré de la ligne AB est aussi égal à quatre quarrés de sa moitié AC; donc le produit de la partie BC par le quadruple de la partie AC est égal au quarré de la ligne AB. Ce qu'il falloit 1°. démontrer.

Le produit de la partie inégale BD par le quadruple de l'autre partie inégale AD est BD×4AD, & le quarré de la ligne AB ou AD+DB, est $\overline{AD}^2+2AD\times DB+\overline{DB}^2$; retranchant donc de ce quarré le produit BD×4AD, le reste est $AD-2AD\times DB+\overline{DB}^2$; or, la racine quarrée de ce reste est AD—DB, car AD—DB multiplié par lui-même, donne $\overline{AD}^2-2AD\times DB+\overline{BD}^2$, & AD—BD est la différence des parties inégales DB, AD; donc le quarré de la ligne AD+DB surpasse le produit BD×4AD d'une quantité égale au quarré de la différence AD—DB des parties inégales. Ce qu'il falloit 2°. démontrer.

162. *Lorsqu'une Bombe peut atteindre un but* P *qui n'est pas au niveau de la batterie* (Fig. 44.) *en parcourant deux differentes paraboles; si du milieu* O *de la ligne* AP *tirée de la batterie au but, on mene une droite* OV *perpendiculaire sur la directrice* CZ, *cette droite coupera les deux paraboles en deux points differens* H, h.

Par la construction du Problême, les cercles décrits avec les rayons AC, PZ se coupent en deux points R, S, l'un en dessus de la ligne AP, & l'autre en dessous, & par conséquent le foyer R de l'une des paraboles étant plus proche de la directrice CZ que le foyer S de l'autre, l'axe QL de la premiere doit être plus grand que l'axe TI de la seconde; or, la ligne AL étant ordonnée à l'axe QL, & la ligne AI ordonnée à l'axe TS; si du point A, on mene une tangente à la parabole AQP, la soutangente YL sera double de l'axe QL, & si du même point A, on mene une tangente à la parabole ATP, la soutangente NI sera double de l'axe TI, ainsi YL sera plus grand que NI, & delà il est aisé de conclure que dans le triangle rectangle YAL, l'angle YAL est plus grand que l'angle NAI du triangle rectangle NAI, & que par conséquent AY doit couper la droite OV en un point V plus éloigné de O, que le point *u* où la droite AN coupe la même droite OV.

Or, la droite OV étant paralelle aux deux axes des deux paraboles est diamétre de l'une & de l'autre, & par conséquent la droite AP qui se termine de part & d'autre aux deux paraboles, & qui est coupée en deux également en O, est une double ordonnée à ce diamétre dans l'une & dans l'autre parabole; & comme elle est menée du point d'attouchement de la parabole AQT, la soutangente VO doit être double de l'abscisse HO, & de même à cause que AP est aussi menée du point d'attouchement A de la parabole ATP, la soutangente *u*O doit être double de l'abscisse *h*O. Mais nous venons de voir que la soutangente VO est plus grande que la soutangente *u*O; donc l'abscisse HO est aussi plus grande que l'abscisse *h*O, & par conséquent la droite OV coupe les deux paraboles en deux points différens H, *h*.

163. *Supposant toujours que du milieu du point* O *soit menée la droite* OV *perpendiculaire à la directrice; je dis que la partie* HE *de cette ligne comprise entre la directrice* CZ, *& la parabole* AQP *est le quart du parametre du diametre* OH, *de cette parabole, & que la partie* hE *comprise entre la même directrice, & l'autre parabole* ATP *est le quart du parametre du diametre* hO *de cette parabole.*

Du point H, je mene au foyer R de la parabole AQP la droite HR, laquelle par la proprieté de la parabole est égale à HE; or, HR est le quart du paramétre du diamétre HO, donc HE est aussi le quart de ce paramétre. De même, si du point *h*, je mene au foyer S de la parabole ATP la droite *h*S, cette droite *h*S sera égale à *h*E, & aussi au quart du paramétre du diamétre *h*O.

164. *Posant encore les mêmes choses, je dis que le quart* HE *du parametre du diametre* HO *de la parabole* AQP *est égal à l'abscisse* hO *de la parabole* ATP, *& que réciproquement le quart* hE *du parametre du diametre* hO *de la parabole* ATP, *est égal à l'abscisse* HO *de la parabole* AQP.

Dans la parabole AQP, nous avons $\overline{AO}^2 = HO \times 4HE$, & dans la parabole ATP, nous avons $\overline{AO}^2 = hO \times 4hE$, donc $HO \times 4HE$ $=$

$=hO\times4hE$, & partant $HO\times HE=hO\times hE$, c'eſt-à-dire la ligne OE eſt diviſée en H en deux parties EH, HO, & en h en deux autres parties hO, hE qui ſont réciproques aux deux EH, HO; or, nous avons démontré dans la Géométrie (*Livre II. N.* 188.) qu'une ligne droite OE ne peut être diviſée de cette façon, à moins que les deux parties EH, HO ne ſoient égales chacune à chacune aux deux hO, hE, donc EH=Oh, & HO=hE.

165. *Poſant encore les mêmes choſes, je dis que les tangentes* AV, A*u*, *coupent le diamétre* OV *en deux points* V, u *également éloignés de part & d'autre de la directrice* (Fig. 44.).

La ſoutangente VO étant double de l'abſciſſe OH, nous avons OH=VH=EH+EV ; donc EV eſt la différence de la ligne OH à la ligne EH. De même la ſoutangente uO étant double de l'abſciſſe Oh, nous avons Oh=hu=Eh—Eu, & par conſéquent Eu eſt la différence de la ligne Eh à la ligne hO, mais la différence de la ligne OH à la ligne HE eſt égale à la différence de la ligne Eh à la ligne Oh, donc EV=Eu.

166. Voyons maintenant de quelle façon M. de la Hire nous enſeigne de trouver les angles VAL, uAL ſous leſquels la Bombe peut atteindre le but.

La ligne AC eſt connue, puiſqu'elle eſt égale à la moitié de la plus grande amplitude de la charge de poudre donnée. On connoîtra par la Trigonométrie ou autrement la diſtance horizontale AB du but à la batterie, ſa hauteur BP, & ſa diſtance PZ à la directrice CZ, à cauſe que BZ=CA, & par conſéquent PZ =CA—BP; dans le trapezoïde ACZP la droite OE coupe les côtés non paralleles chacun en deux également, ainſi OE eſt égal à la moitié de la ſomme des droites AC, ZP ; de plus dans le triangle rectangle ABP dont les trois côtés feront connus, on connoîtra l'angle PAB, ce qui donnera la valeur de l'angle PAC complement à un droit de l'angle PAB. Enfin, l'angle VOA joint à l'angle VOP vaut deux droits, & par conſéquent ſi de la valeur de deux droits on ôte l'angle VOP égal à l'angle CAP, le reſte ſera la valeur de l'angle VOA.

Toutes ces choſes étant ainſi connues, il s'agit de connoître la quantité EV qu'il faut ajouter à la droite OE pour avoir le côté OV du triangle OVA, ou qu'il faut retrancher de cette même ligne OE pour avoir le côté Ou du triangle OuA ; car les côtés AO, OV du triangle AOV ſe trouvant alors connus de même que l'angle compris AOV, on trouvera aiſément l'anl'angle VAO, lequel étant ajouté à l'angle PAB, donnera l'angle VAB, fous lequel il faut tirer pour faire décrire à la Bombe la parabole AQP, & de même dans le triangle *u*AO la connoiſ-fance des côtés AO, O*u*, & de l'angle compris donnera la con-noiſſance de l'angle *u*AO, & celui-ci ajouté à l'angle PAB fera connoître l'angle *u*AB, fous lequel la Bombe doit décrire la pa-rabole ATP.

Or, nous ſçavons que le quarré de AO eſt égal au rectangle OH×4HE, & que ſi du quarré de OE on retranche le rectangle OH×4HE, le reſte eſt le quarré de la différence des lignes OH, HE, & par conſéquent le quarré de VE, ou de E*u* qu'il faut ajou-ter ou retrancher de OE ; donc ſi du quarré de OE on retranche le quarré de AO, le reſte fera le quarré de VE ou E*u*, & par conſéquent tirant la racine quarrée de ce reſte, on aura la va-leur de VE.

167. Dans le cas où la Bombe ne pourroit atteindre le but que par une ſeule parabole ; les deux cercles décrits avec les rayons AC, PZ (*Fig.* 45.), ſe toucheroient ſans ſe couper, & par conſéquent le point d'attouchement R feroit ſur la droite AP qui paſſe par les deux centres ; ainſi AP feroit égal à la ſomme des rayons AC, PZ, & AO moitié de AP feroit égal à la moitié de cette ſomme, c'eſt-à-dire égal à OE, & le quarré de AO fe-roit égal au quarré de OE ; or, par la proprieté de la parabole on auroit $\overline{AO}^2 = OH\times4HE$; donc $OH\times4HE = \overline{OE}^2$, & par conſé-quent le point H diviferoit la ligne OE en deux également ; car ſi les lignes OH, HE n'étoient pas égales, on auroit OH×4HE moindre que $\overline{OE}^2$ (*N.* 161.), ce qui eſt contre la ſuppoſition ; ainſi dans ce cas la tangente AE couperoit la ligne OE au point E où elle coupe la directrice, & le triangle EOA feroit iſofcele. C'eſt pourquoi l'angle EOA étant connu, les deux autres pris enſemble feroient égaux au complement à deux droits de l'angle EOA, & la moitié de ce complement feroit la valeur de l'angle EAO, après quoi l'on acheveroit le reſte aiſément.

Dans la pratique, après avoir cherché les angles PAB (*Fig.* 44.) PAC, EOA, il faut prendre la moitié de la ſomme des droites AC, PZ, en faire le quarré, & retrancher de ce quarré le quarré de AO, s'il ne reſte rien, le triangle EAO (*Fig.* 45.) eſt iſofcele, & par conſéquent l'angle EAO ſe connoîtra aiſément, & cet angle ajoûté à l'angle PAB donnera l'angle EAB fous lequel il faut tirer ; mais fi après avoir retranché du quarré de EO le quarré de AO, il refte quelque chofe, on tirera la racine quarrée du refte, & cette racine quarrée fera la quantité qu'il faudra ajouter à EO ou lui retrancher pour avoir les triangles VAO, uAO (*Fig.* 44.), & par le moyen de cès triangles on connoîtra les angles VAO, uAO, à chacun defquels ajoutant l'angle PAB, on aura les angles VAB, uAB fous lefquels la Bombe peut atteindre le but.

168. Tout ce que je viens de dire eft fort ingénieux, mais dans la pratique, j'aimerois mieux m'en tenir à chercher les chofes par le moyen d'une échelle, comme j'ai dit ci-deffus, ce qui eft beaucoup moins embarraffant. Que fi on trouvoit qu'en prenant les mefures fur l'échelle, dont j'ai donné la conftruction, les Figures 41 & 42 deviendroient trop grandes, on les diminueroit en cette forte : Je prendrois le quart de AC, aux deux extrémités de ce quart, j'éleverois deux perpendiculaires que je ferois égales chacune au quart de AB fur l'extrémité B du quart de AB, j'éleverois une perpendiculaire que je ferois égale au quart de BP, après quoi avec le quart de AC, & le quart de PZ, je décrirois les deux cercles qui fe couperoient, ou qui fe toucheroient, felon qu'il y auroit deux paraboles, ou une feule, & achevant le refte, comme ci-deffus (*N.* 158.), je prendrois avec le rapporteur les angles VAO, uAO (*Fig.* 44.) ou l'angle EAO (*Fig.* 45.), felon qu'il y auroit deux paraboles ou une feule.

169. *REMARQUE.* Avant que de finir cette matiere, je rapporterai ici une autre méthode de mon invention pour trouver aifément la façon d'atteindre un but fitué au deffus ou au deffous du niveau de la batterie. Cette méthode dépend du principe fuivant.

170. *Si l'on coupe en quatre parties égales l'amplitude* AC (Fig. 46.) *d'une parabole* ABC, *& que des points de divifion on éleve des perpendiculaires* MN, TB, SR *qui coupent la parabole aux points* M, B, S. *Je dis que les deux perpendiculaires* MN, RS *qui font à gauche & à droite de la perpendiculaire* TB *font égales entr'elles, & que la perpendiculaire* TB *furpaffe chacune des deux autres d'une quantité égale à leurs tiers.*

Puifque AC eft l'amplitude de la parabole, & que TB eft perpendiculaire fur le milieu de cette amplitude ; il eft clair que TB eft l'axe ; menant donc du point S l'ordonnée SP, laquelle

M ij

fera paralelle & égale à TR, nous aurons $\overline{SP}^2 =$ BP$\times a$, en nommant le paramétre $= a$, & par conséquent $\overline{TR}^2 =$ BP$\times a$; or, nous aurons aussi $\overline{CT}^2 =$ BT$\times a$; donc $\overline{CT}^2 - \overline{TR}^2 =$ BT$\times a -$ BP$\times a$ $=$ TP$\times a$; mais à cause des paralelles, nous avons TP $=$ SR, donc $\overline{CT}^2 - \overline{TR}^2 =$ SR$\times a$. Menant de même du point N une ordonnée à l'axe, nous trouverons en faisant les mêmes raisonnemens $\overline{AT}^2 - \overline{MT}^2 =$ NM$\times a$; mais $\overline{AT}^2 - \overline{MT}^2 = \overline{CT}^2 - \overline{TR}^2$, à cause de AT $=$ CT, & de MT $=$ TR, donc NM$\times a =$ SR$\times a$, & par conséquent NM $=$ SR. Ce qu'il falloit premierement démontrer.

Nous venons de trouver $\overline{SP}^2 =$ BP$\times a$, & $\overline{CT}^2 =$ TB$\times a$, donc $\overline{SP}^2 . \overline{CT}^2 ::$ BP$\times a$. TB$\times a ::$ BP. TB; or, $\overline{SP}^2 = \overline{TR}^2$, à cause de SP $=$ TR, & comme TR n'est que la moitié de TC, le quarré de TR n'est que le quart du quart du quarré de CT, donc $\overline{TR}^2$ ou $\overline{SP}^2 = \frac{1}{4} \overline{TC}^2$, & par conséquent $\frac{1}{4} \overline{CT}^2 . \overline{CT}^2 ::$ BP. TB, ou $\frac{1}{4}$. 1 :: BP. TB, ou 1. 4 :: BP. TB, c'est-à-dire BP est le quart de BT ou le tiers de TP; mais TP est égal à SR, donc l'excès de BP sur SR ou sur son égale MN est égal au tiers de SR. Ce qu'il falloit secondement démontrer.

171. PROBLÉME. *Atteindre un but situé au-dessus ou au-dessous du niveau de la batterie par le moyen du principe précédent.*

Soit la batterie au point A (*Fig.* 47.) & le but P situé au-dessus du niveau; je mesure par la Trigonometrie ou autrement la distance horizontale AN du but à la batterie, & sa hauteur NP au-dessus du niveau. Je coupe AN en trois parties égales AR, RS, SN, j'ajoute à AN une partie NT égale à $\frac{1}{3}$ AN. J'éleve en S la perpendiculaire SO que je fais égale à NP $+ \frac{1}{3}$ NP, & la parabole AOT qui aura pour hauteur ou pour axe la droite SO, & pour ordonnée la droite AS moitié de AT passera par le but P; car l'amplitude AT étant en quatre parties égales, la perpendiculaire SO menée du point de milieu S surpasse chacune des perpendiculaires NP, RH menées des deux autres points R, N d'une quantité égale à leur tiers; donc les points H, P sont à la parabole (*N.* 170.)

Si le but P est au-dessous du niveau AR de la batterie A (*Fig.* 48.) je prens la distance horizontale & la profondeur RP. Je

partage AR en trois parties égales AN, NT, TR; fur l'extrêmité N de la premiere partie AN, j'éleve la perpendiculaire BN
que je fais égale au tiers de la profondeur RP, & la parabole
qui aura pour axe la droite BN & pour ordonnée, le tiers AN
paffera par le point P, ce que je démontre ainfi.

Du point P je mene PH paralelle & égal à AR, je divife PH
en trois parties égales PO, OE, EH qui feront égales chacune
à chacune aux trois parties égales de AR; j'ajoute à PH la partie HS égale au tiers de PH. Des points H, E, O j'éleve les
perpendiculaires HA, EB, TO & AH chacune égales à RP,
je fais EB égal à TO$+\frac{1}{3}$TO; ainfi la parabole qui aura pour
axe la droite EB, & pour ordonnée la droite SE ou EP
paffera par les points A, T (*N.* 170.) or les arcs SA, TP de
cette parabole font la continuation de la courbe parabolique
ABT, dont l'axe BN eft le tiers de NE ou RP, & l'ordonnée AN
eft le tiers de AR; donc la parabole ABT étant continuée du
côté de P doit paffer par le point P.

La regle eft donc lorfque le but eft au-deffus de l'horizon de
la batterie, d'ajouter à la diftance horizontale AN du but, (*Fig.*
47.) le tiers de cette diftance, & à fa hauteur NP fon tiers pour
avoir l'amplitude AT, & la hauteur SO de la parabole qui doit
paffer par le but P, & lorfque le but P eft en deffous de l'horizon (*Fig.* 48.) de prendre les deux tiers AT de la diftance horizontale AR, & le tiers de la profondeur RP pour avoir l'amplitude AT, & la hauteur BN de la parabole qui paffera par le
but P.

L'angle fous lequel on doit tirer dans l'un & l'autre cas eft
facile à trouver; car on fçait que pour trouver la tangente il n'y
a qu'à prolonger l'axe SO (*Fig.* 49.) faire OM=SO, mener la
droite MA, & l'angle MAS fera l'angle demandé.

Il ne refte donc plus qu'à trouver la charge qu'il faut employer
pour atteindre ce but en tirant fous l'angle trouvé; ce que nous
tâcherons de découvrir, après avoir fait les remarques fuivantes.

172. *Si avec un même mortier, mais avec deux charges différentes,
l'on tire une même Bombe fous un même angle, les deux amplitudes de
ces deux charges feront entr'elles comme les diamétres des demi-cercles
qui comprennent les projeétions de ces différentes charges.*

Suppofons que le demi-cercle ABC (*Fig.* 50.) comprenne
les différentes amplitudes des projeétions faites avec la premiere
charge, & que le demi-cercle DEC comprenne les différentes

amplitudes des projections faites avec la seconde charge ; suppofons encore qu'on ait tiré avec ces deux charges fous le même angle ECP, les deux demi-cercles étant femblables entr'eux, & l'angle BCP égal à l'angle ECP, la droite BH finus de l'angle double de l'angle BCP, fera au finus total ou au rayon du demi-cercle ABC, comme la droite EV finus de l'angle double du même angle BCF ou ECF eft au finus total ou au rayon du demi-cercle DEA ; or le finus HB du demi-cercle ABC eft le quart de l'amplitude CR de la premiere charge de poudre, & le finus EA eft le quart de l'amplitude CP de la feconde charge ; donc l'amplitude CR eft à l'amplitude CP, comme le rayon du demi-cercle ABC eft au rayon du demi-cercle DEC, ou comme le diamétre AC eft au diamétre DC.

173. Donc, *les forces de deux charges différentes font entr'elles comme les racines des amplitudes de ces deux charges fous les mêmes angles*, les forces des deux charges font entr'elles comme les racines des diamétres AC, DC; or ces diamétres font comme les amplitudes CR, CP ; donc les forces font auffi comme les racines des amplitudes fous les mêmes angles.

174. De-là il fuit qu'avec deux différentes charges & fous un même angle on ne peut pas avoir la même amplitude ; car les forces étant différentes, les amplitudes qui font comme les quarrés de ces forces feront auffi différentes.

Deux différentes charges fous un même angle & dans un même Mortier, ne feront pas toujours entr'elles en même raifon que leurs amplitudes.

Par des expériences conftantes, on a éprouvé que s'il arrive qu'après avoir tiré par exemple avec quatre onces, & enfuite avec huit fous le même angle, les amplitudes foient entr'elles comme quatre & huit, il arrivera lorfqu'on voudra tirer avec trois & enfuite avec fix, ou avec cinq & enfuite avec dix, que les amplitudes ne feront plus dans la raifon de trois à fix, ou de cinq à dix ; non plus que fi on vouloit tirer avec une livre, puis avec deux, ou avec deux, puis avec quatre, &c. de façon que le rapport des amplitudes, loin d'être toujours comme le rapport des charges, c'eft-à-dire comme le rapport 1, 2 eft quelquefois plus grand & quelquefois moindre, & qu'à mefure que les deux charges deviennent plus fortes en confervant toujours le rapport de 1 à 2, le rapport des amplitudes devient moindre, fans garder aucun ordre fixe fur lequel on puiffe établir des regles certaines. Cela provient des différentes inflammations de la poudre, des différentes vîteffes de ces inflammations, des poids différens des Bombes, quoique faites pour le même Mortier & de grand nombre d'autres accidens, dont il eft inutile de faire le détail.

Pour venir maintenant à déterminer la charge qui convient lorfqu'on a trouvé par le moyen du Problême précedent la parabole qui doit paffer par un but fitué au-deffus ou au-deffous de l'horizon. Suppofons que j'ai trouvé que c'eft la parabole AEH (*Fig.* 51.) je coupe l'amplitude AH en quatre parties égales en P, T, V ; fur le point P j'éleve la perpendiculaire PM qui coupe la tangente AS en M ; j'éleve en M la droite BM perpendiculaire fur AM & qui coupe en B la verticale AB, & décrivant fur AB pris pour diamétre le demi-cercle BMA, ce demi-cercle comprendra les différentes projeétions de la charge de poudre néceffaire pour faire décrire à la Bombe la parabole AEH fous l'angle SAH. Maintenant fi je connois le demi-cercle qui comprend les différentes projeétions d'une charge de poudre connue, & que le diamétre de ce demi-cercle fe trouve égal au diamétre AB, il eft clair que cette charge de poudre connue fera celle que je cherche pour atteindre au but P ; mais fi ce diamétre n'eft pas égal au diamétre AB, tel qu'eft par exemple le diamétre AC, moindre que AB ; l'amplitude de la charge connue fous l'angle SAH fera à l'amplitude de celle que je cherche fous le même angle comme le diamétre AC au diamétre AB (*N.* 172.) c'eft pourquoi fi les charges étoient comme les amplitudes fous les mêmes angles, une Regle de Trois fuffiroit pour me faire trouver la charge que je cherche en difant : AC eft à AB comme la charge connue eft à un quatriéme terme qui feroit la charge cherchée. Or quoique cela ne foit pas, comme on a vû ci-deffus, je cherche néanmoins ce quatriéme terme, & tirant avec cette charge fous l'angle SAH, j'examine fi l'amplitude eft plus grande que AH ou moindre ; fi elle eft plus grande, je diminue la charge de quelque chofe, & fi elle eft moindre, je l'augmente de quelque chofe, & par ce moyen au bout de deux ou trois coups, je tire avec affez de précifion pour pouvoir atteindre à mon but qui, comme on fçait, n'eft jamais un point mathématique qui demande toute la précifion de la Géometrie.

Que fi je ne connois point le demi-cercle d'aucune des charges connues fous lefquelles on peut tirer, je fais un coup d'épreuve avec l'une de ces charges, & cherchant par le moyen de son amplitude le demi-cercle qui convient à toutes ses projections, j'acheve le reste comme auparavant.

On me dira sans doute que cette méthode est tâtonneuse, & cela est vrai; mais les autres, telle que celle de M. de la Hire qu'on a vû ci-dessus, le sont aussi à cause de la résistance de l'air & des autres accidens qui alterent les portées, & dèslors je crois qu'il vaut mieux choisir celle que l'on peut pratiquer plus aisément; il ne s'agit donc plus que de sçavoir s'il n'est pas plus aisé de trouver l'angle sous lequel on doit tirer en suivant ma méthode, qu'en suivant les autres, & c'est ce que je laisse au jugement du Public.

175. Nous parlerons bien-tôt de la force avec laquelle une Bombe frappe un corps qu'elle rencontre dans un point quelconque de la parabole qu'elle décrit & de ses différens enfoncemens dans les terres, selon qu'elle parcourt différentes paraboles; mais auparavant il faut que nous traitions des loix du choc des corps.

Des Loix du Choc des Corps.

176. On distingue trois especes de corps solides qui sont les seuls dont nous parlons ici; les corps *mols*, les corps *durs*, & les corps *élastiques* ou *à ressort*.

Un corps *mol* est celui qui venant à choquer un autre corps change de figure, sans reprendre celle qu'il avoit auparavant.

Un corps *dur* est celui qui venant à choquer un autre corps ne change point de figure; enfin un corps *élastique* ou *à ressort*, est celui qui par le choc change d'abord de figure, & la reprend bien-tôt après. La force que ce corps a de reprendre sa figure, se nomme force *élastique*.

Comme nous ne connoissons point dans la Nature de corps qui soient parfaitement durs, ou qui soient privés de toute force élastique, nous nous bornerons ici à parler du choc des corps mols & de celui des corps élastiques; & quoiqu'il n'y ait guéres de corps mols qui n'ayent un peu d'élasticité, c'est-à-dire qui après le choc ne reprennent un peu de leur premiere figure, cependant à cause que leur force élastique est ordinairement imperceptible, & par conséquent capable d'un effet dont on ne peut s'appercevoir, nous les considererons comme n'ayant aucune élasticité.

177. L'*action* d'un corps fur un autre, eft la maniere dont ce corps agit fur l'autre, & la *réaction* eft la maniere dont le corps choqué ou preffé agit fur celui qui le choque ou qui le preffe.

178. Tout corps qui agit fur un autre reçoit de cet autre corps une réaction qui eft égale à fon action. Qu'on preffe une pierre avec le doigt, ce doigt fera autant preffé par la pierre que la pierre en eft preffée. Si un cheval tire un poids, il eft attiré de la même façon par ce poids, c'eft-à-dire la force qu'il a d'aller en avant eft diminuée d'une quantité égale à la quantité de force qu'il faut pour mouvoir ce corps; & de-là on a tiré cet axiome ou principe : *La réaction eft égale & contraire à l'action.*

179. PROPOSITION XVIII. *Si un corps* A *non élaftique choque un autre corps* B *qu'il ne peut ébranler, le mouvement du corps* A *ceffe totalement après le choc.*

Le corps A choque le corps B avec une force qui eft le produit de fa maffe par fa vîteffe ; or comme il tend toujours à conferver fon mouvement, & que le corps B ne lui cede pas , il choque ce corps avec toute fa force, & B réagit de la même façon (*N.* 178.) ; donc les deux forces étant contraires fe détruifent, & comme l'on fuppofe que A n'a point de force élaftique laquelle le feroit rebrouffer chemin pour lui faire reprendre la figure qu'il avoit avant le choc, le mouvement doit ceffer totalement.

180. PROPOSITION XIX. *Si un corps* A *non élaftique choque un autre corps* B *qui eft en repos, mais qu'il peut entraîner ou qui va moins vîte felon fa direction, les deux corps après le choc font en mouvement felon la direction de* A.

Le corps A étant en mouvement tend à fe conferver dans cet état; or A en choquant B peut lui donner une partie de fa vîteffe, de forte qu'il lui en refte pour fe mouvoir : donc il n'y a pas de raifon pour pouvoir dire que A perdra totalement fon mouvement; or puifque A ne communique qu'une partie de fa force à B, le corps B par fa réaction ne détruit dans A que cette partie, & par conféquent il en refte à A pour fe mouvoir felon fa premiere direction.

181. COROLLAIRE. De-là il fuit que le corps A ne doit donner à B qu'autant de force qu'il en faut pour aller enfemble avec la même vîteffe; car dès-lors que A & B iront également vîte, B n'empêchera point le mouvement de A, & par conféquent il

n'y a pas de raifon pour pouvoir dire que A dût communiquer à B un plus grand mouvement.

182. PROPOSITION XX. *Si deux corps* A , B *non élaſtiques ſe choquent avec des forces égales & des directions contraires , ils demeurent en repos après le choc.*

Les deux forces étant égales & contraires s'entredétruifent, & les deux corps n'ayant point de force élaſtique qui les oblige de rebrouſſer chemin pour faire prendre au corps leur premiere figure, le mouvement ceſſe totalement.

183. PROPOSITION XXI. *Si un corps* A *non élaſtique choque un autre corps* B *non élaſtique qui eſt en repos, mais qu'il peut entraîner avec lui , ou qui ſe meut moins vîte dans la même direction, la quantité de mouvement avant le choc eſt égale à la quantité de mouvement après le choc.*

Suppoſons que B ſoit en repos avant le choc, & nommons a la quantité de mouvement du corps A avant le choc, & b la quantité de mouvement que le corps A donne au corps B ; donc la quantité de mouvement de A après le choc ſera $a - b$, & celle de B ſera b, & la ſomme de ces deux quantités ſera $a - b + b$, c'eſt-à-dire a, & par conféquent elle ſera égale à la quantité de mouvement a qui étoit avant le choc.

Suppoſons maintenant que A & B ſoient tous deux en mouvement avant le choc, que la quantité de mouvement de A avant le choc ſoit a, que celle de B ſoit b, & que celle que A donne à B dans l'inſtant du choc ſoit c ; donc après le choc la quantité de mouvement de A ſera $a - c$, & celle de B ſera $b + c$, & la ſomme de ces deux quantités ſera $a - c + b + c$, ou $a + b$; or la quantité de mouvement avant le choc eſt auſſi $a + b$; donc les quantités de mouvement ſont égales avant & après le choc.

184. PROPOSITION XXII. *Si deux corps* A , B *non élaſtiques ſe choquent avec des directions contraires & des forces inégales, la différence des quantités de mouvement avant le choc eſt égale à la ſomme des quantités de mouvement après le choc.*

Suppoſons que la quantité de mouvement a de A avant le choc ſoit plus grande que la quantité de mouvement b du corps B ; le corps A en choquant B détruira la quantité de mouvement b, laquelle eſt contraire à ſa direction , & produira de plus dans B une quantité de mouvement c ſelon ſa direction ; or B par ſa réaction détruira dans a une quantité égale à b & une autre égale à *c*; ainſi la quantité de mouvement de A après le choc ſera *a* — *b* — *c*, & celle de B ſera *c*, & la ſomme de ces deux quantités ſera *a* — *b* — *c* + *c*, c'eſt-à-dire *a* — *b*. Or avant le choc, la différence des quantités de mouvement étoit *a* — *b*; donc la différence des quantités de mouvement avant le choc eſt égale à la ſomme des quantités de mouvement après le choc.

185. *REMARQUE*. Les Cartéſiens prétendent que dans cette Propoſition, de même que dans la précédente il y a une égale quantité de mouvement avant & après le choc; mais c'eſt que dans le cas des directions contraires ils ne prennent pour quantité de mouvement que celle qui eſt ſelon la direction du corps qui a le plus de force, lorſqu'on en a retranché la quantité de mouvement oppoſée du corps qui a le moins de force, c'eſt-à-dire qu'ils nomment quantité de mouvement avant le choc, ce que nous appellons différence de quantités de mouvement; ainſi ils diſent la même choſe que nous, quoiqu'ils employent des termes qui paroiſſent directement oppoſés aux nôtres.

186. PROPOSITION XXIII. *Si un corps* A *non élaſtique choque un autre corps* B *non élaſtique qui eſt en repos, & qu'il peut entraîner, la vîteſſe commune après le choc, eſt égale à la quantité de mouvement de* A *avant le choc, diviſée par la ſomme des maſſes des deux corps.*

Nommons M la maſſe de A, *m* la maſſe de B, & V la vîteſſe de A avant le choc; donc la quantité de mouvement de A avant le choc eſt MV; or la ſomme des quantités de mouvement des deux corps après le choc eſt encore MV (*N*. 183.) & à cauſe que ces deux corps ont une vîteſſe commune après le choc (*N*. 181.) la ſomme des quantités de mouvement n'eſt autre choſe que la ſomme de leur maſſe multipliée par la vîteſſe commune; donc ſi l'on diviſe la ſomme MV de leurs quantités de mouvement par la ſomme M + *m* de leurs maſſes, le quotient $\frac{MV}{M+m}$ ſera la vîteſſe commune après le choc.

187. Si M = *m*, on aura $\frac{MV}{M+m} = \frac{MV}{2m} = \frac{V}{2}$, c'eſt-à-dire la vîteſſe commune après le choc ſera la moitié de la vîteſſe avant le choc.

Si *m* = 2M, on aura $\frac{MV}{M+m} = \frac{MV}{3M} = \frac{V}{3}$, c'eſt-à-dire la vîteſſe commune après le choc ſera le tiers de la vîteſſe avant le choc, & ainſi des autres.　　　　　　　N ij

Au contraire, si $M = 2m$, on aura $\dfrac{MV}{M+m} = \dfrac{2mV}{3m} = \dfrac{2V}{3}$, c'est-à-dire la vitesse commune après le choc sera les $\frac{2}{3}$ de la vitesse avant le choc.

Si $M = 3m$, on aura $\dfrac{MV}{M+m} = \dfrac{3mV}{4m} = \dfrac{3V}{4}$, c'est-à-dire la vitesse commune après le choc sera les $\frac{3}{4}$ de la vitesse après le choc, & ainsi des autres.

D'où il suit que plus le corps A est grand par rapport à B, plus la vitesse après le choc est grande, quoique toujours moindre que la vitesse avant le choc; & qu'au contraire plus B est grand par rapport à A, plus la vitesse après le choc diminue.

188. PROPOSITION XXIV. *Si un corps A non élastique choque un autre corps B non élastique qui se meut moins vîte que lui avec la même direction, la vitesse commune après le choc est égale à la somme des quantités de mouvement avant le choc, divisée par la somme des masses.*

Nommant M la masse de A, V sa vitesse, m la masse de B & u sa vitesse, la quantité de mouvement de A avant le choc sera MV, celle de B sera mu, & la somme des deux sera $MV + mu$; or la quantité de mouvement après le choc sera aussi $MV + mu$, (*N.* 183.) & à cause de la vitesse commune après le choc, (*N.* 181.) la somme des quantités de mouvement après le choc n'est autre chose que la somme des masses multipliée par cette vitesse commune; donc si l'on divise la quantité des mouvemens $MV + mu$ après le choc par la somme des masses, le quotient $\dfrac{MV + mu}{M+m}$ fera la vitesse commune après le choc.

Si l'on suppose $M = 2m$ & $V = 2u$, on aura $\dfrac{MV + mu}{M+m} = \dfrac{2m \times 2u + mu}{3m} = \dfrac{4mu + mu}{3m} = \dfrac{5mu}{3m} = \frac{5}{3}u$, c'est-à-dire la vitesse après le choc est égale à $\frac{5}{3}$ de la vitesse de B avant le choc, & par un semblable calcul on trouvera toujours la vitesse après le choc, selon les différens rapports des masses & des vitesses avant le choc.

189. PROPOSITION XXV. *Si un corps A non élastique choque un autre corps B non élastique qui se meut dans une direction contraire à la sienne, mais avec moins de quantité de mouvement, la vitesse commune après le choc sera égale à la différence des quantités de mouvement avant le choc divisée par la somme des masses.*

Nommant toujours les mêmes quantités de la même façon, nous avons MV pour la quantité de mouvement de A avant le choc, *mu* pour celle de B & MV—*mu* pour la différence de ces quantités de mouvement. Or cette différence est égale à la somme des quantités de mouvement après le choc, (*N.* 184.) & à cause de la vitesse commune après le choc, la somme des quantités de mouvement après le choc est égale à la somme des masses multipliée par la vitesse commune; donc si l'on divise la somme MV—*mu* des quantités de mouvement après le choc par la somme M+*m* des masses, le quotient $\frac{MV-mu}{M+m}$ sera la vitesse commune après le choc.

Si l'on suppose M=2*m* & V=2*u*, on aura $\frac{MV-mu}{M+m} = \frac{2m \times 2u - mu}{3m}$ $= \frac{4mu-mu}{3m} = \frac{3mu}{3m} = u$, c'est-àdire la vitesse après le choc sera égale à la vitesse de B avant le choc.

De même, si l'on suppose M=*m* & V=2*u*, on aura $\frac{MV-mu}{M+m}$ $= \frac{2Mu-Mu}{2M} = \frac{Mu}{2M} = \frac{u}{2}$, c'est-à-dire la vitesse commune après le choc est égale à la moitié de la vitesse de B avant le choc; & par un semblable calcul, on trouvera toujours la vitesse commune après le choc, selon les différens rapports de masses & des vitesses avant le choc.

190. Les trois formules de la vitesse commune après le choc, sont donc $\frac{MV}{M+m}$ lorsque le corps B est en repos avant le choc; $\frac{MV+mu}{M+m}$ lorsque le corps B se meut avant le choc selon la direction de A, mais moins vîte, & $\frac{MV-mu}{M+m}$ lorsque le corps B se meut avec une direction contraire à celle de A, mais avec moins de force; & il faut faire attention à ces trois formules, parce qu'elles nous serviront dans ce que nous devons dire touchant le choc des corps à ressort.

191. PROPOSITION XXVI. *Si un corps non élastique* A *choque un autre corps non élastique* B *qui est en repos, il le choque avec toute sa vitesse; si le corps* B *se meut selon la direction de* A, *mais moins vîte, le corps* A *le choque avec la différence des vitesses, & si le*

corps B *fe meut dans une direction contraire à celle de* A, *le corps* A *le choque avec la fomme des viteffes.*

La premiere partie de cette Propofition eft évidente par elle-même, la feconde ne l'eft guéres moins; car le corps A mû avec la même viteffe B, n'atteindroit jamais B, puifque les deux corps ne feroient pas plus de chemin l'un que l'autre dans le même tems, & par conféquent A n'atteint & ne choque B que par l'excès de fa viteffe fur celle de B; enfin la troifiéme partie fe prouvera aifément, en faifant voir que lorfque A choque B qui s'approche vers lui, la quantité de mouvement qu'il perd eft égale à celle qu'il perdroit s'il alloit choquer le corps B en repos avec une viteffe égale à la fomme des viteffes. En effet:

Lorfque A & B fe meuvent enfemble, la quantité de mouvement de A avant le choc eft MV, celle de B eft mu, & la viteffe commune après le choc eft $\dfrac{MV - mu}{M + m}$ (*N.* 189.) donc la quantité de mouvement de A après le choc eft $\dfrac{MMV - Mmu}{M + m}$; or fa quantité de mouvement avant le choc étoit MV; donc ce qu'il a perdu par le choc eft $MV - \dfrac{MMV + Mmu}{M + m}$, ou $\dfrac{MMV + MmV - MMV + Mmu}{M + m}$, ce qui fe réduit à $\dfrac{MmV + Mmu}{M + m}$.

Suppofons maintenant que A fe meuve avec la viteffe $V + u$, & que B foit en repos, la quantité de mouvement de A avant le choc fera $MV + Mu$, & la fomme des quantités de mouvement après le choc fera auffi $MV + Mu$; ainfi la viteffe commune après le choc fera $\dfrac{MV + Mu}{M + m}$, & la quantité de mouvement de A après le choc fera $\dfrac{MMV + MMu}{M + m}$; donc ce qu'il aura perdu par le choc fera $MV + Mu - \dfrac{MMV - MMu}{M + m}$, ou $\dfrac{MMV + MmV + MMu + Mmu - MMV - MMu}{M + m}$, ce qui fe réduit à $\dfrac{MmV + Mmu}{M + m}$; or cette perte eft égale à la précédente. Donc, puifque le corps A perd la même chofe de l'une ou de l'autre façon, il choque le corps B en mouvement, de même qu'il le choqueroit avec la viteffe $V + u$, fi B étoit en repos.

191. **Proposition XXVII.** *La force élaftique d'un corps eft égale à la force qui le comprime ou qui le tend fans le rompre.*

Puifque le corps eft comprimé ou tendu fans être brifé, il réfifte donc avec une force égale à celle qui le comprime ou qui le tend. Or il ne réfifte que par la force élaftique. Donc la force élaftique eft égale à la force qui comprime ou qui tend le corps.

193. **PROBLEME.** *Connoiffant la viteffe d'un corps élaftique* **A** *qui choque un autre corps élaftique* **B** *qui eft en repos, connoître les viteffes après le choc.*

Si les deux corps n'étoient pas élaftiques, la viteffe commune après le choc feroit $\frac{MV}{M+m}$ (*N.* 186.); or dans l'inftant du choc les refforts font comprimés avec la viteffe V du choc, & les réfiftances de ces refforts font égales, puifque l'un ne peut furmonter l'autre; donc il faut que la viteffe V fe diftribue aux deux refforts réciproquement à leurs maffes; c'eft-à-dire qu'en nommant x la partie de la viteffe V que le reffort de B reçoit, ou avec laquelle ce reffort réfifte au reffort de A, & V—x la partie de la viteffe V avec laquelle le reffort de A réfifte au reffort de B, il faut que la force Bx ou mx foit égale à la force AV—Ax ou MV — Mx, & que par conféquent à caufe de $mx=$ MV —Mx on ait x. V—x :: M. m.

Or puifque $mx=$ MV—Mx, nous aurons $mx+$M$x=$MV, & partant $x=\frac{MV}{M+m}$; ainfi la viteffe que le reffort de B reçoit eft $\frac{MV}{M+m}$; or ce reffort ne pouvant pas fe détendre du côté de A dont le reffort lui réfifte avec la même force, il faut néceffairement qu'il pouffe B de l'autre côté, & que par conféquent il donne à B la viteffe $\frac{MV}{M+m}$; mais indépendamment du reffort, la viteffe de B après le choc eft auffi $\frac{MV}{M+m}$; donc la viteffe totale du corps élaftique après le choc eft $\frac{2MV}{M+m}$.

Maintenant puifque $x=\frac{MV}{M+m}$, nous aurons V—$x=$V—$\frac{MV}{M+m}$ $=\frac{MV+mV-MV}{M+m}=\frac{mV}{M+m}$; or V—$x$ eft la viteffe que le reffort de A reçoit dans l'inftant du choc; donc le reffort de A agit avec la viteffe $\frac{mV}{M+m}$. Or ce reffort ne peut fe détendre du côté de B dont le reſſort lui réſiſte avec la même force; donc il faut qu'il repouſſe A dans une direction contraire avec la viteſſe $\dfrac{mV}{M+m}$; mais indépendamment de cette viteſſe, la viteſſe de A après le choc eſt $\dfrac{MV}{M+m}$; donc à cauſe de la viteſſe contraire $\dfrac{mV}{M+m}$ la viteſſe du corps élaſtique A eſt $\dfrac{MV-mV}{M+m}$.

194. Si l'on ſuppoſe $M=m$, la viteſſe $\dfrac{2MV}{M+m}$ de B après le choc fera $\dfrac{2MV}{2M}=V$, & la viteſſe $\dfrac{MV-mV}{M+m}$ de A fera $\dfrac{MV-MV}{M+m}=0$, c'eſt-à-dire que ſi le corps A eſt égal à B, le corps A eſt en repos après le choc, & B ſe meut avec la viteſſe de A avant le choc.

195. Si l'on ſuppoſe $M=2m$, la viteſſe $\dfrac{2MV}{M+m}$ de B après le choc fera $\dfrac{4mV}{3m}=\dfrac{4V}{3}$, & la viteſſe $\dfrac{MV-mV}{M+m}$ de A fera $\dfrac{2mV-mV}{3m}=\dfrac{mV}{3m}=\dfrac{1}{3}V$.

De même ſi l'on ſuppoſe $M=3m$, la viteſſe $\dfrac{2MV}{M+m}$ de B après le choc fera $\dfrac{6mV}{4m}=\dfrac{6}{4}V$, & la viteſſe $\dfrac{MV-mV}{M+m}$ fera $\dfrac{3mV-mV}{4m}=\dfrac{2mV}{4m}=\dfrac{2}{4}V$, & ainſi des autres.

C'eſt-à-dire que lorſque A eſt plus grand que B, les deux corps après le choc ſuivent la direction de A avant le choc, & que la ſomme de leur viteſſe eſt plus grande que la viteſſe de A avant le choc.

196. Au contraire, ſi l'on ſuppoſe $m=2M$, la viteſſe $\dfrac{2MV}{M+m}$ de B après le choc fera $\dfrac{2MV}{3M}=\dfrac{2}{3}V$, & la viteſſe $\dfrac{MV-mV}{M+m}$ de A, fera $\dfrac{MV-2MV}{M+m}=\dfrac{-MV}{3M}=-\dfrac{1}{3}V$, & par conſéquent à cauſe du ſigne $-$ le corps A rebrouſſera ſon chemin avec $\dfrac{1}{3}V$.

De même ſi l'on ſuppoſe $m=3M$, la viteſſe $\dfrac{2MV}{M+m}$ de B après le choc fera $\dfrac{2MV}{M+3M}=\dfrac{2MV}{4M}=\dfrac{2}{4}V$, & la viteſſe $\dfrac{MV-mV}{M+m}$ de A,

fera

fera $\dfrac{MV - 3MV}{4M} = \dfrac{-2MV}{4M} = -\dfrac{2}{4}V$, & par conséquent le corps A rebroussera son chemin avec $\dfrac{2}{4}V$, & ainsi des autres, c'est-à-dire que si A est moindre que B, le corps A retourne toujours en arriére, & la somme des vitesses après le choc, prise chacune selon leurs directions, est égale à la vitesse de A avant le choc.

197. PROBLEME. *Connoissant les vitesses de deux corps élastiques* A, B *qui se meuvent dans la même direction, mais dont le second* B, *a moins de vitesse, connoître les vitesses après le choc.*

Si les deux corps n'étoient pas élastiques, leur vitesse commune après le choc seroit $\dfrac{MV + mu}{M + m}$ (*N.* 190.); or, la vitesse avec laquelle A choque B est $V - u$ (*N.* 191.), & cette vitesse doit se distribuer aux deux ressorts réciproquement aux masses par les raisons que nous avons dites dans le Problême précédent ; nommant donc x la partie de cette vitesse que le ressort de B reçoit, & $V - u - x$ celle que le ressort de A reçoit, nous aurons x. $V - u - x :: M. m$; donc $mx = MV - Mu - Mx$ ou $Mx + mx = MV - Mu$, d'où je tire $x = \dfrac{MV - Mu}{M + m}$; ainsi la vitesse que le ressort de B reçoit, est $\dfrac{MV - Mu}{M + m}$; or, ce ressort ne peut pas se détendre du côté de A dont le ressort lui resiste avec la même force ; donc il faut qu'il pousse B de l'autre côté avec la vitesse $\dfrac{MV - Mu}{M + m}$; mais indépendamment du ressort, B est déja poussé de ce côté avec la vitesse $\dfrac{MV + mu}{M + m}$; donc la vitesse totale de B après le choc est $\dfrac{MV + mu + MV - Mu}{M + m}$, ce qui se reduit à $\dfrac{2MV - Mu + mu}{M + m}$.

Maintenant puisque $x = \dfrac{MV - Mu}{M + m}$, donc $V - u - x = V - u - \dfrac{MV + Mu}{M + m} = \dfrac{MV - Mu + mV - mu - MV + Mu}{M + m} = \dfrac{mV - mu}{M + m}$; or, V $- u - x$ est la vitesse que le ressort de A reçoit, donc cette vitesse est $\dfrac{mV - mu}{M + m}$. Mais ce ressort ne peut se détendre du côté de B dont le ressort lui resiste avec la même force, donc il faut qu'il repousse A dans une direction contraire à celle qu'il avoit avec la vitesse $\frac{mV - mu}{M + m}$; or , indépendamment du ressort le corps A après le choc a la vitesse $\frac{MV + mu}{M + m}$; retranchant donc de celle-ci celle que le ressort lui donne dans un sens contraire, la vitesse de A après le choc sera $\frac{MV + mu - mV + mu}{M + m}$, ce qui se reduit à $\frac{MV - mV + 2mu}{M + m}$.

198. Si l'on suppose $M = m$ la vitesse $\frac{2MV - Mu + mu}{M + m}$ de B après le choc , sera $\frac{2MV}{2M} = V$, & la vitesse $\frac{MV - mV + 2mu}{M + m}$ sera $\frac{2mu}{2m} = u$, c'est-à-dire que les deux corps après le choc auront échangé leurs vitesses avant le choc.

De même si l'on suppose $M = 2m$, la vitesse $\frac{2MV - Mu + mu}{M + m}$ de B après le choc sera $\frac{4mV - 2mu + mu}{3m} = \frac{4mV - mu}{3m} = \frac{4}{3}V - \frac{1}{3}u$, & la vitesse $\frac{MV - mV + 2mu}{M + m}$ de A sera $\frac{2mV - mV + 2mu}{3m} = \frac{mV + 2mu}{3m} = \frac{1}{3}V + \frac{2}{3}u$, & par un semblable calcul on trouvera les vitesses de A & de B après le choc , selon les différens rapports de M à m, soit que A suive la même direction , soit qu'il soit obligé de rebrousser chemin , ce que l'on connoîtra lorsque la valeur de sa vitesse après le choc sera négative.

199. **PROBLEME.** *Connoissant les vitesses de deux corps élastiques* A , B *qui s'avancent l'un vers l'autre avec des directions contraires ; mais dont le second* B *a moins de quantité de mouvement que le premier , connoître leurs vitesses après le choc.*

Si les deux corps n'étoient pas élastiques , leur vitesse commune après le choc seroit $\frac{MV - mu}{M + m}$ (*N.* 190.) ; or A choque B avec la somme $V + u$ des vitesses avant le choc (*N.* 191.), & cette vitesse se distribue aux deux ressorts réciproquement à leurs masses ; nommant donc x la portion de cette vitesse que le ressort de B reçoit , & $V + u - x$, la portion que reçoit le ressort de A , nous aurons $x . V + u - x :: M . m$; donc $xm = MV + Mu - Mx$

ou $Mx + mx = MV + Mu$, d'où je tire $x = \dfrac{MV + Mu}{M + m}$, ainsi le ressort de B reçoit la vitesse $\dfrac{MV + Mu}{M + m}$: mais ce ressort ne pouvant se détendre du côté de A dont le ressort lui résiste avec la même force, il faut nécessairement qu'il pousse B de l'autre côté de A, avec la vitesse $\dfrac{MV + Mu}{M + m}$; or, B indépendamment du ressort a reçû par le choc de A la vitesse $\dfrac{MV - mu}{M + m}$; donc la vitesse de B après le choc est $\dfrac{MV - mu + MV + Mu}{M + m}$; ce qui se qui réduit à $\dfrac{2MV + Mu - mu}{M + m}$.

Maintenant à cause de $x = \dfrac{MV + Mu}{M + m}$, nous aurons $V + u - x = V + u - \dfrac{MV - Mu}{M + m} = \dfrac{MV + Mu + mV + mu - MV - Mu}{M + m} = \dfrac{mV + mu}{M + m}$; or, $V + u - x$ est la vitesse que reçoit le ressort de A, donc cette vitesse est $\dfrac{mV + mu}{M + m}$, mais ce ressort ne peut se détendre du côté de B dont le ressort lui résiste ; donc il faut qu'il repousse A dans une direction contraire avec la vitesse $\dfrac{mV + mu}{M + m}$. Mais indépendamment du ressort le corps A après le choc doit avoir la vitesse $\dfrac{MV - mu}{M + m}$ selon sa direction ; retranchant donc de cette vitesse la vitesse opposée que le ressort lui donne, sa vitesse après le choc sera $\dfrac{MV - mu - mV - mu}{M + m} = \dfrac{MV - mV - 2mu}{M + m}$.

200. Si l'on suppose $M = m$, la vitesse $\dfrac{2MV + Mu - mu}{M + m}$ de B après le choc sera $\dfrac{2MV}{M + m} = V$, & la vitesse $\dfrac{MV - mV - 2mu}{M + m}$, de A sera $-\dfrac{2mu}{2m} = -u$, c'est-à-dire A rebroussera son chemin avec la vitesse de B avant le choc, & B suivra la direction de A avec la vitesse de A avant le choc, ainsi ils rebrousseront tous les deux leur chemin en faisant échange de leur vitesse. Et par un semblable calcul on trouvera toujours les vitesses après le choc selon les differens rapports de M à m, en observant cependant que si l'on veut supposer que m soit plus grand que M, il faut que cette supposition soit telle que la quantité de mouvement mu de B avant le

choc foit moindre que la quantité de mouvement MV de A avant le choc, felon l'énoncé du Problême.

201. PROPOSITION XXVIII. *Si deux corps* A, B *d'égales maffes fe choquent avec des viteffes égales & directement oppofées. Après le choc ils rebroufferont leurs chemins chacun avec fa viteffe.*

Si les deux corps n'étoient pas élaftiques, leur mouvement cefferoit après le choc (*N*. 182.), puifqu'on fuppofe que leurs forces font egales. Or, le choc fe faifant avec la fomme V+V des viteffes (*N*. 191.), cette fomme fera 2V, & comme 2V doit fe diftribuer aux deux refforts réciproquement aux maffes que l'on fuppofe égales, chaque reffort recevra la viteffe V ; or le reffort de A ne pouvant fe détendre du côté de B, donc le reffort lui refifte avec la même force, repouffera A de l'autre côté avec la viteffe V, & par la même raifon le reffort de B repouffera B du côté oppofé à A avec la viteffe V ; donc ces deux corps rebroufferont leur chemin avec les viteffes qu'ils avoient avant le choc.

203. PROPOSITION XXIX. *Si un corps élaftique* A *choque un autre corps élaftique* B *qui lui refifte invinciblement, le corps* A *après le choc rebrouffe fon chemin avec la même viteffe qu'il avoit auparavant.*

Si A & B n'étoient pas élaftiques, le mouvement de A cefferoit après le choc (*N*. 179.) ; or, la refiftance que le corps B oppofe au corps A étant égale à la force du corps A qui eft MV, nous pouvons regarder les deux corps A, B comme deux corps qui ont des maffes égales, mais dont l'un eft retenu par un obftacle invincible ; ainfi le choc fe faifant avec la viteffe V, & cette viteffe fe diftribuant aux deux refforts réciproquement à leurs maffes, chaque reffort doit recevoir $\frac{1}{2}$V de viteffe. Or, le reffort de A ne pouvant fe détendre du côté de B, repouffe A du côté oppofé avec $\frac{1}{2}$V, & dans le même tems le reffort de B qui ne peut abfolument fe détendre du côté de B, repouffe le corps A avec $\frac{1}{2}$V ; donc le corps A repouffé avec $\frac{1}{2}$V+$\frac{1}{2}$V=V doit rebrouffer chemin avec la viteffe qu'il avoit auparavant, ou bien on peut dire que les deux refforts trouvant ici une refiftance invincible du côté de B, & n'en trouvant point du côté de A, ils doivent porter leur effort pour fe détendre de ce côté-là, & par conféquent repouffer le corps A avec $\frac{1}{2}$V+$\frac{1}{2}$V=V.

204. PROPOSITION XXX. *Si deux corps* A, B *qui fe choquent, fuivent la même direction avant & après le choc, la quantité de mouvement avant le choc, eft égale à la quantité de mouvement après le choc.*

S'ils ont des directions contraires avant & après le choc ; la différence des quantités de mouvement est la même avant & après le choc.

S'ils ont des directions contraires avant le choc, & la même direction après le choc, la somme des quantités de mouvement après le choc est égale à la différence des quantités de mouvement avant le choc.

Enfin, s'ils ont la même direction avant le choc, & des directions contraires après le choc, la différence des quantités de mouvement après le choc, est égale à la somme des quantités de mouvement avant le choc.

Dans le premier cas, la somme des quantités de mouvement avant le choc est $MV + mu$, la vitesse de A après le choc est $\dfrac{MV - mV + 2mu}{M+m}$ (N. 197.) ; donc sa quantité de mouvement est $\dfrac{MMV - MmV + 2Mmu}{M+m}$. De même la vitesse de B après le choc est $\dfrac{2MV - Mu + mu}{M+m}$, & sa quantité de mouvement est $\dfrac{2mMV - mMV + mmu}{M+m}$; ajoutant donc ensemble les deux quantités de mouvement de A, & B après le choc, la somme sera $\dfrac{MMV - MmV + 2Mmu + 2mMV - mMV + mmu}{M+m}$

$$= \frac{MMV + mMV + Mmu + mmu}{M+m} = MV + mu,$$

or, $MV + mu$ est la quantité de mouvement avant le choc, donc les quantités de mouvement font égales avant & après le choc.

Dans le second cas, la différence des quantités de mouvement avant le choc est $MV - mu$; or, le corps A rebrousse chemin après le choc, donc sa vitesse après le choc, laquelle est $\dfrac{MV - mV - 2mu}{M+m}$ (N. 199.) devient negative, & par conséquent elle est $-\dfrac{MV + mV + 2mu}{M+m}$, & sa quantité de mouvement est $-\dfrac{MMV + MmV + 2Mmu}{M+m}$, la vitesse de B après le choc est $\dfrac{2MV + Mu - mu}{M+m}$; & sa quantité de mouvement est $\dfrac{2mMV + mMu - mmu}{M+m}$; retranchant donc la quantité de mouvement de A après le choc de la quantité de mouvement de B après le choc, leur différence sera

$$\frac{2mMV + mMu - mmu + MMV - MmV - 2Mmu}{M+m} = \frac{MMV + mMV - mMu - mmu}{M+m}$$

$= MV - mu$; or, cette différence est la même que la différence $MV - mu$ des quantités de mouvement avant le choc. Donc, &c.

Et par des calculs femblables on trouvera aifément la vérité des deux autres cas.

205. *Remarque.* Il n'y a donc pas toujours la même quantité de mouvement avant & après le choc, & par conféquent il femble que les Cartéfiens ont tort, lorfqu'ils nous affurent le contraire ; mais il faut prendre garde qu'ils ne prennent pour quantité de mouvement que celle qui refte, felon la direction du corps A qui avoit la plus grande quantité de mouvement avant le choc lorfqu'on en a retranché la quantité de mouvement qui lui eft oppofée. Ainfi ils appellent quantité de mouvement, ce que nous appellons différence de ces quantités, & par conféquent ils difent la même chofe que nous. Au refte, leur façon de s'exprimer & de confidérer les chofes, eft quelquefois utile.

206. **Proposition XXXI.** *Dans le choc de deux corps élaftiques, la fomme des produits des maffes par les quarrés de leurs viteffes avant le choc, eft égale à la fomme des produits des maffes par les quarrés de leurs viteffes après le choc.*

Si les corps A & B ont la même direction avant & après le choc, la viteffe de A après le choc eft $\dfrac{MV - mV + 2mu}{M + m}$ (*N.* 197.) ;

donc fon quarré eft $\dfrac{M^2V^2 - 2MmVV + m^2V^2 + 4mMVu - 4mmVu + 4m^2u^2}{M^2 + 2mM + mm}$;

& multipliant ce quarré par fa maffe, nous aurons

$$\frac{M^3V^2 - 2M^2mVV + Mm^2V^2 + 4M^2mVu - 4Mm^2Vu + 4Mm^2u^2}{M^2 + 2mM + mm}.$$ De même la

viteffe de B, après le choc, eft $\dfrac{2MV - Mu + mu}{M + m}$ (*N.* 197.) ;

& fon quarré multiplié par la maffe m, eft

$$\frac{4M^2V^2m - 4M^2Vum + M^2u^2m + 4MmmVu - 2Mmmuu + m^3u^2}{M^2 + 2Mm + mm}$$; ajoutant donc

enfemble ces deux quarrés des viteffes après le choc, multipliés par leurs maffes, nous aurons

$$\frac{M^3V^2 + 2M^2mV^2 + Mm^2V^2 + M^2u^2m + 2Mm^2u^2 + m^3u^2}{M^2 + 2Mm + mm} = MV^2 + mu^2 ;$$

or, $MV^2 + mu^2$ eft égal à la fomme des quarrés des viteffes avant le choc multipliés par les maffes ; donc cette fomme eft égale à celle des quarrés des viteffes après le choc multipliés par les maffes.

Et on prouvera la même chofe dans tous les autres cas, en obfervant que fi dans quelqu'un de ces cas, le corps A rebrouffe fon chemin après le choc, fa viteffe après le choc devient négative, & que par conféquent il faut rendre fon expreffion négative en changeant les fignes + & — avant de faire fon quarré.

Cette Propofition eft encore vraye, lorfque l'un des corps B eft en repos avant le mouvement. Ce qu'il eft facile de vérifier.

207. *Remarque.* Les partifans des forces *vives* ont pris d'ici occafion de foutenir que les forces des corps à reffort qui fe choquent, font entr'elles comme les quarrés des viteffes multipliées par les maffes ; car, difent-ils, les forces font entr'elles comme les effets qu'elles produifent ; or, dans le choc des corps les effets font que les produits des maffes par les quarrés des viteffes avant le choc, font égaux aux produits des maffes par les quarrés des viteffes après le choc ; donc les forces après le choc doivent être auffi égales aux forces avant le choc, & par conféquent elles doivent être dans la raifon des produits des maffes par les quarrés des viteffes. Mais il faut prendre garde que cet effet ne vient pas entierement de la force motrice des corps ; car fi cela étoit, la même chofe devroit arriver dans le choc des corps non élaftiques ; ce qui n'eft pas vrai, & que par conféquent il eft caufé en partie par la force motrice, & en partie par la force du reffort, laquelle ne provient nullement de la force motrice. Ainfi cette proprieté du choc des corps à reffort ne fait rien en faveur des forces vives.

208. **Proposition XXXII.** *Si un corps élaftique* A *(Fig. 52.) choque un autre corps* B *élaftique* B *plus grand que lui & qui eft en repos, & que celui-ci par le mouvement que le choc lui a donné aille choquer un autre corps élaftique* C *plus grand que lui, & qui eft en repos, la viteffe que le corps* C *recevra par le choc de* B *fera plus grande que celle qu'il auroit reçû, fi* A *l'avoit choqué avec la même viteffe dont il a choqué* B *; & la même chofe arriveroit fi* B *étoit moindre que* A *& * C, *moindre que* B.

Je nomme L la viteffe de A ; S, la viteffe que B reçoit par le choc de A ; R la viteffe que C reçoit par le choc de B, & T la viteffe que C recevroit fi A le choquoit immédiament. La viteffe que A communique à B eft $\frac{2AL}{A+B}$, c'eft-à-dire, le double de la quantité de mouvement de A divifé par la fomme des maffes A, B (*N.* 193.) ; donc $\frac{2AL}{A+B} = S$, & partant $2AL = S \times \overline{A+B}$; d'où je tire $2L. S :: A + B. A$; de même la viteffe que B donne au corps C eft $\frac{2BS}{B+C}$, & par conféquent $\frac{2BS}{B+C} = R$, ou $2BS = R \times$

$\overline{B+C}$; d'où je tire S. R :: $\overline{B+C}$. 2B ; or, 2L est à R en raison composée de la raison de 2L à S, & de celle de S à R ; donc 2L est à R en raison composée de la raison A+B. A, & de la raison $\overline{B+C}$, 2B ; c'est-à-dire 2L. R :: $\overline{A+B}\times\overline{B+C}$. A×2B.

De même la vitesse que A donneroit à C s'il le choquoit immédiatement, est $\frac{2AL}{A+C}$, donc $\frac{2AL}{A+C}=T$, ou 2AL$=T\times\overline{A+C}$, d'où je tire 2L. T :: A+C. A. Il est donc question de faire voir que 2L est moins grand par rapport à R, que par rapport à T, & que par conséquent R est plus grand que T, ce que je fais ainsi :

Je prens trois lignes MN, NP, PQ qui soient entr'elles comme les masses A, B, C, & par conséquent j'ai MN+NP, ou MP. MN :: A+B. A ; donc 2L. S :: MP. MN ; de même j'ai NP+PQ ou NQ. 2NP :: B+C. 2B, donc S. R :: NQ. 2NP ; & à cause que 2L est à R en raison composée de la raison de 2L à S, & de celle de S à R ou de la raison MP. MN, & de la raison NQ. 2NP, nous avons 2L. R :: MP×NQ. MN×2NP.

J'éleve en N la perpendiculaire ND que je fais égale à MP, & j'acheve le rectangle DEQN qui est égal à MP×NQ ; je prens sur DH la partie HN=NP, & par conséquent DH=MN. Du point H, je mene HY parallele à NQ, & du point P la droite PZ parallele à ND, & le rectangle HDZX est égal à MN×NP, ainsi nous avons 2L. R :: NDEQ. 2HDZX.

De même MN+PQ. MN :: A+C. A, & multipliant les deux premiers termes par la hauteur commune NP, j'ai MN×NP +PQ×NP. MN×NP :: A+C. A ; or, nous avons 2L. T :: A+C. A, donc 2L. T :: MN×NP+PQ×NP. MN×NP ; mais MN×NP = HDZX, & PQ×NP = PQYX ; donc 2L. T :: HDZX +PQYX. HDZX, ou bien en doublant les deux derniers termes 2L. T :: 2HDZX+2PQYX. 2HDZX.

Or, 2HDZX+2PQYX est plus grand que NDEQ, car faisant HV=DH, & menant du point V la droite VG parallele à NQ le rectangle PIGQ sera plus grand que le rectangle PIVN, à cause de PQ plus grand que NP ; donc 2HDZX ne sera moindre que NDZP que de la quantité NVIP, & au contraire 2PQYX sera plus grand que PZEQ de toute la quantité PIGQ plus grande que NVIP ; donc 2HDZX+2PQYX sera plus grand que NDEQ, & par conséquent 2HDZX+2PQVX sera plus grand par rapport à 2HDZX, que NDEQ par rapport au même 2HDZX ;

2HDZX ; donc auſſi 2L ſera plus grand par rapport à T que 2L par rapport à R, & partant la viteſſe R ſera plus grande que la viteſſe T.

On démontreroit la même choſe de la même façon, ſi B étoit moindre que A, & C moindre que B.

209. Il ſuit de-là que ſi on mettoit pluſieurs corps entre A & C, enſorte qu'ils allaſſent tous en augmentant ou en diminuant depuis A juſqu'à C, on pourroit augmenter conſidérablement la viteſſe de C.

210. Lemme. *Trois lignes* AB, AC, AD (Fig. 53.) *étant en proportion Géométrique continue, ſi on leur ajoute à chacune une même quantité* AE. *Je dis que le rectangle* EB × ED *des extrêmes* EB, ED *eſt plus grand que le quarré de la moyenne* EC.

Je fais le quarré EFGC de la moyenne EC, & le rectangle ELMD des extrêmes EB, ED ; or, par la ſuppoſition les trois lignes AB, AC, AD étant en proportion continue, le quarré de AC ſera égal au rectangle AB×AD, retranchant donc du quarré EFGC, le quarré AHSC de la droite AC, & du rectangle ELMD le rectangle APQD égal au rectangle AB×AD, il reſtera d'une part le gnomon EFGSHA, & de l'autre le gnomon ELMQPA.

Or, à cauſe de EL=EB, & de AB=AP ou ET, nous avons TL=EA, de même à cauſe EF=EC, & de AH ou ER=AC, nous avons RF=EA, & par conſéquent RF=TL ; donc prenant LX=FG, & du point X menant VX paralelle à TL, le rectangle RFGS ſera égal au rectangle TLVX ; ainſi retranchant du gnomon EFGSHA le rectangle RFGS, & du gnomon ELMQPA le rectangle TLVX, il reſtera d'une part le rectangle RHAE, & de l'autre le rectangle EATP plus le rectangle VXQM.

Je fais AZ=AP, & menant ZY paralelle à EA, j'ai le rectangle YZAE égal au rectangle EAPT ; retranchant donc du rectangle RHAE le rectangle YZAE & des deux EATP+VXQM le rectangle EATP, il reſtera d'une part RHZY, & de l'autre VXMQ ; or, ces deux rectangles reſtans ayant une dimenſion égale RH=VX, ſont entr'eux comme HZ eſt à VQ, & par conſéquent ſi je fais voir que HZ eſt moindre que VQ, j'aurai démontré que le rectangle RHZY eſt moindre que le rectangle VXMQ, & que EFGC & moindre que ELMD.

Or, à cauſe de AH=AC, & de AZ=AP ou AB, j'ai ZH =BC, & de l'autre côté j'ai VQ=CD, mais à cauſe des trois lignes AD, AC, AB en proportion j'ai AD — AC. AC :: AC — AB. AB ou CD. AC :: CB. AB ou CD. CB :: AC. AB ; mais AC eſt plus grand que AB ; donc CD ou VQ eſt plus grand que CB ou ZH, & partant VQMX eſt plus grand que HZYR, d'où il eſt aiſé de conclure que le quarré EFGC, eſt moindre que le rectangle ELMD, puiſqu'après avoir retranché de choſes égales de part & d'autre, le reſte HZYR eſt moindre que le reſte XMQV.

211. PROPOSITION XXXIII. *Si trois corps élaſtiques A, B, C (Fig. 54.) ſont en proportion Géométrique continue qui aille en augmentant ou en diminuant, & que A ayant choqué B qui étoit en repos, celui-ci aille choquer C qui eſt auſſi en repos. Je dis que la viteſſe que C reçoit de B eſt plus grande que celle qu'il pourroit recevoir, ſi au lieu de B on mettoit un autre corps H plus grand ou moindre que B, qui après avoir été choqué par A vint le choquer.*

Je nomme L la viteſſe de A ; S la viteſſe que B reçoit de A, & R la viteſſe que C reçoit de B. Je prens trois lignes MN, NP, PQ qui ſoient entr'elles comme les trois corps A, B, C, & ſuivant ce qui a été dit dans le Problême précédent, nous aurons 2L eſt à R en raiſon compoſée de la raiſon MP, MN, & de la raiſon NQ, 2NP ; or, à cauſe de PQ. NP :: NP. MN, nous avons PQ+NP. NP :: NP+MN. MN ou NQ. NP :: MP. MN, & doublant les conſéquens, nous aurons NQ. 2NP :: MP. 2MN ; donc puiſque 2L eſt à R en raiſon compoſée de la raiſon MP, MN, & de la raiſon NQ, 2NP, qui eſt la même que la raiſon MP, 2MN, nous avons 2L eſt à R en raiſon compoſée de la raiſon MP, MN & de la raiſon MP, 2MN, & par conſéquent

$$2L . R :: \overline{MP}^2 . \overline{2MN}^2.$$

Maintenant mettons à la place de B un autre corps X plus grand que B, & nommons H la viteſſe que ce corps en repos recevra de A, & Z celle que le corps X donnera au corps C ; je prens une ligne NF qui ſoit à MN, comme X eſt à A, & enſuite une troiſiéme proportionnelle NV à NF & NP. Cela fait :

La viteſſe que A donnera à X ſera $\dfrac{2AL}{A+X}$ (*N.* 193.) ; donc

$\dfrac{2AL}{A+X} = H$ ou $2AL = H \times \overline{A+X}$, d'où je tire 2L. H :: A +X. A ; mais nous avons A. X :: MN. NF, donc A+X. A. MN+NF. MN :: MF. MN, & par conſéquent 2L. H :: MF. MN.

La viteſſe que X donne à C eſt $\frac{2HX}{X+C}$, donc $\frac{2HX}{X+C} = Z$, &

$2HX = Z \times \overline{X+C}$, d'où je tire H. Z :: X + C. 2X ; mais à cauſe que nous avons A. X :: MN. NF ou A. MN :: X. NF, & A. C :: MN. PQ ou A. MN. C. PQ, nous aurons auſſi X. NF :: C. PQ ou X. C :: NF. PQ, & partant X + C. X :: NF + PQ. NF, & doublant les conſéquens X + C. 2X :: NF + PQ. 2NF, donc H. Z :: NF + PQ. 2NF.

Or, 2L eſt à Z en raiſon compoſée de la raiſon de 2L à H, & de celle de H à Z, donc 2L eſt à Z en raiſon compoſée de la raiſon MF, MN, & de la raiſon NF + PQ, 2NF.

Mais les trois lignes MN. NP. PQ étant en proportion continue, nous avons $MN \times PQ = \overline{NP}^2$, & à cauſe des trois lignes en proportion continue NV, NP, NF, nous avons $NV \times NF = \overline{NP}^2$, donc $MN \times PQ = NV \times NF$, d'où je tire NV. MN :: PQ. NF, & compoſant, j'ai NV + MN ou MV. MN :: PQ + NF. NF, & doublant les conſéquens, nous aurons MV. 2MN :: PQ + NF. 2NF. Donc puiſque nous venons de trouver que 2L eſt à Z en raiſon compoſée de MF, MN & de NF + PQ, 2NF ; il s'enſuit que 2L eſt à Z en raiſon compoſée de MF, MN, & de MV. 2MN, & par conſéquent 2L. Z :: MF × MV. $2\overline{MN}^2$, & $2L \times 2\overline{MN}^2 = Z \times \overline{MF \times MV}$; mais nous avons trouvé 2L. R :: $\overline{MP}^2$. $2\overline{MN}^2$, ce qui donne $2L \times 2\overline{MN}^2 = R \times \overline{MP}^2$; donc $Z \times MF \times MV = R \times \overline{MP}^2$, d'où je tire Z. R :: $\overline{MP}^2$. MF × MV ; or, à cauſe des trois lignes en proportion continue NV, NP, NF, & de la droite MN ajoutée à chacune d'elles, nous avons $\overline{MP}^2$ plus petit que MF × MV par le Lemme précédent ; donc la viteſſe Z que le corps X donneroit au corps C, eſt moindre que celle que le corps C reçoit de B.

On prouveroit la même choſe, ſi au lieu de B on mettoit un autre corps plus petit que B.

Du Choc oblique des Corps.

212. Deux corps ſe choquent directement lorſque leurs directions paſſent par leurs centres. Par exemple, ſi le corps A (*Fig. 55.*) avance vers B le long de la ligne AB qui paſſe par les deux cen-

tres de A & B, ils fe choquent directement. Tout ce que nous avons dit ci-deſſus touchant le choc des corps, doit s'entendre de ce choc direct.

213. Deux corps fe choquent obliquement, lorſque leurs directions ne paſſent pas par leurs centres. Par exemple, ſi le corps A (*Fig.* 56.) ſe meut vers le corps C, ſelon la ligne AD qui ne paſſe pas par le centre C, le choc ſera oblique; de même ſi les deux corps A, B (*Fig.* 57.) ſe meuvent ſelon les directions AD, BD qui ne paſſent pas toutes les deux par les deux centres, le choc de ces corps, lorſqu'ils ſe rencontreront, ſera oblique.

214. Lorſque les corps ſont ſphériques, l'obliquité du choc ſe meſure par l'angle que fait la direction avec la tangente au point où ſe fait le choc. Par exemple, ſuppoſons que le corps ſphérique A (*Fig.* 56.) aille choquer le corps ſphérique B ſelon la direction AD qui ne paſſe pas par le centre C, & que le choc ſe faſſe au point R, je mene par le point R une tangente, ou plutôt un plan touchant MS, & l'angle que la direction AR fait avec ce plan, eſt la meſure de l'obliquité du choc.

215. PROBLEME. *Déterminer ce qui arrive dans le choc oblique des corps non élaſtiques.*

En premier lieu, ſi le corps A (*Fig.* 58.) va choquer le corps oblique B qu'il ne peut ébranler. Je conçois un plan touchant au point R où ſe fait le choc ; la direction AC étant oblique à ce plan, j'abaiſſe du point A la perpendiculaire AR, & achevant le paralellogramme ARCH, la force AC eſt compoſée de la force AR, & de la force AH; or, la force AR choque le plan directement, & par conſéquent la ſphére B auſſi, mais la force AH ne le choque point, puiſqu'elle eſt paralelle à RC ; donc après le choc la force AR ſera détruite, & il ne reſtera plus que la force AH; donc le corps A après le choc continuera à ſe mouvoir avec la force AH, ſelon la direction CD paralelle à AH.

En ſecond lieu, ſi les corps A, B (*Fig.* 59.) ſe choquent avec des directions MA, LB & des viteſſes exprimées par les droites MA, LB, je conçois que par les centres A, B il paſſe des plans NR, HV paralelles au plan touchant CD. Du point M, j'abaiſſe la perpendiculaire MN ſur le plan NR, & achevant le paralellogramme MPAN, la viteſſe MA eſt compoſée de la viteſſe perpendiculaire MN, & de la viteſſe MP. De même, j'abaiſſe du point L la perpendiculaire LH ſur le plan HV, & achevant le paralellogramme HBEL, la viteſſe LB eſt compoſée de la viteſſe perpendiculaire HL, & de la viteſſe LE; or, les viteſſes MP, LE étant paralelles, n'agiſſent point l'une ſur l'autre; ainſi les corps ne s'approchent qu'avec les viteſſes MN, HL; le plus fort des deux détruira donc la viteſſe du plus foible, & l'entraînera ſelon ſa direction avec une viteſſe qui leur ſera commune (*N.* 181.); ſuppoſons que cette viteſſe ſoit exprimée par la droite AS, le corps A pouſſé par cette viteſſe AS, & par la viteſſe NA qui agit toujours ſur lui, prendra après le choc la direction de la diagonale AQ du paralollegramme AQ, formé par ces deux viteſſes, & le corps B pouſſé par la viteſſe BT égale à AS, & par la viteſſe HB prendra après le choc la direction de la diagonale BX du paralellogramme BX formé par ces deux viteſſes.

Et on trouvera de la même façon ce qui doit arriver dans tous les autres cas du choc oblique des corps non élaſtiques.

216. PROPOSITION XXXIV. *Si un corps élaſtique* A (Fig. 60) *choque avec une direction oblique* AD, *un autre corps élaſtique* BC, *qu'il ne peut ébranler, il ſe reflechira après le choc en faiſant l'angle de reflexion* PDC *égal à l'angle d'incidence* ADB.

Suppoſons que la viteſſe de A ſoit exprimée par la direction AD; du point A, j'abaiſſe ſur BC la perpendiculaire AH, & achevant le paralellogramme AHDE, la viteſſe AD eſt compoſée de la viteſſe perpendiculaire AH, & de la viteſſe AE paralelle au corps BC; ainſi A ne choque le corps BC qu'avec la viteſſe AH, & comme il ne peut ébranler le corps B, il doit rebrouſſer chemin avec la même viteſſe AH ou DE (*N.* 203.); or, la viteſſe AE agit toujours ſur lui, & le pouſſe vers Q; faiſant donc DC =AE, & achevant le paralellogramme DCPE compoſé des deux viteſſes DE, DC, le corps A prendra la direction de la diagonale DP. Le triangle rectangle DPC ſera donc ſemblable & égal au triangle rectangle DAH, à cauſe de DC=DH, & de CP=AH, & par conſéquent l'angle de reflexion PDC ſera égal à l'angle d'incidence ADH.

217. PROBLEME. *Déterminer ce qui doit arriver dans le choc oblique de deux corps élaſtiques, dont il n'y en a aucun qui reſiſte invinciblement.*

En premier lieu, ſuppoſons que le corps A (*Fig.* 61.) avec une viteſſe AR aille choquer obliquement le corps B qui lui eſt égal, & que les deux corps ſoient ſphériques. Je conçois au point R où ſe fait le choc, un plan ST qui touche le corps B; du point A, j'abaiſſe la perpendiculaire AS ſur ce plan, & achevant le paralellogramme AMRS, la viteſſe eſt compoſée de la viteſſe perpendiculaire AS, & de la viteſſe AM, laquelle étant paralelle à ST ne peut agir ſur B. Ainſi A choque directement B avec la viteſſe AS ou MR ; donc à cauſe de l'égalité des maſſes le corps B après le choc ſe meut ſelon la direction RQ avec la viteſſe MR (*N.* 194.), & A doit être en repos ſelon cette direction ; mais comme il eſt toujours pouſſé par la viteſſe AM, il doit prendre après le choc la direction RT paralelle à AM avec la viteſſe AM.

En ſecond lieu, ſuppoſons que le corps A (*Fig. 62.*) avec une viteſſe MA choque obliquement le corps B moindre que lui, & qui eſt en repos. Je conçois que par le centre A, il paſſe un plan NQ paralelle au plan touchant ST. Du point M, j'abaiſſe MN perpendiculaire ſur ce plan, & achevant le paralellogramme MNAE, la viteſſe MA eſt compoſée de la viteſſe perpendiculaire MN, & de la viteſſe ME, laquelle étant paralelle au plan touchant ST, ne peut point agir ſur B ; ainſi A n'agit ſur B qu'avec la viteſſe MN ou EA, & comme B eſt moindre que A, on trouvera, ſelon les régles établies ci-deſſus (*N.* 195.), qu'après le choc, le corps B aura une viteſſe ſelon la direction EA plus grande que la viteſſe de A ſelon cette direction. Suppoſant donc que la viteſſe de B ſoit exprimée par la droite BH, & celle de A par la droite AX, le corps B prendra la direction BH qui eſt la même que EA avec la viteſſe BH ; mais le corps A pouſſé par la viteſſe AX, & par la viteſſe ME ou AQ ſon égale, laquelle agit ſur lui, prendra la direction de la diagonale AV du paralellogramme AV compoſé des deux viteſſes, & ſa viteſſe ſera exprimée par la droite AV.

Et on trouvera de la même façon ce qui doit arriver dans tous les autres cas du choc oblique des corps élaſtiques.

Du Choc des Bombes contre les Corps qu'elles rencontrent, & de leurs enfoncemens dans les Terres.

218. Si une bombe A (*Fig. 63.*) tirée avec une direction oblique AB décrit une parabole ALC, & qu'après avoir diviſé ſa direction AB en parties égales AE, EF, & on abaiſſe des points de diviſion des perpendiculaires EM, FN, &c. ſur l'amplitude AC, il eſt évident que cette amplitude ſera diviſée en un même nombre de parties égales, & que les arcs paraboliques AH,

HL, &c. que ces perpendiculaires couperont feront décrits par la bombe dans des tems égaux à ceux que la bombe employeroit à parcourir les droites AE, EC, &c. fur fa direction fi la pefanteur ne l'abaiffoit ; car nous avons démontré ci-deffus que tandis que la bombe devroit être en E, la pefanteur l'abaiffe, de forte qu'elle fe trouve en H, que tandis qu'elle devroit être en F, la pefanteur fait qu'elle fe trouve en L, &c. or, les parties égales AE, EF feroient parcouruës dans des tems égaux, à caufe que le mouvement de la direction AB eft uniforme ; donc les arcs AH, HL, &c. font auffi parcourus dans des tems égaux.

Suppofant donc que les divifions de la direction AB foient infiniment proches, les petits arcs AH, HL, &c. feront auffi infiniment petits, & pourront être regardés comme des petites lignes droites qui compofent la courbe parabolique, & qui étant prolongées deviendroient tangentes de la courbe ; donc on peut confidérer la bombe comme parcourant dans des tems égaux des petites droites qui font dans la direction des tangentes, & par conféquent en quelque point de la parabole que la bombe fe trouve, elle eft dans la direction de la tangente à ce point.

219. *Une même parabole* ARC *ne peut pas être décrite par deux viteffes différentes, à commencer par un même point* A.

Je divife la direction AB en parties égales AE, EF, &c. qui repréfentent les efpaces égaux que la bombe parcoureroit fur cette direction dans des tems égaux, fi la pefanteur ne l'abaiffoit pas ; ainfi dans le premier tems, la bombe parcoureroit AE dans les deux premiers elle parcoureroit AF, dans les trois premiers elle parcoureroit AT, & ainfi de fuite, & les abaiffemens EH, LF, &c. caufés par la pefanteur à la fin du premier tems, des deux premiers, des trois premiers, &c. font entr'eux comme les quarrés de ces tems, ou comme les quarrés des efpaces AE, AF, AT, &c.

Suppofons maintenant qu'une bombe égale à la premiere foit tirée du même point A avec la même direction, mais avec moins de viteffe, les tems qu'elle employera à parcourir les efpaces AE, AF, AT, &c. feront donc plus longs, & par conféquent l'abaiffement EO caufé par la pefanteur à la fin du premier tems AE, fera plus long que l'abaiffement EH, puifque la pefanteur aura agi dans un tems plus long ; or, cet abaiffement EO fera à l'abaiffement FV que la pefanteur aura caufé à la fin des deux premiers tems, comme le quarré de AE au quarré de AF, ou

comme l'abaissement EH à l'abaissement FL ; faisant donc EH.
FL :: EO. FV, on aura FV plus grand que FL, à cause de EO
plus grand que EH, & par un semblable raisonnement on trouvera que tous les autres abaissemens feront plus grands que les
abaissemens TS, &c. donc la bombe tirée avec cette seconde
vitesse décrira une parabole qui ne fera pas la même que la parabole ARC, mais qui passera en dessous.

Et on prouvera de la même façon que si la bombe étoit tirée
avec une vitesse plus grande, elle employeroit moins de tems à
parcourir les espaces AE, AF, &c. & que par conséquent les
abaissemens à la fin de ces tems devenant moins longs, la parabole qu'elle décriroit passeroit en dessus de la parabole ARC.

Au reste, j'ai dit qu'on ne pouvoit pas décrire la même parabole avec deux vitesses différentes, à commencer par un même
point A, car il est visible qu'une bombe qui feroit tirée horizontalement au sommet R parcoureroit la même parabole RA avec
une vitesse différente (*N.* 131.).

220. PROPOSITION XXXV. *Si une bombe* A (Fig. 64.) *tirée
obliquement à l'horizon, choque un plan horizontal pendant sa course ;
soit en montant ou en descendant, elle le choque avec la vitesse qu'elle
auroit acquise, si elle étoit tombée par son propre poids d'une hauteur*
BR *égale à la distance qui se trouve entre le point* B *de la parabole où
elle se trouve lorsqu'elle choque le plan , & la tangente* CR *au sommet
de la parabole qu'elle décrit.*

Quand la bombe est parvenue au point B, sa force est égale à
la force d'une bombe de même poids qui feroit tirée du point B
selon la direction de la tangente BL au point B, & qui décriroit
la parabole restante BCH, car cette parabole BC ne peut pas
être décrite par deux vitesses différentes (*N.* 219.) ; or, cette
force feroit décrire à la bombe la tangente BL dans un tems égal
à celui qu'elle employe à parcourir l'arc BC, menant donc l'ordonnée BE , & achevant le paralellogramme BECL la force BL
est composée des deux BE, BS dont l'une feroit parcourir à la
bombe la ligne horizontale BE, & l'autre la verticale BS dans
un tems égal à celui que la force composée BL employeroit à
lui faire parcourir l'espace BL. Mais la vitesse verticale BS est
égale à la vitesse que la bombe auroit acquise si elle étoit tombée
par son propre poids de la moitié RB de la hauteur SB ; car nous
avons démontré (*N.* 104.) que cette vitesse acquise feroit parcourir un espace double de la hauteur RB ; donc puisque la bombe

ne

ne peut choquer le plan horizontal mis en B qu'avec sa vitesse verticale, à cause que l'horizontale BE est paralelle à ce plan, elle le choque avec la vitesse qu'elle auroit acquise, si elle étoit tombée de la hauteur BR.

Pour démontrer que la bombe en descendant choque un plan horizontal ; par exemple, en F avec une vitesse égale à celle qu'elle auroit acquise en tombant de la hauteur NP, il n'y a qu'à observer que quand la bombe est parvenue au sommet C de la parabole, sa force est égale à celle d'une bombe de même poids qui seroit tirée du point C avec une direction horifontale CN, & qui décriroit la demi-parabole CPH, car cette demi-parabole ne peut pas être décrite par deux forces différentes. Or dans le tems que cette force feroit décrire sur la ligne horizontale la droite CN, la pesanteur fait descendre la bombe d'une hauteur verticale NP, & le corps horizontal mis en P n'est choqué que par ce mouvement vertical, à cause que le mouvement horizontal CN lui est paralelle, donc ce corps est choqué avec la vitesse acquise par la chute NP.

221. **COROLLAIRE.** Il suit de-là qu'une bombe frappe aussi fort un plan horizontal au déboucher A du mortier qu'a la fin H de son amplitude, puisque les distances AO, HX sont égales ; qu'elle frappe également en montant ou en descendant lorsque les points B, P où elle frappe sont également éloignés du sommet A, & que les forces avec lesquelles elle frappe dans les points A, B, inégalement éloignés du sommet, sont entr'elles comme les racines des distances AO, BR, car ces forces sont comme les vitesses acquises par les chutes OA, RB, & ces vitesses sont comme les racines de ces hauteurs par les régles du mouvement acceleré.

222. **PROPOSITION XXXVI.** *Si une bombe* A (Fig. 65.) *tirée obliquement à l'horizon choque pendant sa course, soit en montant ou en descendant un plan* ED *perpendiculaire sur sa direction, c'est-à-dire perpendiculaire à la tangente* BL *qui passe par le point du choc, la vitesse avec laquelle elle choque ce plan est égale à la vitesse qu'elle auroit acquise, si elle étoit tombée de la hauteur du quart du paramétre du diamétre qui passe par le point* B *où se fait le choc.*

Lorsque la bombe est parvenue en B, sa force est égale à celle d'une bombe de même poids qui feroit tirée du point B avec la direction BL, & qui décriroit la parabole BCN, car cette parabole ne peut pas être décrite avec deux vitesses différentes (*N.*219).

Or cette force eſt égale à la viteſſe que la bombe auroit acquiſe en tombant de la hauteur du quart du paramétre du diamétre qui paſſe par le point B (*N.* 138.) ; donc la bombe choque le plan perpendiculaire ED avec cette viteſſe.

Pour démontrer que la bombe en deſcendant choque un plan MZ perpendiculaire à ſa direction au point du choc H avec une viteſſe égale à celle qu'elle auroit acquiſe en tombant de la hauteur du quart du paramétre du diamétre qui paſſe par le même point ; je mene au point H la tangente HL ; du ſommet C , je mene CR paralelle à la tangente, & par conſéquent double ordonnée au diamétre HP, & du point R , je mene RV paralelle à LC & qui coupe la tangente LH prolongée au point V , ainſi l'abaiſſement VR eſt égal à l'abaiſſement LC , à cauſe des paralelles LV, CR ; & comme HP paralelle à LC & VR coupe la droite CR en deux également , la droite LV eſt auſſi coupée en deux également en H. Cela poſé.

Quand la bombe eſt parvenue en H, il eſt clair que ſi elle ne rencontroit point d'obſtacles, elle continueroit à ſe mouvoir & décriroit la parabole HR, ainſi ſa force ſeroit égale à celle d'une bombe de même poids, laquelle étant tirée du point H avec la direction HV parcourreroit la même parabole HR ; or, ſi cette ſeconde bombe au lieu d'être tirée ſelon la direction HV étoit tirée ſelon la direction oppoſée HL, elle parcourreroit ſur ſa direction HL l'eſpace HL $=$ HV dans un tems égal à celui qu'elle auroit employé à parcourir l'eſpace HV, & par conſéquent l'abaiſſement LC cauſé par la peſanteur pendant le tems employé à parcourir l'eſpace LH ſeroit égal à l'abaiſſement VR cauſé par la peſanteur pendant le tems employé à parcourir l'eſpace HV ; donc cette ſeconde bombe tirée ſelon la direction HL décriroit la parabole HC, & par conſéquent ſa viteſſe ſeroit égale à celle qu'elle auroit acquiſe en tombant d'une hauteur égale au quart du paramétre du diamétre qui paſſe par le point H (*N.* 138.) ; or la viteſſe de la bombe tirée du point A & parvenue en H eſt la même que la viteſſe de cette ſeconde bombe, comme on vient de voir. Donc cette bombe choque le plan MZ perpendiculaire à ſa direction avec une viteſſe égale à celle qu'elle auroit acquiſe en tombant d'une hauteur égale au quart du paramétre du diamétre qui paſſe par le point H.

223. COROLLAIRE Ier. *Si du point de projection* A (Fig. 66.) *on éleve perpendiculairement ſur l'amplitude* AN *une droite* AE *égale au*

quart du paramétre du diamétre qui passe par le point A, & *que de l'extrêmité* E, *on mene* EL *paralelle à l'amplitude, qu'ensuite d'un autre point quelconque* B *de la parabole, on mene une perpendiculaire* BT *sur* EL. *Je dis que la vitesse avec laquelle la bombe frapperoit en* A *un plan perpendiculaire à sa direction ou à la tangente* AS *est à la vitesse avec laquelle elle frapperoit en* B *un plan perpendiculaire à sa direction ou à la tangente* BV *comme la racine de la hauteur* AE *est à la racine de la hauteur* BT.

Puisque la bombe tirée du point A avec la direction AS décrit la parabole ACN, sa vitesse est égale à celle qu'elle auroit acquise en tombant de la hauteur EA du quart du paramétre du diamé-tre qui passe par A (*N*. 138.). Or, si du point A, je mene au foyer O de la parabole la droite AO, cette droite AO sera égale au quart du paramétre du diamétre qui passe par le point A, ainsi qu'il a été dit dans les Sections coniques. Donc OA sera égal à AE, & par conséquent EL doit être la directrice de la parabole, comme il a été enseigné dans le même endroit. Ainsi, si du point B, je mene au même foyer O la droite BO qui sera aussi le quart du paramétre du diamétre qui passe par le point B, cette droite sera égale à BT, & par conséquent BT sera le quart du paramé-tre du diamétre qui passe par le point B. Mais nous venons de voir dans cette Proposition que la bombe choque en A un plan perpendiculaire à sa direction AS avec une vitesse égale à celle qu'elle auroit acquise en tombant de la hauteur AE égale au quart du paramétre du diamétre qui passe par le point A, & qu'elle choque en B un plan perpendiculaire à sa direction BV avec une vitesse égale à celle qu'elle auroit acquise en tombant de la hau-teur BT égale au quart du paramétre du diamétre qui passe par le point B, & ces deux vitesses acquises sont entr'elles comme les racines des hauteurs EA, TB; donc la force du choc en A est à la force du choc en B, comme la racine de EA est à la racine de BT.

224. COROLLAIRE II. De-là il suit qu'une bombe frappe aussi fort au débouché A de la piece, un plan perpendiculaire à sa di-rection, qu'elle frappe à l'extrêmité N de son amplitude un plan perpendiculaire à sa direction; que dans des points B, H égale-ment éloignés de la directrice ou de l'amplitude, elle frappe avec la même force, &c.

225. COROLLAIRE III. *Si une bombe* A (Fig. 67.) *est tirée suc-cessivement avec la même force sous deux angles également éloignés de*

45 degrés, enforte qu'elle décrive deux paraboles ACN, ARN qui ont la même amplitude AN. Je dis que cette bombe, dans l'une & l'autre projeſtion, choquera avec la même force des plans perpendiculaires à ſes directions, non-ſeulement au débouché de la piece, & à la fin N de l'amplitude, mais encore dans des points B, H également éloignés de l'amplitude.

Du point A, j'éleve perpendiculairement ſur l'amplitude AN la droite AE égale au quart du paramétre du diamétre qui paſſe par le point A de la parabole ARN ; ainſi la viteſſe de la bombe au débouché de la piece ſera égale à la viteſſe qu'elle auroit acquiſe en tombant de cette hauteur (*N.* 138.) ; or, avec la même viteſſe, la bombe décrit l'autre parabole ACN ; donc la droite AE eſt auſſi le quart du paramétre du diamétre qui paſſe par le point A de la parabole ACN. Menant donc du point E la droite EL paralelle à l'amplitude, cette droite ſera la directrice des deux paraboles ; car ſi du point A, je mene une droite au foyer de la parabole ARN, cette droite ſera égale au quart du paramétre du diamétre qui paſſe par le point A de la parabole ARN, & par conſéquent elle ſera égale à AE, & la droite EL ſera la directrice de cette parabole ; de même, ſi du point A je mene une droite au foyer de la parabole ACN, cette droite ſera égale au quart du paramétre du diamétre qui paſſe par le point A de la parabole ACN, & par conſéquent elle ſera auſſi égale à AE, & la droite EL ſera auſſi la directrice de cette parabole. Cela poſé.

Quand la Bombe décrit la parabole ARN, le choc en A & le choc en N ſur des plans perpendiculaires aux directions, c'eſt-à-dire aux tangentes aux points A & N ſont égaux, puiſque les viteſſes de ces chocs ſont entr'elles comme les racines des hauteurs égales AE, NL, (*N.* 223.) de même quand la Bombe décrit la parabole ACN, le choc en A & le choc en N ſur des plans perpendiculaires aux directions ſont encore égaux entr'eux & aux deux précedens, à cauſe que leurs viteſſes ſont comme les viteſſes qui ſeroient acquiſes ſi la Bombe tomboit des hauteurs AE, LN. Donc dans les deux projections la Bombe frappe avec la même force au débouché & à la fin AN les plans perpendiculaires aux directions.

Maintenant ſuppoſons que dans la projection ARN la Bombe choque un plan perpendiculaire à ſa direction au point H, & que dans la projection ACM elle choque un plan perpendiculaire à ſa direction au point B autant éloigné de l'amplitude que le point H.

La viteffe avec laquelle elle choquera en H fera égale à la viteffe
qu'elle auroit acquife en tombant de la hauteur HV qui eft le
quart du paramétre du diamétre qui paffe par le point H (*N.* 222.
223.) & par la même raifon elle choqueroit en B avec une viteffe égale à celle qu'elle auroit acquife en tombant de la hauteur TB qui eft le quart du paramétre du diamétre qui paffe par
le point B. Or les deux hauteurs VH, TB font égales ; donc les
viteffes avec lefquelles la Bombe frappe en H un plan perpendiculaire à fa direction eft égale à celle avec laquelle elle frappe
en B un plan perpendiculaire à fa direction.

226. COROLLAIRE IV. En general il eft donc faux que de
deux Bombes égales tirées fous des angles également éloignées
de 45 degrés, celle qui eft tirée au-deffus de 45 degrés frappe
plus fort que celle qui eft tirée en-deffous, comme on le croit
communément. Cela n'eft vrai que lorfque les plans fur lefquels
elles tombent font horizontaux ; car en ce cas-là la Bombe qui
décrit la parabole ARN (*Fig.* 68.) choque en N un plan horizontal avec une viteffe égale à celle qu'elle auroit acquife en
tombant de la hauteur TN comprife entre la tangente RT au
fommet R & l'amplitude AN (*N.* 220.) & la Bombe qui décrit
la parabole ACN choque le plan horizontal en N avec une viteffe
égale à celle qu'elle auroit acquife en tombant de la hauteur MN
comprife entre la tangente CM au fommet C & l'amplitude.
Or ces deux hauteurs font inégales ; donc les viteffes des chocs
qui font comme les racines de ces hauteurs font auffi inégales,
& la Bombe qui décrit la parabole ARN choque plus fort que la
Bombe qui décrit la parabole ACN. Mais la même chofe n'arrive plus lorfque les plans choqués font perpendiculaires aux directions comme on vient de voir, ni lorfqu'ils font obliques aux
directions & à l'horizon, comme on le verra bien-tôt.

Bien plus, il fe peut faire que la Bombe tirée fous l'angle au-deffus de 45 degrés choque moins fort que celle qui eft tirée fous l'angle en-deffous de 45 degrés. Car fi le plan choqué en N (*Fig.* 68.)
par la Bombe qui décrit la parabole ACN eft perpendiculaire à
fa direction ou tangente NS, ce même plan fera oblique à la
direction ou tangente de la parabole ARN ; ainfi la Bombe qui
décrira la parabole ARN ne choquera pas ce plan avec autant
de force que fi elle le choquoit perpendiculairement. Mais fi
elle choquoit ce plan perpendiculairement, fa force feroit égale
à celle de la Bombe qui décriroit la parabole ACN & qui cho-

queroit le même plan perpendiculairement, (*N.* 225.) Donc le choc oblique de la bombe qui décriroit la parabole ARN eſt moindre que le choc direct de celle qui décriroit la parabole ACN.

227. Corollaire V. De-là il ſuit que dans la pratique, lorſqu'on veut tirer ſur des plans inclinés à l'horizon, comme des toits de maiſons, de voûtes ou de magazins, il faut tirer, non pas ſous le plus grand angle, mais ſous celui qui fait que la Bombe peut choquer moins obliquement.

228. Proposition XXXVI. *Si une Bombe* (Fig. 69.) *choque dans quelque point* B *de ſa parabole, un plan* MN *incliné à l'horizon & à ſa direction* BR, *la viteſſe avec laquelle elle choque ce plan eſt à celle avec laquelle elle le choqueroit s'il étoit perpendiculaire à ſa direction comme le ſinus de l'angle d'incidence eſt au ſinus droit ou rayon.*

Je prens ſur la direction BR une partie BP égale à la racine du paramétre appartenant au point B. Du point P j'abbaiſſe la perpendiculaire PM ſur le plan MN, & j'acheve le paralellogramme PMBQ.

Si le choc étoit direct, la Bombe frapperoit le plan avec une viteſſe exprimée par PB (*N.* 222.) mais puiſque le choc eſt oblique, la viteſſe PB eſt compoſée de la viteſſe perpendiculaire PM & de la viteſſe PQ paralelle à MN. Or celle-ci n'agit point ſur MN; donc la Bombe frappe avec la viteſſe PM. Mais dans le triangle PMB les côtés PM, PB ſont entr'eux comme les ſinus des angles oppoſés, c'eſt-à-dire comme le ſinus de l'angle d'incidence PBM au ſinus de l'angle droit PMB ; donc la viteſſe PM avec laquelle la Bombe frappe le plan eſt à la viteſſe PB comme le ſinus PM de l'angle d'incidence PMB eſt à un ſinus droit PB.

Cherchant donc dans les Tables des Sinus le rayon & le ſinus de l'angle d'incidence, on dira comme le rayon eſt au ſinus; ainſi PB eſt à un quatriéme terme qui ſera la valeur de **PM**.

229. Corollaire. *Si deux Bombes de même poids ſont tirées avec la même force ſous deux angles également éloignés de* 45 *degrés, enſorte que l'amplitude de deux paraboles ſoit la même,* (Fig. 70.) *& qu'elles viennent à choquer dans des points* B, N *également éloignés de leur amplitude des plans* OT, VS *également inclinés à leur direction* HB, NE, *je dis qu'elles choqueront ces plans avec des forces égales.*

Les paramétres appartenans aux points B, N ſeront égaux

comme on a vû ci-deſſus; c'eſt pourquoi ſi les deux plans étoient perpendiculaires, les deux chocs feroient égaux, puiſque les viteſſes feroient comme les racines de ces paramétres égaux, (*N.* 225.) mais comme les chocs font obliques, je prens ſur les directions BH, NX égales chacune à la racine de l'un ou l'autre parametre, & des points H, X j'abbaiſſe ſur les plans les perpendiculaires HO, XV. Ainſi la viteſſe avec laquelle la Bombe qui décrit la parabole ARM choquera le plan VS avec la viteſſe XV, & celle qui décrit la parabole ACM choquera le plan OT avec la viteſſe HO; or ces deux viteſſes VS, OT font égales à cauſe que les triangles rectangles HBO, XNV ayant l'angle d'incidence HBO égal à l'angle d'incidence XNV & l'hypothenuſe HB égale à l'hypothenuſe XN ſont égaux entr'eux; donc les chocs font auſſi égaux.

Et il faudroit dire la même choſe, ſi le choc ſe faiſoit au point M qui eſt l'extrêmité de l'amplitude.

230. Corollaire II. Mais ſi les angles d'incidence étoient inégaux & les diſtances des points B, N à l'amplitude égales entr'elles, les viteſſes ou ſinus XV, HO feroient inégaux, & les rayons ou ſinus droits XN, HB feroient égaux, c'eſt pourquoi les viteſſes des chocs feroient entr'elles comme les ſinus des angles d'incidence.

231. Corollaire III. D'où il ſuit que ſi l'angle d'incidence XNV étoit moindre que l'angle d'incidence HBO, la viteſſe avec laquelle la Bombe qui décrit la plus haute parabole choqueroit ſon plan, feroit moindre que celle avec laquelle l'autre Bombe choqueroit le ſien.

232. Corollaire IV. Enfin ſi les angles d'incidence étoient inégaux, & les diſtances des points B, N à l'amplitude inégales auſſi, les ſinus XV, HO feroient différens, & les rayons XN, HB le feroient auſſi, puiſque les paramétres appartenans aux points B, N ne feroient plus égaux; c'eſt pourquoi la viteſſe XV feroit à la viteſſe HO comme le ſinus de l'angle d'incidence XNV par rapport au rayon droit XN eſt au ſinus de l'angle d'incidence HBO par rapport au rayon HB.

Après avoir donc cherché dans les Tables le rayon & le ſinus de l'angle d'incidence XNV, on diroit: comme le rayon eſt à ce ſinus, ainſi XN racine du paramétre appartenant au point N eſt à un quatriéme terme qui feroit la viteſſe XV. De même, après avoir cherché dans les Tables le ſinus de l'angle d'incidence HBO , on diroit : comme le rayon eſt au ſinus, ainſi HB racine du paramétre appartenant au point B eſt à un quatriéme terme qui ſeroit la viteſſe HO.

233. PROPOSITION XXXVIII. *Les enfoncemens des Bombes dans les terres ſur leſquelles elles tombent, ſont entr'eux comme les quarrés des viteſſes acquiſes à la fin de leurs chutes, ou comme les hauteurs des paraboles qu'elles décrivent.* (Fig. 71.)

Soient les deux paraboles ACN, ARH décrites par deux Bombes tirées avec des forces inégales, la hauteur de la premiere eſt CP ou QN , & la hauteur de la ſeconde eſt RE ou TH; ces deux Bombes à la fin de leurs amplitudes N, H frapperoient un plan horizontal avec des viteſſes égales aux racines des hauteurs QN, TH, (*N.* 220.) ſuppoſant donc que la terre ſur laquelle elles tombent ſoit aſſez ferme pour ſoutenir ces Bombes ſi on les y mettoit avec la main, il eſt viſible que ſi elles s'enfoncent en tombant, ce n'eſt que par l'effet des viteſſes acquiſes & nullement par celui de leur peſanteur; il s'agit donc de faire voir que les enfoncemens de ces Bombes ſont comme les quarrés de leurs viteſſes, ou comme leurs hauteurs, & cela ſe démontre ordinairement par une expérience conſtante que l'on fait ainſi :

On prend de l'argile ou de la terre glaiſe qui ait aſſez de conſiſtance pour ſoutenir une boule qu'on y met deſſus. Après quoi, reprenant cette boule & la laiſſant tomber ſucceſſivement de différentes hauteurs, on trouve toujours que les enfoncemens qu'elle a faits dans l'argile ſont entr'eux dans la raiſon des hauteurs. Or, pour rendre raiſon de ceci, il faut conſidérer que la terre eſt compoſée d'une infinité de couches les unes ſur les autres, leſquelles par leur réſiſtance détruiſent peu à peu les forces de la boule, & quoique chaque lame réſiſte davantage & ôte plus de viteſſe à la Bombe qui tombe de moins haut en N; cependant comme celle qui tombe en H va plus vîte, & qu'elle rencontre plus de lames dans un même tems, il ſe fait une compenſation, de façon que dans des tems égaux les deux Bombes perdent des degrés égaux de viteſſe. Il arrive donc ici la même choſe qu'il arrive à deux corps qui après être deſcendus vers le centre de la terre de deux hauteurs inégales remontent avec leurs viteſſes acquiſes, & perdent dans des tems égaux des degrés égaux de cette viteſſe; or les eſpaces que ces corps ſe trouvent avoir parcouru lorſque leurs viteſſes ſont totalement détruites,

ſont

font entr'eux comme les quarrés des viteffes ou comme les hauteurs; donc auffi les enfoncemens des deux Bombes doivent être auffi comme les quarrés des viteffes ou comme les hauteurs.

Il y a cependant une différence; car les deux corps en remontant parcourent des efpaces égaux aux hauteurs dont ils font defcendus, au lieu que les enfoncemens des Bombes ne font pas égaux aux hauteurs de leurs paraboles, mais fimplement proportionnelles à ces hauteurs, & la raifon en eft que les réfiftances des lames de terre qu'elles percent eft beaucoup plus grande à chaque inftant que la réfiftance que la pefanteur leur oppoferoit à chaque inftant, fi elles remontoient avec leurs viteffes acquifes.

DE LA STATIQUE.

Du Centre de Gravité des Corps folides.

234. On dit que deux corps font en *Equilibre*, lorfqu'ils s'empêchent mutuellement de fe mouuoir, ou lorfqu'ils s'entretiennent l'un & l'autre dans le repos; par exemple, fi deux corps A, B, (*Fig.* 72.) font attachés aux extrémités d'un levier AB fufpendu par un point C, & que le corps A empêche le corps B de defcendre vers le centre de la terre, & le corps B empêche le corps A de defcendre, les deux corps feront en équilibre, & il n'y aura point de mouvement. Que fi au lieu de l'un des corps A on met une puiffance qui empêche le corps B de defcendre, & qui ne puiffe pas non plus le faire monter, la puiffance & le poids feront en équilibre.

Le point C autour duquel deux corps A, B font en équilibre, fe nomme *centre d'équilibre.*

235. Dans tous les corps il y a un point nommé *centre de gravité* ou de pefanteur, qui eft tel que fi ce centre eft empêché de defcendre vers le centre de la terre, toutes les parties de ce corps font en équilibre autour de ce centre.

236. Le *centre de grandeur* d'un corps eft un point, par lequel on peut faire paffer un plan qui divife ce corps en deux parties égales. Dans les corps homogenes, c'eft-à-dire dont toutes les parties font d'une même matiere qui n'eft ni plus ni moins condenfe, le centre de grandeur eft le même que le centre de gravité; car alors le poids d'un côté eft égal au poids de l'autre côté.

237. Si une ligne AC, (*Fig.* 73.) tourne autour d'un point B, ce point se nomme *centre de mouvement*, & toute ligne droite MN qui passe par le point B & qui n'est pas dans le plan ou dans la surface que la ligne AC décrit pendant son mouvement, se nomme *Axe de mouvement.*

238. Comme une ligne AC peut tourner autour de son axe de mouvement de différentes façons, nous entendrons toujours dans la suite que cette ligne AC, (*Fig.* 74.) est dabord dans une position horizontale, que son axe de mouvement MN est aussi horizontal & perpendiculaire à AC, que AC tourne autour de cet axe en ne cessant jamais de lui être perpendiculaire, & que par conséquent le plan ARCH que cette ligne décrit est vertical, c'est-à-dire perpendiculaire à l'horizon & à l'axe MN de mouvement. Quand nous voudrons entendre les choses autrement, nous aurons soin de nous expliquer.

239. Lorsque nous parlerons de plusieurs corps attachés à différens points d'un levier qui tournera autour d'un axe de mouvement, nous considererons ce levier comme n'ayant aucune pesanteur, afin de pouvoir considerer les forces de ces corps indépendamment de la pesanteur du levier; mais comme dans la pratique la pesanteur négligée des leviers cause de l'alteration dans le rapport des forces de corps; nous nous réservons à corriger ce défaut, lorsque nous parlerons des machines.

240. Si deux corps attachés aux deux extrêmités d'un levier sont en équilibre autour du centre de mouvement; alors le centre de mouvement & le centre d'équilibre ne sont qu'un même point.

241. Proposition XXXIX. *Les forces de deux ou plusieurs corps* A, B, *&c.* (Fig. 75.) *attachés à différens points d'un levier* AB *qui tourne autour d'un axe* MN *de mouvement, sont entr'elles comme les produits des masses par les parties du levier comprises entre ces corps & l'axe de mouvement, c'est-à-dire la force de* A *est à celle de* B *comme le produit* A × AC *est au produit* B × BC.

Le corps B ne peut se mouvoir autour de MN, & décrire par exemple l'arc BR, que le corps A ne se meuve & décrive l'arc AS; car nous supposons que le levier AB est inflexible. Or, à cause des angles RCB, ACS égaux, les secteurs RCB, ACS sont semblables; donc BR. AS :: BC. AC. Or les arcs BR. AS. sont entr'eux comme les vitesses des deux corps, puisque ces deux arcs sont les espaces parcourus par les deux corps dans le même tems ; donc les vitesses des deux corps sont aussi comme les rayons BC, AC, & par conséquent nous pouvons prendre ces deux rayons pour l'expression des vitesses. Or les forces sont entr'elles comme les quantités de mouvement, ou comme les produits des masses par les vitesses ; donc, les forces de A & B sont entr'elles comme les produits A × AC, B × BC.

242. *Remarque.* Cette Proposition est encore vraye, quand le levier n'est pas perpendiculaire à l'axe de mouvement. Supposons par exemple qu'un levier horizontal AB, (*Fig.* 76.) soit attaché fixement en C à son axe de mouvement MN aussi horizontal, mais oblique à AB, & que cet axe vienne à tourner autour de lui-même, c'est-à-dire autour de ses deux points fixes M, N, à peu près comme une broche tourne autour des chenets qui la soutiennent ; il est clair que le levier AB tournera autour de cet axe en conservant toujours son angle d'obliquité BCN ou ACM ; ainsi menant des points A, B des perpendiculaires AM, BN sur l'axe MN, les poids A, B seront toujours à ces mêmes distances de l'axe pendant leur mouvement, & décriront des circonferences dont les cercles seront perpendiculaires sur MN. Or les vitesses de ces poids seront entr'elles comme les circonferences décrites par ces poids, puisqu'elles seront décrites en même tems ; & par conséquent ces vitesses seront aussi comme les rayons AM, BN qui sont dans la même raison que leurs circonferences. Mais à cause des triangles semblables BNC, AMC, nous avons AM. BN : : AC. BC ; donc les vitesses des poids A, B seront entr'elles aussi comme AC, BC, & par conséquent leurs forces seront comme les produits A × AC, B × BC.

Ce qui fait voir que si nous avons choisi ci-dessus, (*N.* 238.) l'axe de mouvement perpendiculaire au levier, préférablement à tout autre, ce n'a été que pour fixer & aider en même tems l'imagination.

Lorsque deux ou plusieurs corps sont attachés à différens points d'un levier qui tourne autour d'un axe de mouvement, les produits A × AC, B × BC des masses par les bras de levier ou par les parties du levier comprises entre les poids & le centre C de mouvement, se nomment *momens* des corps A, B ; ainsi le *moment* de A est A × AC, le moment de B est B × BC, & ainsi des autres.

243. Probleme. *Deux corps* A *&* B (Fig. 77.) *étant attachés*

*à deux differens point d'un levier, trouver leur centre d'équilibre;
c'est-à-dire le point par où il faudroit suspendre le levier, afin que les
deux corps fuffent en équilibre.*

Je divife la diftance AB des deux corps AC, CB en deux parties qui foient entr'elles réciproquement comme les poids des deux corps, c'eft-à-dire je fais A. B :: BC. AC. Je mets la petite longueur BC du côté du corps B qui eft le plus grand des deux, & la grande AC du côté de l'autre corps A, & le point de divifion C eft le centre d'équilibre demandé.

Car afin que les deux corps foient en équilibre, il faut que le produit des corps par leurs diftances au centre foient égaux, puifqu'il faut que leurs momens ou leurs forces foient égales; or, par la conftruction nous avons A. B :: BC. AC. Donc $A \times AC = B \times BC$. Donc il y a équilibre.

244. PROBLEME. *Un corps* A *étant attaché à l'un des bras* AD *d'un levier dont le centre de mouvement eft en* C (Fig. 77.) *trouver à quel point il faut attacher un autre corps* B, *afin qu'il y ait équilibre.*

Je fais comme le poids B eft au poids A ; ainfi la diftance AC du poids A au centre C eft à un quatriéme terme qui fera la diftance CB à laquelle il faut attacher le poids ; car puifque B. A :: AC. BC ; donc $B \times BC = A \times AC$, & par conféquent les deux corps doivent être en équilibre.

245. PROBLEME. *Deux ou plufieurs corps* A, B, D, *&c.* (Fig. 78,) *étant attachés à un bras* CD *d'un levier* MD *qui tourne autour d'un centre de mouvement* C, *trouver le point où il faudroit les attacher tous, afin qu'ils euffent une force égale à la fomme des forces qu'ils ont chacun en leur place.*

Par la condition du Probleme, la force de la fomme des poids attachés tous enfemble à la diftance du point C qu'on nous demande, fera le produit de la fomme de ces poids multipliée par la diftance demandée, & cette force doit être égale aux trois produits du corps A par fa diftance AC, du corps B par fa diftance BC, & du corps D par fa diftance DC ; car ces trois produits expriment les forces des trois corps (*N.* 241.) nommant donc x la diftance demandée, nous avons $Ax + Bx + Dx = A \times AC + B \times BC + D \times DC$; & divifant de part & d'autre par $A + B + D$, nous aurons $x = \dfrac{A \times AC + B \times BC + D \times DC}{A + B + C}$; d'où l'on tire cette regle générale que,

Pour trouver la distance à laquelle il faut attacher les corps afin qu'ils ayent une force égale à la somme des forces qu'ils ont chacun en leur place, il faut multiplier chaque corps par sa distance au centre du mouvement, & diviser la somme des produits par la somme des corps, ce qui donnera un quotient qui sera la distance demandée.

Soit $A = 1$, $B = 2$, $D = 4$, $AC = 1$, $BC = 2$, $DC = 3$, nous aurons $A \times AC = 1$, $B \times BC = 4$, & $D \times DC = 12$; donc $x = \dfrac{1 + 4 + 12}{1 + 2 + 4} = \dfrac{17}{7} = 2\frac{3}{7}$; prenant donc une longueur CH telle que nous ayons CA. CH :: $1. 2\frac{3}{7}$, la longueur CH sera la distance à laquelle il faut attacher tous les poids, afin qu'ils ayent là une force égale à la somme des forces qu'ils ont chacun en leur place.

246. PROBLEME. *Plusieurs poids* A, B, D, E (Fig. 79.) *étant attachés en differens points d'un levier, touver leur centre d'équilibre.*

Je conçois que le levier tourne autour d'un axe de mouvement mis à son extrêmité C; je cherche la distance CH à laquelle il faudroit attacher tous les corps afin qu'ils eussent la même force sur CB qu'ils en ont étant chacun en leur place (*N.* 245.) & je dis que si l'on suspend le levier par le point H, tous les corps feront en équilibre.

Car quand le corps A est en sa place A, son moment ou sa force est $A \times AC$; & quand il fera en H, son moment ou sa force est $A \times CH$, ou $A \times AC + A \times AH$; donc la force qu'il gagne lorsqu'il est transporté en H, est $A \times AH$. Par la même raison, la force que le corps B transporté en C gagne, est $B \times BH$; ainsi la somme des forces que les corps A, B gagnent quand ils font transportés en H, est $A \times AH + B \times BH$.

De l'autre côté, quand le corps D est en sa place D, son moment ou sa force est $D \times DC$, & quand il est transporté en H, sa force n'est plus que $D \times CH$, ou $D \times DC - D \times HD$; donc la force qu'il perd quand il est en H, est $D \times HD$. Par la même raison, la force que le corps E perd lorsqu'il est en H est $E \times HE$. Ainsi la somme des forces que les deux corps D, E perdent lorsqu'ils font en H, est $D \times HD + E \times EH$.

Or, puisque la force des corps transportés en H est égale à la somme des forces qu'ils avoient chacun en leur place, il faut nécessairement que la somme des forces gagnées par les deux premiers soit égale à la somme des forces perdues par les deux autres; donc $A \times AH + B \times BH = D \times DH + E \times EH$.

Si nous concevons donc que le levier foit fufpendu en H ; c’eft-à-dire que fon centre de mouvement foit le point H, la force du corps A fur le bras AH fera A×AH, & celle du corps B fera B×BH, de même la force du corps D fur le bras EH fera D×DH, & celle du corps E fera E×EH; mais nous venons de trouver que la fomme des deux premieres forces eft égale à celle des deux fecondes. Donc les quatre corps feront en équilibre autour du point H.

247. PROBLEME. *Deux ou plufieurs corps* A, B (Fig. 80.) *étant attachés à differens points d’un bras* CB *d’un levier* MB *qui tourne autour d’un centre* C *de mouvement, trouver à quelle diftance de* C *il faut attacher un autre corps* D *fur l’autre bras* CM, *afin qu’il y ait équilibre.*

Par la condition du Probleme, il faut que la force du corps D foit égale à la fomme des forces des deux corps. Donc le corps D multiplié par la diftance cherchée doit être égal au produit de A par AC, plus le produit de B par BC. Ainfi nommant x la diftance cherchée, nous aurons $D \times x = A \times AC + B \times BC$; & divifant de part & d’autre par D, nous aurons $x = \dfrac{A \times AC + B \times BC}{D}$,

c’eft-à-dire que fi l’on divife la fomme des momens de A & de B par le poids D, le quotient fera la diftance cherchée.

Soit A = 1, B = 2, D = 4, AC = 1, BC = 2, nous aurons A×AC = 1, B×BC = 4, & partant $x = \dfrac{1 + 4}{4} = \frac{5}{4}$; prenant donc fur le bras MC une longueur MD telle qu’on ait 1 . $\frac{5}{4}$ :: CA. CD. le point D fera le point où il faudra attacher le poids D.

248. PROBLEME. *Deux ou plufieurs corps* A, B, (Fig. 80.) *étant attachés à differens points d’un bras* CB *d’un levier* MB *qui tourne autour d’un centre* C *de mouvement, trouver le poids qu’il faudroit mettre à un point* D *de l’autre bras* CM, *afin qu’il y eut équilibre.*

Je nomme x le poids qu’on demande, & par conféquent pour faire équilibre, nous aurons $x \times CD = A \times AC + B \times BC$; donc en divifant de part & d’autre par CD, nous aurons $x = \dfrac{A \times AC + B \times BC}{CD}$,

c’eft-à-dire que fi l’on divife la fomme des momens de A & de B par la diftance donnée CD, le quotient fera la valeur du poids demandé.

Soit A$=1$, B$=2$, AC$=1$, BC$=2$, CD$=\frac{5}{4}$; donc A$\times$AC $=1$, & B$\times$BC$=4$; ainsi $x=\dfrac{1+4}{\frac{5}{4}}=\dfrac{4+16}{5}=\dfrac{20}{5}=4$, & par conséquent le poids demandé D doit être $=4$.

249. PROPOSITION XL. *Soit un levier horizontal* MD (Fig. 81.) *auquel est attaché fixement un autre levier horizontal* SR *qui le traverse & aux extrêmités duquel font deux poids* S R, *dont le centre d'équilibre fur* SR *est le point* H *où les deux leviers fe coupent. Je dis que fi le levier* MD *tourne autour d'un axe de mouvement* C *en entraînant avec lui le levier* SR, *la fomme des momens ou des forces des poids* S, R *fur le bras* CD *du levier* MD *fera égale au moment ou à la force que ces deux poids auroient fur le même bras, s'ils étoient attachés au point* H *qui est leur centre d'équilibre fur le levier* SR.

Des points S, R je mene les droites SL, RO paralelles au levier MD, & les droites ST, RV paralelles à l'axe OL de mouvement.

Les corps S, R en tournant autour de LO décriront des circonferences dont les rayons font les perpendiculaires SL, RO; ainfi les viteffes de ces corps feront comme ces circonferences ou comme leurs rayons SL, RO; or SL$=$CT à caufe des paralelles, & OR$=$CV. Donc les viteffes des deux corps feront entr'elles comme les droites CT, CV, & par conféquent leurs forces ou momens fur les bras CD feront entr'eux comme les produits S$\times$CT, R$\times$CV, c'eft-à-dire qu'ils peferont autant fur ce bras, que s'ils étoient mis en T & en V.

Or à caufe que les poids S, R font en équilibre autour du point H, nous avons RH. SH :: S. R; & à caufe des triangles femblables HRV, HST, nous avons HR. HS :: HV. TH; donc HV. TH :: S. R, & par conféquent S$\times$TH$=$R$\times$HV. Mais S$\times$TH eft la quantité de force que le corps S mis en T gagneroit s'il étoit tranfporté en H; car alors fon moment fur le bras CD feroit S$\times$CH$=$S$\times$CT$+$S$\times$TH, & R$\times$HV eft la quantité de force que le corps R mis en V perdroit s'il étoit tranfporté en H, puifqu'alors fon moment fur le bras CD feroit R$\times$CH$=$R$\times$VC$-$R$\times$HV; donc le gain de force d'un côté étant égal à la perte de l'autre, les deux corps mis en H doivent avoir autant de force fur CD qu'ils en auroient s'ils étoient en T & en V, mais ils en auroient autant en T & en V qu'ils en ont en S & en R; donc les deux corps mis en H ont autant de force fur le bras CD, qu'ils en ont en S & en R.

250. *Remarque.* Cette Propofition eft encore véritable lorf-que l'axe de mouvement LO (*Fig.* 82.) n'eft pas perpendiculaire fur le levier MD. Car alors les poids, S, R décriroient autour de LO des circonferences dont les rayons feroient les perpen-diculaires PS, RQ differentes des droites SL, RO paralelles au levier MD; cependant à caufe des triangles femblables SPL, RQO, nous aurions SP. RQ :: SL. RO, & par conféquent les viteffes des deux corps qui feroient entr'elles comme les rayons SP, RQ de leurs circonferences feroient auffi comme les paralelles LS, RO, ou comme les droites CT, CV, & leur moment ou force fur le bras CD feroient encore comme S×CT, R×CV, c'eft-à-dire qu'ils feroient le même effort fur CD que s'ils étoient en T & en V. Après quoi on prouveroit comme auparavant que les poids tranfportés en H auroient la même force que s'ils étoient en T & V, ou en S & R.

251. *Probleme. Plufieurs corps* A, B, C, D (Fig. 83.) *étant fur un plan horizontal, trouver leur centre d'équilibre commun.*

Je mene la ligne AB que je confidere comme un levier au-quel font attachés les deux poids A, B; je cherche fur ce levier le centre d'équilibre E de ces deux corps; je mene du point E au poids C la droite EC que je confidere comme un levier au-quel feroit attaché en E les deux poids A & B, & en C le poids C; je cherche fur le levier EC le centre d'équilibre H des deux poids A, B mis enfemble en E, & du poids C mis en C; du point H je mene au poids D la droite HD que je regarde comme un levier auquel les trois poids A, B, C feroient attachés en H, & le poids D en D, & cherchant fur ce levier le centre d'équi-libre L de trois poids A, B, C mis en H, & du poids D mis en D, je dis que le point L eft le centre d'équilibre de tous les corps mis chacun en leur place.

Car fi nous fuppofons que les trois leviers AB, EC, HD foient attachés fixement aux points E, H, les deux corps A, B étant en équilibre autour du point E, peferont autant fur le bras EH du levier EC que s'ils étoient tranfportés tous les deux en E (*N.* 249.) de même les deux poids A, B tranfportés enfemble en E fur le levier EC font en équilibre autour du point H avec le poids C; donc les deux poids A, B mis au point E, & le poids C mis en C pefent autant fur le bras HL du levier HD que s'ils étoient tous les trois mis en H; or par la conftruction les trois poids mis en H & le poids D mis en D font en équilibre

autour

autour du point L; donc si on remet tous les poids chacun en leur place, ils seront encore en équilibre autour du point L, puisqu'ils ne peseroient ni plus ni moins sur le bras HL.

252. **Proposition XLI.** *Si plusieurs corps* A, B, C, D, (Fig. 84.) *mis sur un plan horizontal tournent autour d'un axe de mouvement* MN *aussi horizontal, en conservant toujours leurs distances* AM, BR, CP, DN *à cet axe. Je dis que la somme de leurs momens ou de leurs forces est égale à la force qu'ils auroient s'ils étoient tous transportés à leur centre d'equilibre commun* L, *& qu'ils tournaffent autour de l'axe* MN, *en conservant toujours la distance* LX *de ce centre à l'axe de mouvement.*

Je mene la droite AB, & cherchant sur cette ligne considerée comme un levier le centre E d'équilibre des corps A, B, je mene du point E la droite ES perpendiculaire à l'axe de mouvement, & des points A, B les droites AT, BV perpendiculaires sur ES prolongé en V; les corps A, B en tournant autour de MN décrivent des circonferences dont les rayons font AM, BR; ainsi leurs vitesses font comme les rayons ou leviers AM, BR; mais $AM = TS$ à cause des paralelles, & $BR = SV$; donc les vitesses des corps A, B font comme les droites TS, SV, & par conséquent leurs momens font comme $A \times TS$, $B \times VS$; c'est-à-dire que leurs momens font les mêmes que s'ils étoient mis en T & V. Or, à cause que les corps A, B font en équilibre autour du point E, nous avons B. A :: AE. EB, (*N.* 243.) & à cause des triangles femblables AET, EBV, nous avons AE, EB :: TE. EV; & partant, B. A :: TE. EV, ce qui donne $A \times TE = B \times EV$; mais $A \times TE$ est le moment ou la force que le corps A mis en T gagneroit si on le mettoit en E; car alors fon moment feroit $A \times SE = A \times TS + A \times TE$, & $B \times EV$ est le moment ou la force que le corps B mis en V perdroit s'il étoit tranfporté en E, car alors fon moment feroit $B \times ES = B \times VS - B \times EV$. Donc, puifque les corps mis en T & V auroient les mêmes forces qu'en A & en B, & qu'en les tranfportant tous les deux en E, le gain de force de l'un feroit égal à la perte de l'autre, il est clair que ces deux corps mis en E auroient autant de force que s'ils étoient en leur place A & B; & que par conféquent on aura $A \times ES + B \times ES = A \times AM + B \times BR$.

Concevant donc que ces deux corps A & B foient mis en E, je mene la droite EC, & cherchant fur ce levier le centre d'équilibre H des deux corps A & B mis en E, & du corps C je prouverai comme ci-deſſus que les forces de ces trois corps en tournant autour de MN ſont égales à la force qu'ils auroient s'ils étoient mis enſemble au point H.

Et menant du point H la droite HD, puis cherchant ſur ce levier le centre d'équilibre L des trois corps A, B, C mis en H, & du corps D, je prouverai encore que les quatre corps mis en L auront autant de force en tournant autour de MN que les trois corps A, B, C mis en H & le corps D en D; or les trois corps A, B, C mis en H ont la même force que ſi les deux A, B étoient en E, & le corps C en C, comme on vient de voir, & les deux A, B en ont autant en E que s'ils étoient en A & B; donc les quatre corps mis en L en ont autant que s'ils étoient en leurs places.

253. COROLLAIRE. De-là il ſuit que ſi l'on multiplie les quatre corps A, B, C, D chacun par ſa diſtance AM, BR, CP, DN, la ſomme des produits ſera égale à la ſomme des quatre corps multipliée par la diſtance LX du centre de gravité; c'eſt-à-dire, qu'on aura $A \times AM + B \times BR + C \times CP + D \times DN = A \times LX + B \times LX + C \times LX + D \times LX$.

Application des Principes précédens à la Géométrie.

254. Ce que nous venons de dire touchant l'équilibre des corps, a donné occaſion au Pere Guldin Jéſuite d'inventer une Méthode génerale & fort commode pour trouver la ſolidité de tous les corps qui ſont formés par la circonvolution d'un plan autour d'un axe de mouvement, & la meſure de leurs ſurfaces; & de-là on tire auſſi la maniere de meſurer les Priſmes tronqués par des plans inclinés à leurs baſes, de quelque figure que ſoient ces baſes, & de trouver la valeur de leurs ſurfaces. C'eſt ce que nous allons voir dans les Propoſitions ſuivantes.

255. PROPOSITION XLII. *Si une ligne* AB (Fig. 85, 86, 87, 88.) *tourne autour d'un axe* MN *de mouvement, dans quelque poſition qu'elle ſoit, pourvû qu'elle ſoit horizontale & l'axe auſſi, ou que l'un & l'autre ſoient dans un même plan, lequel on pourra toujours conſiderer comme horizontal, je dis que le plan ou la ſurface que cette ligne décrira en faiſant une circonvolution entiere, eſt égale au produit de la ligne* AB *multipliée par la circonference que décrit ſon centre de gravité* C.

Concevons que la ligne AB ſoit un levier chargé dans tous ſes points de poids tous égaux, il est clair que le centre d'équilibre de ces points sera sur le milieu C de la ligne, puisqu'il n'y en aura pas plus d'un côté que de l'autre; or tous ces poids en tournant autour de l'axe de mouvement MN, décriront des circonferences dont les rayons seront les perpendiculaires tirées de chacun des poids sur MN; ainsi les vitesses de ces poids seront entr'elles comme les circonferences décrites, & leurs momens ou forces seront les produits des poids par leur vitesse ou par les circonferences qu'ils décrivent; mais la somme de ces momens ou produits est égale au moment que tous les corps auroient s'ils étoient transportés en C & qu'ils tournassent autour de MN, comme on a vû ci-dessus, auquel cas ce moment n'est autre chose que le produit de la somme des poids multipliée par la vitesse commune, c'est à-dire par la circonference décrite par le point C; donc la somme des produits des poids multipliés chacun par la circonference qu'il décrit en sa place, est égale au produit de la somme des poids multipliée par la circonference qu'ils décriroient s'ils étoient mis chacun en C.

Or les points qui composent la ligne AB sont entr'eux comme les poids, puisqu'ils sont tous égaux; donc la somme des produits de ces points par les circonferences qu'ils décrivent, ce qui n'est autre chose que la somme de ces circonferences, est égale à la somme des points multipliée par la circonference que le point C décrit, ce qui n'est autre chose que la ligne AB multipliée par la circonference que le point C décrit, puisque la somme des points de la ligne AB est la même chose que la ligne AB; mais la somme des circonferences décrites par tous les points chacun en sa place, est le plan ou la surface AB décrite autour de MN; donc ce plan ou cette surface est égal au produit de la ligne AB multipliée par la circonference que son centre de gravité C décrit.

256. *REMARQUE.* Ceci s'accorde fort bien avec ce que la Géométrie nous enseigne. Car si la ligne AB est perpendiculaire sur l'axe de mouvement MN, (*Fig.* 85.) elle décrit un cercle, & nous sçavons qu'un cercle est égal à la circonference que décrit son rayon AB multipliée par la moitié du rayon, ou à la circonference que décrit la moitié AC de son rayon multipliée par le rayon AB. Si AB est oblique sur MN & le coupe en A, (*Fig.* 86.) elle décrit la surface d'un cône, & nous sçavons que cette surface est égale au côté AB du cône multiplié par la cir-

conference moyenne décrite par la droite CX ; fi AB eft oblique à AM fans le couper, (*Fig.* 87.) elle décrira la furface d'un cône tronqué, & nous fçavons que cette furface eft égale au côté AB du cône tronqué multiplié par la circonference décrite par le rayon moyen CX ; enfin, fi AB eft paralelle à MN, elle décrit la furface d'un cylindre, & nous fçavons que cette furface eft égale à la hauteur AB du cylindre multipliée par la circonference du rayon BN ou fon égal CX.

257. Proposition XLIII. *Si plufieurs lignes* AB, BC, CD, (Fig. 89.) *tournent autour d'un axe de mouvement* MN, *je dis que la furface qu'elles décriront en faifant une circonvolution entiere eft égale au produit de la fomme des lignes multipliée par la circonference que leur centre de gravité décrira autour de l'axe de mouvement.*

Concevons que les lignes AB, BC, CD foient trois leviers chargés de poids égaux dans tous leurs points. Il eft clair que le centre d'équilibre des poids qui font fur le levier AB, fera fur le point de milieu H, & que par conféquent la fomme des forces de tous ces poids en tournant autour de MN fera égale à la force qu'ils auroient s'ils étoient tous tranfportés en H & qu'ils tournaffent autour de MN. Par la même raifon, la fomme des forces des poids qui font fur le levier BC fera égale à la force qu'ils auroient s'ils étoient tranfportés à leur centre E d'équilibre fur ce levier, & la fomme des forces des poids qui font fur le levier CD fera égale à la force qu'ils auroient s'ils étoient tranfportés à leur centre F d'équilibre fur ce levier. Concevant donc que tous les poids qui font fur le levier AB foient tranfportés en H, & ceux qui font fur le levier BC foient tranfportés en E, & menant la ligne HE, la force de ces poids mis les uns en H & les autres en E, fera égale à celle qu'ils auroient s'ils étoient tous tranfportés à leur centre d'équilibre R fur le levier HE, & par un femblable raifonnement on trouvera que tous les poids des leviers AB, BC étant tranfportés en R, & tous les poids du levier CD étant tranfportés à leur centre F d'équilibre fur ce levier, la fomme des forces des poids mis en R & en F fera égale à celle que tous les poids auroient s'ils étoient tranfportés au point P qui eft leur centre d'équilibre commun ; ainfi tous les poids tranfportés en leurs premieres places auroient autant de force en tournant autour de MN que fi on les tranfportoit tous en P, & qu'on les fît tourner autour de MN.

Mais la fomme des forces des corps mis en leur place eft la

fomme des produits de chaque corps par fa viteffe ou par la circonference qu'il décrit, & la force des poids tranfportés en P eft la fomme des produits de tous les poids multipliés par la circonference que décrit le centre commun d'équilibre P ; donc la fomme des produits des poids par les circonferences qu'ils décrivent chacun en leur place eft égale à la fomme des poids multipliée par la circonference que décrit le centre d'équilibre commun P autour de l'axe de mouvement MN.

Or les points qui compofent les trois lignes AB, BC, CD, font entr'eux comme les poids, puifqu'ils font tous égaux entr'eux ; donc la fomme des produits de ces points par les circonferences qu'ils décrivent chacun en fa place, ce qui n'eft autre chofe que la fomme même des circonferences, eft égale à la fomme des points, c'eft-à-dire aux trois lignes AB, BC, CD, multipliées par la circonference que décrit le centre de gravité commun P.

258. COROLLAIRE. Il fuit de-là que fi un plan ABCD tourne autour de l'un de fes côtés AD & fait une révolution entiere, on connoîtra la furface du folide qu'il décrira en multipliant les trois lignes AB, BC, CD par la circonference que leur centre de gravité P décrit autour de AD.

Et fi un plan ABCD, (*Fig. 90.*) tourne autour d'un axe MN qui n'eft aucun des côtés de la Figure, on connoîtra la furface du folide décrit par la circonvolution entiere en multipliant les quatre lignes AB, BC, CD, AD par la circonference que décrit leur centre de gravité autour de MN.

La difference qui fe trouve entre la Figure 89 & la Figure 90, c'eft que dans la premiere le côté AD étant l'axe de mouvement ne décrit aucune furface, & que par conféquent la furface du folide décrit par la circonvolution de la Figure, n'eft compofée que des trois furfaces que décrivent les trois autres lignes, au lieu que dans la Figure 90 toutes les quatre lignes AB, BC, CD, AD décrivent des furfaces qui appartiennent au folide, lequel fe trouve avoir un vuide dans le milieu.

259. PROPOSITION XLIV. *Si un Plan* ABCD (Fig. 91.) *tourne autour d'un axe de mouvement* MN, *le folide produit par une circonvolution entiere eft égal au produit de ce plan multiplié par la circonference que fon centre de gravité décrit autour de l'axe de mouvement.*

Le plan ABCD n'eft autre chofe que la fomme de fes élémens

BC, RS, &c. concevant donc que chacun de ces élémens ou ligne BC, RS, &c. soit un levier chargé de poids égaux dans toutes ses parties, la force des poids du levier BC en tournant autour de MN sera égale à la force qu'ils auroient s'ils étoient tous transportés à leur centre d'équilibre H sur ce levier; ainsi la somme des poids multipliés par la circonference que H décrit autour de MN sera égale à la somme des poids multipliés chacun par la circonference qu'ils décrivent chacun à leur place, & à cause que les points de la ligne BC sont entr'eux comme les poids, nous trouverons que la somme des points multipliés par la circonference que décrit le point H, c'est-à-dire la ligne BC multipliée par cette circonference est égale à la somme des mêmes points multipliés par les circonferences qu'ils décrivent chacun en leur place, c'est-à-dire à la somme des circonferences, & par conséquent à la surface que la ligne BC décrit en tournant autour de MN.

Par la même raison, la somme des forces des poids qui sont sur la ligne RS sera égale à la force qu'ils auroient s'ils étoient mis à leur centre d'équilibre L sur cette ligne, & la ligne RS multipliée par la circonference que le point L décrit autour de MN sera égale à la surface composée de toutes les circonferences que ses points décriront, c'est-à-dire à la surface que la ligne RS décrira en tournant autour de MN, & ainsi des autres.

Supposant donc que tous les poids qui sont sur BC ne fussent qu'un seul poids mis en H, que tous ceux qui sont sur RS ne fussent qu'un seul poids mis en L, & ainsi de suite, tous les poids H, L, F, &c. seront entr'eux comme les lignes BC, RS, PQ, &c. puisque la somme des poids mis en H sera égale à la somme des poids de la ligne BC, de même que la ligne BC est égale à la somme de ses points, que le poids mis en L sera égal à la somme des poids de la ligne RS, de même que la ligne RS est égale à la somme de ses points, & ainsi de suite.

Or les poids mis en H, L, F, &c. auront un centre d'équilibre que je suppose être le point X; ainsi la somme des poids H, L, F, &c. multipliée par la circonference que le point X décrit autour de MN sera égale à la somme des produits des mêmes poids par les circonferences qu'ils décrivent en leurs places H, L, F, &c. ainsi à cause que les lignes BC, RS, PQ, &c. sont en même raison que les poids H, L, F, &c. la somme de ces lignes multipliée par la circonference que le point X décrit sera

égale à la fomme des mêmes lignes multipliées par les circonférences que les points H, L, F, &c. décrivent. Or, la fomme
des lignes n'eft autre chofe que le plan ABCD, & la fomme des
lignes multipliées par les circonférences que les points H, L, F,
&c. décrivent, n'eft autre chofe que la fomme des furfaces que
ces lignes décrivent autour de MN ; donc le plan ABCD multiplié par la circonférence que décrit le point X eft égal à la fomme des furfaces décrites par fes élemens , c'eft-à-dire au folide
que le plan ABCD décrit en tournant autour de MN.

260. COROLLAIRE. Si le plan ABCD ne faifoit que la moitié,
le tiers ou le quart, &c. de fa circonvolution, le folide décrit ne feroit que la moitié, le tiers ou le quart du produit du plan ABCD
multiplié par la circonférence que X décriroit dans une circonvolution entiere. Car les poids mis fur tous les points des lignes
BC, RS, &c. ne décriroient que la moitié le tiers ou le quart
de leurs circonférences, de même que leurs centres d'équilibre
H, L, F, &c. fur ces lignes ; de façon que tous les poids de la
ligne BC multipliés par la moitié, le tiers ou le quart de leurs
circonférences feroient égaux à la fomme des poids mis au centre H d'équilibre multipliée par la moitié, le tiers ou le quart de
la circonférence que le point H décriroit, & par conféquent la
ligne BC multipliée par la moitié, le tiers ou le quart de la circonférence décrite par H feroit égale à la fomme des produits
de fes points multipliés par la moitié, le tiers ou le quart de leurs
circonférences, c'eft-à-dire à la moitié, au tiers ou au quart de
la fomme des circonférences ou de la furface que la ligne BC
décriroit, & la même chofe arriveroit à l'égard des autres lignes,
d'où il eft aifé de conclure que la fomme des lignes, c'eft-à-dire
le plan ABCD multiplié par la moitié, le tiers ou le quart de la
circonférence que leur centre commun de gravité X décriroit
autour de MN feroit égale à la fomme des produits des mêmes
lignes multipliées chacune par la moitié, le tiers ou le quart des
circonférences que leurs centres particuliers de gravité H, L, F,
&c. décriroient.

261. COROLLAIRE II. Il fuit de-là que fi l'on connoît la valeur
d'un plan ABCD qui tourne autour d'un axe de mouvement
MN, & la diftance de fon centre de gravité X à l'axe de mouvement, on connoîtra toujours non-feulement le folide que ce plan
décrit pendant une circonvolution entiere , mais encore celui
qu'il décrit pendant la moitié, le tiers, le quart, &c. de fa cir-

convolution ; car la diſtance du point X à l'axe MN étant conꞋ
nue , on peut aiſément connoître la circonférence que ce point
décrit.

262. PROPOSITION XLV. *Si un ſolide* ABCDEF (Fig. 92.) *eſt
décrit par la circonvolution d'un plan* ABCD *autour d'un axe de mouvement* MN , *on peut toujours trouver un Priſme tronqué dont la baſe
ſoit égale & ſemblable au plan* ABCD , & *qui ſoit égal au plan*
ABCDEF.

Je prens une baſe *abcd* égale & ſemblable au plan ABCD ;
ainſi ſi cette baſe tournoit autour de la ligne *mn* ſemblablement
poſée à l'égard de ce plan comme MN l'eſt à l'égard du plan
ABCD , elle décriroit un ſolide égal & ſemblable au ſolide
ABCDEF ; & menant dans la baſe *abcd* les élemens *ba*, *gf*, *hi*,
&c. perpendiculaires ſur *mn*, j'obſerve que ceux de ces élemens
qui iroient aboutir à la droite *mn* décriroient des cercles en tournant autour de cette ligne, que ceux tels que *pq* qui n'abouti-
roient pas ſur *mn* décriroient des couronnes , car prolongeant *pq*
en *r*, la droite *pr* décriroit un cercle duquel il faudroit retrancher le cercle décrit par la partie *qr* extérieure, ce qui donneroit
la couronne décrite par *pq*,& ainſi des autres ; & qu'enfin le ſolide
décrit par la circonvolution du plan *abcd* ſeroit égal à la ſomme
des cercles & des couronnes, que les élemens de ce plan décriroient autour de *mn*.

Maintenant je laiſſe le plan *abcd* immobile dans ſa poſition horizontale, & ſur l'élement *ba*, j'éleve perpendiculairement au
plan un triangle rectangle *ab*P dont la baſe eſt l'élement *ba*, & la
hauteur *b*P eſt égale à la circonférence que l'élement *ba* décriroit
en tournant autour de *mn*. Ainſi le triangle *ab*P eſt égal au cercle
que l'élement *ba* décriroit ; car on ſçait qu'un triangle rectangle,
dont l'un des deux côtés perpendiculaires eſt égal au rayon d'un
cercle, & l'autre eſt égal à la circonférence , on ſçait, dis-je,
qu'un tel triangle eſt égal au cercle. Je fais la même choſe ſur
ef, *hi*, &c. qui aboutiſſent à la ligne *mn*, & par conſéquent j'ai
autant de triangles rectangles que ces élemens décrivent des
cercles, & chaque triangle eſt égal au cercle correſpondant.

Quant aux élemens tels que *pq* qui n'aboutiſſent point ſur *mn* ,
je les prolonge juſqu'à ce qu'ils coupent *mn*. Je conſtruis ſur *pr*
un triangle rectangle *prt* ayant pour baſe *pr*, & pour hauteur la
circonférence que *rp* décriroit autour de *mn*, & ſur la partie extérieure *qr* un triangle rectangle *qrſ* ayant pour baſe *qr*, & pour

hauteur

hauteur la circonférence que *qr* décriroit autour de *mn*. Ainfi les triangles *ptr*, *qrs* étant femblables à caufe que leurs bafes font à leurs hauteurs comme le rayon du cercle eft à la circonférence, l'hypothenufe *fr* du triangle *qfr* fera partie de l'hypothenufe *tr* du triangle *tpr* ; & par conféquent du triangle *tpr* égal au cercle que *pr* décriroit, retranchant le triangle *qfr* égal au cercle que *qr* décriroit, le trapezoïde reftant *ptfq* eft égal à la couronne que *pq* décriroit autour de *mn*, & faifant la même chofe à l'égard des autres élemens tels que *pq* ; j'aurai autant de trapezoïdes que ces élemens décriroient de couronnes, & chaque trapezoïdes fera égal à chaque couronne.

Puis donc que le folide décrit par la circonvolution de ABCD autour de MN, n'eft autre chofe que la fomme des cercles & des couronnes que fes élemens décrivent autour de MN, & que la fomme des triangles rectangles, & des trapezoïdes faits fur les élemens de *abcd* ou ABCD eft égale à la fomme des cercles & des couronnes ; il s'enfuit que le folide formé par les cercles & les couronnes eft égal au folide formé par les triangles & les trapezoïdes ; mais le folide formé par les triangles & les trapezoïdes eft un prifme tronqué dont la bafe eft égale au plan ABCD ; car les hauteurs des triangles & des trapezoïdes étant perpendiculaires autour du circuit *abcd*, forment une furface prifmatique, & les hypothenufes P*a*, *og*, &c. des triangles rectangles jointes aux parties d'hypothenufes *tf* des trapezoïdes étant également inclinées fur la bafe *abcd*, à caufe que tous les triangles font femblables, forment un plan qui tronque obliquement la furface prifmatique. Donc le folide décrit par la circonvolution du plan autour de MN eft égal à un prifme fait fur la bafe *abcd*.

Si le plan ABCD (*Fig. 93.*) tournoit autour d'un axe MN éloigné de fa bafe, alors tous les élemens *fc*,*hd*,&c. du plan *abcd* décriroient en tournant autour de *mn* des couronnes,& mettant au lieu des couronnes des trapezoïdes égaux à ces couronnes, & perpendiculaires aux élemens, on auroit un prifme tronqué *abcdrgpn* égal au folide décrit par la circonvolution du plan *abcd* autour de *mn*, mais dont le plan incliné tronqueroit obliquement tous les côtés du prifme, & ne pafferoit point par l'extrêmité de la bafe comme le précédent.

263. PROPOSITION XLVI. *Tout prifme droit tronqué par un plan incliné eft ou égal au folide que fa bafe décriroit en tournant autour de la ligne par laquelle le plan incliné coupe la bafe prolongée s'il le faut, ou il eft moindre ou il eft plus grand.*

Tome II.   T

Soit le prisme ABCDQP (*Fig. 94.*) tronqué par le plan PQDA qui passe par le côté AD de sa base ABCD. Je mene dans sa base les élemens BA, *fg*, &c. perpendiculaires sur le côté AD, autour duquel je conçois que la base ABCD tourne. Ainsi tous les élemens de cette base décriront des cercles & des couronnes, s'il s'en trouve quelques-uns qui n'aboutissent pas à l'axe de mouvement *mn* ; mettant donc au lieu des cercles & des couronnes des triangles rectangles, & des trapezoïdes égaux aux cercles & aux couronnes, j'aurai un prisme tronqué par un plan oblique qui passera par *mn*. Or, si ce plan formé par les hypothenuses & parties d'hypothenuses est autant incliné sur la base ABCD que le plan PADQ, ces deux plans n'en feront qu'un, & le prisme formé par les triangles & les trapezoïdes sera égal au prisme ABCDQP. Mais si ce plan est plus incliné que le plan PADQ, tel qu'est le plan RADS, le prisme ABCDSR formé par les triangles & les trapezoïdes, sera moindre que le prisme ABCDQP, ce qui est évident, & si ce plan est moins incliné que le plan ADQP, il est encore clair que le prisme formé par les triangles & les trapezoïdes, sera plus grand que le prisme ABCDQP.

Et l'on doit dire la même chose si le plan incliné PQHV (*Fig. 95.*) du prisme tronqué ABCDVQPH coupoit la base prolongée en une ligne MN, ce qui n'a pas besoin de démonstration.

264. PROPOSITION XLVII. *Tout prisme droit tronqué par un plan oblique à l'horizon est égal au produit de sa base multipliée par la perpendiculaire élevée sur le centre de gravité de cette base, & comprise entre la base & le plan tronquant.*

Soit le prisme ABCDQP (*Fig. 96.*) tronqué par un plan incliné PQDA qui passe par le côté AD de sa base, & dont je suppose que le centre de gravité de la base ABCD soit le point X. Si ce prisme est égal au solide que sa base décriroit en tournant autour de AC, tous les triangles & les trapezoïdes élevés perpendiculairement sur les élemens de sa base perpendiculaire à AD seront égaux chacun à chacun aux cercles & couronnes que ces élemens décriroient en tournant autour de AD, & toutes les hauteurs de ces triangles feront égales aux circonférences des cercles & des couronnes chacune à chacune, & le triangle rectangle ZXO élevé perpendiculairement sur la distance XO du centre de gravité à l'axe AD étant semblable aux autres triangles, sera aussi égal au cercle que XO décriroit, & sa hauteur XZ égale à la circonférence de ce cercle ; or, le solide décrit par la circonvolution de la bafe, c'eft-à-dire la fomme des cercles & des couronnes décrites par les élemens de la bafe feroit égale à la bafe multipliée par la circonférence de XO, c'eft-à-dire par la circonférence que le centre X décriroit ; donc la fomme des triangles & des trapezoïdes, c'eft-à-dire le prifme doit être auffi égal à la même bafe multipliée par la droite XZ égale à la circonférence que X décriroit, c'eft-à-dire par la perpendiculaire élevée fur le centre de gravité X & comprife entre la bafe & le plan incliné.

Si le prifme ABCDQP eft moindre que le folide que fa bafe décriroit en tournant autour de AD, il ne fera pas moins vrai que tous les triangles PAB, *ofg*, &c. dont il eft compofé, feront femblables à caufe que le plan incliné fait partout un même angle avec la bafe ; ainfi l'on auroit PB. BA :: *of*. *fg* ; c'eft-à-dire que fi la hauteur PB de l'un n'eft, par exemple, que la moitié de la circonférence que fa bafe BA décriroit, la hauteur *of* de l'autre n'eft auffi que la moitié de la circonférence que fa bafe *fg* décriroit, & ainfi des autres ; d'où il fuit que tous les triangles rectangles qu'on feroit fur les mêmes bafes BA, *gf* égaux aux cercles que ces bafes décriroient, auroient les hauteurs doubles des hauteurs BP, *of*, &c. & feroient par conféquent doubles des triangles BPA, *ofg* dont le prifme eft compofé en parties.

Quant aux trapezoïdes que le prifme comprend, tels que le trapezoïde *fnrt*, il eft clair que ce trapezoïde n'étant autre chofe que le triangle *nfu*, moins le triangle *rtu* ne doit être auffi que la moitié de la couronne que l'élement *ft* décriroit en tournant autour de AD, car le triangle *nfu* n'ayant que la moitié de la hauteur de celui qui feroit fait fur la même bafe *fu*, & qui feroit égal au cercle que *fu* décriroit autour de AD, n'eft auffi que la moitié de ce cercle, & par la même raifon le triangle *rtu* n'eft que la moitié de celui qui feroit fait fur la même bafe *tu*, & qui feroit égal au cercle que *tu* décriroit ; ainfi le trapezoïde *nrts*, c'eft-à-dire le triangle *nfu* moins le triangle *rtu* ne doit être que la moitié du trapezoïde qu'on auroit en retranchant du triangle égal au cercle de *fu*, le triangle égal au cercle de *tu* ; enfin dans le triangle XZO fait fur la diftance XO du centre X de gravité à l'axe AD de mouvement, la hauteur XZ n'eft auffi que la moitié de la circonférence que XO décriroit.

Puis donc que tous les triangles & les trapezoïdes du prifme ABCDPQ ne font que les moitiés des cercles & des couronnes

qui compoſeroient le ſolide formé par la circonvolution de la
baſe, ſelon la ſuppoſition que nous avons faite; il s'enſuit que le
priſme ne doit être que la moitié de ce ſolide; or, le ſolide fait
par la circonvolution de la baſe eſt égal au produit de la baſe par
la circonférence que X décriroit; donc notre priſme doit être
égal au produit de la baſe par la moitié de cette circonférence,
& par conséquent par la perpendiculaire XZ élevée ſur le centre de gravité, & compriſe entre la baſe & le plan incliné.

On prouvera aiſément la même choſe ſi le prime BADCQP
eſt plus grand que le ſolide que ſa baſe décriroit en tournant autour de AD.

La même choſe ſe prouvera encore ſi le plan incliné du prime
coupoit tous les côtés du priſme, & ne rencontroit la baſe qu'a-
près l'avoir prolongée en MN (*Fig. 95.*).

265. Proposition XLVIII. *La ſurface d'un priſme tronqué eſt
égale à la ſomme des lignes qui ſervent de baſes aux parties de cette
ſurface, multipliée par la perpendiculaire élevée ſur le centre commun
d'équilibre de ces lignes, & compriſe entre la baſe & le plan incliné.*

Soit le priſme tronqué ABCDQP (*Fig. 97.*); dont les lignes
AB, BC, CD ſervent de baſe à la ſurface, car la ligne AD n'en
ſoutient aucune partie, puiſque le plan incliné paſſe par cette
ligne. Suppoſons auſſi que le centre de gravité commun aux trois
lignes AB, BC, CD, ſoit le point X, lequel eſt différent du
centre de gravité de la baſe ABCD.

Le priſme ABCDQP eſt ou égal, ou moindre, ou plus grand
que le ſolide que ſa baſe décriroit en tournant autour de AD.
Suppoſons·le d'abord égal, ſa ſurface n'eſt autre choſe que la
ſomme des lignes droites élevées perpendiculairement ſur la baſe,
de tous les points des lignes AB, BC, CD, & terminées au plan
incliné qui tronque le priſme, & ces lignes droites ſont égales
chacune à chacune aux circonférences que ces points décriroient
en tournant autour de AD; car menant de ces points B, *f*, &c.
des droites BA, *fg*, &c. perpendiculaires ſur AD, & des points
A, *g*, &c. des droites AP, *go*, &c. qui ſe terminent aux extrêmités P, *o* des perpendiculaires, & qui par conséquent ſeront ſur
le plan incliné APQD, les triangles ſemblables BPA, *gfo*, &c.
ſeront égaux aux cercles que leurs baſes BP, *fg*, &c. décriroient,
& les droites BP, *fo*, &c. égales aux circonférences, & ainſi des
autres. Ainſi la ſurface du priſme eſt compoſée d'autant de lignes
droites qu'il y a de circonférences qui compoſeroient la ſurface

du folide décrit par la circonvolution de la bafe, & chaque ligne droite étant égale à chaque circonférence, la furface du prifme eft égale à la furface du folide décrit par la circonvolution de la bafe; mais la furface de ce folide eft égale à la fomme des lignes AB, BC, CD multipliées par la circonférence que leur centre de gravité X décriroit; donc la furface du prifme eft égale à la fomme des mêmes lignes multipliées par la hauteur XZ égale à la circonférence que X décriroit, à caufe que dans le triangle rectangle ZXO femblable aux autres triangles PBA, &c. la hauteur eft égale à la circonférence dont la bafe XO feroit le rayon.

Maintenant fi le prifme eft moindre que le folide produit par la circonvolution de la bafe, le plan incliné PQDA, eft par conféquent plus incliné fur la bafe que le plan incliné du prifme qui feroit égal au folide produit par la circonvolution de la bafe, & à caufe que tous les triangles rectangles BPO, *ofg*, XZO, &c. font tous femblables, leurs hauteurs BP, *fo*, XZ, &c. auront toutes même rapport à leurs bafes BA, *fg*, XO, &c. fuppofant donc que la hauteur BP ne foit que la moitié de la circonférence que la bafe BA décriroit, toutes les autres hauteurs ne font auffi que la moitié des circonférences de leurs bafes, & partant la furface du prifme eft égale à la moitié de la furface du folide décrit par la circonvolution de la bafe. Or, la furface de ce folide eft égale à la fomme des lignes AB, BC, CD, par la circonférence que leur centre de gravité X décrit; donc la furface du prifme doit être égale à la fomme des mêmes lignes multipliée par la droite, XZ, laquelle, dans la fuppofition que nous avons faite, n'eft que la moitié de la circonférence décrite par le point X.

Et on prouveroit la même chofe fi le prime étoit plus grand que le folide décrit par la circonvolution.

Si le plan incliné PSRQ (*Fig.* 98.) du prifme ABCDRSPQ coupoit tous les côtés du prifme avant de couper la bafe en MN, alors les quatre lignes AB, BC, CD, DA foutiendroient chacune une portion de la furface, & l'on prouveroit, comme ci-deffus, que la furface du prifme eft égale à la fomme de ces quatre lignes multipliée par la perpendiculaire élevée fur leur centre de gravité commun X, & comprife entre la bafe & le plan incliné.

REMARQUE. La furface d'un prifme tronqué étant trouvée, fi on lui ajoute la bafe & le plan incliné, on aura la furface totale.

266. PROPOSITION XLIX. *Tout prifme incliné* ABCDEH

(Fig. 99.) *& tronqué par un plan incliné à sa base, est égal à un prisme droit de même base, & dont toutes les hauteurs seroient égales chacune à chacune à toutes les hauteurs du prisme incliné.*

Je prens un plan *abcd* égal & semblable au plan ABCD ; de la base, j'éleve en *b* une droite *bh* perpendiculaire sur le plan *abcd*, & égale à la hauteur HY de l'aréte BH, c'est-à-dire à la perpendiculaire menée du point H sur la base ABCD prolongée ; j'éleve de même en *c* la droite *ce* perpendiculaire sur le plan *abcd*, & égale à la hauteur EZ de l'aréte CE, & menant les droites *ha*, *ed*, j'ai un prisme droit tronqué *abcdeh*, qui est égal au prisme incliné tronqué ABCDEH. Ce que je prouve ainsi.

Je mene dans les deux bases ABCD, *abcd* les élemens AB, RQ, &c. *ab*, *rq*, &c. perpendiculaires sur les côtés égaux AD, *ad*, par lesquels passent les plans inclinés AHED, *ahed*. Je conçois que sur ces élemens soient élevés des plans perpendiculaires aux bases ABCD, *abcd* ; ceux de ces plans qui font sur les élemens AB, RQ, &c. *ab*, *rq*, &c. qui aboutissent aux côtés égaux AD, *ad* feront des triangles AHB, RPQ, &c. *ahb*, *rpq*, &c. & ceux qui feront sur les élemens tels que TS, &c. *ts*, &c. qui n'aboutissent pas aux côtés égaux AD, *ad*, feront des trapezoïdes TXVS, &c. *txus*, &c. & dans l'un & l'autre prisme il y aura un même nombre de triangles & de trapezoïdes, dont les bases AB, RQ, TS, &c. feront égales chacune à chacune aux bases *ab*, *rq*, *ts*, &c.

Maintenant les deux triangles AHB, *ahb* font égaux à cause de la base AB égale à la base *ab*, & de la hauteur HY égale à la hauteur *hb* ; or, le triangle AHB est semblable à tous les triangles RQP, &c. faits sur les élemens RQ, &c. qui aboutissent sur AD, & le triangle *ahb* est semblable à tous les triangles *rqp*, &c. faits sur les élemens *rq*, &c. qui aboutissent sur *ad*, comparant donc le triangle AHB, avec l'un de ses semblables RQP, du sommet duquel nous abbaisserons la perpendiculaire PL sur le plan de la base ABCD pour avoir la hauteur de ce triangle, nous aurons AB, RQ :: HY, PL, c'est-à-dire les bases de ces triangles font entr'elles comme les hauteurs, & comparant de même le triangle *ahb* avec son semblable *rqp* dont la base *rq* est égale à la base du triangle RQP, nous aurons *ab*. *rq* :: *bh*. *pq* ; or, *ab* = AB, & *rq* = RQ ; donc AB. RQ :: *hb*.*pq*, & partant HY. PL :: *hb*.*pq* ; mais HY = *hb*, donc PL = *pq*, & par conséquent le triangle RQP, & le triangle *rqp* font égaux, puisqu'ils ont les bases RQ, *rq* égales, & les hauteurs PL, *pq* auffi égales. Et la même chofe arrivera de tous les autres triangles.

Les trapezoïdes TXVS, &c. *txus*, &c. faits par les élemens TS, &c. *ts*, &c. qui n'aboutiffent pas aux côtés égaux AD, *ad*, ne font autre chofe que les triangles NVS, *nus* faits par les prolongemens de leurs côtés non-paralelles, moins les petits triangles NXT, *nxt*, c'eft-à-dire TXVS = NVS — NTX, & *txus* = *nus* — *ntx*, or, les triangles NVS, NTX font femblables au triangle AHB, & les triangles *nus*, *ntx* font femblables au triangle *ahb*; donc nous démontrerons comme auparavant que NVS = *nus*, NTX = *ntx*, & par conféquent NVS — NTX = *nus* — *ntx* ou TXVS = *txus*.

Donc puifqu'il y a un même nombre de triangles & de trapezoïdes dans l'un & l'autre prifme, & que chaque triangle eft égal à chaque triangle, & chaque trapezoïde à chaque trapezoïde, les deux prifmes font parfaitement égaux.

267. De-là on tire une maniere facile de mefurer les prifmes inclinés tronqués, car puifque le prifme incliné tronqué ABCDEF (*Fig.* 100.) eft égal au prifme droit tronqué *abcdef*, dont toutes les hauteurs font égales aux hauteurs du prifme incliné, & que le prifme droit eft égal au produit de fa bafe par la perpendiculaire *xt* élevée fur fon centre de gravité, & comprife entre les deux bafes, le prifme incliné fera égal au même produit; or dans le prifme droit les triangles *bcf*, *rxt*, étant femblables on trouve la perpendiculaire *tx* en faifant *bc*. *cf* :: *rx*. *xt*, & *cf* eft la même chofe que la hauteur FQ du triangle BCF du prifme incliné, de même que *bc* eft égal à BC, & *rx* = RX; donc après avoir pris la bafe BC, & la hauteur FQ de l'un des triangles du prifme incliné, il faut chercher une quatriéme proportionnelle à BC, FQ, & à la diftance RX du centre de gravité X de la bafe au côté BA, par lequel paffe le plan incliné, & cette quatriéme proportionnelle fera la quantité par laquelle on multipliera la bafe ABCD pour avoir la valeur du prifme tronqué.

268. Il faut prendre garde ici que quoique le prifme droit *abcdef* (*Fig.* 100.) foit égal au prifme incliné ABCDEF, cependant la furface du prifme droit n'eft pas égale à la furface du prifme incliné par la raifon qu'il fe trouve dans la furface du prifme incliné des plans inclinés qui font partie de fa furface, & qui ne font pas égaux aux plans droits du prifme droit qui font partie de fa furface, & qu'ainfi on ne peut pas dire que la furface du prifme incliné

est égale à la somme des lignes qui la soutiennent, multipliée par la perpendiculaire élevée sur le centre de gravité de la base de cette surface, & comprise entre la base & le plan incliné du prisme droit, de même qu'on le dit de la surface du prisme droit, c'est pourquoi dans ces cas, il faut, pour avoir la surface du prisme incliné, chercher les valeurs de toutes ses faces à part.

269. *Remarque.* Tout ce que nous venons de dire fait voir de quelle fécondité est pour la Géométrie, la méthode des centres de gravité, puisque par la connoissance d'un plan quelconque qui tourne autour d'un axe de mouvement, & de la circonférence que décrit son centre de gravité, on peut non-seulement connoître le solide que ce corps décrit, mais encore un prisme quelconque tronqué droit ou incliné fait sur ce plan, & dont le plan incliné passeroit par l'axe de mouvement, comme aussi par la connoissance des lignes qui décrivent la surface du solide, & de la circonférence que le centre de gravité décrit; on peut connoître la surface du solide, & celle de tous les prismes droits tronqués faits sur la même base, & dont le plan incliné passeroit par l'axe de mouvement. Mais la difficulté consiste à trouver le centre de gravité des différens plans, & des différentes lignes qui composent le circuit d'une figure, & c'est à quoi nous allons maintenant nous appliquer.

270. *Le centre de gravité d'une ligne* AB (Fig. 101.) *est sur le milieu* C *de cette ligne.* Car si nous concevons que cette ligne soit chargée dans tous ses points de poids tous égaux, il n'y aura pas plus de poids à la gauche de C qu'à sa droite, & par conséquent tous ses poids seront en équilibre autour du point C.

271. Pour trouver le centre de gravité de plusieurs lignes AB, BD, DH, je joins les centres de gravité C, E des deux premieres par la droite CE, je coupe cette droite en deux parties CL, LE réciproques aux deux lignes, c'est-à-dire je fais CL. LE :: BD. BA, je mets CL du côté de BA, & LE du côté de BD, & le point L est le centre d'équilibre des deux lignes AB, BD. Du point L par le milieu G du centre de gravité de la ligne HD, je mene la droite LG, je coupe cette droite en deux parties réciproques à la somme des deux AB, BD, & à la droite HD, c'est-à-dire je fais LM. MG :: HD. AB + BD, je mets LM du côté de L & MG du côté de HD, & le point M est le centre commun d'équilibre des trois lignes AB, BD, DH.

Car si nous concevons que les trois lignes soient chargées dans

tous

tous leurs points de poids égaux, les centres de gravité sur chacune de ces lignes feront les points C, E, G milieux de ces
lignes; confidérant donc CE comme un levier, tous les poids
de la ligne AB peferont autant fur ce levier que s'ils étoient mis
à leur centre d'équilibre C, & tous les poids de la ligne BD
peferont autant fur ce levier que s'ils étoient mis à leur centre
d'équilibre E ; or, tous les poids de la ligne AB étant mis en C,
où ils ne feront qu'un feul poids, & tous ceux de la ligne AD
étant mis en E pour n'y faire qu'un feul poids, il eft clair que le
poids C fera au poids E comme la ligne AB fera à la ligne BD ;
car le poids C eft compofé d'autant de poids égaux que la ligne
AB eft compofée de points, & le poids E eft compofé d'autant
de poids égaux que la ligne BD eft compofée de points ; ainfi le
centre commun de gravité des poids C, E fur le levier, CE fera
auffi le point L, puifque les diftances CL, LE feront réciproques aux poids E, C de même qu'elles le font aux lignes BD,
AB.

Maintenant confidérant la droite LG comme un levier, les
poids C, E peferont autant fur ce levier que s'ils étoient mis à
leur centre d'équilibre L, & tous les poids qui font fur le levier
HD peferont autant fur le levier LG que s'ils étoient tous mis à
leur centre d'équilibre G pour n'y faire qu'un feul poids, ainfi les
deux poids C, E mis en L pour n'y faire qu'un feul poids, feroient
au poids G comme la fomme des deux lignes AB, BD eft à la
ligne HD, & par conféquent leur centre commun de gravité
feroit le point M, puifque les diftances LM, MG feroient réciproques au poids G & au poids L compofé des deux poids C, E.

272. *Le centre de gravité de tout rectangle & de tout paralellogramme* ABCD (Fig. 102.) *eft fur le milieu* X *de la droite* EH *qui
coupe deux côtés oppofés* BC, AD *chacun en deux également aux points*
E, H.

Tous les élemens de la figure paralelles aux côtés BC, AD
font tous coupés en deux également par la ligne EH ; ainfi tous
leurs centres de gravité font fur cette ligne, & par conféquent
on peut regarder ces élemens comme autant de poids égaux attachés à tous les points de la ligne EH ; or, le centre de gravité
commun de tous ces poids égaux eft fur le milieu X de la ligne
EH, à caufe qu'il y en a autant de part & d'autre de X ; donc
le centre de gravité de tous les élemens, & par conféquent celui
du rectangle ou du paralellogramme, eft le point X.

273. *Le centre de gravité* X *d'un triangle* ABC (*Fig.* 103.) *eſt éloigné de l'un des angles tel qu'on voudra* A *d'une quantité* AX *égale aux deux tiers de la ligne* AM *menée du ſommet* A *ſur le milieu* M *du côté* BC *oppoſé à cet angle.*

A cauſe que la ligne AM coupe le côté BC en deux également en M, tous les élemens du triangle paralelle à B ſont coupés chacun en deux également, & par conféquent tous leurs centres étant ſur la ligne AM, leur centre de gravité commun, c'eſt-à-dire le centre de gravité du triangle eſt ſur cette ligne AM. Je mene d'un autre angle B une droite BR ſur le milieu du côté oppoſé AE, & tous les élemens du triangle paralelles au côté AC étant auſſi diviſés chacun en deux également par AR, leur centre de gravité commun ou le centre de gravité du triangle doit être auſſi ſur AR; or, nous venons de voir que ce centre eſt ſur AM, donc il faut neceſſairement qu'il ſoit ſur le point X où les deux lignes AM, BR s'entrecoupent.

Du point R, je mene RN paralelle à BC & qui coupe AM en O; dans les triangles ſemblables AMC, AOR, nous avons MC. OR :: AC. AR, mais $AC = 2AR$; donc $MC = 2OR$ ou $OR = \frac{1}{2}MC = \frac{1}{2}MB$; or, les triangles ſemblables BXM, OXR donnent BM. RO :: MX. OX, donc BM. $\frac{1}{2}$MB :: MX. OX, & par conféquent $OX = \frac{1}{2}MX$, & $OX = \frac{1}{3}OM$; mais à cauſe des triangles ſemblables ACM, ARO, & de $AC = 2AR$, nous avons $AM = 2AO = 2OM$, & par conféquent $AO = OM$; ainſi OX étant le tiers de OM ou de AO n'eſt que le ſixiéme de la ligne entiere AM, & ce ſixiéme étant ajouté à la moitié AO de AM fait les deux tiers de AM; donc le centre de gravité X eſt éloigné des deux tiers de AM.

274. Pour trouver le centre de gravité d'un trapezoïde ou d'un trapeze ABCD (*Fig.* 104.), je mene la diagonale BD qui diviſe la figure en deux triangles ABD, DBC; je mene dans le triangle ABD de l'un des angles ABD la droite BM ſur le milieu du côté oppoſé AD, & ſur cette ligne, je prens BH égal aux deux tiers de BM; ainſi le centre de gravité du triangle ABD eſt en H. Je mene dans le triangle BDC de l'un des angles DBC la droite BN ſur le milieu du côté oppoſé DC, & prenant ſur BN la partie BP égale à ſes deux tiers, le centre de gravité du triangle DBC eſt le point P; je joins les deux centres de gravité H, P par la droite HP, & confidérant cette ligne comme un levier auquel ſont attachés deux poids en H & P égaux aux deux triangles; je

partage cette ligne en deux parties HS, SP réciproques aux poids ou aux triangles, c'eſt-à-dire je fais HS. SP :: BDC. BAD, & le point S eſt le centre commun des deux triangles, & par conſéquent le centre de gravité du trapezoïde, ce qui eſt évident par les principes établis ci-deſſus.

275. Pour trouver le centre de gravité d'une figure irréguliere ABCDE (*Fig.* 105.) qui a plus de quatre côtés, je diviſe la figure en triangles par des lignes menées de l'un des angles B à tous les autres où je puis en mener. Je cherche les centres de gravité H, P, S de ces triangles; menant enſuite la droite HP que je conſidére comme un levier ayant à ſes extrêmités H, P deux poids qui ſont entr'eux comme les triangles ABE, BED, je cherche leur centre de gravité commun R ſur ce levier; du point R, je mene la droite RS que je conſidére auſſi comme un levier ayant à ſon extrêmité R un poids égal à la ſomme des deux triangles ABE, BED, & en S un poids égal au triangle BDC, & cherchant ſur ce levier le centre Q d'équilibre des deux poids, le point Q eſt le centre de gravité de la figure, ce qui n'a plus beſoin de démonſtration.

276. *Le centre de gravité d'un polygone régulier eſt au centre de la figure.* Si le polygone eſt d'un nombre pair de côtés comme l'exagone ABCDE (*Fig.* 106.). Je mene de l'un de ſes angles D une droite DA à l'angle oppoſé A, & comme cette ligne diviſe le polygone en deux parties parfaitement égales, le centre de gravité de ces deux parties, c'eſt-à-dire de l'exagone, doit être ſur cette ligne. Je mene de même d'un autre angle E la droite EB à l'angle oppoſé, & par la raiſon que nous venons de dire, le centre de gravité de la figure doit être ſur cette ligne. Ainſi ce centre doit être néceſſairement ſur le point d'interſection O des deux lignes. Or, ce point, comme on ſait, eſt le centre de la figure. Donc, &c.

Si le polygone eſt d'un nombre impair de côtés, comme le pentagone ABCDE (*Fig.* 107.), je mene de l'un des angles D la droite DM ſur le milieu du côté oppoſé AB, & la figure étant diviſée en deux parties parfaitement égales, ſon centre de gravité eſt ſur cette ligne DM. Je mene d'un autre angle E la droite EN ſur le milieu du côté oppoſé BC, & par la même raiſon le centre de gravité de la figure eſt auſſi ſur cette ligne; donc ce centre eſt dans le point O où les deux lignes DM, EN ſe coupent, & ce point, comme on ſait, eſt le centre de la figure.

277. Donc le centre d'un cercle est son centre de gravité, puisque le cercle est un polygone régulier d'une infinité de côtés.

278. *Le centre de gravité d'une parabole quarrée* ABC (Fig. 108.) *est sur un point* S *de l'axe* BP *éloigné du sommet d'une distance* BS *égale au trois cinquièmes de cet axe.*

Je mene les élemens ED, FG paralelles à la base AC, & tous ces élemens étant divisés chacun en deux également par l'axe BP ont leurs centres de gravité sur cet axe, & par conséquent leurs centres de gravité commun, c'est-à-dire celui de la parabole est aussi sur cet axe ; ainsi nous pouvons considérer ces lignes comme des poids qui seroient attachés à tous les points du levier BP, & supposant que ce levier tourne autour de la tangente MN au sommet B, nous trouverons le centre de gravité commun, en multipliant chaque poids ou chaque ligne par sa distance au point B, & divisant la somme des produits par la somme des poids ou des lignes, ce qui nous donnera la distance du centre de gravité commun ou du centre de gravité de la parabole au point B (*N.* 246.).

Or, les moitiés des élemens ED, FG, &c. étant les ordonnées à l'axe BP, les quarrés de ces moitiés sont entr'eux comme les abscisses BL, BO, &c. c'est-à-dire comme les distances des élemens au sommet B de la parabole ; & ces abscisses ou distances sont entr'elles comme les nombres 0. 1. 2. 3. 4, &c. à l'infini ; donc les quarrés des moitiés des élemens, & par conséquent les quarrés des élemens ED, FG, &c. sont entr'eux comme les nombres 0. 1. 2. 3. 4, &c. & leurs racines quarrées, c'est-à-dire les élemens sont entr'eux comme les racines quarrées de ces nombres ; c'est pourquoi les élemens forment une suite dont l'exposant est $\frac{1}{2}$ par les principes de l'Arithmétique des Infinis, & les distances ou abscisses forment une suite 0. 1. 2. 3, &c. dont l'exposant est 1 ; donc les produits des élemens par leurs distances formeront une nouvelle suite dont l'exposant sera la somme $\frac{1}{2}+1$ ou $\frac{3}{2}$ des deux exposans, & la somme de ces produits sera au dernier AC×PB multiplié par le nombre des termes PB, comme 1 est à l'exposant $\frac{3}{2}$ augmente de l'unité, ou comme 1 à $\frac{3}{2}+1$, ou comme 1 à $\frac{5}{2}$ ou comme $\frac{2}{2}$ à $\frac{5}{2}$, ou enfin comme 2 à 5 ; c'est-à-dire que la somme des produits des élemens par leurs distances sera $\frac{2}{5}$ AC×$\overline{PB}^2$. Or, la somme des élemens, c'est-à-dire la parabole est $\frac{2}{3}$ AC × PB, car nous sçavons que la parabole est les $\frac{2}{3}$ du rectangle circonfcrit ou du produit de la bafe par la hauteur.

Divifant donc $\frac{2}{3}$ AC $\times \overline{PB}^2$ par $\frac{2}{3}$ AC $\times$ PB , le quotient $\frac{6}{10}$ BP ou $\frac{3}{5}$ PB fera la diftance du centre de gravité de la parabole au fommet B.

279. COROLLAIRE. Si l'on fait un femblable calcul par rapport aux premieres paraboles du 3e. degré, du 4e. du 5e. &c. c'eft-à-dire à la parabole dont les cubes des élémens font entr'eux comme les abfciffes, à celle dont les quatriémes puiffances des élémens font entr'elles comme les abfciffes, & ainfi de fuite, on trouvera que le centre de gravité de toutes les premieres paraboles à commencer par la quarrée font fur l'axe à une diftance éloignée du fommet B des $\frac{3}{5}$ de l'axe, des $\frac{4}{7}$, des $\frac{5}{9}$, des $\frac{6}{11}$, des $\frac{7}{13}$, & ainfi de fuite, de forte que le centre de gravité dans ces paraboles approchera de plus en plus vers la moitié de l'axe, & n'y parviendra jamais.

280. Pour appliquer ceci à la pratique, cherchons la valeur du folide que décriroit la parabole ABC, (*Fig.* 109.) en tournant autour de la tangente MN au fommet. La parabole ABC étant les deux tiers du rectangle circonfcrit AMND eft donc $\frac{2}{3}$ AC$\times$PB ; & par conféquent, fi nous multiplions cette parabole par la circonference que l'extrêmité S de la diftance BS de fon centre de gravité décrira, laquelle diftance eft $\frac{3}{5}$ PB, nous aurons le folide décrit ; or en nommant (BP la circonference que l'extrêmité P de l'axe BP décriroit, la circonference que S décrira fera $\frac{3}{5}$ (BP, à caufe que les deux circonferences font entr'elles comme leurs rayons BP, BS ; ainfi le folide fera $\frac{2}{3}$ AC $\times$ PB $\times \frac{3}{5}$ (BP, ou $\frac{6}{15}$ AC $\times$ PB $\times$ (BP, ou enfin $\frac{2}{5}$ AC $\times$ PB $\times$ (BP, c'eft-à-dire que le folide décrit par la circonvolution de la parabole autour de MN eft égal aux $\frac{2}{5}$ d'un prifme qui auroit pour bafe le rectangle circonfcrit AMNC, & pour hauteur une ligne égale à la circonference du cercle que la hauteur PB de ce rectangle décrit autour de MN.

Si la parabole eft la premiere parabole du 3e degré, c'eft-à-dire fi les cubes de fes ordonnées font entr'eux comme leurs abfciffes, nous trouverons par les regles de l'Arithmétique des infinis que cette parabole eft les $\frac{3}{4}$ du rectangle circonfcrit, c'eft-à-dire $\frac{3}{4}$ AC $\times$ BP, & comme la diftance de fon centre de gravité à la tangente eft $\frac{4}{7}$ BP (*N.* 279.) la circonference du cercle que cette ligne décrira eft $\frac{4}{7}$ (BP ; donc le folide décrit par la circonvolution de la parabole autour de MN est $\frac{3}{4}$ AC × PB × $\frac{4}{7}$ (PB = $\frac{12}{28}$ AC × PB × (PB = $\frac{3}{7}$ AC × PB × (PB, c'est-à-dire le solide décrit par la circonvolution est égal aux $\frac{3}{7}$ du rectangle circonscrit multiplié par la circonference du cercle que décrit la hauteur PB de ce rectangle.

Et on trouvera de la même façon que les solides formés par la circonvolution des premieres paraboles du 4e. degré, du 5e. &c. font $\frac{4}{9}$ AB × PB × (PB, $\frac{5}{11}$ AC × PB × (PB, $\frac{6}{13}$ AC × PB × (PB, & ainsi de suite, & comme le prisme AC × PB × (PB est toujours le même, il s'ensuit que les paraboloïdes décrits autour de MN par la circonvolution des paraboles du second degré, du troisiéme, du quatriéme, &c. font entr'eux comme $\frac{2}{5}$. $\frac{3}{7}$. $\frac{4}{9}$. $\frac{5}{11}$. $\frac{6}{13}$, &c.

Et si on veut sçavoir les rapports de ces paraboloïdes au cylindre que le rectangle circonscrit décrit en tournant autour de MN, on considerera que le centre de gravité de ce rectangle étant sur le milieu T de BP, la circonference du cercle que BT décriroit autour de MN est $\frac{1}{2}$ (BP, & que par conséquent le cylindre doit être AC × PB × $\frac{1}{2}$ (PB = $\frac{1}{2}$ AC × PB × (BP ; ainsi ce cylindre n'est que la moitié du prisme AC × PB × (BP. Donc le paraboloïde décrit par la parabole quarrée étant les $\frac{2}{5}$ de AC × PB × (BP sera les $\frac{4}{5}$ du cylindre, le paraboloïde décrit par la parabole du troisiéme degré étant les $\frac{3}{7}$ de AC × PB × (PB sera les $\frac{6}{7}$ du cylindre, de sorte que les rapports de nos differens paraboloïdes au cylindre seront $\frac{4}{5}$. $\frac{6}{7}$. $\frac{8}{9}$. $\frac{10}{11}$. $\frac{12}{13}$, &c.

On pourra trouver de la même façon les solides décrits par les paraboles deuxiémes, troisiémes, &c. de tous les degrés, & ceux que décrivent toutes les differentes paraboles autour d'un autre axe de mouvement pris où l'on voudra, & les rapports de ces solides aux cylindres circonscrits, ce que je laisse à chercher à ceux qui étudieront ceci.

281. *Le centre de gravité d'une demi - parabole quarrée* BCP (Fig. 110.) *est un point* H *éloigné de la tangente* BN *au sommet d'une quantité égale aux trois cinquiémes de l'axe* BP *& distant de l'axe d'une quantité égale aux trois huitiémes de la base* PC.

Je mene les élémens MR, TV, &c. paralelles à la base PC, & concevant que la parabole tourne autour de la tangente BN, je trouve comme ci-dessus (*N*. 278.) que son centre de gravité est éloigné de cette tangente d'une quantité égale aux $\frac{3}{5}$ de son axe BP ; mais comme ce centre ne peut pas être sur l'axe, je suppose que la parabole tourne autour de l'axe BP. Les centres de gravité des élémens MR, TV, &c. étant fur leurs milieux Q, X, &c. je conçois ces élémens comme autant de poids qui fe-roient entr'eux dans le même rapport que ces élémens & qu'on auroit mis aux points Q, X, &c. & pour trouver leur centre d'équilibre commun. Je concois encore que ces poids foient tranfportés fur l'un des élémens, par exemple fur PC, enforte que leurs diftances à l'axe PB foient les mêmes que celles qu'ils avoient en Q, X, F; ainfi multipliant chaque poids par fa dif-tance à l'axe, & divifant la fomme des produits par la fomme des poids, le quotient fera la diftance de leur centre d'équilibre com-mun à l'axe. Or les poids ou les élémens font entr'eux comme les racines quarrées des nombres o. 1. 2. 3. 4. &c. & leurs dif-tances étant les moitiés des élémens font aufli dans la même raifon; multipliant donc chaque terme de la fuite des élémens laquelle a pour expofant $\frac{1}{2}$, par chaque terme de la fuite des dif-tances, laquelle a aufli pour expofant $\frac{1}{2}$, l'expofant de la fuite des produits fera $\frac{1}{2} + \frac{1}{2}$ ou 1, & par conféquent la fuite de ces produits fera au dernier $PC \times \frac{1}{2} PC$ ou $\frac{1}{2} \overline{PC}^2$ multiplié par le nombre des termes PB comme 1 eft à l'expofant 1 augmenté de l'unité, ou comme 1 eft à 2, & par conféquent cette fomme de produits fera la moitié de $\frac{1}{2} \overline{PC}^2 \times PB$, c'eft-à-dire elle fera $\frac{1}{4} \overline{PC}^2 \times PB$. Or la fomme des élémens eft $\frac{2}{3} PC \times PB$; divifant donc $\frac{1}{4} \overline{PC}^2 \times PB$ par $\frac{2}{3} PC \times PB$, le quotient $\frac{3}{8} PC$ fera la diftance du centre de gravité de la parabole; prenant donc fur PC une quantité PZ égale à $\frac{3}{8} PC$, & fur BP une quantité $BS = \frac{2}{5} BP$, puis menant par Z une droite ZH paralelle à PB, & par S une droite SH paralelle à PC, le point H où ces deux lignes fe cou-peront, fera le centre de gravité de la parabole, car il fera éloi-gné de BN de $\frac{2}{5} BP$, & de BP de $\frac{3}{8} PC$.

Et par un femblable raifonnement on trouvera les centres de gravité de toutes les demi-paraboles de tous les degrés.

282. *Le centre de gravité d'un complement BCV* (Fig. 111.) *de parabole quarrée eft un point* X *éloigné de l'axe* BP *d'une quantité égale aux* $\frac{3}{4}$ *de la tangente* BV *au fommet, & diftant de la même tan-gente* BV *d'une quantité égale à* $\frac{3}{10}$ *de* CV.

Je mene les élémens MN, RS, &c. paralelles à BP, & ces élé-mens étant entr'eux comme les quarrés de leurs abfciffes BM, BR, &c. ont pour expofant 2; multipliant donc ces élémens par leur diſtance BM, BR à l'axe BP de la parabole autour duquel nous concevrons que le complement tourne, les produits formeront une ſuite dont l'expoſant ſera la ſomme $2+1$ ou 3 de l'expoſant 2 de la ſuite des élémens & de l'expoſant 1 de la ſuite des diſtances BM, BR, &c. qui ſont entr'elles comme les nombres $0.1.2.3$, &c. ainſi la ſomme des produits ſera au plus grand $BV \times VC$ multiplié par le nombre des termes BV comme 1 à $3+1$ ou comme 1 à 4, & partant cette ſomme de produits ſera $\frac{1}{4}\overline{BV}^2 \times VC$; diviſant donc cette ſomme par celle des élémens laquelle eſt $\frac{1}{3}BV \times VC$, le quotient $\frac{3}{4}BV$ fait voir que le centre de gravité cherché eſt diſtant de l'axe BP d'une quantité égale à $\frac{3}{4}BV$.

Or ce centre ne pouvant être ſur BV, je conçois que le complement tourne autour de BV, & comme la ſuite des élémens a pour expoſant 2, & que les diſtances de leurs centres de gravité à la droite BV étant égales aux moitiés de ces élémens, ont auſſi pour expoſant 2, la ſomme des produits de chaque élément par chaque diſtance aura pour expoſant $2+2$ ou 4; ainſi cette ſomme ſera au dernier produit $VC \times \frac{1}{2}CV$ ou $\frac{1}{2}\overline{VC}^2$ multiplié par le nombre des termes BV comme 1 à $4+1$ ou comme 1 à 5, c'eſt-à-dire cette ſomme ſera $\frac{1}{10}\overline{VC}^2 \times BV$, & diviſant cette ſomme par la ſomme $\frac{1}{3}VC \times BV$ des élémens, le quotient $\frac{3}{10}CV$ ſera la diſtance du centre de gravité du complement à la droite BV. C'eſt pourquoi prenant ſur BV la partie $BF = \frac{3}{4}BV$, & ſur VC la partie $VZ = \frac{3}{10}VC$, puis menant FX paralelle à VC & ZX paralelle à BC, le point X eſt le centre de gravité du complement, & ainſi des autres complemens de parabole.

283. Pour trouver le centre de gravité d'un ſegment BDC de parabole quarrée (*Fig.* 112.); je cherche le centre X de gravité de la parabole, & le centre de gravité O du triangle PBC. Je mene la droite OX que je prolonge en delà de X, puis je dis par Régle de Trois; comme le ſegment BDC eſt au triangle PBC, ainſi la diſtance OX du centre de gravité du triangle au centre de gravité de la parabole, eſt à un quatriéme terme, & faiſant XZ égal à ce quatriéme terme, le point Z eſt le centre de gravité du ſegment.

Car puiſque la parabole n'eſt autre choſe que la ſomme du ſegment & du triangle, le centre de gravité X de la parabole,

doit

doit être le centre d'équilibre du segment & du triangle. Mettant donc à la place du triangle & du segment deux poids qui soient dans le même rapport, ensorte que l'un soit sur le centre de gravité O du triangle, & l'autre sur le centre de gravité du segment ; il faudra pour que ces poids soient en équilibre autour du point X que le poids O ou le triangle soit à l'autre poids ou au segment réciproquement comme la distance de ce second poids au centre d'équilibre X est à la distance du poids O au même centre X (*N.* 243.) ; or, c'est ce que nous venons de faire voir, donc le point Z que nous avons trouvé par ce moyen est le centre de gravité du segment.

284. De même pour trouver le centre de gravité d'une portion PMNC de demi-parabole quarrée PBC (*Fig.* 113.) comprise entre deux ordonnées MN , PC, à l'axe BP ; je mesure la parabole PBC & la parabole MBN , & retranchant la petite de la grande , le reste est la valeur de la portion PMNC. Je cherche le centre de gravité X de la parabole PBC , & le centre de gravité O de la parabole MBN, je mene la droite OX que je prolonge au-delà de X, & je dis par Régle de Trois ; comme la portion PMNC est à la petite parabole MBN ; ainsi la distance OX du centre de gravité O de la petite parabole au centre X de la grande, est à un quatriéme terme qui sera la distance XZ du centre de gravité de la portion PMNC au centre X de la grande parabole ; & par conséquent le point Z sera le centre de gravité de cette portion ; car la parabole PBC n'étant autre chose que la somme de la petite parabole BMN , & de la portion PMNC, il faut que ces deux parties soient en équilibre autour du centre X , & par conséquent il faut que les distances de leurs centres de gravité O, Z leur soient réciproques.

285. *Le centre de gravité d'un arc de cercle* ABC (*Fig.* 114.) *est sur la ligne droite* OB *qui part du centre* O *du cercle, & qui coupe l'arc* ABC *en deux également en* B, *& la distance* XO *de ce centre de gravité au centre* O *du cercle, est une quatriéme proportionnelle à l'arc* ABC, *à sa corde* AC, *& au rayon* OB *du cercle.*

La premiere partie de cette proposition est évidente, car puisque l'arc ABC est divisé en deux également par la droite OB qui passe par le centre du cercle, & que tous les points du demi-arc AB sont autant éloignés de cette droite que tous les autres points de l'autre demi-arc BC ; il est clair que ces deux demi-arcs doivent être en équilibre autour de BO.

Pour prouver la feconde, fuppofons d'abord que l'arc ABC foit moindre que la demi-circonférence, je mene par le point B la tangente PBT que je fais égale au diamétre MN paralelle à AC, en faifant PB & BT égales chacune au rayon, & fuppofant que la demi-circonférence MBN & la tangente PT tournent autour du diamétre MN, la demi-circonférence MBN décrira la furface d'une fphére, la tangente PT décrira la furface du cylindre circonfcrit à la fphére, & l'arc ABC décrira la furface d'une zone, laquelle furface fera égale à la furface cylindrique qui fera décrite par la droite VE égale à la largeur AC de la zone; ainfi cette furface fera égale à VE ou AC multipliée par la circonférence du rayon OB; or, la furface que l'arc ABC décrit eft auffi égale à l'arc ABC multiplié par la circonférence que décrit la diftance OX de fon centre de gravité à l'axe de mouvement MN; donc nous aurons $AC \times (OB = ABC \times (OX$, d'où je tire ABC. AC :: (OB. (OX, & au lieu des circonférences mettant les rayons, nous aurons ABC. AC :: OB. OX, & partant OX eft quatriéme proportionnelle à l'arc ABC, à fa corde AC, & au rayon OB.

Maintenant pour trouver le centre de gravité de l'autre arc ARC, je confidére que le centre de gravité de la circonférence étant le centre O de cette circonférence, à caufe que tous fes points étant également éloignés de ce centre pefent egalement par rapport à ce centre. Les deux arcs ABC, ARC qui compofent la circonférence doivent être en équilibre autour de leur centre de gravité commun O; c'eft pourquoi je prolonge XO au-delà de X, & je dis par Regle de Trois comme l'arc ARC eft à l'arc ABC réciproquement la diftance XO du centre de gravité de l'arc ABC eft à un quatriéme terme qui doit être la diftance OZ du centre de gravité de l'arc ARC; ainfi nous aurons $ABC \times OX = ARC \times OZ$, ou en mettant au lieu de OX, & OZ leurs circonférences, $ABC \times (OX = ARC \times (OZ$; mais nous avons $ABC \times (OX = AC \times (OB$; donc $ARC \times (OZ = AC \times (OB$, & partant ARC. AC :: (OB. (OZ, ou bien en remettant les rayons au lieu des circonférences ARC. AC :: OB. OZ, ce qui fait voir que la diftance OZ du centre de gravité Z de l'arc ARC au centre du cercle eft auffi quatriéme proportionnelle à l'arc ARC, à fa corde AC & au rayon du cercle.

286. De-là il fuit que fi l'arc ABC eft égal à la demi-circonférence, la diftance de fon centre de gravité au diamétre ou au

centre du cercle, eſt quatriéme proportionnelle à la demi-circonférence, au diamétre & au rayon.

287. *Le centre de gravité* X *d'un ſecteur de cercle* ABC *(* Fig. 115.*)*
eſt ſur la droite BR *menée du centre* B *, & qui coupe en deux également*
ment en R *l'arc* AC *du ſecteur, & la diſtance de ce centre* X *au centre*
B *du cercle eſt une quatriéme proportionnelle à l'arc* AC *, à ſa corde*
AC *, & aux deux tiers du rayon* AB *du cercle.*

Puiſque la droite BR diviſe le ſecteur en deux parties égales,
il eſt clair que ces deux parties doivent être en équilibre autour
de BR, & que par conſéquent le centre de gravité commun à
ces deux parties doit être ſur BR.

·Maintenant pour trouver la diſtance de X au centre B du cercle, ſuppoſons d'abord que le ſecteur ſoit moindre qu'un demi-
cercle, & qu'il tourne autour du diamétre MN perpendiculaire
ſur BR. Le cercle étant un polygone d'une infinité de côtés, eſt
compoſé d'une infinité de triangles tous égaux qui ont leurs ſommets au centre, & dont les baſes ſont les petits côtés égaux du
polygone, ainſi le ſecteur ABC eſt compoſé d'un nombre de
triangles qui eſt au nombre que le cercle en contient, comme
l'arc ARC eſt à la circonférence entiere, & à cauſe que les baſes
des triangles ſont infiniment petites, les perpendiculaires menées
du centre ſur les milieux de leurs baſes, ne ſont pas différentes
des côtés de ces triangles, c'eſt-à-dire du rayon AB. Ainſi les
centres de gravité des triangles qui compoſent le ſecteur, étant
tous éloignés de leurs ſommets d'une quantité égale aux deux tiers
des lignes menées des ſommes ſur les milieux des baſes (*N.* 273.),
tous ces centres ſont éloignés du centre B d'une quantité égale
aux deux tiers du rayon AB, c'eſt pourquoi prenant ſur AB la
partie TB égale aux $\frac{2}{3}$ de AB, & du centre B & de l'intervalle BT
décrivant l'arc TV, cet arc paſſera par tous les centres de gravité
des triangles qui compoſent le ſecteur. Concevant donc ces triangles comme autant de poids égaux qui ſeroient attachés aux centres de gravité ſur l'arc TV, il ne s'agit plus que de trouver leur
centre de gravité commun, lequel n'eſt autre choſe que le centre de gravité de cet arc, puiſque tous les poids ſont entr'eux
comme les élemens de cet arc. Or, pour trouver le centre de gravité de l'arc, il faut faire cette analogie; l'arc TV eſt à ſa corde
TV comme le rayon TB eſt à la diſtance BX (*N.* 285.); & à
cauſe des ſecteurs ſemblables ABC, TBV, nous avons l'arc
ARC, eſt à ſa corde AC, comme l'arc TV eſt à ſa corde TV.

X ij

Donc l'arc ARC eſt à ſa corde AC comme TB qui eſt les deux tiers du rayon AB eſt à la diſtance BX.

Si le ſecteur AHC eſt plus grand que le demi-cercle, nous trouverons en achevant la circonférence du rayon BT que les centres de gravité de tous les triangles qui compoſent le ſecteur AHC ſont ſur l'arc TPV. Or, pour avoir le centre de gravité de cet arc, il faut encore faire TPV. TV :: TB. BZ, & les ſecteurs ſemblables AHC, TPV, donnent TPV. TV :: AHC. AC, donc AHC. AC :: TB ou $\frac{2}{3}$ AB. BZ, & le point Z eſt le centre de gravité du ſecteur AHC.

288. De ce que nous venons de dire, on tire la méthode de trouver le centre de gravité d'un vouſſoir d'une voute circulaire. On ſçait que les pierres ou vouſſoirs d'une voute circulaire ABHLCD (*Fig.* 116.) ſont taillées de façon que tous leurs joints AD, BC, &c. étant prolongés, vont aboutir au centre P, & par conſéquent chaque vouſſoir ABCD n'eſt autre choſe qu'un ſecteur ABP moins un ſecteur ſemblable DCP. Pour avoir donc le centre de gravité de ce vouſſoir, on cherchera le centre de gravité X du ſecteur ABP, & le centre de gravité Z du ſecteur DCP, on meſurera auſſi le ſecteur ABP, & le ſecteur DCP, & retranchant le petit du grand, on aura la valeur de la ſurface ABCD du vouſſoir; après quoi on dira par Régle de Trois, la ſurface ABCD eſt au ſecteur DCP réciproquement comme la diſtance XZ du centre de gravité du ſecteur DCP au centre de gravité X du ſecteur ABP eſt à un quatriéme terme qui ſera la diſtance du centre de gravité de la ſurface ABCD au centre de gravité X du ſecteur APB; ainſi prolongeant ZX, & faiſant XV égal à la diſtance trouvée le point V ſera le centre de gravité de la ſurface ABCD; car la ſurface ABCD & le ſecteur DCP compoſant enſemble le ſecteur ABP doivent être en équilibre autour du centre X de gravité de ce ſecteur, c'eſt pourquoi leur centre de gravité particulier doivent être à des diſtances de X réciproques à leurs grandeurs.

Tout vouſſoir ayant de l'épaiſſeur, il eſt clair qu'après avoir trouvé le centre de gravité V de ſa ſurface, celui du vouſſoir ſera ſur le milieu de l'épaiſſeur, c'eſt-à-dire de la perpendiculaire qui paſſeroit du point V ſur la ſurface oppoſée.

289. Pour trouver le centre de gravité d'un ſegment ABC de cercle (*Fig.* 117.), je meſure le ſecteur ABCP, & le triangle APC, & retranchant la valeur du triangle de celle du ſecteur,

le refte eft la valeur du fegment ABC. Je cherche le centre de gravité X du feéteur ABCP, & le centre de gravité O du triangle APC, puis menant la ligne OX que je prolonge au-delà de X, je dis par Regle de Trois : comme le fegment ABC, eft au triangle APC réciproquement la diftance OX du centre de gravité O du triangle au centre de gravité X du feéteur eft à un quatriéme terme qui doit être la diftance XZ du centre de gravité Z du fegment au centre du feéteur ; car le fegment & le triangle compofant le feéteur doivent être en équilibre autour du centre de gravité du feéteur, ce qui ne peut fe faire à moins que les diftances de leurs centres de gravité Z, O, au centre X ne foient réciproques à leurs grandeurs.

290. Pour trouver le centre de gravité d'une portion de cercle ACNM (*Fig.* 118.) comprife entre deux fegmens ABC, MHN. Je cherche le centre de gravité X du quadrilatere ACNM, le centre de gravité O du fegment MA, & le centre de gravité Z du fegment CN, puis confidérant les trois figures comme des poids mis à leurs centres de gravité X, O, Z ; je mene la droite OX, & je cherche fur cette droite le centre d'équilibre T des poids X, O, c'eft-à-dire du quadrilatere ACNM, & du fegment MA. Je mene la droite TZ, & concevant que les deux poids X, O foient mis fur leur centre d'équilibre T, je cherche le centre d'équilibre V des deux poids X, O mis en T & du poids Z, & le point V eft le centre d'équilibre des trois poids X, O, Z, ou des trois figures ACNM, MA, & CN ; & par conféquent ce centre eft le centre de gravité de la figure ACNM compofée des trois.

291. *Le centre de gravité d'une ellipfe ABCD (Fig. 119.) eft la même que le centre O de la figure.*

Je mene les deux axes AC, DB tous les élemens paralelles au petit axe DB font coupés en deux également par le grand axe AC ; donc leurs centres de gravité font fur ce grand axe, & par conféquent leur centre de gravité commun eft fur cet axe. Je mene le petit axe DB, lequel coupe le grand axe AC en deux parties égales, & comme tous les élemens paralelles à ce petit axe, pefent fur le grand comme s'ils étoient mis chacun fur fon centre de gravité qui eft fur le grand axe, & qu'il n'y a pas plus d'élemens qui traverfent le demi-grand axe AO, qu'il n'y en a qui traverfent l'autre demi-grand axe CO, & que les diftances de ces élemens au centre O de part & d'autre font égales chacune à chacune. Il s'enfuit que tous les élemens dont les centres de gravité font fur AO pefent autant fur AO que ceux dont les centres de gravité font fur CO pefent fur CO, & que par conféquent le point O doit être leur centre de gravité commun, ou le centre de gravité de l'ellipfe.

292. *Le centre de gravité d'un fegment elliptique* ABCP (Fig. 120.) *dont la corde* AC *eſt ordonnée au grand axe, eſt le même que le centre de gravité du fegment du cercle circonfcrit à l'ellipfe dont la corde* EH *eſt la même que* AC *prolongée de part & d'autre jufqu'à la circonférence du cercle.*

La ligne PB divife en deux également le fegment circulaire EBHP, & le fegment elliptique ABCP, & par conféquent le centre de gravité de l'un & l'autre fegment doit être fur cette ligne. Or, nous avons démontré en parlant de l'ellipfe, que les élemens du fegment elliptique APCB perpendiculaires fur PB, font proportionnels aux élemens du fegment circulaire EBHP, & il eſt clair que les diftances des élemens du fegment elliptique au centre P de l'ellipfe font égales chacune à chacune aux diftances des élemens du fegment circulaire au même point P qui eſt auffi le centre du cercle. Suppofant donc que chaque élement du fegment elliptique ne foit que la moitié de chaque élement du fegment circulaire, & concevant que l'un & l'autre tourne autour du petit axe MN perpendiculaire fur PB. La fomme des produits des élemens du fegment circulaire par leurs diftances à l'axe de mouvement MN fera double de la fomme des produits des élemens du fegment elliptique par les mêmes diftances ; nommons $2x$ la fomme des produits des élemens du fegment circulaire par leur diftance, nous aurons x pour la fomme des produits des élemens du fegment elliptique par leurs diftances, & nommant $2y$ la fomme des élemens du fegment circulaire, nous aurons y pour celle des élemens du fegment elliptique. Or, pour avoir la diftance du centre de gravité du fegment circulaire à l'axe de mouvement MN, il faut divifer la fomme $2x$ des momens de fes élemens par la fomme $2y$ des élemens, donc cette diftance fera $\frac{2x}{2y}$ ou $\frac{x}{y}$; de même pour avoir la diftance du centre de gravité du fegment elliptique à l'axe de mouvement MN, il faut divifer la fomme x des momens de fes élemens par la fomme y des élemens, donc cette diftance fera encore $\frac{x}{y}$, mais cette diftance eſt la même que nous avons trouvée pour le fegment circulaire. Dont le centre de gravité X de l'un & de l'autre fegment doit être le même.

293. Et on prouvera de même que le centre de gravité d'un fegment elliptique ABC (*Fig.* 121.) dont la corde AC eft perpendiculaire au petit axe, eft le même que le centre de gravité du fegment correfpondant EBH du cercle infcrit; que le centre de gravité d'une bande elliptique AMNC comprife entre deux doubles ordonnées AC, MN eft le même que le centre de gravité de la bande correfpondante EHTV du cercle correfpondant, &c.

294. *Le centre de gravité* X *d'un fecteur elliptique* ABCP (Fig. 120.) *dont la corde* AC *eft perpendiculaire au grand axe* BZ *eft le même que le centre de gravité du fecteur correfpondant* EBHP *du cercle circonfcrit* BHZE.

Tous les élemens du fecteur elliptique font proportionnels aux élemens du fecteur circulaire, felon ce qui a été démontré dans les Sections Coniques, & les diftances des centres de gravité des élemens du fecteur elliptique au centre P de l'ellipfe font égales chacune à chacune aux diftances des centres de gravité des élemens du fecteur circulaire au même centre P, fuppofant donc que chaque élement du fecteur circulaire foit double de chaque élement du fecteur elliptique, le produit des élemens du fecteur circulaire par leurs diftances fera double du produit des élemens du fecteur elliptique; ainfi nommant le premier produit $2x$, le fecond fera x, & nommant auffi $2y$ la fomme des élemens du fecteur circulaire, nous aurons y pour celle des élemens du fecteur elliptique, & partant la diftance du centre de gravité du fecteur circulaire au centre P de l'ellipfe fera $\frac{2x}{2y} = \frac{x}{y}$, & la diftance du centre de gravité du fecteur elliptique au même centre P fera $\frac{x}{y}$; mais ces deux diftances font la même; donc le point X eft le centre de gravité de l'un & l'autre fecteur.

Et par un femblable raifonnement, on prouvera que le centre de gravité du fecteur elliptique ABCP (*Fig.* 121.) dont la corde eft perpendiculaire au petit axe, eft le même que celui du fegment correfpondant EBHP du cercle infcrit.

295. Pour trouver le centre de gravité d'un fegment elliptique

ABC (*Fig.* 122.) dont la corde AC eft oblique au grand axe &
au petit. Je divife fa corde AC en deux également en S, & du
point S par le centre P de l'ellipfe, je mene la droite PB qui fera
le demi-diamétre du fegment. Je coupe le demi-grand axe RP
en H en même raifon que le demi-diamétre BP eft coupé en S,
c'eft-à-dire, je fais BP. BS :: RP. RH; je mene par le point H
la droite MN perpendiculaire au grand axe, ce qui me donne un
fegment elliptique MRN, dont je cherche le centre de gravité
X par les Régles ci-deffus; je coupe BS en Z, en même raifon
que RH eft coupé en X, c'eft-à-dire, je fais RH. RX :: BS. BZ,
& le point Z eft le centre de gravité du fegment ABC. Ce que
je prouve ainfi :

J'ai démontré dans les Sections Coniques, en parlant de l'ellipfe, que le fegment ABC eft égal au fegment MRN, que leurs
bafes font réciproques aux hauteurs, c'eft-à-dire qu'en menant
du point B la perpendiculaire BT fur la bafe AC, on a AC. MN
:: RH. BT; que fi on conçoit RH coupé en une infinité de parties égales, & BS en un même nombre de parties, & qu'après
avoir mené des points de divifion des paralelles aux bafes MN,
AC on circonfcrive fur ces paralelles des petits rectangles à l'é-
gard du fegment MRN, & des petits paralellogrammes à l'égard
du fegment ABC, tels qu'on les voit dans la figure, enforte qu'il
y ait autant de rectangles d'une part que de paralellogrammes
de l'autre; chaque rectangle du fegment MRN eft égal à chaque
paralellogramme du fegment ABC. Cela pofé.

Concevons que le fegment MRN tourne autour de fa bafe
MN, & le fegment ABC autour de fa bafe AC. Les centres de
gravité des rectangles du fegment MRN feront fur les milieux
des petites parties de la droite RH qui traverfent ces rectangles
& les coupent en deux également, & les centres de gravité des
paralellogrammes du fegment ABC, feront fur les milieux des
petites parties de la droite BS qui les traverfent, & qui les coupent en deux également. Concevons donc que tous les rectangles & les paralellogrammes foient autant de poids mis fur leurs
centres de gravité; & quant aux poids qui repréfentent les paralellogrammes, faifons-les avancer paralellement à la bafe AC,
jufqu'à ce qu'ils coupent la perpendiculaire BT en des points
où nous les concevrons attachés.

Les droites RH, BS étant divifées en un même nombre de
parties

parties égales ; il eft clair que les parties de RH comprifes dans les rectangles du fegment MRN font proportionnelles aux parties de BS comprifes dans les paralellogrammes du fegment ABC, & comme les centres de gravité des rectangles du fegment MRN coupent en deux également les parties de RH comprifes dans les rectangles, de même que les centres de gravité des paralellogrammes du fegment ABC, coupent en deux également les parties de BS comprifes dans les paralellogrammes; il eft encore clair que la ligne RH eft divifée aux points O, O, &c. des centres de gravité des rectangles, en même raifon que la ligne BS eft divifée aux points L, L, &c. des centres de gravité des paralellogrammes; mais à caufe des paralelles LI, LI, &c. la perpendiculaire BT eft divifée aux points I, I, &c. en même raifon que la droite BS aux points L, L, &c. donc la perpendiculaire BT eft divifée aux points I, I, &c. en même raifon que la droite RH aux points O, O, &c. c'eft-à-dire les diftances IT, IT, &c. des centres de gravité des paralellogrammes du fegment ABC à la bafe AC de ce fegment, font entr'elles comme les diftances OH, OH, &c. des centres de gravité des rectangles du fegment, MRN à la bafe MN de ce fegment; & partant fi l'on fuppofe, par exemple, RH double de BT, tous les OH, feront doubles de tous les IT. Multipliant donc tous les rectangles du fegment MRN par leurs diftances OH, &c. la fomme des produits fera double de la fomme des produits des paralellogrammes du fegment ABC par leurs diftances IT, &c. à caufe de l'égalité des rectangles & des paralellogrammes ; ainfi nommant la premiere de ces fommes de produits $2x$, la feconde fera x, & par conféquent fi nous nommons y la fomme des rectangles, la fomme des paralellogrammes fera auffi y; divifant donc $2x$, & x par y les quotients feront $\frac{2x}{y}$ & $\frac{x}{y}$, & feront voir que la diftance du centre de gravité du fegment MRN à fa bafe eft double du centre de gravité du fegment ABC à fa bafe AC, & qu'en prenant $TQ = \frac{1}{2} HX$, le point Q fera la diftance du centre de gravité du fegment ABC à fa bafe AC. Or, le centre de gravité du fegment ABC doit être fur BS, donc du point Q menant QZ paralelle à AC, le point Z fera le centre de gravité cherché, & BS fera divifé en même raifon en Z, que BR en X.

296. J'ai démontré dans le même endroit des Sections Coniques que le fecteur ABCP eft égal au fecteur MRNP en fuppo-

fant toujours que BP. BS :: RP. RH , & par conféquent fi dans l'un & l'autre feéteur , on circonfcrivoit des reétangles & des paralellogrammes , de même que nous avons fait à l'égard des fegmens , chaque reétangle feroit égal à chaque paralellogramme , & qu'en faifant tourner le feéteur MRNP autour du petit axe , lequel eft paralelle à fa bafe , & le feéteur ABCP autour du diamétre conjugué , lequel eft paralelle à fa bafe AC , on trouveroit en fuppofant que la diftance du centre O de gravité du feéteur MRNP au centre P , foit la droite OB ; on trouveroit , dis-je , que pour avoir le centre de gravité L de l'autre feéteur , il faudroit faire RP. RO :: BP. BL.

297. Je ne parle point ici du centre de gravite de l'hyperbole , à caufe que la quadrature de cette figure n'étant pas encore trouvée , fon centre de gravité nous eft encore inconnu ; & je ne m'arrête pas davantage à chercher les centres de gravité d'un plus grand nombre de figures , attendu qu'il fera aifé de les trouver en faifant l'application des principes précédens. Ce qui me refte à prefent eft de faire voir comment on trouve les centres de gravité des folides.

298. *Dans tout Prifme , paralellepipede & cylindre , fi fur le centre de gravité* X *de la bafe* (Fig. 123.) , *on éleve une perpendiculaire* XZ *jufqu'à la bafe fupérieure , le centre de gravité du folide fera fur le milieu* P *de cette perpendiculaire.* Ce qui eft évident , car fi l'on conçoit que le prifme foit coupé par une infinité de plans paralelles à fa bafe , lefquels feront tous femblables & égaux à cette bafe , la perpendiculaire XZ paffera par tous les centres de gravité de ces plans , & par conféquent leur centre d'équilibre commun fera auffi fur XZ , & comme tous les plans font égaux , & qu'il y en a autant entre P & Z qu'entre P & X , le point P fera le centre cherché.

299. *Dans les figures femblables , les centres de gravité font femblablement pofés.*

Soient les deux figures femblables ABCDE , *abcde* (*Fig.* 124.) , je divife chacune de ces figures en triangles par des lignes menées des angles égaux A , *a* , ainfi j'ai autant de triangles dans l'une que dans l'autre , & chaque triangle de l'une eft femblable à chaque triangle de l'autre. Je mene dans les triangles femblables BAC , *bac* des fommets A , *a* , les droites AH , *ah* fur les milieux de leurs bafes BC , *bc* , & ces lignes font femblablement pofées dans ces triangles , de forte que j'ai AH. *ah* :: BC. *bc* ;

or, les centres de gravité des deux triangles font fur les deux tiers AR, *ar* des droites AH, *ah*, donc j'ai AR. *ar* :: AH, *ah*, & par conféquent les deux centres de gravité R, *r* font femblablement pofés dans ces triangles. Par la même raifon les centres de gravité T, *t* des triangles femblables CAD, *cad* font femblablement pofés dans ces triangles, & nous avons AT. *at* :: CS. *cs* :: BC. *bc* :: AR. *ar*; & comme l'angle HAC eft égal à l'angle *hac*, & l'angle CAS eft égal à l'angle *cas*, l'angle HAS eft auffi égal à l'angle *has*, & par conféquent les triangles RAT, *rat* font femblables, puifqu'ils ont les côtés AR, AT proportionnels aux côtés *ar*, *at*, & l'angle compris RAT égal à l'angle compris *rat*.

Or, pour trouver le centre de gravité X commun aux deux triangles BAC, CAD, il faut divifer RT en deux parties RX, XT réciproques à ces deux triangles, & pour trouver le centre de gravité commun des triangles *bac*, *cad* femblables aux deux BAC, CAD, il faut auffi divifer *rt* en deux parties réciproques aux deux triangles, donc RX. XT :: *rx. xt*, & partant RX. RX + XT :: *rx. rx + xt* ou RX. RT :: *rx. rt*, ou RX. *rx* :: RT. *rt*, mais RT. *rt* :: RA. *ra*, donc RX. *rx* :: RA. *ra*, & par conféquent menant les droites AX, *ax*, les triangles RAX, *rax* font femblables & femblablement pofés dans les deux figures ; & à caufe de l'angle RAC égal à l'angle *rac*, l'angle CAX eft égal à l'angle *cax*.

Le centre de gravité O du triangle AED, & le centre de gravité *o* du triangle AED font auffi femblablement pofés dans ces triangles, c'eft pourquoi l'angle OAD eft égal à l'angle *oad* ; or, l'angle CAD eft égal à l'angle *cad*, & l'angle CAX égal à l'angle *cax*, donc l'angle XAD eft égal à l'angle *xad*, & l'angle XAO égal à l'angle *xao*; menant donc les droites XO, *xo*, les triangles XAO, *xao* feront femblables à caufe de AX. *ax* :: AR. *ar* :: BC. *bc*, & de AO. *ao* :: ED. *ed* :: BC. *bc*, ainfi les droites XO, *xo* feront femblablement pofées dans les deux figures.

Mais pour avoir le centre de gravité de la figure ABCDE, il faut divifer XO, en deux parties XZ, ZO réciproques au triangle AED, & à la fomme des deux triangles ABC, ACD, & pour avoir le centre de gravité de la figure *abcde*, il faut divifer la droite *xo* en deux parties *xz*, *xo* réciproques au triangle *aed* femblable au triangle AED, & à la fomme des deux *abc*, *acd* femblables aux deux ABC, ACD; donc XZ. ZO :: *xz. zo*, ainfi XZ. XZ + ZO ou XO :: *xz. xz + zo* ou *xo*, ou XZ. *xz* :: XO.

xo, mais $XO.\, xo :: AO.\, ao :: ED.\, ed :: BC.\, bc$, donc $XZ.\, xz ::$ $ED.\, ed :: BC.\, bc$, & par conséquent les centres de gravité Z, z font semblablement posés dans les deux figures , & ainsi des autres.

300. *Le centre de gravité de toute pyramide & de tout cône, est sur la ligne droite menée du centre de la base au sommet, & la distance de ce centre au sommet est les trois quarts de la ligne menée au sommet.*

Tous les plans MNHR (*Fig.* 125.) qui composent une pyramide, & qui sont paralelles à la base BCDH sont semblables entr'eux & à la base, menant donc du centre de gravité X de la base la droite XA , cette droite doit passer par les centres de gravité de tous les plans MNHR , &c. car les triangles semblables ACD , ANH, donnent $CD.\, NH :: AC.\, AN$, & menant dans la base DCDE, & dans le plan MNHR les droites CX , NV, les triangles semblables ACX , ANV donnent $AC.\, AN :: CX.\, NV$, donc $CD.\, NH :: CX.\, NV$, & partant à cause des angles égaux VNH , XCD, les droites CX , NV proportionnelles aux côtés homologues CD, NH des deux plans, font semblablement posées dans ces deux plans; & comme le centre de gravité X de la base BCDE est posé à l'extrêmité X, il faut nécessairement que le centre de gravité V du plan MNHR soit posé sur l'extrêmité V de la droite NV, autrement ces deux centres de gravité ne seroient pas semblablement posés dans leurs plans, mais les points X, V appartiennent à la droite XA , donc tous les centres de gravité des plans qui composent la pyramide font sur la droite XA menée du centre de gravité de la base au sommet, & par conséquent leur centre de gravité doit être sur XA.

Maintenant si la droite XA est perpendiculaire sur la base, les distances VA , &c. des centres de gravité des plans au sommet A , feront égales aux hauteurs des plans, c'est-à-dire aux distances des plans au sommet. Or, les plans étant entr'eux comme les quarrés de leurs hauteurs, forment une suite dont l'exposant est 2, & les distances de leurs centres de gravité au sommet A forment une autre suite dont l'exposant est 1, donc la somme des produits des plans par les distances de leurs centres de gravité ou par leurs hauteurs formera une suite dont l'exposant fera 2 + 1 ou 3, & par conséquent cette suite sera a son dernier terme multiplié par le nombre des termes comme 1 à 3 + 1 ou 1 à 4. Ainsi nommant aa la base BCDE, & b la hauteur AX, la somme des produits fera $\frac{1}{4}aabb$, mais la fomme des plans eft $\frac{1}{3}aab$; divifant donc $\frac{1}{4}aabb$ par $\frac{1}{3}aab$, le quotient $\frac{1}{4}b$ fera la diftance du centre de gravité de la pyramide au fommet A.

Si la droite XA (*Fig.* 126.) n'eft pas perpendiculaire fur la bafe, j'abaiffe du fommet A la perpendiculaire AP, je tranfporte fur cette perpendiculaire tous les centres de gravité par des lignes paralelles à la droite XP qui eft dans le plan de la bafe, & confidérant tous les plans comme autant de poids attachés à tous les points du levier AP, je trouverai, comme ci-deffus, que la fomme des produits de chaque poids par fa diftance eft $\frac{1}{4}aabb$, & la fomme des poids $\frac{1}{3}aab$; divifant donc la premiere fomme par la feconde, j'aurai $\frac{1}{4}b$ par la diftance AQ. Tranfportant donc le point Q fur la droite AX par une ligne QR paralelle à XP, le point R fera le centre de gravité de tous les plans ou de la pyramide, & nous aurons $AR = \frac{1}{4}AX$; car à caufe des triangles femblables AXP, ARQ, nous avons AP. AQ :: AX. AR, mais $AQ = \frac{1}{4}AP$, donc $AR = \frac{1}{4}AX$.

301. Comme tous les folides à plufieurs faces peuvent fe divifer en plufieurs pyramides, de même que tous les plans peuvent fe divifer en triangles, on trouvera le centre de gravité d'un corps irrégulier en cherchant les centres de gravité de toutes les pyramides qui les compofent, & enfuite le centre de gravité commun à toutes les pyramides.

302. *Le centre de gravité* H *de la furface d'un fegment* ABC *de fphere* (Fig. 127.) *eft fur le milieu de la ligne* BR *élevée perpendiculairement fur le centre* R *de fa bafe* AC.

La furface du fegment ABC eft égale à la furface FMNE de la partie FMNE du cylindre circonfcrit, laquelle partie a pour hauteur la droite FM égale à la hauteur RB du fegment; or, fi l'on coupe la partie cylindrique FMNE en deux parties égales par un plan TV paralelle à la bafe, la furface cylindrique TMNV fera égale à la furface TFEV, & par conféquent ces deux furfaces feront en équilibre autour du plan coupant TV, & leur centre de gravité commun fera fur ce plan, c'eft-à-dire au point H qui eft le centre de ce plan, mais la furface XBZ que le plan TV coupe fur le fegment, eft égale à la furface TMNV, & l'autre furface AXZV eft égale à la furface FTVF, donc les deux furfaces XBZ, AXZC font égales entr'elles, & partant elles font en équilibre autour du plan, & leur centre de gravité commun eft fur ce plan, c'eft-à-dire au point H.

Y iij

On prouvera de la même façon que le centre de gravité d'une zône sphérique AXZC eſt ſur le milieu de la droite RH menée du centre O du cercle AC qui ſert de baſe inférieure au centre H du cercle XZ qui eſt la baſe ſupérieure.

303. *Le centre de gravité* X *d'un ſeĉteur* ABCD *de ſphére* (Fig. 128.) *eſt ſur la droite* BP *menée du centre* D *de la ſphére par le centre* P *du cercle qui ſert de baſe au ſegment* ABC, *& la diſtance* DX *de ce centre de gravité au centre* D *de la ſphére, eſt égale aux* $\frac{1}{4}$ *du rayon* BD *moins les* $\frac{3}{8}$ *de la droite* PB *compriſe entre la ſurface de la ſphére & le cercle qui ſert de baſe au ſegment.*

Le ſeĉteur ſphérique ABCD n'eſt autre choſe qu'une infinité de pyramides qui ont toutes leurs ſommets au centre D de la ſphére, & leurs baſes ſur la ſurface de la ſphére ; ainſi toutes ces pyramides dont les baſes ſont infiniment petites ont pour hauteur le rayon AD ou BD, & leurs centres de gravité ſont éloignés du ſommet commun A d'une quantité égale à $\frac{3}{4}$AD ou $\frac{3}{4}$BD, c'eſt pourquoi ſi je conçois un autre ſphére dont le centre ſoit le même centre D, & dont le rayon DH ſoit égal à $\frac{3}{4}$AD, la ſurface du ſeĉteur HRLD ſemblablable au ſeĉteur ABCD paſſera par tous les centres de gravité des pyramides, & comme toutes les pyramides ſont en équilibre autour de la droite DB, de même que toutes les parties de la ſurface HRL ſont en équilibre autour de la même droite ; il eſt clair que ſi nous concevons les pyramides attachées à leur centre de gravité ſur la ſurface HRL, leur centre de gravité commun ſera le centre de gravité de la ſurface HRL, & par conſéquent ce centre ſera ſur le milieu X de la droite RV.

Or, à cauſe des ſeĉteurs ſemblables ABCD, HRLD, nous avons AD. HD :: AC. HL :: BP. RV ; donc à cauſe de HD $=\frac{3}{4}$AD, nous avons RV$=\frac{3}{4}$BP, & par conſéquent RX$=\frac{1}{2}$RV $=\frac{1}{2}\times\frac{3}{4}BP=\frac{3}{8}$BP, mais XD$=RD-$RX, & RD$=\frac{3}{4}$BD, donc XD$=\frac{3}{4}BD-\frac{3}{8}$BP.

Pour trouver le centre de gravité de l'autre ſeĉteur AMCD, je meſure la ſphére entiere & le ſeĉteur ABCD, & retranchant ce ſeĉteur de la ſphere entiere, le reſte eſt la valeur du ſeĉteur AMCD, c'eſt pourquoi prolongeant la droite XD au-delà de P en Z, je dis par Régle de Trois : comme le ſeĉteur AMCD eſt au ſeĉteur ABCD, réciproquement la diſtance XD du centre de gravité X du ſeĉteur ABCD au centre D de la ſphére eſt à un quatriéme terme qui ſera la diſtance DZ du centre de gravité Z du secteur AMCD au même centre D ; car les deux secteurs composant la sphere, doivent être en équilibre autour du centre D qui est leur centre de gravité commun.

304. Pour trouver le centre de gravité d'un segment ABC (*Fig. 129.*). Je mesure le secteur ABCD, & le cône ACD, puis retranchant le cône du secteur, le reste est la valeur du segment, je cherche le centre de gravité X du secteur, & le centre de gravité Z du cône, puis prolongeant ZX vers B, je dis par Régle de Trois : le segment ABC est au cône ACD réciproquement comme la distance ZX du centre de gravité du cône au centre de gravité X du secteur, est à un quatriéme terme qui fera la distance XV du centre de gravité V du segment au même centre X du secteur, car le segment & le cône doivent être en équilibre autour du centre X du secteur qu'ils composent.

305. Pour trouver le centre de gravité d'une zone ABCD de sphére (*Fig. 130.*), dont la base AD est un cercle égal au grand cercle de la sphére. Je retranche d'abord de cette zone le cône BCP de même hauteur, & dont la base BC est égale à la base superieure de la zone, & le reste est une espéce de cuvette ou d'entonnoir ABPCD ; or, cet entonnoir est composé d'une infinité de pyramides égales qui ont le sommet au centre P de la sphére, & les bases sur la surface de la zone ; ainsi ces pyramides ont toutes les hauteurs égales entr'elles & au rayon BP ou AP, & par conséquent leurs centres de gravité sont tous éloignés de leur sommet commun P d'une quantité égale à $\frac{3}{4}$ AP ou $\frac{3}{4}$ BP. C'est pourquoi si je conçois une sphére dont le centre soit le point P, & dont le rayon soit PH $= \frac{3}{4}$ AP, l'entonnoir HRPZV de cette sphére fera semblable à l'entonnoir ABPCD, & la surface de l'entonnoir HRPZV passera par tous les centres de gravité des pyramides qui composent l'entonnoir ABPCD ; concevant donc toutes ces pyramides comme autant de poids attachés à leur centre de gravité sur la surface HRZV, leur centre de gravité commun sera le même que le centre de gravité de la surface HRZN ; mais le centre de gravité de cette surface est sur le milieu O de sa hauteur TP, donc le centre de gravité de l'entonnoir ABPCD fera le point O.

Je cherche le centre de gravité L du cône BPC, après quoi je partage la droite LO en deux parties LX, XO qui soient entr'elles réciproquement comme l'entonnoir ABPCD est au cône BPC, & le point X est le centre de gravité de la zone ABCD, car cette zone étant compofée de l'entonnoir ABPCD & du cône BPC, les diftances des centres de gravité de ces deux parties à leur centre de gravité commun X doivent leur être réciproques.

Mais fi la bafe inférieure BC d'une zone BMNC n'eft pas le grand cercle de la fphére; je cherche le centre de gravité L de la zone AMND qui a pour bafe le grand cercle de la fphére, & le centre de gravité X de la zone ABCD qui a auffi pour bafe le grand cercle de la fphére; je mefure la zone AMND, & la zone ABCD, & retranchant la petite de la grande, le refte eft la zone BMNC; c'eft pourquoi je dis, par Regle de Trois : la zone BMNC eft à la zone ABCD, réciproquement comme la diftance XL du centre de gravité de la zone ABCD au centre de gravité L de la zone AMND, eft à un quatriéme terme qui fera la diftance LZ du centre de gravité Z de la zone BMNC au centre L de la zone AMND, car les deux zones ABCD, BMNC doivent être en équilibre autour du centre L de la zone AMND qu'elles compofent.

306. REMARQUE. J'aurois encore beaucoup de chofes à dire touchant les centres de gravité des Corps, mais comme cette matiere eft beaucoup plus épineufe qu'elle n'eft utile, je renvoye les Curieux à la *Mefure des Surfaces & des Solides par l'Arithmétique des Infinis, & par les Centres de gravité*, que je fis imprimer à Paris chez JOMBERT Libraire, en 1740. J'y ai traité ce fujet de façon à n'y laiffer rien à defirer.

De la defcente des Corps fur les Plans inclinés.

307. Si deux ou plufieurs corps A, B, C, D (*Fig.* 131.) unis par des liens, font en équilibre autour d'un centre d'équilibre H, l'effort total de leur pefanteur eft reuni dans ce point, car puifque ces corps fe contre-balancent autour de H, c'eft-à-dire que les forces d'un côté font égales aux forces de l'autre : il eft clair que le point H foutient tout leur effort, & qu'ils agiffent autant fur ce point que s'ils y étoient tous attachés, & il faut dire la même chofe de l'effort que toutes les parties d'un corps font autour du centre de gravité de ce corps; de forte qu'on peut confidérer toutes ces parties comme réunies à ce centre, & faifant autant d'effort pour le faire defcendre vers le centre de la terre, qu'elles en font chacune en leur place.

308.

308. *Si un corps* AB (*Fig.* 132.) *est mis sur un plan horizontal , de façon que la ligne* XQ *menée de son centre* X *perpendiculairement à l'horizon , tombe dans la base* AM *, sur laquelle le corps s'appuye , ce corps subsistera sur sa base sans tomber, mais si la verticale* XQ *tombe hors de la base* AM *, le corps tombera sans pouvoir subsister sur sa base.*

Dans le premier cas (*Fig.* 132.) , il est clair que si le centre de gravité X étoit soutenu par un pivot XQ perpendiculaire à l'horizon , toutes les parties de ce corps étant en équilibre autour de ce point , leur effort se réuniroit au point X pour le faire descendre selon la direction XQ ; or , le pivot XQ resistant selon la direction opposée à cet effort , le centre X ne sçauroit remuer , & par conséquent toutes les parties du corps resteroient en repos autour de lui ; mais le point X est soutenu par les parties inférieures du solide , de la même façon qu'il le seroit par le pivot XQ. Donc , &c.

Dans le second cas (*Fig.* 133.) , le centre de gravité n'est soutenu de rien ; ainsi l'effort réuni de toutes les parties du corps ne trouvant point d'obstacles , doit faire baisser ce point , ce qui ne peut arriver à moins que le corps ne se renverse.

309. *Si un corps* AB (*Fig* 134.) *est mis sur un plan incliné* MN *, enforte que la ligne* XO *menée de son centre* X *perpendiculairement à l'horizon ne passe pas par sa base* AC *, ce corps se culbutera sur le plan incliné, mais si la verticale* XO *passe par la base* AC (*Fig.* 135.), *le corps glissera sur le plan sans se culbuter.*

Dans le premier cas , le corps tomberoit quand même il seroit appuyé sur un plan horizontal MC , à plus forte raison tombera-t-il lorsque sa base sera sur un plan incliné.

Dans le second cas , l'effort de toutes les parties du corps pousse le centre X selon la direction verticale XO qui passe par la base ; ainsi si cette base étoit horizontale , le corps resteroit debout sans remuer. Mais comme la pression verticale XO qui se fait sur la base & sur le plan incliné est oblique à ce plan ; je mene du point X la droite XR perpendiculaire sur le plan incliné , & achevant le paralellogramme RXOS , la force verticale XO est composée de la force perpendiculaire XR à laquelle le plan incliné resiste invinciblement & de la force XS , laquelle n'agit point sur le plan ; ainsi le centre de gravité doit prendre la direction XS , mais il ne sçauroit prendre cette direction à moins que toutes les parties du corps ne le fuivent ; donc le corps doit gliffer le long du plan incliné felon cette direction.

310. Comme on peut mettre fur un plan incliné toutes fortes de corps de quelque figure qu'ils foient, nous nous bornerons dans la fuite aux corps fphériques, tels que le corps A (*Fig.* 136.) dont le mouvement doit fe faire en roulant, à caufe que la direction verticale AZ de fon centre de gravité A tombe toujours hors du point C où la fphére touche le plan.

311. PROPOSITION L. *Si un corps defcend fur un plan incliné* BR (Fig. 136.), *il defcend moins vîte que s'il defcendoit librement vers le centre de la terre.*

La pefanteur d'un corps le pouffe felon la verticale AZ, laquelle eft inclinée au plan BR, ainfi menant du point A la droite AC perpendiculaire au plan BR, & achevant le paralellogramme ACZD, la pefanteur AZ eft compofée de la force AC & de la force AD. Or, le plan refifte invinciblement à la force AC ; donc la pefanteur n'agit plus fur le corps qu'avec la direction & la force AD, laquelle eft moindre que la force AZ, & par conféquent le corps étant pouffé avec une force moindre que celle qui le poufferoit vers le centre de la terre, doit auffi aller moins vîte.

312. Nous nommerons *Pefanteur abfolue*, la pefanteur d'un corps qui defcend librement vers le centre de la terre, & *Pefanteur relative*, la force qui refte à la pefanteur d'un corps pour le faire defcendre le long d'un plan incliné. Ainfi dans la Figure 136, la pefanteur abfolue du corps B étant exprimée par la verticale AZ qui eft la diagonale du paralellogramme CADZ, fa pefanteur relative fera la force AD, avec laquelle ce corps defcend le long du plan incliné BR.

313. *Si un corps* A (Fig. 136.) *defcend fur un plan incliné* BR, *fa pefanteur abfolue eft à fa pefanteur relative, comme le finus droit eft au finus de l'angle d'inclinaifon* BRO *que le plan* BR *fait avec fa bafe* OR *horizontale, ou comme le côté* BR *du plan incliné eft à fa hauteur* BO.

Je prolonge AZ jufqu'à la bafe OR en S, & les triangles rectangles ACZ, SZR font femblables, à caufe des angles aigus CZA, SZR oppofés au fommet ; donc AZ. CZ ou AD :: ZR. ZS ; mais à caufe des triangles femblables SZR, OBR, nous avons ZR. ZS :: BR. BO ; donc AZ. AD :: BR. BO, c'eft-à-dire la pefanteur abfolue AZ eft à la pefanteur relative AD comme la longueur BR du plan incliné eſt à ſa hauteur BO.

Or, dans le triangle rectangle BRO, la longueur BR eſt à la hauteur BO, comme le ſinus de l'angle droit BOR eſt au ſinus de l'angle BRO de l'inclinaiſon du plan BR ſur ſa baſe, donc la peſanteur abſolue eſt à la peſanteur relative, comme le ſinus droit eſt au ſinus de l'angle d'inclinaiſon du plan ſur la baſe.

314. Plus l'angle d'inclinaiſon BRO diminue plus le ſinus de cet angle devient petit par rapport au ſinus droit, & par conſéquent plus la peſanteur relative AD diminue par rapport à la peſanteur abſolue, laquelle eſt toujours la même ; ainſi à meſure que BR eſt plus incliné à l'horizon, moins le corps deſcend vîte ſur ce plan.

315. *Si un corps* A (Fig. 137.) *deſcend ſucceſſivement le long de differens Plans diverſement inclinés à l'horizon* BC, CD, EC, &c. *les peſanteurs relatives ſur ces differens Plans ſont entr'elles comme les ſinus des angles d'inclinaiſon* BCH, DCH, ECH *des Plans inclinés.*

Car nommant P la peſanteur abſolue du corps, S le ſinus total, R la peſanteur relative du corps A ſur le plan DC, r ſa peſanteur relative ſur le plan BC, V le ſinus de l'angle d'inclinaiſon DCH du plan DC, & u le ſinus de l'angle d'inclinaiſon BCH du plan BC, nous aurons par rapport au plan DC, P. R :: S. V, ou P. S :: R. V, & par rapport au plan BC, P. r :: S. u, ou P. S :: r. u; donc R. V :: r. u, & partant R. r :: V. u, c'eſt-à-dire la peſanteur relative ſur le plan DC eſt à la peſanteur relative ſur le plan BD, comme le ſinus V de l'angle d'inclinaiſon du plan DC eſt au ſinus u de l'angle d'inclinaiſon du plan BC, & ainſi des autres.

316. Proposition L I. *Si une puiſſance* P (Fig. 138.) *ſoutient un corps* A *ſur un Plan incliné* BC *avec une direction* PA *paralelle à* BC, *enſorte que la puiſſance & le poids ſoient en équilibre, la puiſſance eſt au poids comme la peſanteur relative eſt à la peſanteur abſolue, ou comme la hauteur du Plan incliné eſt à ſa longueur* BC, *ou comme le ſinus de l'angle d'inclinaiſon du Plan eſt au ſinus droit.*

Du centre A je mene la verticale AZ qui coupe le plan incliné en Z & la droite AC perpendiculaire ſur ce plan, & achevant le paralellogramme ACZD, la peſanteur abſolue eſt à la relative comme AZ & AD; ainſi puiſque le corps n'eſt mû que par la peſanteur relative AD, la puiſſance P qui tire le corps avec la direction AP directement oppoſée & qui eſt en équilibre avec AD, doit être exprimée par la droite AM égale à AD, & par conſéquent **MA. AZ** :: **AD. AZ**, c'eſt-à-dire la puiſſance **P** eſt à la peſanteur abſolue **AZ**, ou au poids **A** comme la peſanteur rela-tive **AD** eſt à la peſanteur abſolue **AZ**.

Or la peſanteur relative eſt à l'abſolue comme la hauteur du plan incliné eſt à ſa longueur, ou comme le ſinus de l'angle d'inclinai-ſon eſt au ſinus total ; donc la puiſſance **P** eſt au poids **A** dans ces mêmes raiſons.

317. Si au lieu d'une puiſſance qui tire le corps de **A** vers **P**, on mettoit une puiſſance qui le repouſſât de **D** vers **A** ſelon la di-rection **DA**, & que la puiſſance & le poids fuſſent en équilibre, la puiſſance ſeroit au poids encore comme la peſanteur relative eſt à la peſanteur abſolue, &c. ce qui eſt évident.

318. Si au lieu d'une puiſſance qui ſoutient le corps, on met un poids **R** (*Fig. 139.*) qui tire le corps ſelon la direction **XA** paralelle au plan incliné **BC** par le moyen d'une poulie **X** ſur laquelle paſſe la corde, d'où le poids **R** pend, & que le poids **R** & le poids **A** ſoient en équilibre, le poids **R** eſt encore au poids **A** comme la peſanteur relative de **A** eſt à ſa peſanteur abſolue, ou, &c. car l'effet du poids **R** ſera encore exprimé par la droite **MA** égale à la droite **AD** qui exprime la peſanteur relative du corps **A** ; ainſi comme le poids **R** qui n'eſt ſur aucun plan incliné, tend vers le centre de la terre avec toute ſa force ou avec toute ſa peſanteur abſolue, il eſt clair que le poids total de **R** doit être au poids total de **A** comme **MA** ou **AD** eſt à **AZ**.

319. PROPOSITION LII. *Soit ſur un plan incliné* **BC** *un corps ſphérique* **A** (Fig. 140.) *dont la peſanteur abſolue eſt exprimée par la verticale* **AZ**, *& la peſanteur relative par la droite* **AD** *paralelle au plan incliné* **BC** ; *ſi l'on prolonge* **AD** *du côté oppoſé, & qu'après avoir fait* **MA = AD**, *& mené par les points* **M, D** *les droites* **PQ, ZK** *paralelles à la droite* **EG** *perpendiculaire au plan* **BC** *au point d'attou-chement* **G**, *on tire du point* **A** *des lignes droites ſur tous les points de* **PQ**, *& d'autres lignes ſur tous les points de* **ZK**. *Je dis que toutes ces lignes, à l'exception de celles qui paſſent par l'angle* **QAE** *& par l'an-gle* **GAZ** *oppoſé au ſommet à l'angle* **QAE** *exprimeront des puiſſances, chacune deſquelles dans ſa direction ſera en équilibre avec le corps* **A**, *c'eſt-à-dire que les puiſſances* **AH, AL, AF**, *&c. feront en équilibre en tirant le corps vers la droite* **PQ** *ſur laquelle elles ſe terminent, & les puiſſances* **AK, AN, AD**, *&c. qui ſe terminent ſur* **ZK** *feront auſſi en équilibre en pouſſant le corps vers la même droite* **PQ**.

Nous ſçavons que la peſanteur abſolue **AZ** eſt compoſée de la force AG à laquelle le plan réfifte invinciblement, & de la force AD paralelle au plan incliné BC ; or la direction de la puiſſance AH qui tire le corps vers H étant oblique à la force AD, eſt compoſée de deux HR, HM, ou des deux MA, AR ; dont la premiere MA tirant de A vers M eſt égale & oppoſée à la peſanteur relative AD, & l'autre AR tirant de A vers R eſt oppoſée à la force AG, mais moindre qu'elle ; ainſi la force MA eſt en équilibre avec la peſanteur relative AD, & la force AR ne détruifant qu'une partie de la force AG, ne peut empêcher le corps A de s'appuyer ſur le plan ; donc la force AH équivalente aux deux AM, AR eſt en équilibre avec le corps A, & on prouvera la même choſe de toutes les puiſſances qui ſont entre la direction AM paralelle au plan incliné & la direction verticale AQ, laquelle eſt égale à la peſanteur abſolue AZ, à cauſe qu'elle eſt compoſée de la force AE qui tire de A vers E, & de la force AM qui tire de A vers M, & que ces deux forces AE, AM ſont égales & oppoſées chacune à chacune aux deux forces AG, AD qui compoſent la peſanteur abſolue AZ.

Les puiſſances AF, AP, &c. qui paſſent dans l'angle TAG ſont auſſi en équilibre avec le corps A ; car la puiſſance FA eſt compoſée de la force FM & de la force F*p*, ou de la force A*p* qui tire de A vers *p*, & de la force MA qui tire de M vers A ; or la force MA eſt en équilibre avec la peſanteur relative AD, & la force A*p* ne fait qu'affermir davantage le corps ſur le plan incliné ; donc, &c.

Les puiſſances qui paſſent dans l'angle EA*t* ſont égales chacune à chacune à celles qui paſſent dans l'angle TAG, & font le même effet en pouſſant le corps A, que les autres en le tirant ; donc ces puiſſances ſont encore en équilibre avec le corps A, & par la même raiſon celles qui paſſent par l'angle *t*AZ oppoſé au ſommet à l'angle TAQ, ſont auſſi en équilibre avec le corps A, puiſqu'elles font le même effet en pouſſant ce corps, que les puiſſances de l'angle TAQ en le tirant.

Maintenant les puiſſances qui ſont dans l'angle QAE ne ſçauroient être en équilibre avec le corps A ; car la puiſſance AX eſt compoſée de la force XM ou AY qui tire de A vers Y, & de la force YX ou AM qui tire de A vers M ; or MA eſt égale & oppoſée à la peſanteur relative AD ; mais AY eſt plus grande que AG ſon oppoſée ; donc la force AX compoſée de deux forces AY, AM eſt plus grande que la peſanteur abſolue, & par conſéquent la force AX doit enlever le corps, & ainſi des autres.

Que ſi les puiſſances qui paſſent dans l'angle QAE pouſſoient le corps A au lieu de le tirer, il arriveroit que ces puiſſances augmenteroient la preſſion du corps ſur le plan incliné BC, & que ce corps deſcendroit deux fois plus vîté; car la puiſſance XA pouſſant de X vers A eſt compoſée de la force XM ou YA qui pouſſe de Y vers A, & de la force XY ou MA qui pouſſe de M vers A; ainſi XM augmenteroit la preſſion du corps A au point G, & MA joint à AD donneroit au corps une viteſſe double de celle que la peſanteur relative AD lui donne; & la même choſe doit ſe dire des puiſſances qui paſſent dans l'angle GAZ; car celles-ci ſont égales chacune à chacune à celles qui paſſent par l'angle QAE, & font le même effet en tirant le corps, que les autres feroient en le pouſſant.

Pour ce qui regarde la puiſſance AE en particulier, il eſt clair que ſi cette puiſſance en tirant de A vers E eſt égale à la force AG qui eſt l'une des compoſantes de la peſanteur, la preſſion du corps A ſur le plan ceſſera, mais la force AD qui eſt l'autre compoſante agira toujours, & par conſéquent le corps A ne ceſſera de deſcendre; que ſi la puiſſance AE eſt moindre que AG, la preſſion du corps A ſur le plan incliné diminuera, & le corps deſcendra encore; enfin ſi AE eſt plus grande que AG, la puiſſance AE enlevera le corps A de deſſus le plan; mais AD le fera toujours deſcendre ſelon ſa direction, car la force AE n'eſt compoſée d'aucune force qui ſoit contraire en tout ou en partie à la force AD. Que ſi AE pouſſoit le corps de E vers A, elle augmenteroit la preſſion du corps ſur le plan à proportion de ſa grandeur; mais quelque grande qu'elle pût être, elle n'empêcheroit jamais le corps de deſcendre ſelon la direction AD; & il faut dire la même choſe de celle qui tireroit ſelon la direction GA.

320. CﻮROLLAIRE. *Si l'on prolonge les directions des puiſſances dont nous venons de parler juſqu'à ce qu'elles coupent le plan incliné; par exemple, ſi l'on prolonge* HA *juſqu'à ce qu'elle coupe le plan incliné* BC *en* h *où elle fera un angle* HhB *que nous nommerons angle de* Traction, *je dis que chaque puiſſance ſera à la peſanteur abſolue* AZ *ou au poids* A, *comme le ſinus de l'angle d'inclinaiſon* BCO *du plan ſur ſa baſe eſt au ſinus de complement à l'angle droit de l'angle* HhB *de traction.*

Je prolonge AZ juſqu'à la baſe OC en *a*, (*Fig.* 141.) les triangles GAZ, *a*ZC étant ſemblables à cauſe de l'angle aigu GZA égal à l'angle aigu aZC qui lui est opposé au sommet, l'angle GAZ est égal à l'angle d'inclinaison ZCa du plan BC sur la base OC, & dans le triangle rectangle GAh, l'angle GAh est l'angle du complement à un droit de l'angle de traction GhA. Ainsi prenant pour sinus tòtal la droite AG, & menant du point G la perpendiculaire Gg sur AZ, & la perpendiculaire Gm sur Ah, la droite Gg sera le sinus de l'angle GAZ d'inclinaison du plan sur sa base, & la droite Gm sera le sinus du complement GAh à un droit de l'angle de traction GhA. Cela posé.

Le triangle rectangle HMA est semblable au triangle rectangle GAh, & celui-ci est semblable au triangle GAm; donc HMA est semblable à GAm, & nous avons HA. MA :: AG. Gm; mais MA = AD = GZ; donc HA. GZ :: AG. Gm, & partant HA × Gm = GZ × AG.

Les triangles semblables AZG, AGg donnent AZ. GZ :: AG. Gg; donc AZ × Gg = GZ × AG; mais nous venons de trouver HA × Gm = GZ × AG; donc HA × Gm = AZ × Gg, & partant HA. AZ :: Gg. Gm, c'est-à-dire la puissance HA est à la pesanteur absolue AZ ou au poids A comme le sinus Gg de l'angle d'inclinaison du plan est au sinus Gm de l'angle GAm complement à l'angle droit de l'angle GhA de traction; & le même se prouvera de toutes les puissances comprises entre la droite TA paralelle au plan incliné & la verticale ZQ, & aussi de toutes celles qui passent par l'angle ZAt opposé au sommet à l'angle TAQ; car celles-ci font le même effet en poussant le corps, que celles qui passent par l'angle TAQ, & qui tirent le corps.

Quant aux puissances qui passent par l'angle TAG (*Fig.* 142.) je mene de même la droite Gm perpendiculaire sur AL, & la droite Gg perpendiculaire sur AZ, & prenant pour sinus total la droite AG, j'ai comme ci-dessus la droite Gg pour le sinus de l'angle GAg égal à l'angle d'inclinaison BCO, & la droite Gm pour le sinus de l'angle GAL complement à l'angle droit de l'angle ALG de traction; or les triangles rectangles FAM, LGA sont semblables à cause de l'angle aigu MAF égal à l'angle aigu ALG qui lui est alterne, & le triangle rectangle LAG est semblable au triangle rectangle mGA à cause de mG perpendiculaire sur l'hypothenuse LA; donc les triangles FMA, mGA sont semblables, & donnent FA. MA ou GZ :: AG. Gm, & partant FA × Gm = GZ × AG.

De même les triangles rectangles semblables AGZ, AGg

donnent AZ. ZG :: AG. G*g*; donc AZ × G*g* = GZ × AG;
& partant FA × G*m* = AZ × G*g*, d'où je tire FA. AZ :: G*g*.
G*m*, c'eſt-à-dire encore la puiſſance FA eſt à la peſanteur abſolue AZ ou au poids A comme le ſinus G*g* de l'angle d'inclinaiſon
du plan ſur ſa baſe eſt au ſinus G*m* de l'angle GA*m*, complement
à l'angle droit de l'angle de traction ALG; & il eſt viſible que
les puiſſances qui paſſent par l'angle EA*t* oppoſé au ſommet à
l'angle TAG, ſont auſſi au poids comme le ſinus de l'angle d'inclinaiſon au ſinus du complement à l'angle droit de l'angle de
traction; car ces puiſſances en pouſſant le corps, ſont le même
effet que les autres en le tirant.

321. COROLLAIRE II. Il ſuit de-là, que quoiqu'on puiſſe dire que
toutes les puiſſances obliques au plan incliné BC, & qui ſont en
équilibre avec le corps A, ſont à ce corps comme le ſinus de
l'angle d'inclinaiſon au ſinus du complement de l'angle de traction. Cependant il ne s'enſuit pas que toutes les puiſſances qui
ſont au poids comme le ſinus de l'angle d'inclinaiſon au ſinus de
complement de l'angle de traction ſoient en équilibre avec le
corps; car nous avons vû que les puiſſances qui paſſent par les
angles QAE, GAZ ne peuvent être en équilibre avec A.

322. COROLLAIRE III. Quand la direction FA (*Fig.* 143.)
eſt horizontale ou paralelle à la baſe OC, la puiſſance FA eſt à
la peſanteur abſolue AZ ou au poids A comme la hauteur BO
du plan incliné eſt à ſa baſe OC; car alors le ſinus G*m* de l'angle
de complement de l'angle de traction eſt égal à la droite A*g*,
laquelle dans le triangle AG*g* eſt le ſinus de l'angle AG*g* complement à l'angle droit de l'angle GA*g* égal à l'angle d'inclinaiſon BCO; ainſi l'angle AG*g* eſt égal à l'angle OBC du triangle
OBC, lequel eſt auſſi le complement à l'angle droit de BCO;
donc puiſque la puiſſance eſt au poids comme G*g* eſt à A*g*, &
que G*g*. A*g* :: BO. OC, la puiſſance eſt auſſi au poids comme
la hauteur BO eſt à la baſe OC.

323. COROLLAIRE IV. De toutes les puiſſances qui ſont en
équilibre avec le corps A (*Fig.* 140.) la plus petite eſt celle dont
la direction MA eſt paralelle au plan incliné, & les autres ſont
d'autant plus grandes qu'elles s'éloignent de part & d'autre de
celle-ci. Ce qui eſt évident par la ſeule inſpection de la Figure,
après ce qui a été dit ci-deſſus.

324. PROPOSITION LIII. *Si deux corps* B, A, (Fig. 144.) *ſe
tiennent en équilibre ſur deux plans inclinés* CE, ED *avec des directions*

rećtions BH, HA *paralelles aux plans inclinés, ces deux corps font entr'eux réciproquement comme les finus des angles d'inclinaifon de leurs plans, c'eft-à-dire* B *eft à* A *comme le finus de l'angle* CDE *eft au finus de l'angle* DEC.

Suppofons qu'une puiffance mife en H foit en équilibre avec le corps A, & nommons V la puiffance H, S le finus de l'angle d'inclinaifon CDE, s le finus de l'angle d'inclinaifon CED, & R le finus total, nous aurons V. A :: S. R. (*N.* 316.) & partant $V \times R = S \times A$.

Les deux corps A & B étant en équilibre ont des forces égales, & par conféquent la même V qui foutiendroit le corps A felon la direćtion HA, foutiendroit auffi le corps B avec la direćtion HB; mettant donc cette puiffance au lieu du corps A, nous aurons V. B :: s. R, & partant $V \times R = B \times s$; mais nous venons de trouver $V \times R = S \times A$; donc $B \times s = S \times A$; d'où je tire B. A :: S. s.

Si les hauteurs de deux plans inclinés font égales, les deux corps font entr'eux comme les longueurs des plans inclinés. Car à l'égard du plan incliné CD, nous aurons S. R :: CP. CD (*N.* 316.) & partant V. A :: CP. CD, ce qui donne $V \times CD = A \times CP$, ou $V = \dfrac{A \times CP}{CD}$; & à l'égard du plan incliné CE, nous aurons s. R :: CP. CE; donc V. B :: CP. CE, ce qui donne $V \times CE = B \times CP$, ou $V = \dfrac{B \times CE}{CP}$; donc $\dfrac{A \times CP}{CD} = \dfrac{B \times CP}{CE}$, ou $\dfrac{A}{CD} = \dfrac{B}{CE}$; ainfi multipliant par CD & par CE, nous aurons $A \times CE = B \times CD$; d'où je tire A. B :: CD. CE.

325. COROLLAIRE. *Si deux corps* B, A, (Fig. 145.) *fe tiennent en équilibre fur deux plans inclinés* EC, HD *avec une direćtion paralelle à la bafe* CD, *les deux corps* B, A *font entr'eux en raifon compofée de la raifon inverfe des finus des angles* C, D *d'inclinaifon des plans & de la raifon direćte des finus des angles de complement des angles de traćtion.*

Nommons S le finus de l'angle ECD, s le finus de l'angle HDC, T le finus de complement de l'angle de traćtion BMC, t le finus de complement de l'angle de traćtion AND, & V la puiffance qui foutiendroit le corps A en équilibre avec la direćtion MA; nous aurons donc V. A :: s. t, & partant $Vt = As$ ou $V = \dfrac{As}{t}$; or, la même puiffance V feroit auffi en équilibre avec B; donc $V.B :: S.T.$ (*N.* 320.) & par conféquent $VT = BS$ & $V = \dfrac{BS}{T}$; donc $\dfrac{AS}{s} = \dfrac{BS}{T}$, ou $AsT = BSt$, d'où je tire $B.A :: sT.St$; or la raifon $sT.St$ eft compofée de la raifon $s.S$ qui eft l'inverfe de la raifon des finus S, s, & de la raifon directe T, t des finus des complemens des angles de traction. Donc, &c

Si les hauteurs EP, HR des plans inclinés font égales, les corps B, A font entr'eux comme les bafes CP, RD de leurs plans inclinés; car à l'égard du plan incliné HD, nous aurons $V.A :: HR.RD.$ (*N.* 322.) donc $V = \dfrac{A \times HR}{RD}$; & à l'égard du plan incliné EC, nous aurons $V.B :: EP.$ ou $HR.PC$, & partant $V = \dfrac{B \times HR}{PC}$; donc $\dfrac{A \times HR}{RD} = \dfrac{B \times HR}{PC}$ ou $\dfrac{A}{RD} = \dfrac{B}{PC}$, ou enfin $A \times PC = B \times RD$; donc $B.A :: PC.RD.$

326. Corollaire II. Si les deux corps B, A, (*Fig.* 146.) étoient en équilibre fur les plans inclinés EC, ED avec des directions HB, HA obliques au plan, on trouveroit comme ci-deffus (*N.* 324.) que les deux corps A & B feroient entr'eux en raifon compofée de la raifon inverfe des finus des angles d'inclinaifon, & de la raifon directe des finus des angles de complement des angles de traction.

327. Proposition LIV. *Un corps qui defcend le long d'un plan incliné, defcend avec un mouvement uniformement acceleré.*

La pefanteur abfolue d'un corps A qui defcend le long d'un plan incliné BC (*Fig.* 147.) eft à fa pefanteur relative, comme la longueur BC du plan eft à fa hauteur BO (*N.* 313.) c'eft-à-dire que fi le corps defcendant librement vers le centre de la terre décrivoit dans un certain tems un efpace égal à BO, cet efpace feroit à l'efpace BA que le même corps décriroit dans le même tems fur le plan incliné comme la longueur BC eft à la hauteur BO. Suppofant donc que le corps tombant librement employât deux tems à parcourir BO, l'efpace BP parcouru dans le premier tems feroit à l'efpace BO parcouru dans les deux premiers comme le quarré 1 du premier tems eft au quarré 4 des deux premiers. Or l'efpace BP parcouru dans le premier tems, eft à l'efpace BR que le corps parcoureroit dans le même tems fur le plan incliné comme BC. BO, c'eft-à-dire BP. BR :: BC. BO, & l'efpace BO parcouru dans les deux premiers tems, eft à l'espace BA que le corps parcoureroit dans les mêmes deux premiers tems, aussi comme BC. BO, c'est-à-dire BO. BA. :: BC. BO; donc BP. BR. :: BO. BA, ou BP. BO. :: BR. BA; mais BP. BO. 1. 4. donc BR. BA. :: 1. 4. & par conséquent le mouvement du corps A le long du plan incliné BC est acceleré, puisque les espaces parcourus BR, BO, sont entr'eux comme les quarrés 1. 4. des tems 1. 2. employés à les parcourir.

328. COROLLAIRE. Donc, tout ce que nous avons dit à l'égard du mouvement acceleré des corps qui descendent librement vers le centre de la terre doit se dire aussi du mouvement acceleré des corps qui descendent le long des plans inclinés. Ainsi, 1°. Les espaces parcourus à la fin d'un premier tems, des deux premiers, des trois premiers, & sont entr'eux comme les quarrés des tems employés à les parcourir. 2°. Les vitesses acquises à la fin des espaces sont entr'elles comme les racines quarrées des espaces, ou comme les tems employés à parcourir les espaces. 3°. Si le corps se mouvoit avec une vitesse uniforme égale à la vitesse acquise à la fin d'un espace parcouru pendant un certain tems, ce corps dans un tems égal à celui-là parcoureroit un espace double. 4°. Enfin, si le corps avec la vitesse acquise à la fin du plan incliné remontoit le long de ce plan, il monteroit aussi haut qu'il seroit descendu dans un tems égal à celui qu'il auroit employé à descendre.

329. COROLLAIRE II. *La vitesse qu'un corps A a acquise en parcourant sur un plan incliné BC un espace BA dans un tems déterminé, est à la vitesse qu'il auroit acquise en descendant librement vers le centre de la terre dans un tems égal, comme la hauteur BO du plan incliné est à sa longueur BC.*

L'espace BO que le corps auroit parcouru en descendant librement, est à l'espace BA parcouru dans le même tems sur le plan incliné comme BC est à BO; or avec la vitesse acquise à la fin de l'espace BO, le corps mû uniformément parcoureroit un espace double de BO dans un tems égal à celui qu'il a employé à descendre le long de BO (par les regles du mouvement acceleré) & avec la vitesse acquise à la fin de BA, il parcoureroit uniformément un espace double de BA; donc les espaces parcourus dans un même tems dans ces deux mouvemens uniformes seroient entr'eux comme 2BO est à 2BA, ou comme BO est à BA, & par conséquent comme la longueur BC est à la hau-

A a ij

teur BO. Mais dans le mouvement uniforme les viteffes font comme les efpaces parcourus dans les mêmes tems ; donc les deux viteffes uniformes feroient entr'elles comme BC eft à BO ; or ces deux viteffes font les mêmes que les viteffes acquifes à la fin des efpaces BO. BA ; donc la viteffe acquife à la fin de BA eft à la viteffe à la fin de BO parcouru dans un même tems que BA, comme la hauteur BO du plan eft à fa longueur BC, ou comme le finus de l'angle d'inclinaifon eft au finus total (*N.* 316.)

330. PROBLEME. *Connoiffant l'efpace* BP (Fig. 147.) *qu'un corps parcoureroit en defcendant librement vers le centre de la terre pendant un certain tems, connoître l'efpace qu'il doit parcourir fur un plan incliné* BC *pendant le même tems.*

Du point P, j'abbaiffe fur le plan incliné la perpendiculaire PR, & l'efpace BR eft l'efpace demandé. Car les triangles rectangles PBR, OBC font femblables à caufe de l'angle aigu commun PBR. Donc PB. BR :: BC. BO.

331. PROBLEME. *Connoiffant l'efpace* AH (Fig. 148.) *qu'un corps parcoureroit en defcendant librement vers le centre de la terre pendant un certain tems, connoître les efpaces qu'il parcoureroit s'il defcendoit fucceffivement fur des plans inégalement inclinés* AM, AN, AP, &c. *pendant des tems égaux à celui qu'il a employé à defcendre.*

Du point H, je mene fur les plans inclinés les perpendiculaires NR, NS, NT, &c. & les droites AR, AS, AT, &c. font les efpaces demandées ; car les triangles femblables AMH, ARH donnent AR. AH :: AH. AM; donc l'efpace AR eft parcouru fur le plan incliné AM dans un tems égal à celui que le corps a employé à parcourir AH : & on prouvera de même à l'égard du plan incliné AN, que AS. AH :: AH, AN, & ainfi des autres.

332. COROLLAIRE Ier. *Les viteffes acquifes à la fin des efpaces* AR, AS, AT, &c. *font entr'elles comme ces efpaces.*

Nommant V la viteffe acquife à la fin de AH, T la viteffe acquife à la fin de AR, & X la viteffe acquife à la fin de AS, nous aurons à l'égard du plan incliné AM. T. V :: RA. AH (*N.* 329.) & T × AH $=$ V × RA ; & à l'égard du plan incliné AN, nous aurons X. V :: AS. AH, ce qui donne X × AH $=$ V × AS; donc T × AH. X × AH :: V × RA. V × AS, ou en divifant par AH la premiere raifon, & par V la feconde T. X :: AR. AS.

Et on prouvera de la même façon que ces viteffes font entr'elles comme les finus des angles d'inclinaifon des plans ; car nommant R le finus total, M l'angle d'inclinaifon du plan AM, & *m* l'angle d'inclinaison du plan AN, nous aurons à l'égard du plan AM, T. V :: M. R. (*N.* 329.) ou TR = VM ; & à l'égard du plan AN, nous aurons X. V :: *m.* R, ou XR = V*m* ; donc TR. XR :: VM. V*m*, ou T. X :: M. *m.*

333. COROLLAIRE II. Tous les triangles HAR, HAS, HAT, &c. étant rectangles sur la même base AH, le cercle décrit avec le diamétre AH passe par tous les sommets R, S, T, &c. de ces triangles, ce qui nous fait voir que si de l'extrêmité A du diamétre AH d'un cercle AHB on mene tant de cordes AR, AS, AT, &c. que l'on voudra, un corps n'employeroit pas plus de tems à descendre le long du diamétre AH qu'à descendre le long de la corde AR, ou de la corde AS, ou de la corde AT, &c. c'est-à-dire que toutes les cordes feroient parcourues dans des tems égaux à celui que le corps employeroit à tomber de la hauteur AH.

Bien plus, si de l'autre extrêmité H du diamétre on mene tant de cordes HR, HS, HT, &c. que l'on voudra, chacune de ces cordes fera encore parcourue dans un tems égal à celui que le corps employeroit à tomber de la hauteur AH. Ce que je démontre ainsi.

Du point A je mene la tangente AL ; je prolonge la corde HR jusqu'à ce qu'elle coupe la tangente en L, & du point L j'abaisse la perpendiculaire LI sur HM ; quand le corps mis au point R du plan incliné LH aura parcouru l'espace RH, cet espace fera à celui qu'il auroit parcouru dans le même tems s'il étoit descendu librement vers le centre de la terre comme la hauteur LI ou AH du plan incliné est à sa longueur LH ; or les triangles rectangles LAH, RAH étant semblables donnent AH. LH :: RH. AH ; donc l'espace RH que le corps a parcouru sur LH, est à celui qu'il auroit parcouru dans le même tems en descendant librement vers le centre de la terre comme RH est à AH ; ainsi nommant x l'espace que le corps auroit parcouru librement, nous aurons RH. x :: RH. AH, & par conséquent $x =$ AH, c'est-à-dire AH est l'espace que le corps auroit parcouru en tombant vers le centre de la terre pendant un tems égal à celui qu'il a employé à parcourir la corde RH ; & on prouvera la même chose à l'égard des autres cordes AS. AT, &c.

334. PROPOSITION LV. *La vitesse qu'un corps a acquise lorsqu'il est descendu le long d'un plan incliné* AM (Fig. 148.) *est*

égale à celle qu'il auroit acquise s'il étoit tombé librement de la hau-
teur AH *de ce plan.*

Pour abreger le difcours, je nommerai *u*AR la viteffe acquife
à la fin de l'efpace AR, *u*AM la viteffe acquife à la fin de l'efpace AM, & *u*AH la viteffe acquife par la chute AH. Nous
avons *u*AR. *u*AH :: AR. AH. (*N.* 329.) & à caufe que les efpaces AR, AM font parcourus d'un mouvement acceleré, nous
avons auffi *u*AR. *u*AM :: √AR. √AM; or les triangles femblables RAH, MAH donnent RA. AH :: AH. AM; donc $\overline{RA}^2$.
$\overline{AH}^2$ :: RA. AM; & tirant la Racine quarrée, nous avons RA.
AH :: √AR. √AM; donc *u*AR. *u*AM :: RA. AH; or nous
avons auffi trouvé *u*AR. *u*AH :: RA. AH; donc *u*AR. *u*AM
:: *u*AR. *u*AH, & par conféquent *u*AM = *u*AH.

335. Corollaire Ier. De-là il fuit que fi un ou plufieurs corps
defcendant le long de plufieurs plans diverfement inclinés AM,
AN, AP, &c. dont la hauteur AH eft la même, les viteffes acquifes à la fin de ces plans font toutes égales entr'elles, puifqu'elles font égales chacune à la viteffe acquife par la chute AH.

336. Corollaire. De-là il fuit encore que fi un corps defcend
le long de plufieurs plans diverfement inclinés AM, MN, NR,
&c. (*Fig.* 149.) la viteffe acquife à la fin du dernier plan en R
eft égale à celle qu'il auroit acquife en tombant de la hauteur
AV égale à la fomme des hauteurs des plans. Ce que je prouve
ainfi.

Du point A je mene AT paralelle à l'horizon, & je prolonge
les plans NM, RN jufqu'à ce qu'ils coupent AT aux points H,
T. La viteffe acquife à la fin du plan AM eft égal à la viteffe qu'il
auroit acquife en defcendant le long du plan MH, dont la hauteur AS eft la même que celle du plan AM; ainfi ce corps continuant à fe mouvoir le long de MN, la viteffe acquife à la fin des
deux plans AM, MN fera la même que la viteffe qu'il auroit acquife s'il étoit defcendu le long de NH. Mais celle-ci eft égale à
celle qu'il auroit acquife s'il étoit defcendu le long du plan NT,
à caufe que les deux plans NT, NH ont la même hauteur AP;
donc la viteffe acquife le long des deux plans AM, MN eft égale
à celle qui auroit été acquife le long du feul plan TN. C'eft pourquoi ce corps continuant à fe mouvoir le long de NR, fa viteffe
acquife en R le long des trois plans AM, MN, NR eft égale à
la viteffe qu'il auroit acquife le long de TR. Mais celle-ci eft

égale à celle qu'il auroit acquife en tombant de la hauteur AV du plan TR. Donc, &c.

337. **Corollaire.** Toute courbe AM (*Fig.* 150.) n'étant autre chofe qu'un polygone d'une infinité de côtés qui font des plans diverfement inclinés, il s'enfuit que la viteffe qu'un corps a acquife en defcendant le long d'une courbe eft égale à celle qu'il auroit acquife s'il étoit tombé de la hauteur AV de cette courbe.

338. **Proposition LVI.** *Le tems qu'un corps employe à parcourir un plan incliné* AM, (Fig. 148.) *eft au tems qu'il employe-roit à parcourir la hauteur* AH *comme la longueur* AM *du plan incliné eft à la hauteur* AH.

Du point H, je mene fur le plan la perpendiculaire HR, & l'efpace AR eft l'efpace que le corps parcoureroit fur le plan in-cliné dans un tems égal à celui qu'il employeroit à tomber de la hauteur AH, (*N.* 330.) or à caufe que le mouvement fur le plan incliné eft uniformement acceleré, le tems employé à parcourir l'efpace AR eft au tems employé à parcourir l'efpace AM comme $\sqrt{AR}$ eft à $\sqrt{AM}$; donc le tems employé à tomber de la hauteur AH eft auffi au tems employé à parcourir la longueur AM com-me $\sqrt{AR}$ eft à $\sqrt{AM}$; mais à caufe des triangles femblables RAH, MAH, nous avons AR. AH :: AH. AM; donc $\overline{AR}.$ $\overline{AH}^2$ :: AR. AM, & partant AR. AH :: $\sqrt{AR}. \sqrt{AM}$; ainfi le tems employé à parcourir la hauteur AH eft au tems de la def-cente le long de AM comme AR eft à AH, ou comme AH eft à AM; & par conféquent le tems de la defcente le long de AM eft au tems de la chute AH comme la longueur AM eft à la hauteur AH.

339. **Corollaire.** *Donc les tems employés à parcourir diverf plans inclinés qui ont la même hauteur* AH (Fig. 148.) *font entr'eux comme les longueurs de ces plans.* Car nommant T le tems de la chute AH, X, le tems de la defcente le long du plan AM & x, le tems de la defcente le long du plan AN, nous aurons par rap-port au plan AM, X. T :: AM. AH, donc $X \times AH = T \times AM$, & par rapport au plan AN, nous aurons x. T :: AN. AH, ce qui donne $x \times AH = T \times AN$, donc $X \times AH. x \times AH :: T \times AM.$ $T \times AN$ ou X. x :: AM. AN, & ainfi des autres.

Des Puiſſances qui tirent des Poids avec des cordes.

340. Proposition LVII. *Si deux puiſſances* A, B *qui tirent un poids* P (Fig. 151.) *avec des cordes* MC, NC *ſont exprimées par les parties* MC, NC *de leurs directions qui forment le paralellogramme* MENC *dont la diagonale* CE *priſe ſur la direction du poids, exprime la force de ce poids* P, *les deux puiſſances & le poids ſont en équilibre, & ſi les deux puiſſances ne ſont pas exprimées par les côtés* MC, NC *du paralellogramme* MENC, *il ne ſçauroit y avoir d'équilibre entre les puiſſances & le poids.*

La force MC qui tire de C en M, & la force NC qui tire de C en N, compoſent la force CE qui tireroit de C en E ; car celle-ci leur eſt équivalente ; or, la force CE eſt égale & contraire à la force EC du poids, à cauſe que ce poids tire ſelon la direction contraire EC, donc la force EC eſt en équilibre avec le poids P, & par conſéquent les deux forces MC, NC, c'eſt-à-dire les deux puiſſances A & B ſont auſſi en équilibre avec le poids P.

Maintenant ſi les deux puiſſances A & B ne ſont pas exprimées par les côtés MC, NC du rectangle, elles ſeront exprimées par des lignes moindres ou plus grandes que les deux MC, NC qui ſeront ou proportionnelles à MC, NC ou non proportionnelles.

Suppoſons d'abord qu'elles ſoient exprimées par les droites RC, CS (*Fig.* 152.) moindres mais proportionnelles aux deux MC, NC, j'acheve le paralellogramme RTSC, lequel ſera ſemblable au paralellogramme MENC, & par conſéquent la diagonale CT ſera auſſi moindre que la diagonale EC, mais l'une & l'autre auront la même direction. Or, les forces compoſantes RC, CS agiront ſur le poids de la même façon que la compoſée TC qui tireroit de T en C, & celle-ci étant moindre que la force contraire EC du poids ne ſçauroit être en équilibre avec le poids ; donc les puiſſances A & B ne ſçauroient non plus ſoutenir le poids.

Si au contraire les puiſſances A & B ſont exprimées par les droites HC, CL plus grandes mais proportionnelles aux deux MC, NC, la diagonale XC de leur paralellogramme HXLC ſera plus grande que EC, & l'une & l'autre auront encore la même direction, c'eſt pourquoi les puiſſances agiſſant ſur le poids avec la force XC contraire & plus grande que la force EC du poids l'enleveront, & il n'y aura point d'équilibre.

Si

Si les deux puissances A , B (*Fig.* 153.) étoient exprimées par les lignes RC, SC moindres que les deux MC, NC sans leur être proportionnelles, alors achevant le paralellogramme RTSC, les forces RC, SC seroient équivalentes à la force TC qui tireroit de C en T ; c'est-à-dire que les deux forces RC, SC agiroient autant sur le poids P que la seule force TC qui tireroit de C en T ; or, la direction TC étant oblique à la direction du poids P, je mene TH perpendiculaire sur la direction du poids, & achevant le paralellogramme THCX, la force TC est composée de la force CX qui tire de C en X, & de la force CH qui tire de C en H, mais dans le cas present la force CH est moindre que la force EC du poids ; ainsi le poids entraînera la force CH , & quant à la force CX rien ne l'empêchera d'agir , & par conséquent il n'y aura point d'équilibre entre les deux puissances & le poids.

Et par des semblables raisonnemens, on prouvera toujours que l'équilibre ne sçauroit subsister entre les puissances & le poids, soit que les lignes RC, SC soient chacune plus grandes que les deux MC, NC sans leur être proportionnelles, soit que l'une soit plus grande & l'autre plus petite.

Que si l'on veut que les directions AC , BC (*Fig.* 154.) des puissances A , B soient sur une même ligne droite & contraires l'une à l'autre ; il n'y aura pas non plus d'équilibre entre les deux puissances & le poids P ; car si les deux forces MC , NC des puissances sont horizontales , & qu'elles soient égales, elles feront en équilibre entr'elles, & pendant ce tems-là le poids P tirant de E en C & ne trouvant rien qui lui resiste ne s'arrêtera pas, ainsi il n'y aura point d'équilibre. Que si la force MC est plus grande que NC, la force MC entraînera NC avec elle ; mais comme elle n'est composée d'aucune force opposée à la force EC du poids, ce poids agira toujours, & l'équilibre manquera non-seulement du côté des deux puissances, mais encore du côté du poids.

Enfin , si les deux puissances A , B (*Fig.* 155.) tirent avec des directions contraires MC, NC qui sont sur une ligne droite oblique à l'horizon, il n'y aura pas non plus d'équilibre entre les puissances & le poids : car menant des points M , N , les droites MR, NT perpendiculaires sur la direction du poids , & achevant les paralellogrammes rectangles MRCX, & NZCT, la force MC sera composée de la force RC qui tire de C en R , & de la force

CX qui tire de C en X , & la force NC fera compofée de la force
CT qui tire de C en T , & de la force CZ qui tire de C en Z ;
c'eft pourquoi fi CT eft égal à CR , ces deux forces feront en
équilibre , & ne pourront empêcher le poids de defcendre, &
dans ce cas les forces CX, CZ feront égales auffi & en équilibre, à caufe qu'elles font contraires, car les triangles femblables
MRC, CTN ayant par la fuppofition le côté RC égal au côté
CT feront parfaitement égaux, & l'on aura MR ou CX = TN
ou CZ ; il n'y aura donc point d'équilibre, puifque rien n'arrêtera la pefanteur du poids.

Si la force RC eft moindre que la force CT, le mouvement
du poids P fera augmenté par l'excès de la force CT fur la force
CR, ainfi le poids ne fera pas retenu, & de plus la force CX ·
étant en ce cas moindre que la force CZ toujours par la raifon
des triangles femblables MCX , ZCN, la force CZ entraînera
par conféquent la force CX , donc point d'équilibre ni du côté
des puiffances ni du côté du poids.

Et on prouvera la même chofe fi la force RC étoit plus grande que la force CT ; car quoiqu'il pût arriver que l'excès de la
force RC fur CT fût égal à la force du poids, auquel cas la force
RC feroit en équilibre avec le poids, cependant la force CX
qui feroit alors plus grande que la force CZ entraîneroit CZ, &
par conféquent point d'équilibre entre les puiffances & le poids.

341. *Si deux puiffances* A, B (Fig. 151.) *font en équilibre avec
un poids* P *qu'elles foutiennent avec des cordes ; ces deux puiffances
font entr'elles réciproquement comme les finus des angles* ECN , ECM
que leurs directions font avec la direction EC *du poids.*

Dans le triangle ENC le côté EN eft au côté NC comme le
finus de l'angle ECN eft au finus de l'angle CEN ou de l'angle
ECM qui lui eft alterne ; or, EN = MC donc la puiffance A exprimée par MC eft à la puiffance B exprimée par NC réciproquement comme le finus de l'angle ECN fait par la direction
BC de la puiffance B avec la direction EC du poids, eft au finus
de l'angle MCE fait par la direction AC de la puiffance A avec
la direction EC du même poids.

342. Donc fi du point E on mene ER perpendiculaire fur BC,
& ES perpendiculaire fur AC, la puiffance A eft à la puiffance
B comme la perpendiculaire ER eft à la perpendiculaire ES ;
car prenant pour finus total la droite EC, la perpendiculaire
ER eft le finus de l'angle ECB, & la perpendiculaire ES eft le
finus de l'angle ECA.

343. *Si deux puissances* A, B (Fig. 151.) *soutiennent un poids* P *avec des cordes, la puissance* A *est au poids* P *comme le sinus de l'angle* BCE *fait par la direction de l'autre puissance* B *avec la direction* EC *du poids, est au sinus de l'angle* ACB *fait par les directions des deux puissances.*

Dans le triangle ECN, le côté EN ou MC est au côté EC comme le sinus de l'angle ECB est au sinus de l'angle ENC ou de l'angle ACB qui est le complement à deux droits de l'angle ENC. Donc la force MC ou la puissance A est à la force EC ou au poids P comme le sinus de l'angle ECB est au sinus de l'angle MCN ou ACB.

Et on prouvera de même que la puissance B est au poids comme le sinus de l'angle ECM est au sinus de l'angle BCA.

344. On peut remarquer en passant une chose assez singuliere qui est que si deux puissances, quelques grandes qu'elles puissent être, tirent un poids avec des cordes, quelque petit que puisse être ce poids, ces deux puissances ne pourront jamais tendre leurs cordes, de façon qu'elles soient en ligne droite (*Fig.* 154. 155.), car en ce cas l'équilibre sera toujours rompu, comme on a vû ci-dessus.

345. On peut encore observer que si un poids P est attaché à un point fixe E (*Fig.* 156.), d'où il pend librement, c'est-à dire en sorte que sa direction EP soit perpendiculaire à l'horizon, la plus petite puissance qu'on puisse imaginer peut le déranger de sa direction; car supposons que la force du poids soit exprimée par la droite EC, & qu'une puissance quelque petite qu'elle soit pousse le poids selon la direction horizontale CR qui exprime la force de cette puissance; j'éleve du point C la perpendiculaire CR, & du point R, je mene la droite RE, & j'acheve le paralellogramme CRXE, la force ER tirant de R en E est composée de la force CR tirant de R en C ou poussant de C en R, & de la force CE tirant de C en E; or la force CE, c'est-à-dire la resistance du point fixe E est égale à la force EC du poids, & par conséquent ces deux forces étant en équilibre rien n'empêche la force CR d'agir de C jusqu'en R où elle se trouvera en équilibre avec la force RX du poids, & la force ER qui sera alors la force resistante du point E, & on prouveroit la même chose si RC étoit oblique à l'horizon.

346. Probleme. *Deux puissances* A *&* B (Fig. 157.) *soutenant un poids* P *avec des cordes* AC, BC, *trouver la partie du poids que chacune d'elles soutient.*

Je décris le paralellogramme AEBC qui exprime les forces des puissances & celle du poids; du point C, je mene la droite horizontale TV , des points A & B , je mene les droites AT, BV perpendiculaires fur l'horizontale TV , & les droites AS , BR perpendiculaires fur la direction CE du poids, ce qui me donne les triangles rectangles ATC, ERB femblables & égaux, à caufe de AC = EB, & par conféquent TC = RB ou CV, & AT ou SC = ER.

La force AC tirant de C en A eft compofée de la force AS ou TC tirant de C en T , & de la force CS tirant de C en S; & la force BC tirant de C en B eft compofée de la force CV tirant de C en V , & de la force CR tirant de C en R. Or, la force TC étant égale & contraire à la force CV , ces deux forces font en équilibre & n'agiffent point fur le poids ; donc il n'y a que les forces AT ou ER & CR qui foutiennent le poids , & par conféquent la partie que la puiffance A foutient eft exprimée par ER , & celle que la puiffance B foutient, eft exprimée par RC.

Si l'une des puiffances B tire avec une direction horizontale BC (*Fig.* 158.), l'autre puiffance eft compofée de la force CE qui tire de C en E , & de la force CT qui tire de C en T ; or, CT étant égale & contraire à la force CB , eft par conféquent en équilibre avec la puiffance B , & par la même raifon la force CE eft en équilibre avec la force EC du poids ; ainfi la puiffance A foutient toute feule le poids P.

Si l'une des puiffances B tire le poids avec une direction CB en deffous de l'horizontale TV (*Fig.* 159.) la force AC eft compofée de la force CT qui tire de C en T , & de la force CS qui tire de C en S ; & la force CB eft compofée de la force CV qui tire de C en V , & de la force CR qui tire de C en R ; or, la force CT eft égale à la force CV , à caufe des triangles rectangles femblables & égaux ASE, CBV qui donnent CV = AS = CT, & par conféquent ces deux forces étant contraires fe tiennent en équilibre. Mais à caufe des triangles femblables & égaux ASE , CBR , nous avons CR = ES; donc la partie ES de la force CS eft en équilibre à la force CR , & l'autre partie CE de la même force CS eft en équilibre avec la force EC du poids ; ainfi la puiffance qui agit fur le poids avec la force CS eft égale à la force EC de ce poids, & à la force RC , c'eft-à-dire que cette puiffance foutient non-feulement le poids , mais encore l'effort RC que l'autre puiffance B fait felon la direction RC.

347. On pourroit aifément conclure de-là que deux puiffances qui foutiennent un poids avec des cordes & des directions obliques à celle du poids, font enfemble plus grandes que le poids : mais on le prouvera plus aifément en faifant attention que ces deux puiffances doivent toujours être exprimées par les côtés AC, BC d'un paralellogramme ACBE (*Fig.* 157, 158, 159.) dont la diagonale EC exprime la force du poids ; or, les deux côtés AC, CB ou AC, AE d'un paralellogramme font enfemble plus grand que la diagonale. Donc, &c.

DES LEVIERS.

348. Toute barre de fer ou de bois en ligne droite, fe nomme *Levier*, comme nous avons déja dit ailleurs, & ordinairement on le confidére comme n'ayant aucune pefanteur.

Il y a trois efpéces de Levier, felon les trois différentes pofitions dans lefquelles la puiffance & le poids ou deux puiffances ou deux poids peuvent fe trouver à l'égard du point fur lequel le Levier eft appuyé. Si la puiffance A & le poids P (*Fig.* 160.) font pofés, de forte que le point d'appui C foit entre-deux, le Levier fe nomme Levier de la *premiere efpéce* ; fi le poids P (*Fig.* 161.) fe trouve entre la puiffance A & le point d'appui C, le Levier fe nomme Levier de la *feconde efpéce* ; enfin, fi la puiffance A fe trouve entre le poids P (*Fig.* 162.), & le point d'appui C, le Levier fe nomme Levier de la *troifiéme efpéce* ; & comme on ne peut pas trouver d'autres différentes pofitions de la puiffance & du poids à l'égard du point, il n'y a pas non plus d'autre efpéce de Levier droit.

Mais il y a un autre Levier ACP (*Fig.* 163.) qu'on nomme *Levier coudé*, à caufe qu'il fait un angle ou un coude au point d'appui C, de façon que la puiffance A eft à l'un des bras AC, & le poids P à l'autre bras PC.

349. PROPOSITION LVIII. *Dans les trois Leviers des trois différentes efpéces* (Fig. 160. 161. 162.), *fi la puiffance* A *& le poids* P *agiffent avec des directions perpendiculaires au Levier, & qu'il y ait équilibre entr'eux, la puiffance eft au poids réciproquement comme la diftance* PC *du poids* P *au point d'appui* C *eft à la diftance* AC *de la puiffance* A *au même point* C.

La puiffance ne peut décrire l'arc AH à moins que dans le même tems le poids P ne décrive l'arc PR, ainfi les viteffes de la puiſſance & du poids ſont entr'elles comme les arcs AH, PR décrits en même-tems ou comme les rayons AC, CP qui ſont proportionnels aux arcs AH, PR, à cauſe des ſecteurs ſemblables ACH, PCR; donc la force que la puiſſance employe eſt à celle du poids, comme A × AC eſt à P × PC, mais par la ſuppoſition A × AC = P × PC, puiſqu'il y a équilibre entre les deux forces, donc A. P :: PC. AC.

350. Dans les leviers de la premiere & ſeconde eſpéce (*Fig.* 160. 161.), plus le point C eſt proche du poids, plus la puiſſance A qui ſoutient le poids devient moindre à l'égard du poids, & par conſéquent ces deux machines ſont très-utiles pour enlever des grands poids avec des petites forces en leur ajoutant quelque choſe de plus qu'il ne leur faut pour être en équilibre avec les poids.

Mais quant au levier de la troiſiéme eſpéce (*Fig.* 162.), la puiſſance A eſt toujours plus grande que le poids P, puiſque PC eſt toujours plus grande que AC, ainſi ce levier loin d'aider la puiſſance, la ſurcharge & par conſéquent cette machine eſt inutile.

351. Si la puiſſance & le poids tirent avec des directions AE, PH (*Fig.* 164.) paralelles entr'elles, mais obliques au levier, ou plutôt ſi deux puiſſançes A & P tirent le levier avec des directions paralelles AE, PH & obliques au levier, & que ces deux puiſſances ſoient en équilibre en ſuppoſant que le levier AR eſt attaché fixement au point d'appui C, enſorte qu'il puiſſe tourner autour de ce point ſans pouvoir gliſſer de C en A ou de C en P; je dis que ces deux puiſſances ſont encore entr'elles réciproquement comme leurs bras du levier, c'eſt-à-dire A. P :: CP. PA.

Je prens ſur les directions AE, PH, les parties AE, PH telles que l'on ait AE. PH :: PC. CA, & je ſuppoſe que les forces que les puiſſances A & P employent en tirant le levier ſoient exprimées par les droites AE, PH; du point E je mene ER paralelle au levier, & du point A la droite AR perpendiculaire au même levier; ainſi la force AE qui tire de A en E eſt compoſée de la force AR qui tire de A en R, & de la force RE ou EL qui tire de E en L, c'eſt-à-dire que ſi la puiſſance A tire avec une corde AE, & une direction exprimée par AE, elle fera le même effet que deux forces, dont l'une tireroit avec une corde & une direction exprimée par AR, & l'autre tireroit avec une corde & une direction exprimée par AL.

Faiſant la même conſtruction par rapport à la puiſſance P,

nous trouverons que la puissance P tirant avec une corde & une direction égale à PH, fait le même effet que deux forces, dont l'une tireroit avec une corde & une direction exprimée par PQ, & l'autre tireroit avec une corde & une direction exprimée par PS. Or, les triangles rectangles AER, PHR étant semblables, donnent AE.PH :: AR.PQ, & nous avons AE.PH :: PC.AC, donc AR.PQ :: PC.AC, & par conséquent les forces AR, PQ perpendiculaires sur le levier, font en équilibre entr'elles, puisqu'elles sont réciproquement comme leur bras de levier (*N.*349.).

Or les forces AL, PS qui tirent d'un même côté, & qui trouvent un obstacle invincible au point d'appui C sont en équilibre avec cet obstacle, donc les puissances A & P doivent être en équilibre autour du point fixe C.

352. Ce ne seroit pas la même chose si le levier étoit simplement appuyé sur le point C sans y être fixement attaché, & que la puissance & le poids tirassent avec des cordes; car alors la force resistante resisteroit ou avec une direction TC perpendiculaire au levier, ou avec une direction XC paralelle aux directions des puissances. Si elle resistoit avec une direction TC perpendiculaire sur le levier, elle resistéroit avec une force égale aux deux AR, PQ, & par conséquent elle seroit en équilibre avec ces deux forces, mais comme les deux AL, PS qui tirent d'un même côté, ne trouveroient point de resistance de la part de cette force TC qui appuye simplement le levier AP sans y être attachée en aucune façon, ces deux forces poufferoient le levier vers A, & dans l'instant l'équilibre se romproit.

Que si la force resistante resiste avec une direction XC paralelle aux directions AE, PH des puissances A, P, cette force sera composée de la force XZ qui repousse le levier de X en Z, & qui sera égale aux deux AR, PQ, & de la force XT, ou ZC qui poufferoit le levier de Z en C dans un sens contraire aux forces AL, PS, si l'on suppofoit que ZC entrât dans quelque échancrure du levier, ou qu'elle y fût attachée de façon que le levier ne pût pas glisser, mais comme nous suppofons que cela n'est pas, les deux forces AL, PS feront encore glisser le levier vers L, & l'équilibre cessera.

353. Personne jusqu'ici n'a fait la remarque que nous venons de faire, & cependant il me paroît qu'elle merite attention, fi l'on ne veut pas se tromper dans la pratique.

354. La même remarque n'auroit pas lieu, fi au lieu d'un sou-

tien en C (*Fig.* 165.), on fuppofoit qu'une puiffance M tirât le point C avec une corde & une direction MC paralelle & contraire aux directions AE, PH des puiffances A & P, car en ce cas fi la puiffance M étoit égale aux deux A & P, & que les deux A & P fuffent entr'elles réciproquement comme PC eft à AC, l'équilibre fubfifteroit entre les trois puiffances. Ce que je prouve ainfi.

Je fais AE. PH :: PC. AC, & CM = AE + PH; je mene des points E, H, M des droites ER, HQ, MX paralelles au levier & des points A, P, C des droites AR, PQ, CR perpendiculaires au même levier, puis achevant les paralellogrammes ALER, PSHQ, CNMX, la puiffance A eft compofée de la force AR tirant avec une corde de A en R, & de la force AL tirant avec une corde de A en L, la puiffance P eft compofée de la force PQ tirant avec une corde de P en Q, & de la force PS tirant avec une corde de P en S; enfin la puiffance M eft compofée de la force CX tirant avec une corde de C en X, & de la force CN tirant avec une corde de C en N; or, les triangles rectangles AER, PHQ, MCN étant femblables, & l'hypothenufe MC du triangle MCN étant égale à la fomme des hypothenufes AE, PH des deux autres, le côté MN ou CX du même triangle MCN fera égal à la fomme des côtés homologues AR, PQ des deux autres triangles; ainfi CX tirant de C en X fera en équilibre avec les deux AR, PQ qui tirent avec des directions contraires, & de même le côté CN du triangle CMN fera égal à la fomme des deux autres côtés homologues ER ou AL, HQ ou PS des deux autres triangles; c'eft pourquoi la force CN tirant de C en N, fera auffi en équilibre avec les deux forces AL, PS qui lui font contraires, & par conféquent l'équilibre fubfiftera entre les trois puiffances.

La différence donc qui fe trouve entre ce cas & le précédent, c'eft qu'ici la force MC tirant avec une corde fait le même effet que les deux CX, CN qui tireroient avec des cordes, au lieu que dans le cas précédent (*Fig.* 164.) la force refiftante XC compofée de XZ, XT ne refifte que comme XZ, tandis que la force XT n'agit point fur le levier, à caufe qu'il n'y a rien qui attache cette force au levier.

355. Si les deux puiffances A & P (*Fig.* 166.) tirent l'une & l'autre avec des cordes & des directions qui ne foient pas paralelles, je prolonge ces directions jufqu'à ce qu'elles fe coupent en

un

un point C, & fuppofant que ces puiffances foient exprimées par CA, CR, j'acheve le paralellogramme AHRC, & menant la diagonale CH qui coupe le levier AP en O ; je dis que fi une puiffance exprimée par CH tire le levier avec une corde attachée en O, & avec la direction OH, cette puiffance fera en équilibre avec les deux autres A & P. Ce que je prouve ainfi :

Du point C, je mene XM paralelle au levier, & CT perpendiculaire fur XM, puis achevant autour de AC le paralellogramme rectangle CXAT, la puiffance A tirant avec une corde de A en C fait le même effet que la force AX qui tireroit avec une corde de A en X jointe à la force AT qui tireroit avec une corde de A en T.

De même du point R, j'abaiffe RM perpendiculaire fur XM ; & achevant le paralellogramme rectangle RVCM autour de CR, la force tirant de R en C fait le même effet que les forces qui tirent de R en M, & de R en V, c'eft-à-dire qu'en menant PZ paralelle à RM, la puiffance qui tire de P en C avec une corde fait le même effet que la force qui tireroit avec une corde de P en Z, & qui feroit exprimée par RM jointe à la force qui tireroit avec une corde de P en O, & qui feroit exprimée par RV ou CM.

Enfin, du point H, j'abaiffe HN perpendiculaire fur XM, & achevant le paralellogramme rectangle CNHE autour de CH, la force CH eft compofée de la force CE, & de la force CN, c'eft-à-dire qu'en menant OY paralelle à CE, la puiffance qui tireroit avec une corde de O en H, & qui feroit exprimée par CH feroit le même effet que la force, qui avec une corde tireroit de O en Y, & qui feroit exprimée par CE ou HN jointe à la force qui avec une corde tireroit de O en L & qui feroit exprimée par CN.

Or, à caufe des triangles rectangles AHL, CRM femblables & égaux, nous avons $RM = HL$, & à caufe des paralelles, nous avons auffi $AX = LN$, donc $RM + AX = HL + LN = HN$; c'eft-à-dire les deux forces AX, RM font enfemble égales à la force HN, & à caufe que les deux premieres AX, RM font contraires à HN ; il s'enfuit qu'il y a équilibre entre ces trois forces.

Maintenant les triangles rectangles femblables & égaux ACT, HSR donnent $AT = SR$, & par conféquent la force RV contraire à la force AT détruit cette force par fa partie RS, & il lui refte la partie SV, laquelle eft en équilibre avec la force CN qui

Tome II. C c

lui eſt égale & contraire. Ainſi puiſque toutes les forces qui compoſent les puiſſances AC, CR, CH ſont en équilibre, il s'enſuit
que ces trois puiſſances le ſont auſſi.

Ce ſeroit la même choſe, ſi au lieu de la puiſſance qui tire de
O en H, on mettoit un point d'appui en O, enſorte que le levier
y fût attaché fixement ſans pouvoir gliſſer de O en A ou de O
en P.

Mais ſi le levier étoit ſimplement appuyé ſur le point O, alors
quand même ce point d'appui reſiſteroit ſelon la direction CH de
la puiſſance CH, ſa reſiſtance compoſée de la force CE, & de la
force CN agiroit ſelon la force FO égale & paralelle à CE, &
nullement ſelon la force CN qui n'auroit aucune priſe ſur le levier, & par conſéquent la force RV plus grande que ſon oppoſée
AT feroit gliſſer le levier vers A, & il n'y auroit point d'équilibre.

356. Lorſqu'on ſe ſert du levier pour ſoulever un corps B
(*Fig.* 167.) qui eſt par terre ſans l'enlever entiérement, alors le
levier eſt incliné à l'horizon ; la puiſſance A, c'eſt-à-dire les mains
qu'on appuye en A tirent avec une direction perpendiculaire AT,
& le corps B peſant ſur le levier avec la direction RB perpendiculaire à l'horizon, fait le même effet ſur le levier que la force
RS ou HB qui eſt perpendiculaire, car l'autre force compoſante
RH n'eſt pas ſupportée par le levier, mais par le terrein. C'eſt
pourquoi plus l'angle CBT d'inclinaiſon du levier avec l'horizon
devient grand ſans cependant devenir droit, plus le poids que la
même puiſſance peut ſoutenir devient grand ; car à meſure que
cet angle augmente, le côté RS du paralellogramme RSBH devient moindre ; ainſi ſuppoſé que ſous un angle égal à l'angle
ABT la puiſſance A ſoit en équilibre avec la force RS, la même puiſſance ſous un angle plus grand ſera plus forte que la force
RS du paralellogramme RSBC correſpondant à cet angle, & par
conſéquent il faudroit augmenter le poids B afin que l'équilibre
ſubſiſtât.

357. *Dans le levier recourbé, ſi la puiſſance* A *& le poids* P (Fig. 168.)
*ſont perpendiculaires ſur leur bras de levier, & qu'il y ait équilibre,
la puiſſance* A *eſt au poids* P *réciproquement comme le bras* CP *eſt au
bras* AC.

La puiſſance A ne peut pas décrire l'arc AE, à moins que le
poids P ne décrive l'arc PH ; or, l'angle ACP étant égal à l'angle
ECH, à cauſe de l'infléxibilité du levier, ſi de ces deux angles

on retranche l'angle commun ACH , l'angle reftant ECA fera
égal à l'angle reftant HCP ; & le fecteur ECA fera femblable au
fecteur HCP, donc EA. HP :: AC. CP ; or, les arcs EA , HP,
étant parcourus dans des tems égaux, font entr'eux comme les
viteffes de A & P ; donc ces viteffes font auffi entr'elles comme
AC, CP, & par conféquent les forces A & P feront entr'elles
comme A × AC, P × PC ; mais à caufe de l'équilibre ces forces
font égales, donc A × AC = P × PC, & partant A. P :: PC. AC.

358. Si la puiffance ou le poids P ou les deux enfemble font
obliques au levier recourbé, on trouvera leurs rapports en cette
forte.

Suppofons que la puiffance A (*Fig.* 169.) tire felon la direction
AX, & le poids P felon la direction PT, & que le point d'appui
foit attaché fixement au levier, enforte qu'il puiffe tourner autour
de ce point fans gliffer. J'éleve en A & P les droites AM , PQ
perpendiculaires aux bras AC, CP, & je fais AM. PQ :: PC. CA,
du point M je mene MX paralelle à AC & qui coupe la direction
AX en X, & j'acheve le rectangle AMXZ; de même du point Q,
je mene QT paralelle à PC, & achevant le paralellogramme
rectangle PQTV, je dis que A eft à P , comme la diagone AX
eft à la diagonale PT ; car la force AX compofée de AM qui
tire de A en M & de AZ qui tire de A en Z , ne peut faire mouvoir le levier que felon AM , à caufe que la refiftance du point
fixe C eft en équilibre avec AZ , de même la force PT compofée de PQ qui tire de P en Q & de PV qui tire de P en V ,
ne peut faire mouvoir le levier que felon PQ , à caufe que la
refiftance du point C eft en équilibre avec PV ; or , les forces
MA , PQ font en équilibre , puifqu'elles font entr'elles réciproquement comme leurs bras de levier ; donc les forces AX , PT
font auffi en équilibre , & ainfi des autres.

359. PROBLEME. *Connoiffant la pefanteur du levier* AB (Fig. 170.)
le point C *autour duquel la puiffance & le poids feroient en équilibre
avec des directions perpendiculaires au levier , fi le levier ne pefoit
point, connoître le point* H *autour duquel il doit y avoir équilibre en
ayant égard à la pefanteur du levier.*

Le levier AB étant fuppofé de même groffeur par-tout, &
compofé de parties homogenes , fon centre de gravité eft fur le
point du milieu M, ainfi nous pouvons confidérer ce levier pefant AB comme un poids attaché au point M d'un levier AB
qui n'auroit point de pefanteur , & de même nous pouvons con-

fidérer la puissance A & le poids B comme ne faisant ensemble qu'un seul poids mis au point C qui est leur centre d'équilibre. C'est pourquoi coupant la distance MC en deux parties CH, HM réciproques à la pesanteur du levier mise en M, & au poids A équivalant à la puissance A & au poids B; le point H sera le centre d'équilibre cherché.

360. De-là il est aisé de voir que si le centre de gravité M du levier est du côté de la puissance A par rapport au point d'appui C, cette puissance est aidée par la pesanteur du levier, & doit enlever le poids, & si au contraire le centre de gravité M du levier est du côté du poids, le poids entraînera la puissance, & dans l'un & l'autre cas la pesanteur du levier que l'on négligeroit empêcheroit qu'il n'y ait équilibre.

361. PROBLEME. *Connoissant la pesanteur d'un levier* AB (Fig. 170.) *les distances* AC, CB *du centre* C *de mouvement aux extrêmités* A, B *du levier, & le poids* B *attaché à l'extrêmité* B, *connoître la puissance* A *qu'il faut appliquer à l'autre extrêmité pour faire équilibre en ayant égard à la pesanteur du levier.*

Je nomme P la pesanteur du levier, & supposant que le centre de gravité M du levier soit sur le bras CA; je cherche la partie du poids B qui pourroit être en équilibre autour de C avec la pesanteur P réunie au point M, en faisant CB. MC :: P. $\dfrac{MC \times P}{CB}$, ainsi $\dfrac{MC \times P}{CB}$ est la partie du poids qui seroit en équilibre avec la pesanteur, & par conséquent la puissance mise en A doit être en équilibre avec le reste du poids B, lequel reste est B $- \dfrac{MC \times P}{CB}$, ou $\dfrac{CB \times B - MC \times P}{CB}$; c'est pourquoi je fais CA. CB :: $\dfrac{CB \times B - MC \times P}{CB}$. $\dfrac{CB \times B - MC \times P}{CA}$, & ce quatriéme terme exprime la puissance ou le poids qu'il faudroit mettre en A pour faire équilibre avec B autour du point C.

Soit AB $=$ 20, AC $=$ 12, BC $=$ 8, B $=$ 60 livres, & la pesanteur P $=$ 5 livres; donc AM $=$ 10, & MC $=$ 2, ainsi dans la premiere proportion ci-dessus, nous aurons 8. 2 :: 5. $\frac{10}{8}$, c'est-à-dire la pesanteur du levier sera en équilibre avec les $\frac{10}{8}$ ou les $\frac{5}{4}$ d'une livre; ainsi le poids B pesant 60 livres, la puissance A ou le poids qu'il faudroit mettre en A ne doit plus soutenir que 60 livres $- \frac{5}{4}$, c'eſt-à-dire $58\frac{3}{4}$; nous aurons donc dans la ſeconde proportion ci-deſſus $12 . 8 :: 58\frac{3}{4} . \frac{8 \times 58\frac{3}{4}}{12}$, & ce dernier terme $\frac{8 \times 58\frac{3}{4}}{12} = \frac{2 \times 58\frac{3}{4}}{3} = \frac{117\frac{1}{2}}{3} = \frac{235}{6} = 39\frac{1}{6}$ fait voir qu'une puiſſance équivalente à 39 livres $\frac{1}{6}$ ſeroit en équilibre avec le poids B.

Si le centre de gravité M du levier eſt du côté B (*Fig.* 171.) ſuppoſons $AB = 20$, $AC = 8$, $BC = 12$, le poids $B = 60$, & la peſanteur du levier $= 5$; le moment ou la force du poids B par rapport au centre du mouvement ſera $B \times CB = 60 \times 12 = 720$, le moment de la peſanteur P ſera $P \times MC = 5 \times 2 = 10$; donc les deux momens pris enſemble ſont 730, & ces deux momens doivent être égaux au moment de la puiſſance A, lequel eſt $A \times AC = A \times 8$; donc $730 = A \times 8$, & $\frac{730}{8} = A$, ou $91\frac{1}{4} = A$, c'eſt-à-dire que la force A devroit être équivalente à un poids de 91 livres $\frac{1}{4}$ pour être en équilibre avec B & la peſanteur P.

362. Si la puiſſance ou le poids ou tous les deux avoient des directions qui ne fuſſent pas perpendiculaires au levier, on trouveroit encore aiſément les mêmes choſes que ci-deſſus.

Suppoſons, par exemple, qu'une puiſſance A (*Fig.* 172.) tire ſelon une direction AF, & que cette puiſſance ſoit exprimée par la droite AF ; du point F, je mene FT paralelle au levier, & du point A, je mene AT perpendiculaire au même levier, & achevant le paralellogramme ATFL, la puiſſance AF eſt compoſée de la force AT qui tire de A en T, & de la force AL qui tirant de A en L eſt en équilibre avec la reſiſtance du point fixe C, autour duquel le levier tourne ; c'eſt pourquoi la puiſſance AF fait le même effet par rapport au poids qu'il faut mettre en B que la puiſſance CT qui ſeroit perpendiculaire au levier. Or, dans le triangle rectangle AFT dont la baſe AF eſt connue, & dont l'angle AFT ou FAL eſt connu, on peut connoître aiſément le côté AT ; ainſi ſi l'on veut connoître le poids qu'il faut mettre en B, afin que la puiſſance AT, & le poids ſoient équilibre en ayant égard à la peſanteur du levier, on fera comme il a été dit ci-deſſus.

363. Tout ce qui a été dit dans les articles précédens par rapport au levier de la premiere eſpece, peut s'appliquer à celui de la ſeconde eſpece.

364. Quant au levier recourbé dont les deux bras ſont dans un

plan perpendiculaire à l'horizon, suppofons que l'un des bras CB (*Fig.* 173.) foit horizontal, que la puiffance A foit perpendiculaire en A, & qu'on veuille connoître le poids qu'il faut mettre en B pour faire équilibre en ayant égard à la pefanteur du levier. Du milieu M du bras CA, je mene la droite MN au milieu N de l'autre bras CB; je coupe CB en deux parties MR, RN réciproques aux deux bras, c'eft-à-dire je fais AC. CB :: NR. RM, & le point R eft le centre de gravité du levier. Abaiffant donc du point R la verticale RS qui coupe le bras CB en S, la pefanteur du levier peut être confiderée comme un poids attaché au point S, c'eft pourquoi on cherchera comme ci-deffus la partie de la puiffance A avec laquelle la pefanteur du levier peut être en équilibre autour du point C, & enfuite le poids B convenable pour être en équilibre avec le refte de la puiffance A, & de même des autres cas.

365. **Probleme.** *Conftruire une Balance Romaine.*

On prend un long levier AE, (*Fig.* 174.) de bois ou de fer, qui foit d'égale épaiffeur partout; fur ce levier, on prend pour centre de mouvement un point C à une petite diftance de l'une des extrêmités A; au-deffus du point C, on met perpendiculairement une languette ou lame de fer qui paffe dans le fleau CD attaché fixement au centre C de mouvement; à l'extrêmité A, on attache un crochet duquel pend un baffin ou une planche attachée au crochet avec quatre cordes, de façon que le crochet & la planche ou le baffin foient en équilibre avec l'autre bras CE du levier, ce que l'on connoît en fufpendant toute la machine par le fleau; car fi la languette ne fort ni d'un côté ni d'autre hors du fleau, & que le mouvement ceffe, il y a équilibre. Enfin on prend la diftance AC, & la portant fur le bras CE de C en 1. de 1. en 2. & ainfi de fuite, la balance eft conftruite.

Pour fe fervir de cette Balance, on met dans le baffin la marchandife que l'on veut pefer, & l'on prend un poids d'une livre qu'on fait gliffer le long du bras CE jufqu'à ce que la marchandife & le poids fe contrebalancent. Si lorfque l'équilibre fe trouve, le poids P eft fur le point 1. du bras CE, la marchandife pefe une livre, c'eft-à-dire autant que le poids à caufe des diftances égales AC. C1. Si le poids P eft fur le point 2. la marchandife pefera deux livres, puifqu'elle fera au poids P réciproquement comme la diftance C2. du poids au centre de mouvement eft à la diftance AE du même centre à la marchandife, & ainfi des autres.

Lorſque la marchandiſe qu'on veut peſer eſt d'une peſanteur conſidérable, on met au lieu du poids P d'une livre, un autre poids plus conſidérable, par exemple, de 100 livres, & alors ſi l'équilibre ſe trouve au point 1. la marchandiſe peſe 100 livres, s'il ſe trouve au point 2. la marchandiſe peſe 200 livres, & ainſi de ſuite.

366. Comme il n'eſt guéres poſſible de trouver des leviers qui ſoient parfaitement homogenes dans toutes leurs parties, on trouvera les diviſions 1. 2. 3. &c. du bras CE beaucoup plus juſtes, en mettant ſucceſſivement dans le baſſin un poids d'une livre, un de deux, un de trois, &c. & cherchant pour chacun d'eux le point où il faut mettre le poids P pour faire équilibre, ce que l'on trouve en faiſant gliſſer ce poids le long de CE juſqu'à ce qu'on ait l'équilibre demandé.

C'eſt ainſi que les Ouvriers conſtruiſent les Balances Romaines; mais comme ils peuvent fort bien y commettre des inexactitudes, je crois qu'il vaut mieux ſe ſervir de la Balance ordinaire dont nous allons parler.

367. PROPOSITION LIX. *Si le centre C de mouvement*(Fig. 175.) *eſt ſur le milieu d'un levier* AB, *& qu'aux extrêmités* A, B, *on attache deux poids égaux* P, Q *qui par conſéquent ſeront en équilibre, je dis qu'en quelque poſition qu'on mette le levier, ſoit horizontalement ou obliquement, l'équilibre ſubſiſtera toujours, & le levier reſtera en repos.*

Cette Propoſition eſt évidente, lorſque le levier eſt dans la poſition horizontale AB à cauſe de l'égalité des poids & des bras AC, CB, & elle n'eſt guéres moins claire lorſque le levier eſt dans la poſition oblique FH; car ſi l'on ſuppoſe que le poids *p* ſoit exprimé par la droite F*p* qui tire de F en *p*, & faiſant autour de F*p* le paralellogramme rectangle FV*p*T, le poids *p* fera le même effet qu'un poids exprimé par FT & qui tireroit ſelon la direction TF joint à un autre poids exprimé par FV & qui tireroit ſelon la direction FV. Par la même raiſon, le poids *q* fait le même effet qu'un poids qui ſeroit exprimé par HM, & qui tireroit ſelon la direction HM joint à un autre poids exprimé par HN, & qui tireroit ſelon la direction HN. Or les diagonales F*p*, H*q* étant égales puiſqu'elles expriment des poids égaux, & l'angle *p*FV égal à l'angle *q*HN, les triangles rectangles FV*p*, HN*q* ſont égaux; donc V*p* ou FT = N*q* ou HM; ainſi à cauſe de l'égalité des bras FC, CH, les poids égaux FT, HM ſont en équilibre,

& les poids ou forces FV, HN étant retenues par la réfiftance du point fixe font auffi en équilibre avec cette réfiftance, & par conféquent le levier doit refter en repos.

368. P R O P O S I T I O N LX. *Mais fi le centre de mouvement* C, (Fig. 176.) *eft au-deffus du milieu* H *du levier* AC, *& qu'après avoir attaché aux deux extrêmités* A, B *deux poids égaux* P, Q *on mette le levier dans une fituation oblique* EF, *je dis que ce levier fe mouvra jufqu'à ce qu'il fe foit remis dans la pofition horizontale* AB *où les deux corps fe trouveront en équilibre.*

Afin que le levier puiffe être mis dans la pofition oblique EF, il faut néceffairement que fon centre de gravité monte en décrivant l'arc HR; or ce centre étant en R, n'eft plus foutenu felon fa direction verticale; ainfi il doit defcendre jufqu'à ce qu'il fe retrouve directement fous le point fixe C qui l'empêchera de defcendre plus bas, & alors l'égalité des poids & des deux bras établit l'équilibre.

369. P**ROPOSITION** LXI. *Enfin fi le centre* C *du mouvement,* (Fig. 177.) *eft en-deffous du milieu* M *du levier* AC, *& qu'après avoir mis deux poids égaux aux extrêmités* A, B, *du levier, on le mette dans une pofition oblique* EF, *je dis que le levier ne ceffera de defcendre jufqu'à ce qu'il foit parvenu à la pofition horizontale* HS *paralelle à la pofition* AB.

Le levier ne peut être mis dans la pofition EF, à moins que fon centre de gravité M ne décrive l'arc MR; or ce centre étant en R ne trouve rien qui le foutienne felon fa direction verticale. Donc il doit defcendre jufqu'à ce qu'il fe trouve directement fous le point d'appui C qui l'empêchera de defcendre plus bas, & alors il y aura équilibre entre les deux poids.

370. La Balance ordinaire, (*Fig.* 178.) n'eft autre chofe qu'un levier A, B, dont le centre de mouvement eft un peu au-deffus du point M du milieu. On y attache aux deux extrêmités deux baffins égaux C, E qui foient en équilibre; après quoi, quand on veut pefer quelque marchandife, on la met dans l'un des baffins C, & l'on met dans l'autre des poids connus, tels qu'ils foient en équilibre avec la marchandife; ainfi, fi le poids qui fait équilibre eft de deux livres, la marchandife pefe deux livres, &c.

371. La Balance ordinaire eft trompeufe, quand l'un des bras eft plus long que l'autre, & alors le baffin qui eft à l'extrêmité de ce long bras ne pefe pas autant que l'autre; car autrement ces deux baffins ne feroient pas en équilibre, & l'on pourroit par ce

moyen

moyen connoître aifément la friponnerie. Ceux qui fe fervent de ces fortes de Balance, mettent toujours la marchandife qu'ils vendent du côté du plus long bras, afin qu'elle faffe équilibre avec un poids plus grand qu'elle, & au contraire s'ils achetent, ils mettent la marchandife du côté du moindre bras afin qu'elle faffe équilibre avec un poids moindre; & par cette rufe ils vous trompent toujours, foit qu'ils vendent, ou qu'ils achetent de vous.

372. Pour n'être pas la dupe de ces fortes de gens, il faut après avoir mis la marchandife dans l'un des baffins, & trouvé le poids qui lui fait équilibre dans l'autre, tranfporter la marchandife dans le baffin du poids, & le poids dans celui de la marchandife; & fi la Balance eft fauffe, l'équilibre ne fubfiftera plus.

373. Pour connoître le véritable poids d'une marchandife qui a été pefée dans une Balance trompeufe, je mets dans le baffin C, ($Fig.$ 179.) la marchandife que je nomme m, & dans le baffin E un poids p qui faffe équilibre avec la marchandife; je tranfporte dans le baffin E la marchandife, & je mets dans le baffin C un autre poids q qui foit en équilibre avec elle; je multiplie le poids p par le poids q, & tirant la racine quarrée du produit pq, cette racine eft le véritable poids de la marchandife. Car quand cette marchandife eft en C, nous avons BM. AM :: $m. p$; & quand elle eft en E :: nous avons BM. AM :: $q. m$; donc $q. m :: m. p$, & $pq = mm$, & $m = \sqrt{qp}$.

Soit $p = 9$, $q = 10$; donc $qp = 90$ & $\sqrt{pq} = \sqrt{90} = 9\frac{48}{100}$ $= 9\frac{12}{25}$; ainfi la marchandife étant mife en C, pefe $9\frac{12}{25}$, au lieu de 9 livres, & par conféquent celui qui a acheté cette marchandife a gagné $\frac{12}{25}$ d'une livre fur fon achat, fuppofé qu'il ait mis la marchandife dans le baffin C; mais s'il avoit voulu vous tromper en vous vendant la même marchandife, il l'auroit mife dans le baffin E, & alors elle auroit fait équilibre avec $q = 10$, & par conféquent il auroit gagné fur le poids $\frac{10}{25}$, puifque la marchandife n'auroit pefé réellement que $9\frac{12}{25}$, au lieu de 10.

De-là il eft aifé de connoître le rapport des deux bras AM, MB; car puifque la marchandife $9\frac{12}{25}$ étant en C, fe trouve en équilibre avec $p = 9$, nous avons MB. AM :: $9\frac{12}{25}$ 9.

De la Rouë dans fon Aiffieu.

374. La *Roue dans fon Aiffieu* eft une Roue dont les rayons

font attachés fixement à un cylindre nommé aiffieu ou treuil aux deux extrêmités duquel font deux pieces de fer qui s'enchaffent dans deux pivots ou foutiens fur lefquels le cylindre & la roue tournent enfemble, la Figure 180 repréfente cette Machine. Le poids qu'on veut enlever eft attaché au treuil avec une corde, & la puiffance eft attachée à la circonférence de la Roue.

375. PROPOSITION LXII. *Si une puiffance* A, (Fig. 181.) *qui tire avec une direction* AH *tangente à la Rouë, tient en équilibre un poids* D, *la puiffance eft au poids comme le rayon* CE *de l'Aiffieu eft au rayon* AC *de la Rouë.*

Si le rayon AC de la Roue auquel la puiffance A eft perpendiculaire, eft en ligne droite avec le rayon CE du treuil auquel la direction du poids eft perpendiculaire, on peut confiderer la droite AE comme un levier dont le centre du mouvement eft le point C; ainfi dans le cas de l'équilibre entre la puiffance & le poids, nous avons A. P :: CE. AC.

Si la puiffance tire avec une direction BX perpendiculaire au rayon BC qui n'eft pas en ligne droite avec le rayon CE auquel le poids eft perpendiculaire, nous regarderons les droites BC, CE comme les bras d'un levier recourbé auquel la puiffance & le poids font perpendiculaires, & par conféquent nous aurons encore A. P :: CE. BC.

376. Si la puiffance ne tire pas avec une direction tangente à la Roue, il eft aifé d'appliquer à cette Machine ce que nous avons dit des leviers auxquels la puiffance eft oblique.

377. Lorfqu'on veut élever des poids extrêmement grands par le moyen de cette Machine, il faudroit augmenter prodigieufement le rayon de la Roue, ce qui deviendroit trop incommode : c'eft pourquoi on fe fert alors des Roues dentées, dont nous allons parler.

Des Rouës dentées.

378. Les Roues dentées ne different de la Roue dans fon aiffieu, qu'en ce que leurs circonferenees & celles de leurs aiffieux ont des dents. On en met ordinairement plufieurs, comme on voit ici, (*Fig.* 182.) la premiere qui eft celle à laquelle la puiffance s'attache n'a point de dents à fa circonference, & fon aiffieu en a, celles qui font entre la premiere & la derniere ont des dents à leurs circonferences & à celles de leurs aiffieux, & la derniere qui eft celle à l'aiffieu de laquelle le poids eft attaché,

n'a point de dents à son aiſſieu. Tandis que la première Roue tourne de B vers A, les dents de ſon aiſſieu C font tourner la ſeconde de F vers E, & les dents de l'aiſſieu G de cette ſeconde font tourner la troiſiéme de L vers I; ainſi ſi celle-ci eſt la derniere, la corde du poids P attaché à l'aiſſieu O s'entortille autour de cet aiſſieu, & le poids monte.

379. PROPOSITION LXIII. *Si une puiſſance* A *perpendiculaire au rayon* AC *de la première Roue eſt en équilibre avec le poids* P *attaché à l'aiſſieu de la derniere, la puiſſance & le poids ſont en raiſon compoſée des raiſons des rayons des aiſſieux aux rayons des Roues, c'eſt-à-dire la puiſſance eſt au poids comme le produit des rayons des aiſſieux multipliés les uns par les autres eſt produit des rayons des Roues.*

Suppoſons d'abord qu'il n'y ait que la Roue à laquelle le poids eſt ſuſpendu, la puiſſance qui tireroit de L en X perpendiculairement au rayon LO de la Roue, & qui tiendroit le poids en équilibre, ſeroit à ce poids comme le rayon OR de l'aiſſieu eſt au rayen LO de la Roue; car les deux rayons OR, LO forment un levier recourbé dont le centre de mouvement eſt le point O. Ainſi nous aurions LO. OR :: P. $\dfrac{P \times OR}{LO}$, & ce quatriéme terme ſeroit l'expreſſion de la puiſſance miſe en L.

Suppoſons maintenant qu'il y ait une ſeconde Roue, & qu'une puiſſance tirant de F en Z perpendiculairement au rayon FG de cette Roue ſoit en équilibre avec le poids, il eſt clair que les dents de l'aiſſieu G de cette Roue doivent faire le même effet ſur la Roue qui ſoutient le poids, que feroit la puiſſance $\dfrac{P \times OR}{LO}$. Ainſi la puiſſance miſe en F étant en équilibre avec le poids P ſeroit auſſi en équilibre avec la puiſſance $\dfrac{P \times OR}{LO}$ qui ſeroit en L, & par conſéquent à cauſe du levier FL dont le centre de mouvement eſt le point G, nous aurions FG. LG :: $\dfrac{P \times OR}{LO} . \dfrac{P \times OR \times LG}{LO \times FG}$, & ce quatriéme terme exprimeroit la puiſſance miſe en F qui ſeroit en équilibre avec le poids.

Mettant de même une troiſiéme Roue & une puiſſance qui tire de A en V perpendiculairement au rayon AC & qui ſoit en équilibre, nous prouverons auſſi que cette puiſſance ſeroit en équilibre avec la puiſſance $\dfrac{P \times OR \times LG}{LO \times FG}$ qui ſeroit en F; c'eſt pourquoi à caufe du levier AF dont le centre de mouvement eſt en C, nous aurons $AC. CF :: \dfrac{P \times OR \times LG}{LO \times FG} . \dfrac{P \times OR \times LG \times CF}{LO \times FG \times AC}$, & ce quatriéme terme fera l'expreſſion de la puiſſance miſe en A. Ainſi la puiſſance miſe en A eſt au poids P comme $\dfrac{P \times OR \times LG \times CF}{LO \times FG \times AC}$ eſt à P, ou comme $P \times OR \times LG \times CF$ eſt à $P \times LO \times FG \times AC$, ou enfin comme $OR \times LG \times CF$ eſt à $LO \times FG \times AC$, c'eſt-à-dire comme le produit des rayons OR, LG, CF des aiſſieux eſt au produit des rayons LO, FG, AC des rayons des Roues.

DES POULIES.

380. **PROPOSITION LXIV.** *Si une puiſſance A & un poids P, (Fig. 183.) ſont en équilibre autour d'une Poulie, la puiſſance & le poids ſont égaux.*

Si les directions BA, CP ſont paralelles, elles toucheront la circonference de la poulie aux extrêmités B, C du diamétre BC; or le point fixe de la poulie étant le centre D, la puiſſance & le poids font le même effet que ſi on les avoit attachés aux extrêmités B, C du levier BC, & par conféquent le moment ou force de la puiſſance A eſt $A \times BD$, & le moment du poids eſt $P \times CD$; mais par la ſuppoſition $A \times BD = P \times CD$, puiſque la puiſſance & le poids ſont en équilibre; donc $A. P :: CD. BD$; & partant $A = P$ à cauſe de $CD = BD$.

Si la puiſſance tire avec la direction EF tangente de la poulie, mais non paralelle à la direction CP du poids, je mene du point E la droite ED au centre de la poulie, & j'ai un levier recourbé EDC dont les bras ED, DC font égaux; ainſi le moment de A eſt $A \times ED$, & le moment du poids eſt $P \times DC$; or par la ſuppoſition nous avons $A \times ED = P \times DC$; donc $A. P :: DC. EC$; & partant $A = P$.

381. La poulie ne fait donc rien gagner du côté de la puiſſance; mais l'avantage qu'on en tire, c'eſt qu'on peut changer la direction de la puiſſance & la rendre plus commode. Par exemple, pour ſoutenir le poids P ſans la poulie, il faudroit que la puiſſance tirât ce poids avec la direction CR oppoſée à la direction CP du poids, au lieu que par le moyen de la poulie, elle peut le ſoutenir avec la direction BA qui eſt beaucoup moins fatiguante, & ainſi des autres.

382. **Proposition LXV.** *Si un poids* P, (Fig. 184.) *suspendu au centre* E *d'une poulie est en équilibre avec une puissance* A *qui tire avec une direction* AB *tangente à la poulie par le moyen d'une corde* ABVCR *attachée fixement au point* R, *la puissance est au poids comme* 1 *est à* 2.

Supposons que le diamétre BC de la poulie soit dans la position HI, & que par conséquent le centre E soit en V, ce centre ne pourra monter de V en E, à moins que le poids & la puissance ne parcourent chacun un espace égal à VE; or quand le centre sera parvenu en E, la corde RI se fera abregée de la quantité CI = VE, laquelle aura passé du côté de la puissance; donc cette puissance aura parcouru un autre espace égal à VE, & par conséquent elle aura parcouru 2VE, tandis que le poids n'aura parcouru que VE; mais les espaces 2VE & VE parcourus dans le même tems par la puissance & le poids marquent leurs vitesses, & par la supposition les momens de la puissance & du poids sont égaux, puisqu'il y a équilibre; donc $A \times 2VE = P \times VE$; & partant A. P :: VE. 2VE :: 1. 2.

383. On peut faire qu'une même puissance soit à un même poids comme 1 à 1, comme 1 à 2, comme 1 à 4, comme 1 à 8, & ainsi de suite selon la progression 1. 2. 4. 8. 16, &c. en disposant les poulies O. E. C, &c. (*Fig.* 185.) de façon que leurs cordes soient attachées aux points fixes H, M, N, & que la corde HRSZA passe sur une poulie B, afin que la puissance tire selon la direction FA.

Car s'il n'y avoit que la poulie B, & que la puissance A soutînt le poids attaché en S, la puissance & le poids seroient en équilibre, & par conséquent on auroit A. P :: 1. 1. Mais si le poids est suspendu au centre O de la poulie O, alors à cause du levier SR dont les bras SO, OR sont égaux, la puissance & le point fixe H ne soutiendroient chacun que la moitié du poids; & partant on auroit A. P :: 1. 2. De même, si le poids étoit suspendu au centre E de la poulie E, la corde MT & la corde OX soutiendroient chacune la moitié du poids; or cette moitié étant soutenue par le point fixe H & par la puissance A, la puissance n'en soutiendroit que la moitié, c'est-à-dire le quart du poids, & par conséquent on auroit A. P :: 1. 4. que si on suspendoit le poids au centre C de la poulie C, la corde NV soutiendroit la moitié, & la corde EL soutiendroit l'autre moitié. Or cette moitié étant soutenue par les cordes MT, OX, il est clair que OX n'en soutiendroit encore que la moitié, c'eſt-à-dire le quart du poids, & que ce quart étant ſoutenu par le point fixe H & par la puiſſance A, celle-ci ne ſoutiendroit que la moitié de ce quart, c'eſt-à-dire le huitiéme du poids; & partant, on auroit A. P :: 1. 8, & ainſi de ſuite.

384. Soient pluſieurs poulies A, B, C, D, (*Fig.* 186.) miſes en ligne droite horizontale & à égale diſtance les unes des autres; ſoient auſſi un même nombre de poulies mobiles M, N, X, Z, diſpoſées de façon qu'une corde attachée à un point fixe T paſſe ſucceſſivement ſous les poulies mobiles, & ſur les fixes juſqu'à ce qu'ayant paſſé ſur la premiere fixe A une puiſſance H qui tire cette corde tienne en équilibre des poids égaux P, Q, R, S attachés aux centres M, N, X, Z des poulies mobiles. Je dis que cette puiſſance ſera égale à la moitié de l'un de ces poids, ce que je prouve ainſi.

Si la corde *ab* étoit retenue par un point fixe *b*, la puiſſance H ſoutiendroit la moitié du poids P, & le point *b* ſoutiendroit l'autre moitié; de même ſi les cordes *dc*, *fm* de la poulie N étoient ſoutenues par des points fixes *c*, *m*, ces points ſoutiendroient chacun la moitié du poids Q, & ainſi des autres; or la moitié du poids P & la moitié du poids Q ſont en équilibre autour de la poulie B; donc cette poulie fait le même effet que les deux points fixes *b*, *c*, & par conſéquent elle doit ſoutenir la moitié du poids P & la moitié de Q. On prouvera de la même façon que la poulie C ſoutient la moitié du poids Q & la moitié du poids R, que la poulie D ſoutient la moitié du poids R & la moitié du poids S, & qu'enfin le point fixe T ſoutient l'autre moitié du poids S; donc, puiſque la puiſſance H ne ſoutient que la moitié de P, nous avons H $= \frac{1}{2}$ P.

385. Maintenant, ſi nous ſuppoſons que les poulies mobiles ſoient attachées fixement à une chape ou piece de bois FL, (*Fig.* 187.) & qu'au lieu des quatre poids égaux attachés aux centres des poulies mobiles on ſuſpende du milieu O de la chape un poids Y égal à la ſomme des quatre, je dis que la puiſſance H qui tient ce poids en équilibre eſt au poids, comme l'unité eſt au double du nombre des poulies mobiles, ou comme l'unité eſt au nombre des brins de corde que le poids tire. Car le poids Y étant attaché au centre de gravité de la chape FL des poulies mobiles fait le même effet que les quatre poids égaux qui étoient attachés à égale diſtance de part & d'autre de ce centre; or dans

la fuppofition des quatre poids à chaque poulie mobile, nous avons trouvé que la puiffance étoit égale à la moitié de l'un des quatre poids; donc la puiffance étoit aux quatre poids comme 1 eft à 8, c'eft-à-dire comme 1 eft au nombre 8 double du nombre des poulies mobiles, ou comme l'unité eft au nombre 8 des brins de corde que les poulies poulies mobiles tiroient. Ainfi puifque le poids Y eft égal aux quatre poids & qu'il fait le même effet, nous avons A. Y :: 1. 8.

386. Lorfqu'on attache fixement plufieurs poulies à une même chape, cette Machine s'appelle *Moufle*.

387. Soit deux ou plufieurs poulies A, B, (*Fig.* 188.) attachées fixement à une chape TR & autant d'autres poulies C, D attachées fixement à une autre chape VL ayant à fon extrêmité V un poids P fufpendu, & qu'une corde attachée au crochet R de la chape TR paffe alternativement fous les poulies d'en-bas D, C, & fur les poulies d'en-haut B, A, de forte qu'une puiffance H tienne en équilibre le poids P, je dis que cette puiffance eft au poids comme l'unité eft au double du nombre des poulies D, C d'en-bas, ou comme l'unité eft au nombre des brins de corde que le poids tire.

Car fuppofons que le centre c de la poulie C foit en V, & que par conféquent fon diamétre MN foit en XZ, ce centre c ne peut monter de V en C, à moins que la corde qui paffe par cette poulie ne fe raccourciffe des deux parties égales MX, NZ, & par la difpofition de cette Machine, il eft vifible que les cordes qui paffent par la poulie D fe feront raccourcies ehacune d'autant quand le centre V fera parvenu en C; ainfi ces quatre parties égales de corde auront paffé du côté de la puiffance H, & par conféquent cette puiffance aura parcouru quatre efpaces égaux à CV tandis que le poids P ne fe fera élevé que de la hauteur VC. Or les efpaces parcourus dans des tems égaux marquent les viteffes; donc le moment de la puiffance fera $H \times 4CV$, & celui du poids fera $P \times CV$; mais par la fuppofition ces momens font égaux; donc $H \times 4CV = P \times CV$, & partant H. P :: CV. 4CV. 1. 4. c'eft-à-dire la puiffance eft au poids comme l'unité eft au nombre 4 double du nombre des poulies d'en-bas, ou comme l'unité eft à 4, nombre des cordes que le poids tire.

388. Si au lieu de faire paffer la corde que la puiffance tire par la premiere poulie d'enhaut on la faifoit paffer fous la derniere poulie C d'en-bas, (*Fig.* 189.) la puiffance H feroit au poids

comme 1 eſt au nombre de toutes les cordes; car tandis que le centre C monteroit de V en C, les cordes qui paſſent par la poulie C ſe racourciroient de deux parties MX, NZ égales à VC, & les cordes qui paſſent par la poulie D ſe raccourciroient chacune d'autant, de même que la corde attachée au crochet L; c'eſt pourquoi il paſſeroit du côté de la puiſſance cinq parties de corde égales chacune à CV, & par conſéquent l'eſpace parcouru par la puiſſance étant à l'eſpace VC dont le poids ſe feroit élevé comme 5 eſt à 1, le moment de la puiſſance ſeroit $H \times 5CV$, & celui du poids $P \times CV$, & à cauſe de l'équilibre nous aurions $H \times 5CV = P \times CV$; donc H.P :: CV. 5CV. 1. 5, ce qui fait voir que cette diſpoſition eſt plus favorable à la puiſſance que celle de la Figure 188, puiſque nous avons vû que dans celle-là la puiſſance ſeroit au poids comme 1 à 4.

389. Si on joignoit enſemble la diſpoſition de la Fig. 188 avec la diſpoſition de la Fig. 189, & qu'on n'en fît qu'une ſeule Machine, (*Fig. 190.*) on gagneroit beaucoup davantage du côté de la puiſſance. Car ſi cette puiſſance étoit en S, elle ſeroit au poids P comme 1 eſt à 5 à cauſe qu'il y a cinq cordes tirées par les deux poulies inférieures C, D, dans la diſpoſition CDBA; ainſi cette puiſſance étant ſoutenue par l'autre diſpoſition RXTV n'agit ſur cette diſpoſition que comme un poids qui ſeroit la cinquiéme partie du poids P; or la puiſſance H eſt au poids S comme 1 eſt à 4 à cauſe qu'il y a quatre cordes tirées par les deux poulies inférieures R, X; donc la puiſſance H n'eſt que la quatriéme partie de la puiſſance S, & comme celle-ci n'eſt que la cinquiéme partie du poids P, il s'enſuit que la puiſſance H ne ſeroit que la vingtiéme partie du poids P, car le quart du cinquiéme eſt un vingtiéme. Les deux poulies M, N ſont des poulies fixes qui ne font autre choſe que faciliter l'uſage de la Machine.

390. Si on joint à la diſpoſition de la Figure 188 l'effort d'un levier par le moyen d'une chévre, on gagnera conſidérablement du côté de la puiſſance; la chévre eſt un inſtument compoſé de trois pieds AB, BC, BD, (*Fig. 193.*) qui ſe joignent à un même ſommet B, à ce ſommet ſont attachés des moufles ſelon la diſpoſition de la Figure 188, la corde qui paſſe par la poulie ſupérieure vient s'entortiller à un treuil MN attaché aux deux pieds BC, BD qui à cauſe de cela font deux petits coudes au-deſſus de M & N; le treuil eſt percé de deux ou pluſieurs trous dans leſquels on paſſe des leviers tels que HR, & c'eſt à l'aide de ces le-

viers

viers qu'une ou plufieurs puiffances font tourner le treuil & en-
levent le poids fufpendu à la moufle inférieure. Or fuppofant que
la moufle inférieure n'ait que deux poulies, la puiffance qui tireroit en H fans le fecours du treuil MN feroit au poids comme 1
à 4, ainfi elle feroit le même effet qu'un poids qui ne feroit que
le quart de P; mais comme cette puiffance eft attachée au treuil,
& qu'une autre puiffance attachée au levier HR en R eft en équilibre avec elle, fi nous fuppofons que la longueur HR du levier
foit dix fois plus grande que le rayon du treuil, la puiffance en R
fera à l'autre puiffance $\frac{1}{4}$ P comme 1 à 10, & par conféquent elle
fera $\frac{1}{10}$ de $\frac{1}{4}$ P, c'eft-à-dire $\frac{1}{40}$ P, d'où l'on voit que la puiffance
en R pourroit tenir en équilibre une force 40 fois plus grande
qu'elle, & ainfi des autres.

390. S'il eft donc vrai, comme quelques-uns le difent, qu'un homme qui tire par le moyen d'un levier tire comme un poids de 25 livres, cet homme par le moyen d'une chévre pourra tenir en
équilibre un poids 40 fois plus grand, c'eft-à-dire un poids de
1000 livres.

Du Cric.

391. Le *Cric* eft une large barre de fer faite à dents dans lefquelles s'engrainent les dents d'un aiffieu CF, (*Fig.* 192.) d'une
Roue dentée CE; dans les dents de celle-ci s'engrainent les
dents d'un rouet OH, au centre duquel eft une manivelle OMNI
qui tient lieu d'une Roue dont le rayon feroit MN, & dont l'aiffieu feroit le rouet OH.

Pour faire ufage de cette Machine, la puiffance s'applique
fur NI, & par le moyen de la manivelle elle fait tourner le rouet
OH de E en H. Ce qui fait tourner la Roue CE de E, en L de
même que fon aiffieu CF, lequel fait monter le Cric AB, &
fouleve le poids qui eft mis en A.

Le calcul de cette Machine eft le même que celui des Roues
dentées, c'eft-à-dire que la puiffance eft au poids comme le produit des rayons CF, OH des aiffieux eft au produit des rayons
CE, MN des Roues. Suppofant donc que le rayon CF foit au
rayon CE comme 1 eft à 4, & le rayon OH au rayon MN comme 1 eft à 5. La puiffance fera au poids comme 1 eft à 20. On
pourroit augmenter confidérablement la force du Cric, en y
mettant un plus grand nombre de Roues dentées & d'aiffieux.

La Figure 191 repréfente la caiffe AC dans laquelle on met

Tome II. E e

le Cric lorſqu'on s'en ſert, la manivelle ſort hors de la caiſſe, & eſt repréſentée en MRTV.

De la Vis.

392. Si l'on conçoit qu'un priſme triangulaire AMBR (*Fig.* 194.) incliné ſur ſa baſe AHR ſoit flexible de façon à pouvoir s'entortiller autour d'un cylindre, le ſolide qui en proviendra ſera ce qu'on appelle une Vis, (*Fig.* 195.) cette Machine eſt enchaſſée dans une piece de bois nommée *Ecroue*, laquelle eſt faite endedans auſſi à vis, de ſorte que les élevations de la Vis cylindrique s'engrainent dans le creux de la Vis de l'écroue, au haut du cylindre & quelquefois au bas eſt une piece de bois percée de façon à pouvoir faire paſſer un levier MV, par le moyen duquel une puiſſance en M fait tourner la Vis cylindrique & enleve un poids P attaché à l'extrêmité du cylindre. La diſtance EF d'une élévation du cylindre à l'autre, ſe nomme *Pas de la Vis*, parce que le poids ne ſe trouve être monté à cette hauteur que lorſque le cylindre a fait une révolution entiere autour de ſon axe.

393. Proposition LXV. *Si une puiſſance* M, (Fig. 195.) *eſt en équilibre avec un poids* P *par le moyen d'une Vis, la puiſſance eſt au poids comme la hauteur* EF *de l'un des Pas de la Vis eſt à la circonference dont le rayon ſeroit la longueur* MV *du levier.*

Le poids ne peut s'élever de la hauteur EF, à moins que la puiſſance M ne faſſe une révolution entiere autour du cylindre; ainſi la hauteur EF & la circonference décrite par le point M ſont les viteſſes du poids & de la puiſſance, & par conſéquent nommant c la circonference décrite par M, le moment de la puiſſance M ſera M × c, & celui du poids P ſera P × EF; or par la ſuppoſition, nous avons M × c = P × EF; donc M . P :: EF . c.

394. On dira peut-être que la puiſſance M s'élevant de même que le poids décrit autour du cylindre une ſpirale & non pas une circonference de cercle, & que par conſéquent la viteſſe de la puiſſance devoit être exprimée par cette ſpirale; mais il faut prendre garde que la puiſſance M étant perpendiculaire au levier tend par elle-même à décrire la circonference d'un cercle, & que ſi pendant ſon mouvement elle décrit une ſpirale, cela vient de la diſpoſition de la Machine, ce qui ne change rien. De même que quoique ſur un plan incliné le poids parcoure la longueur de ce

plan, cependant ce plan n'eft defcendu dans la direction de fa pefanteur que de la hauteur du plan.

Du Coin.

395. Le Coin dont on fe fert pour fendre le bois eft un folide de bois ou de fer fait en forme de prifme triangulaire, l'une de fes faces ABEF, (*Fig.* 196.) eft moindre que les deux autres AFDC, BEDC, lefquelles font égales & également inclinées fur la face AFEB, la ligne CD s'appelle la pointe du Coin, & la face AFEB en eft la tête; on difpofe le Coin dans le bois qu'on veut fendre, de façon qu'il repréfente un triangle ifofcele ABC, (*Fig.* 197.)

396. PROPOSITION LXVI. *Si une puiffance qui pouffe la tête d'un Coin avec une direction* RC, (Fig. 197.) *eft en équilibre avec la réfiftance des parties du bois que l'on veut fendre, cette puiffance eft à la réfiftance comme la moitié* AR *du côté* AB *de la tête du Coin eft à la longueur* AC *de l'un des côtés égaux.*

Suppofons que la puiffance foit exprimée par la ligne OC, la réfiftance des parties du bois de part & d'autre du coin fera perpendiculaire fur les côtés AC, BC du Coin; c'eft pourquoi achevant autour de la droite OC prife pour diagonale le paralel-logramme OHCV, les deux réfiftances égales de part & d'autre feront exprimées par les droites égales HO, VO, & la puiffance OC fera à la fomme des deux réfiftances comme OC eft à OH ╋ OV, ou OH ╋ HC. Or les triangles rectangles ARC, XOC étant femblables à caufe de l'angle aigu commun ACR, l'angle XOC eft égal à l'angle CAR, c'eft pourquoi les triangles ifof-celes OHC, ACB font femblables entr'eux; ainfi OC. OH ╋ HC ou 2OH :: AB. AC ╋ CB ou 2AC; or en nommant P la puiffance, & R la fomme des réfiftances, nous avons P. R :: OC. OH ╋ HC ou 2OC; donc P. R :: AB. AC ╋ CB, ou 2AC, ou P. R :: ½AB ou AR. AC.

397. Quand on veut employer le Coin pour élever un poids, alors ce Coin eft fait comme un plan incliné dont la bafe BC, (*Fig.* 198.) eft horizontale; & dans le cas d'équilibre la puiffance eft au poids, comme la hauteur AC du Coin eft à fa bafe CB. Car le Coin ne peut parvenir à la pofition *aBc*, à moins que le poids ne fe foit élevé de la hauteur *a*B ou AC, c'eft pourquoi la droite CB exprime la viteffe de la puiffance, & la droite AC

exprime la vitesse du poids, d'où il suit qu'en nommant la puissance A, & le poids P le moment de la puissance est A × BC, & celui du poids en supposant que quelque chose l'empêche de glisser & de descendre le long du coin est P × AC, mais dans le cas de l'équilibre, nous avons A × BC = P × AC, donc A. P :: AC. BC.

398. *Remarque.* Dans tout ce que nous venons de dire touchant les machines, nous n'avons consideré que le cas de l'équilibre; mais delà il est aisé de conclure que pour peu qu'on augmente le rapport de la puissance au poids, cette puissance enlevera le poids & le fera mouvoir. Je ne m'arrête point ici à parler d'un plus grand nombre de machines, si on a bien compris la maniére de calculer celles-ci, on calculera aisément toutes les autres plus compliquées, puisqu'elles ne font que des différentes combinaisons de celles qu'on vient de voir.

De l'Hydrostatique.

399. L'Hydrostatique est la science qui apprend de quelle maniere les corps pesent dans les fluides, & quel est le rapport des pesanteurs de différens fluides.

400. Les corps fluides font ceux dont les parties ne font pas unies entr'eux, & se séparent sans peine. On en distingue de deux fortes, les uns dont les surfaces se mettent de niveau lorsque rien ne les empêche comme l'eau, & tout ce que nous nommons *Liqueurs*, & les autres dont les surfaces ne se mettent pas de niveau, comme la flamme, la fumée, &c. Nous ne parlons ici que des fluides de la premiere espéce.

401. Le volume d'un corps est son étendue en longueur, largeur & profondeur.

402. Lorsque deux corps ont deux volumes égaux & des pesanteurs inégales, celui qui pese davantage est dit avoir plus de *Pesanteur* spécifique que l'autre. Ainsi pour trouver les pesanteurs specifiques de deux ou plusieurs différentes matiéres, il faut les mettre sous des volumes égaux.

403. Lorsque deux corps ont des volumes égaux & des pesanteurs inégales, celui qui pese le plus est dit être plus *Dense*, c'est-à-dire avoir ses parties plus proches les unes des autres; car si les parties de l'un ou de l'autre étoient également resserrées entr'elles, il y en auroit autant dans l'un & dans l'autre, à cause du

volume égal & les pefanteurs feroient égales.

404. On entend donc par le plus ou le moins de denfité des corps, le plus ou moins de maffes, c'eft-à-dire le plus ou moins de matiére qu'ils contiennent fous un même volume. D'où il fuit 1°. que fi deux corps ont des volumes égaux & des maffes iné-gales, celui qui a plus de maffe a plus de denfité, & comme une plus grande maffe ou une plus grande quantité de matiére pefe plus que celle qui en a moins, celui qui a plus de maffe a plus de pefanteur que celui qui en a moins. 2°. Que fi les volumes font égaux, les pefanteurs ou les denfités font comme les maffes. 3°. Que fi les denfités font égales, les maffes ou les pefanteurs font comme les volumes. 4°. Que les volumes étant égaux les pefanteurs fpécifiques font entr'elles comme les pefanteurs abfo-lues ; car les pefanteurs fpecifiques viennent de la différence des maffes ou des denfités, lefquelles caufent les pefanteurs abfolues.

405. PROPOSITION LXVII. *Les maffes* A *&* B *de deux corps qui ont des volumes différens, font en raifon compofée, des denfités & des volumes.*

Soit le volume de A triple du volume de B, & fa denfité dou-ble de la denfité de B, je divife le volume de A en trois volumes égaux chacun au volume de B, & par conféquent dans chacun de ces trois volumes la maffe eft double de la maffe du volume de B, puifque fous des volumes égaux les maffes font plus ou moins grandes à proportion du plus ou moins de denfité. Donc dans les trois volumes pris enfemble, c'eft-à-dire dans le volume de A la maffe eft trois fois double ou fextuple de la maffe de B, ainfi A. B :: 6. 1. or, la raifon 6. 1. eft compofée de la raifon 2. 1. des denfités & de la raifon 3. 1 des maffes. Donc, &c.

406. Si l'on nomme M la maffe A, D fa denfité, V fon volume & m, d, u la maffe, la denfité, & le volume de B, on aura M. m :: D × V. d × u; d'où l'on peut tirer les Corollaires fuivans.

407. M. m :: D × V. d × u, donc M × d × u = m × D × V, & par-tant D. d :: M × u. m × V, c'eft-à-dire les denfités font en raifon compofée de la raifon directe des maffes, & de la raifon inverfe des volumes.

De même à caufe de M × d × u = m × D × V, nous avons V. u :: M × d. m × D, c'eft-à-dire les volumes font en raifon compo-fée de la raifon directe des maffes & de l'inverfe des denfités.

408. PROPOSITION LXVIII. *Si deux corps* A, B *pefent également*

leurs pefanteurs fpécifiques, font entr'elles réciproquement comme leurs volumes.

Suppofons que le volume de A foit triple du volume du corps B, je divife A en trois volumes qui feront égaux chacun au volume de B, ainfi chacun de ces volumes ne pefera que le tiers de ce que pefe B, puifqu'on fuppofe que A & B pefent également. Or, nous avons dit ci-deffus (*N*. 401.) que pour juger des pefanteurs fpécifiques, de deux différentes matiéres ; il faut prendre des volumes égaux de ces matiéres, donc puifque le volume du tiers de A eft égal au volume de B, & que le volume de ce tiers ne pefe que le tiers du volume de B, il s'enfuit que la pefanteur fpécifique de A eft à la pefanteur fpécifique de B comme 1 eft à 3, c'eft-à-dire réciproquement comme le volume de B eft au volume de A, & ainfi des autres.

409. PROPOSITION LXIX. *Les pefanteurs abfolues des corps* A, B *font en raifon compofée de la raifon de leurs volumes, & de celle de leurs pefanteurs fpécifiques.*

Suppofons que le volume de A foit triple du volume de B, & que la pefanteur fpécifique de A foit double de la pefanteur fpecifique de B ; je divife A en trois volumes égaux, dont chacun fera égal au volume de B. Ainfi le tiers du volume de A pefera deux fois plus que le volume de B, puifque les pefanteurs fpécifiques de A & B font comme 2 à 1, & que ces pefanteurs font les pefanteurs de deux volumes égaux de A & de B; donc les trois volumes qui compofent A peferont trois fois deux fois plus, c'eft-à-dire 6 fois plus que le volume de B, & par conféquent la pefanteur abfolue de A fera à la pefanteur abfolue de B comme 6 eft à 1. or, la raifon 6. 1. eft compofée de la raifon 3. 1. des volumes de A & B, & de la raifon 2. 1. des pefanteurs fpécifiques. Donc, &c.

De l'Equilibre des Liqueurs.

410. Dans les corps folides toutes les parties font tellement liées entr'elles que fi leur centre de gravité eft empêché de defcendre, elles reftent toutes en repos autour de lui. Mais il n'en eft pas de même des parties des corps fluides, comme elles n'ont aucun lien fixe entr'elles, elles fe meuvent en tout fens vers le haut, vers le bas à droite à gauche, &c. & leur furface fe met toujours de niveau.

L'expérience conſtante & uniforme conſirme ce que nous venons de dire : qu'on verſe peu à peu du vin dans de l'eau, on voit que les parties du vin ſe diſperſent de tous les côtés juſqu'à ce que les deux liqueurs ſe ſoient parfaitement mêlées, & alors ſi l'on ne s'apperçoit plus de ce mouvement, cela provient de l'uniformité de la couleur qui fait qu'on ne diſtingue plus ce que l'on voyoit auparavant. Si l'on jette du ſel dans de l'eau, toutes les parties de l'eau deviennent ſalées en peu de tems, &c.

411. **Proposition LXX.** *Si l'on verſe d'une même liqueur dans deux tubes ou cylindres creux verticaux* AB, CD *(Fig. 199. 200.) qui ſe communiquent par un tube horizontal* EF, *& que les deux liqueurs ſoient de niveau, elles ſeront en équilibre entr'elles.*

Si les baſes EB, PD des deux tubes ſont égales (*Fig.* 199.), les colonnes MB, ND de la liqueur ſont égales, & par conſéquent également peſantes ; donc elles preſſent également la liqueur du tube horizontal, & l'équilibre doit ſe trouver entr'elles.

Si les baſes EB, PD ſont inégales (*Fig.* 200.) les colonnes MB, ND ſont entr'elles comme leurs baſes EB, PD, à cauſe des hauteurs égales BI, PN. Or, ſi la colonne ND deſcendoit d'une hauteur quelconque NS, il faudroit qu'il paſſât dans l'autre tube une quantité d'eau égale à NX, & pour cela il faudroit que la hauteur IT à laquelle la colonne MB s'éleveroit fût à la hauteur NS réciproquement comme la baſe SX ou PD eſt à la baſe MI ou EB, car deux cylindres égaux NX, MT doivent avoir les hauteurs réciproques aux baſes. Ainſi la viteſſe NS avec laquelle la colonne ND deſcendroit étant à la viteſſe IT avec laquelle la colonne MB monteroit réciproquement, comme la colonne MB eſt à la colonne ND ; il s'enſuit que ces deux colonnes ont des forces égales, & que par conſéquent elles doivent ſe tenir en équilibre.

Si l'un des tubes AB (*Fig.* 201.) eſt incliné à l'horizon & l'autre vertical, j'en conçois un autre *a*B vertical ſur la même baſe EB ; or, dans celui-ci la colonne ZB ſeroit en équilibre avec la colonne ND du tube CD ; donc la colonne MB du tube AB doit être auſſi en équilibre avec ND, puiſqu'elle eſt égale à la colonne ZB à cauſe de la baſe commune EB, & de la hauteur égale ; & que ſi la colonne ND pouvoit deſcendre, la hauteur à laquelle MB devroit s'élever ſeroit égale à la hauteur, à laquelle ZB devroit s'élever.

412. Delà il ſuit que ſi deux liqueurs de même eſpéce ſont en

équilibre dans deux tubes verticaux, elles doivent être de niveau ;
car pour peu que le niveau ceffât, l'équilibre ceſſeroit auſſi.

413. PROPOSITION LXXI. *Si l'on remplit le tube horizontal*
EF (Fig. 202.) de mercure ou vif-argent, & que l'on verſe dans les
deux tubes verticaux & égaux deux liqueurs différentes qui ſoient en
équilibre, les peſanteurs ſpécifiques de ces liqueurs ſont entr'elles réci-
proquement comme leurs hauteurs.

A cauſe que les baſes des colonnes MB, ND ſont égales, l'une
ne peut deſcendre d'une certaine hauteur que l'autre ne monte
à une hauteur égale ; ainſi les viteſſes de ces deux colonnes étant
égales, de même que leurs forces le ſont à cauſe de l'équilibre ;
il faut que leurs maſſes ſoient égales, car les forces ne ſont autre
choſe que les maſſes multipliées par leurs viteſſes, & comme les
maſſes égales ont des peſanteurs abſolues égales ; il s'enſuit que
les colonnes MB, ND peſent également. Suppoſant donc que le
volume de la colonne MB ſoit triple du volume de la colonne ND,
le tiers du volume de MB ne peſera que le tiers du volume ND ;
or, le tiers du volume MB eſt égal au volume de ND, & quand
les volumes ſont égaux, les peſanteurs ſpécifiques des matiéres
ſont comme les peſanteurs abſolues de ces volumes égaux ; donc
la peſanteur ſpécifique de MB eſt à la peſanteur ſpécifique de
ND, comme 1 à 3, c'eſt-à-dire réciproquement comme le volume de ND eſt au volume de MD, ou comme la hauteur de ND
eſt à la hauteur de MB ; car à cauſe des baſes égales, les volumes
ND, MB ſont comme leurs hauteurs.

414. Donc ſi l'on connoît la peſanteur ſpécifique d'une liqueur,
on pourra connoître aiſément par le moyen de ces tubes la peſanteur ſpécifique d'une autre liqueur.

415. PROPOSITION LXXII. *Si deux vaſes AB, CD (Fig. 203.)*
dont les côtés ſont perpendiculaires ſont remplis d'une même liqueur, les
preſſions que leurs fonds ſouffrent ſont entr'elles en raiſon compoſée de la
raiſon des hauteurs & de celle des baſes.

Les liqueurs qui ſont dans les deux vaſes étant de même nature, leurs maſſes ou leurs peſanteurs ſont entr'elles comme leurs
volumes ; or, les volumes ſont en raiſon compoſée de la raiſon
des hauteurs & de celles des baſes ; donc puiſque les maſſes preſſent les fonds avec toute leur peſanteur à cauſe des côtés perpendiculaires ces fonds ſont preſſés en raiſon compoſée de la raiſon
des hauteurs & de celle des baſes.

416.

416. Si les bafes font inégales & les hauteurs égales, les preffions font comme les bafes, fi les bafes font égales & les hauteurs inégales, les preffions font comme les hauteurs, & fi les
bafes font égales, & les hauteurs auffi les preffions font égales.

417. Il eft bon de prévenir une objection qu'on pourroit me
faire. J'ai dit ci-deffus que fi l'on verfe de l'eau dans deux tubes
inégaux AB, CD (*Fig.* 200.) qui fe communiquent par un tube
horizontal ED, & que l'eau des deux tubes foit de niveau, les
deux colonnes MB, ND font en équilibre. Ainfi l'eau du tube
inférieur EF qui foutient les deux colonnes MB, ND fait le même effet que fi l'on mettoit un fonds EB qui foutint la colonne
MB, & un fonds PD qui foutint la colonne ND ; or, à caufe des
hauteurs égales BI, PN, les deux fonds EB, PD feroient preffés
dans la raifon de leurs bafes, & comme ces bafes font inégales,
les preffions des deux colonnes feroient inégales ; donc, dira-t-on
peut-être, puifque les deux colonnes preffent inégalement l'eau
du tube inférieur EF, il ne peut y avoir d'équilibre entre les deux
colonnes, ce qui eft oppofé à ce que j'ai démontré (*N.* 411.).

Pour répondre donc à cette objection, il s'agit de faire voir
que quoique les preffions des deux colonnes MB, ND foient inégales, il y a cependant équilibre entre ces deux colonnes, ce que
je vais démontrer indépendamment de ce que j'ai dit ci-deffus
(*N.* 411.). Suppofons que la bafe EB de la colonne MB ne foit
que le tiers de la bafe PD de la colonne ND, je mets au lieu du
tube AB un autre tube AX dont la bafe EX foit égale à la bafe
PD, & verfant de l'eau dans ce tube AX jufqu'à ce qu'elle foit
de niveau avec l'eau du tube CD, les colonnes MX, ND feront
égales & leurs preffions auffi, de façon qu'il y aura équilibre entre ces deux colonnes ; concevons que chacune de ces colonnes
foit divifée en trois colonnes égales, leurs bafes EX, PD feront
auffi divifées en trois bafes égales ; ainfi les trois colonnes qui
compofent la colonne MX feront en équilibre avec les trois colonnes qui compofent la colonne ND chacune à chacune.

Mettons maintenant en EX une cloifon égale à la bafe de
deux des colonnes qui compofent la colonne EM, & qui refifte
autant à la preffion des deux colonnes correfpondantes de la colonne ND que les deux colonnes qui étoient au-deffus de cette
cloifon ; enfin, fur le refte de l'ouverture EB mettons le tube AB,
il eft clair que la colonne qui eft le tiers de la colonne ND fera
en équilibre avec la colonne MB égale au tiers, & que les deux

autres tiers de la colonne ND trouvant autant de refiftance dans la cloifon qu'on a mife qu'elles en trouvoient dans les deux colonnes qui étoient au-deffus de cette cloifon, feront en équilibre avec elles ; & partant ND ne pourra forcer MB, & il y aura équilibre quoique les deux preffions de MB, ND ne foient pas égales.

418. Si l'un des vafes cylindriques AB (*Fig.* 201.) étoit incliné à l'horizon & l'autre CD vertical , il feroit encore vrai de dire qu'en les rempliffant l'un & l'autre d'une même liqueur, les fonds feroient preffés dans la raifon compofée des hauteurs & des bafes. Car mettant au lieu de leur fonds un tube horizontal EF , & verfant de l'eau dans l'un & dans l'autre , cette eau fe mettra de niveau, & la colonne MB fera en équilibre avec la colonne ND (*N.* 411.) ; je mets au lieu du tube incliné AB un tube vertical *a*B de même bafe , & la colonne ZB fera auffi en équilibre avec la colonne NP, ainfi la colonne ZB, & la colonne MB faifant le même effet prefferont également l'eau du tube EF. Or , fi au lieu du tube EF, nous mettons aux colonnes ZB, ND deux fonds EB, PD qui foutiennent les preffions de ces colonnes, ces fonds feront preffés en raifon compofée des bafes & des hauteurs, mais la colonne MB preffe autant fon fonds que la colonne ZB ; donc les fonds des vafes MB, ND font auffi preffés en raifon compofées des bafes & des hauteurs.

Il eft vifible que tout ce que nous avons dit à l'égard des vafes ou tubes cylindriques fubfifteroit fi les vafes ou tubes étoient prifmatiques , c'eft-à-dire fi les bafes fuperieures étoient égales aux inférieures.

419. PROPOSITION LXXIII. *Si l'on remplit d'eau un vafe* ABCDEFHL (Fig.204.) *dont la bafe fupérieure* ABCD *foit moindre que le fonds* HLEF , *ce fonds eft autant preffé qu'il le feroit fi la bafe fupérieure étoit égale à l'inférieure.*

Je conçois un vafe prifmatique OE de même hauteur, & de même bafe que le vafe ABCDEFHL ; dans ce vafe OE que je conçois plein d'eau, je mets deux fections ou cloifons BCPQ, ADRS perpendiculaires fur la bafe, enforte que la partie QPSR de fa bafe HLEF foit égale à la bafe fupérieure ABCD du vafe ABCDEFHL. Par cette conftruction le vafe prifmatique OE fera divifé en trois vafes prifmatiques OP , BR , AE, & les preffions de l'eau fur ces trois bafes , feront entr'elles comme les bafes à caufe des hauteurs égales (*N.* 415.) ; & ôtant les cloifons, ces trois bafes feront encore comprimées de la même façon ; car il y aura toujours une même quantité d'eau fur chacune d'elles. Je coupe la colonne d'eau OBQHLPCZ par une cloifon diagonale BHLC, de façon qu'ôtant l'eau qui eft au-deffus, la cloifon preffe autant l'eau inférieure de cette colonne qu'elle étoit preffée par l'eau fupérieure, il eft clair que la bafe HQPL fera preffée de même qu'elle l'étoit auparavant ; de même fi dans la colonne ATFSREXD, je mets une cloifon diagonale ADEF qui preffe autant l'eau inférieure de cette colonne qu'elle étoit preffée par l'eau fupérieure, la bafe RSFE de cette colonne fera preffée comme elle l'étoit auparavant. Or, les deux cloifons BCLH, ADEF forment avec le refte du vafe prifmatique OE, le vafe donné ABCDEFHL, donc le fonds de ce vafe eft autant preffé que le fonds du vafe prifmatique OE qui feroit auffi plein d'eau, & par conféquent le fonds du vafe donné eft auffi preffé que fi fa bafe fupérieure étoit égale à l'inférieure.

420. On dira peut-être que fi cette propofition étoit vraye, il s'enfuivroit que le vafe prifmatique OE plein d'eau ne peferoit pas plus que le vafe ABCDEFHL, qui feroit auffi plein d'eau, quoique celui-ci en contienne moins ; mais il faut bien diftinguer entre la pefanteur de la maffe totale d'un fluide enfermé dans un vafe, & les preffions de ce fluide contre le fonds, & les parois du vafe ; la pefanteur de la maffe totale n'a d'autre direction que celle qui pouffe vers le centre de la terre, au lieu que le fluide preffe de tous côtés également les parois du vafe ; en effet, avant d'avoir mis dans le vafe prifmatique OE, les cloifons BCLH, ADEF qui coupent diagonalement les colonnes latérales de ce vafe, l'eau fupérieure à ces cloifons étoit en équilibre avec l'eau inférieure, puifque la furface fupérieure de l'eau de vafe étoit de niveau ; donc l'eau inférieure des colonnes latérales preffoit autant de bas en haut l'eau fupérieure, que la fupérieure preffoit l'inférieure de haut en bas. C'eft pourquoi les cloifons faifant le même effet que l'eau fupérieure doivent être preffées par l'eau inférieure de bas en haut, de la même façon que l'eau fupérieure en étoit preffée. Or cela étant, il eft vifible que les preffions d'un fluide renfermé dans un vafe pouffant également de toutes parts, ne peuvent augmenter la pefanteur du liquide qui ne pouffe que vers le centre de la terre, & que par conféquent la maffe d'eau contenue dans le vafe prifmatique OE étant plus grande que celle qui eft contenue dans le vafe ABCDEFHL doit pefer plus

F f ij

que cette maſſe, quoique les preſſions ſur les fonds ſoient égales.

421. PROPOSITION LXXIV. *Si l'on remplit d'eau un vaſe* ABCDEFGH (Fig. 205.) *dont la baſe ſupérieure* ABCD *eſt plus grande que la baſe inférieure* EFGH, *cette baſe ou fonds n'eſt pas plus preſſée par la liqueur que ſi la baſe ſupérieure étoit égale à l'inférieure.*

Je conçois un vaſe priſmatique BO dont la baſe inférieure PSRO ſoit égale à la baſe ſupérieure ABCD du vaſe donné ; ce vaſe BO étant plein d'eau, je conçois deux ſections ZLHG, XQEF perpendiculaires ſur la baſe, enſorte que la partie HGEF du fonds de ce vaſe compriſe entre les deux ſections ſoit égale au fonds du vaſe donné ; ainſi le vaſe priſmatique BO eſt compoſé de trois vaſes priſmatiques BH, ZE, XO, & les fonds de ces trois vaſes ſont preſſés par les trois colonnes d'eau en raiſon de ces mêmes fonds, à cauſe des hauteurs égales des colonnes, & ôtant ces ſections ZLGH, XQEF, les preſſions des colonnes ſur leur fonds ſont encore les mêmes. Je conçois dans les deux colonnes latérales deux cloiſons CHGB, DAFE qui les coupent diamétralement, de façon qu'ôtant l'eau inférieure, ces cloiſons ſoutiennent l'eau ſupérieure de la même façon que l'inférieure les ſoutenoit, il eſt clair que l'eau ſupérieure étant en équilibre avec ces cloiſons, n'agira point ſur le fonds HGFE de la colonne du milieu. Or, les deux cloiſons jointes avec le reſte du vaſe priſmatique BO compoſent le vaſe donné ABCDEFGH ; donc le fonds de ce vaſe n'eſt pas plus preſſé par l'eau qu'il contient, que ſi ſa baſe ſupérieure étoit égale à l'inférieure, c'eſt-à-dire s'il n'y avoit que la colonne du milieu qui le preſſât.

422. PROPOSITION LXXV. *Toutes les parties de la ſurface d'un vaſe plein d'eau ſont preſſées en raiſon compoſée de leurs grandeurs & de leurs diſtances à la ſurface ſupérieure de l'eau compriſe dans le vaſe.*

Soit un vaſe AB (*Fig.* 206.) ayant à l'un de ſes côtés un tube vertical HL dont la baſe eſt HP. Si l'on remplit le vaſe d'eau, cette eau montera le long du tube & ſe mettra de niveau avec celle du vaſe, car on peut conſidérer le vaſe comme un tube qui communique avec le tube HL. Je mets en dedans du vaſe un tube HV qui a pour baſe l'orifice HP ſur lequel il eſt perpendiculaire, & dont la hauteur HX ſoit égale à la diſtance de cet orifice à la ſurface ſupérieure de l'eau du vaſe, c'eſt-à-dire à la hauteur moyenne NT du cylindre d'eau ; ainſi les deux cylindres d'eau HV,

HE ayant même hauteur, font entr'eux comme leurs bafes, &
ces deux cylindres d'eau font en équilibre, car s'il pouvoit paffer
dans le cylindre HE une partie HS du cylindre XV, cette partie
devroit occuper dans le tube HL un volume EL, égal au volume HS, & partant la hauteur du volume EL feroit à la hauteur
du volume HS réciproquement, comme la bafe HP du volume
HS eft à la bafe FE du volume EL, d'où il fuit que la viteffe
de ces deux colonnes étant entr'elles réciproquement comme
leurs volumes, ces deux colonnes ont des forces égales.

De même, fi l'on fuppofe un autre tube extérieur MO, & un
autre intérieur MQ dont les hauteurs foient égales, je prouverai
de la même façon que les deux colonnes d'eau contenues dans
ces tubes font en équilibre; c'eft pourquoi fi à la place des orifices HP, MY, je mets deux cloifons qui refiftent autant à l'eau
des tubes intérieurs que l'eau des tubes extérieurs leur refiftoit;
il eft clair que ces deux cloifons feront preffées dans la raifon des
deux colonnes d'eau HV, MQ; or, ces deux colonnes font en
raifon compofée de la raifon de leurs bafes, & de celles de leurs
hauteurs, c'eft-à-dire des diftances de leurs bafes à la furface fupérieure de l'eau du vafe. Donc les cloifons feront preffées dans
la même raifon; mais ces cloifons font des parties de la furface
du vafe. Donc, &c.

423. De tout ce que nous venons de dire, il fuit qu'on pourroit fe fervir aifément de l'eau pour élever des poids confide-
rables.

Soit un grand baffin AB (*Fig.* 207.) rempli d'eau, & exactement fermé de tous les côtés; j'adapte fur fon couvercle deux
tubes PR, SX, donc l'orifice P de l'un foit petit, & l'autre ST
foit fort grand; fi je verfe de l'eau dans l'un & l'autre tube, cette
eau fe mettra de niveau; ainfi fuppofé que ce niveau foit à la hauteur PH d'un pied, & que l'orifice ST foit cent fois plus grand
que l'orifice P, la colonne PH foutiendra la colonne SN cent
fois plus pefante qu'elle; & fi au lieu de la colonne SN on met
un pifton fur l'orifice ST fur lequel foit un poids qui avec le
pifton pefe autant que la colonne SN, la colonne PH fera en
équilibre avec le pifton & le poids; c'eft pourquoi fi l'on verfe de
nouveau de l'eau dans le tube PR, cette eau forcera le pifton &
le poids de monter dans le tube SX.

Suppofant donc que la colonne PH contienne un pied cubique d'eau, lequel, felon les expériences, pefe 70 livres, cette co-

lonne fera en équilibre avec 100 fois 70 livres, c'eſt-à-dire avec 7000 livres, & il n'y aura plus qu'à continuer à verſer de l'eau dans le tube PR pour élever le poids auſſi haut qu'on voudra, mais avec beaucoup de lenteur.

Car, par exemple, ſi on veut que le poids s'éleve à la hauteur d'un pied, il faudra verſer 102 pieds cubiques d'eau, puiſque la colonne SN en contiendra 100, & la colonne PH deux, dont l'un ſera en équilibre avec la colonne SN, & l'autre avec le poids qui ſera ſur cette colonne.

Des Corps plongés dans des Fluides qui ont moins de peſanteur ſpécifique que ces Corps.

424. PROPOSITION LXXVI. *Si l'on plonge un corps dans un fluide qui ait moins de peſanteur ſpécifique que lui, ce corps perd une partie de ſon poids, égale au poids d'un volume du fluide égal au volume du corps.*

Suppoſons qu'un pied cubique de plomb ſoit plongé dans l'eau, il occupera la place d'un même volume d'eau; or, le poids de ce volume étoit ſoutenu par celle qui l'environnoit; donc une même quantité de poids du pied cubique de plomb, ſera auſſi ſoutenue par l'eau qui l'environne, & par conſéquent le plomb peſera moins de toute cette quantité.

425. Donc un corps plongé dans un fluide qui a moins de peſanteur ſpécifique que lui, ne deſcend au fond qu'avec une force égale à la différence de ſon poids au poids du fluide de même volume; & par conſéquent la puiſſance qui peut tenir le corps en équilibre, c'eſt-à-dire l'empêcher de deſcendre juſqu'au fonds eſt égale à cette différence.

426. PROBLEME. *Trouver les peſanteurs ſpécifiques de différens fluides.*

Je prens une balance ordinaire AB (*Fig.* 208.), je mets à l'extrêmité A un crochet E qui ſoit en équilibre avec le baſſin C ſuſpendu à l'autre extrêmité B. J'attache à ce crochet un crin de cheval d'où pend une bale de plomb P; je peſe cette bale dans l'air, & la plongeant enſuite ſucceſſivement dans chaque fluide; je la peſe de nouveau dans chacun d'eux; les pertes de poids que cette bale fait dans les fluides ſont les peſanteurs ſpécifiques de ces fluides.

Car les volumes des fluides dont la bale P occupe la place,

font tous égaux entr'eux, & au volume de la bale. Or, le poids de chacun de ces volumes de fluides eſt égal à la perte de poids que la bale fait lorſqu'elle eſt plongée dans le fluide correſpondant. Donc les différens poids des volumes égaux de fluides dont la bale occupe la place ſont égaux aux différentes pertes de poids que la bale fait lorſqu'elle eſt plongée dans ces différens fluides. Mais quand les volumes ſont égaux, les différens poids de ces volumes marquent les peſanteurs ſpécifiques, donc les peſanteurs ſpécifiques des différens fluides dans leſquels la bale eſt plongée ſont exprimées par les différentes pertes de poids que la bale fait.

Par exemple, ſuppoſons que la bale P peſe 12 livres, & qu'étant plongée ſucceſſivement dans deux fluides, elle perde dans le premier 3 livres de ſon poids, & dans le ſecond 4; les deux volumes égaux des fluides dont la bale occupera la place, peſeront donc l'un 3 livres, & l'autre 4; c'eſt pourquoi à cauſe des volumes égaux, les peſanteurs ſpécifiques de ces deux fluides feront comme 3 eſt à 4, & ainſi des autres.

427. C'eſt de cette façon qu'on peut connoître le poids d'une liqueur contenue dans un vaiſſeau, & pour cela on meſure la capacité du vaiſſeau par les régles de la Géométrie; puis ſuſpendant au crochet de la balance un pied cubique de plomb, on cherche combien ce pied cubique perd de ſon poids lorſqu'il eſt plongé dans la liqueur; ainſi la perte de poids qu'il fait eſt égale au poids d'un pied cubique de la liqueur; c'eſt pourquoi on dit par Régle de Trois : ſi un pied cubique de la liqueur peſe tant, combien peſera le nombre de pieds cubiques contenus dans le vaſe ?

428. PROBLEME. *Trouver les peſanteurs ſpécifiques de deux ou pluſieurs différentes matiéres ſolides.*

Je prens deux poids égaux des deux différentes matiéres données, je mets l'un dans le baſſin C de la balance (*Fig.* 208.), & ſuſpendant l'autre P au crochet E, ces deux poids ſont en équilibre. Je plonge P dans l'eau, & j'examine ce qu'il perd de ſon poids. Je retire P, & le mettant dans le baſſin C, je tranſporte l'autre poids en E, & je cherche ce qu'il perd de ſon poids lorſqu'il eſt plongé dans l'eau, les deux pertes que ces deux poids ont faits, ſont entr'elles réciproquement comme les peſanteurs ſpécifiques des deux matiéres, ce que je prouve ainſi :

Les deux poids égaux étant de matiéres différentes doivent avoir des denſités, & par conſéquent des volumes différens ; car ce qui conftitue la différence des matiéres, c'eft la différence de leurs denfités ; ainfi les volumes d'eau dont ces deux poids occupent la place font différens ; mais l'eau étant de même nature ou de même denfité dans l'un & l'autre volume ; les pefanteurs de ces volumes font entr'elles comme les volumes ; donc les pertes que les deux poids font dans l'eau, font auffi comme les deux volumes d'eau ou comme les deux volumes des deux poids. Or quand deux poids pefent également, leurs pefanteurs fpécifiques font entr'elles réciproquement comme leurs volumes ; donc elles font auffi réciproquement comme les pertes que les deux poids font dans l'eau.

Suppofons que le premier des deux poids égaux ait perdu dans l'eau trois livres de fon poids, & que l'autre en ait perdu quatre ; le volume d'eau dont le premier poids occupe la place pefera donc 3 livres, & le volume d'eau dont le fecond occupe la place pefera 4 livres, & ces deux volumes feront entr'eux comme 3 à 4 ; de même que les volumes des deux poids. Ainfi la pefanteur fpécifique du premier poids fera à la pefanteur fpécifique du fecond, comme 4 eft à 3.

429. C'eft de cette maniere qu'on a trouvé les pefanteurs fpécifiques des folides fuivans, ayant tous un volume égal au volume d'une maffe d'or pefant 100 livres ;

Mercure	71 ℔ ½		Etain pur	38 ℔ ½	
Plomb	60 ½		Aimant	26	
Argent	54 ½		Marbre	21	
Or	100		Pierre dure	14	
Cuivre	47 ⅓		Soufre	12 ½	
Fer	42		Cire	5	
Etain commun	39		Eeau	5 ⅓	

Par le moyen de cette Table, fi on veut trouver, par exemple, quelle eft la pefanteur d'un folide de plomb dont le volume eft égal à un volume d'eau pefant 200 livres, on dira par Régle de Trois : la pefanteur fpécifique 5⅓ de l'eau eft à la pefanteur fpécifique 60½ du plomb, comme la pefanteur 200 livres d'eau eft à un quatriéme terme qui fera la pefanteur du volume propofé du plomb, & ainfi des autres.

Des Corps plongés dans des Fluides qui ont plus de pesanteur spécifique qu'eux.

430. **PROPOSITION LXXVII.** *Si un corps est jetté dans un fluide qui a plus de pesanteur spécifique que lui, ce corps s'enfoncera dans le fluide jusqu'à ce que le volume d'eau dont il occupera la place, pese autant que le corps.*

Puisque le corps ABCD (*Fig.* 209.) à moins de pesanteur spécifique que le fluide, un moindre volume ABC de ce fluide pesera autant que ce corps ; donc quand le corps en s'enfonçant aura chassé ce moindre volume d'eau, les parties du fluide qui soutenoient ce moindre volume soutiendront de la même façon le poids du corps, & par conséquent la partie ADC surnagera.

431. La pesanteur spécifique d'un corps qui en a moins qu'un fluide est à la pesanteur spécifique de ce fluide, comme le volume de la partie du corps qui s'enfonce dans le fluide est au volume total du corps ; car puisque le corps & le volume du fluide dont sa partie ABC occupe la place pesent également, les pesanteurs spécifiques du corps & du fluide, sont entr'elles réciproquement comme leurs volumes (*N.* 408.), & par conséquent la pesanteur spécifique du corps est à celle du fluide réciproquement comme le volume ABC du fluide, c'est-à-dire le volume de la partie enfoncée ABC est au volume total du corps ABCD.

432. *Si une puissance* P (Fig. 210.) *tient en équilibre sous la surface d'un fluide un corps* ABCD *qui a moins de pesanteur spécifique que le fluide, la puissance est au poids du corps comme la différence des pesanteurs spécifiques du fluide & du corps est à la pesanteur spécifique du corps.*

Je prens un volume du fluide égal au volume de la partie ABC du corps qui s'enfonceroit librement dans le fluide, & je nomme ce volume de fluide $= x$. Je prens de même un autre volume du fluide égal au volume total ABCD du corps, & je le nomme $= y$; enfin je nomme $= z$ la différence ADC des deux volumes x, y ; il est clair que les deux volumes x, y ayant des densités égales, leurs pesanteurs sont entr'elles comme les volumes.

Or quand la puissance P tient en équilibre le corps ABCD sous la surface du fluide, ce corps occupe la place du volume y qui étoit soutenu par le fluide qui l'environnoit, & comme le corps ABCD ne pese pas plus que le volume x ; il est évident que ce corps doit être repoussé en haut par le fluide environnant avec une force égale à la différence des poids des volumes x, y, c'est-à-dire égale à la différence z de ces deux volumes, en exprimant les poids des volumes par x, y; or, la puissance P est égale à la force qui repousse le corps en haut; donc P égal au poids z; mais les pesanteurs spécifiques du corps & du fluide sont entr'elles comme les volumes x, y (N. 431.), ou comme les poids x, y; donc leur différence est aussi comme z, & par conséquent la puissance P est au poids ABCD, comme la différence z des pesanteurs spécifiques du fluide & du corps est à la pesanteur spécifique x du corps ABCD.

433. *Mais si la puissance empêche de descendre jusqu'au fonds un corps qui a plus de pesanteur spécifique que le fluide, alors la puissance est au poids du corps comme la différence des pesanteurs spécifiques du corps & du fluide est à la pesanteur spécifique du corps.*

Je nomme x le volume du fluide égal au volume du corps, y le volume du même fluide qui peseroit autant que le corps, & z la différence de ces deux volumes. Ainsi à cause que ces volumes sont de même densité, leurs pesanteurs ou poids sont exprimés par les volumes x, y, & la différence des poids est exprimée par z. Or, l'eau qui environne le corps ne peut soutenir que le poids x; donc le corps dont le poids est égal à y descend vers le fond avec une force égale à z, & par conséquent la puissance qui soutient ce corps est aussi égale à z. C'est pourquoi cette puissance est au corps comme z est à y; mais à cause que le volume y pese autant que le corps, la pesanteur spécifique du corps est à la pesanteur spécifique du fluide réciproquement comme le volume y du fluide est au volume du corps ou à son égal x. Donc les pesanteurs spécifiques du corps & du fluide sont aussi exprimées par y, x, & leur différence par z, & par conséquent la puissance est au corps comme la différence z des deux pesanteurs spécifiques, est à la pesanteur spécifique y du corps.

434. PROBLEME. *Connoissant le poids d'un corps & le rapport de sa pesanteur spécifique à celle d'un fluide qui a moins de pesanteur spécifique, connoissant aussi la pesanteur spécifique d'une autre matiére qui a moins de pesanteur spécifique que le fluide; déterminer la quantité de cette seconde matiére qu'il faut joindre au premier corps, afin que les deux ensemble étant jettés dans le fluide, restent entre la surface du fluide & le fond.*

Soit la pesanteur du premier corps 60 livres, & le rapport de fa pefanteur fpécifique à celle du fluide comme 3 à 1. Donc la pefanteur fpécifique de ce corps eft à la différence des pefanteurs fpécifiques du corps & du fluide , comme le poids du corps eft à la puiffance qui tiendroit ce corps entre la furface du fluide & le fond (*N.* 432.) ; faifant donc 3. 3 — 1 ou 3. 2 :: 60. 40 , ce quatriéme terme 40 exprimera la puiffance qui empéchera le corps de defcendre vers le fonds.

Maintenant foit le rapport de la pefanteur fpécifique de l'autre matiére à la pefanteur fpécifique du fluide comme 1 à 4 ; donc la différence des deux pefanteurs fpécifiques eft à la pefanteur fpécifique du corps comme la puiffance qui doit tenir fubmergée la partie de cette matiére que je demande , eft au poids de cette partie (*N.* 432.); or , cette puiffance ayant une direction contraire à la puiffance qui tiendroit l'autre corps entre la furface du fluide & le fonds ; il eft clair que ces deux puiffances ne peuvent être en équilibre à moins qu'elles ne foient égales; donc cette feconde puiffance doit être auffi = 40 ; faifant donc 4 — 1 ou 3. 1 :: 40. $\frac{40}{3}$ ou $13\frac{1}{3}$, ce dernier terme $13\frac{1}{3}$ fera le poids de la feconde matiére qu'il faut unir au premier corps afin qu'en les plongeant dans le fluide, leur maffe totale fe tienne entre la furface & le fond ; car l'une tendant vers le fonds par fon poids , & l'autre étant repouffée vers le haut avec des forces égales aux puiffances qui les tiendroient entre la furface & le fond , elles fe tiendront en équilibre.

Il eft évident que pour peu qu'on augmente le poids qui a moins de pefanteur fpécifique que le fluide , la maffe totale montera jufqu'à la furface de l'eau , & qu'au contraire fi l'on augmente l'autre poids , la maffe totale ira au fond , & on peut tirer aifément la maniére de faire remonter fur la furface de l'eau les corps fubmergés.

De l'Airométrie ou Mefure de l'Air.

435. L'Air eft un fluide qui environne la terre , & qui fe trouve dans tous les lieux d'ici-bas où il nous femble qu'il n'y a rien.

436. L'air pefe, il a du reffort, il eft capable d'être comprimé, de fe dilater, d'être rarefié par la chaleur, ou condenfé par le froid, ce que l'on connoît par les expériences dont nous parlerons bien-tôt.

437. On entend donc par le mot d'*Airométrie* ou de Mefure

de l'air ; la science qui nous apprend à connoître les différens degrés de pesanteur, de ressort, de compression, de dilatation, &c. qui se trouvent dans le fluide qui environne la terre, selon les différens changemens qui peuvent lui arriver.

438. Si l'on pousse la main rapidement vers le visage sans cependant le toucher, on sent un certain effort qui fait voir que quoiqu'il semble que la main se meuve dans un espace vuide, il faut cependant qu'elle pousse vers le visage quelque corps, & c'est ce corps que nous nommons *Air*.

439. Si l'on prend un vase exactement fermé de tous les côtés, & qu'après y avoir fait un petit trou ou orifice auquel on adapte un robinet bien fermé on le pese, & qu'ensuite par le moyen d'un cylindre creux avec un piston en forme de seringue on introduise dans ce vase une plus grande quantité d'air qu'il ne contient ; on trouve en fermant le robinet, & remettant le vase dans la balance qu'il pese plus qu'il ne pesoit auparavant ; que si on ouvre alors le robinet, & qu'on mette la main près de l'ouverture on sent sortir l'air, après quoi si l'on pese de nouveau le vase, on trouve qu'il n'a plus que son premier poids.

Or, de-là il suit 1°. que l'air a de la pesanteur, puisque l'augmentation du poids du vase ne peut être attribuée qu'à la plus grande quantité qu'on y a fait entrer. 2°. Que cette pesanteur tend vers le centre de la terre, puisqu'elle pousse le bassin de la balance vers ce centre. 3°. Que l'air peut se condenser, car le volume du vase étant toujours le même en contient tantôt plus, tantôt moins. 4°. Qu'il se peut dilater, puisqu'il sort, dès qu'on ouvre le robinet, ce qui provient de ce que le premier air qui étoit dans le vase tend à reprendre son volume. 5°. Enfin, que l'air a du ressort qui le pousse à se dilater de tous côtés, car soit qu'on mette la main vis-à-vis l'orifice ou en dessus ou en dessous, ou à droite ou à gauche, on sent toujours sortir l'air, à la différence des autres liquides qui sortant d'un vase ne sortent que d'un côté, c'est-à-dire vers le centre de la terre.

440. Si après avoir soufflé dans une vessie de porc jusqu'à ce qu'elle soit médiocrement enflée, & qu'ayant serré fortement son ouverture pour empêcher l'air d'en sortir ; on l'approche du feu de plus en plus, elle crévera enfin en faisant un grand bruit, mais si avant qu'elle créve on la retire d'auprès du feu, elle se défenflera peu à peu, & se remettra dans son premier état ; que si on la transporte dans un air beaucoup plus froid, elle se mettra dans

un moindre volume que celui où on l'avoit mise en soufflant dedans.

Or, ceci fait voir que la chaleur rarefie l'air, & augmente son ressort, & qu'au contraire le froid le condense & diminue la force de son ressort; ses parties se trouvant moins tendues dans le froid que dans la chaleur.

441. Si l'on prend un canon ou un cylindre creux AB (*Fig.*211.), & qu'après avoir mis deux bouchons aux extrêmités A, B on pousse le bouchon B vers le bouchon A, on éprouve que le bouchon B étant parvenu à une certaine distance AE du bouchon A, celui-ci part rapidement & avec bruit.

Or, comme cela ne peut arriver que parce que l'air qui étoit compris entre le bouchon A & le bouchon B se trouve trop comprimé lorsque B est parvenu en E; il s'ensuit qu'une trop grande compression de l'air augmente son ressort; ainsi un trop grand froid qui condenseroit trop l'air augmenteroit son ressort au lieu de le diminuer; & l'on peut dire de même qu'une trop grande chaleur feroit perdre à l'air tout son ressort; la raison en est que le ressort de l'air n'étant pas d'une force infinie, une trop grande dilatation doit enfin le briser.

442. L'air trop comprimé fait effort pour se dilater, & s'échape enfin par l'endroit qui lui resiste le moins. De même l'air dilaté par la chaleur faisant effort contre les corps qui l'environnent fait ceder ceux qui lui resistent moins, & c'est pour cette raison que les Mineurs placent leurs mines de façon que les terres qu'ils veulent enlever resistent moins que les autres terres qui environnent leurs fourneaux. Si l'on pouvoit comprimer l'air dans la chambre d'une mine aussi aisément qu'on le dilate par le feu qu'on met à la poudre, on feroit sauter les terres qui sont au-dessus avec la même facilité. L'expérience du cylindre AB fermé par les deux bouchons A, B en est une preuve; de même que les arquebuses à vent.

443. Qu'on prenne un tube AC (*Fig.*212.) dont la longueur surpasse 32 pieds, qu'on bouche l'ouverture inférieure C, & qu'après l'avoir rempli d'eau & plongé verticalement dans un vase DE aussi plein d'eau, on debouche l'ouverture C, l'eau du tube descendra en forçant celle du vase de se répandre jusqu'à ce qu'elle soit parvenue en M où sa surface sera de niveau avec celle de l'eau du vase; ainsi que nous l'avons démontré dans l'Hydrostatique; mais si avant de déboucher l'ouverture C on ferme exacte-

ment l'ouverture A , & qu'enfuite on debouche C, l'eau du tube defcendra jufqu'à ce que la furface fupérieure foit au-deffus de la furface de l'eau du vafe de la hauteur de 32 pieds , après quoi elle ne defcendra plus.

Or, ceci fait voir qu'une colonne d'air dont le diamétre eft égal au diamétre du tube, & dont la hauteur s'étend depuis la furface de l'eau du vafe jufqu'au lieu le plus élevé de l'air, ne pefe pas plus que la colonne d'eau du tube BN de 32 pieds de hauteur; ce que je prouve ainfi :

Suppofons que les côtés du vafe foient perpendiculaires fur le fonds, & qu'ils foient prolongés jufqu'à la hauteur de 32 pieds au-deffus de la bafe fupérieure DH ; fuppofons auffi que le fonds VE foit cinquante fois plus grand que l'ouverture C du tube ; il eft clair que fi on remplit d'eau le vafe ainfi prolongé, l'eau comprife entre DH & RS fera cinquante fois plus grande que l'eau du tube; c'eft-à-dire, que l'eau qui environnera le tube eft à l'eau du tube comme 49 eft à 1 , & partant cette eau pefera autant que 49 colonnes égales à la colonne d'eau du tube ; mais par les Régles de l'Hydroftatique l'orifice A étant débouché, les 49 colonnes foutiennent la colonne du tube fans la faire monter au-deffus de leur niveau ; & par l'expérience dont nous venons de parler, fi on bouche A , & qu'on retranche les 49 colonnes, l'air qui pefe fur DH foutient la colonne du tube à la même hauteur ; donc cet air pefe autant que les 49 colonnes, & par conféquent une colonne de cet air ; de même bafe que l'orifice C, & dont la hauteur s'étend depuis la furface DH jufqu'au lieu le plus élevé de l'air pefe autant que la colonne d'eau du tube de 32 pieds de hauteur.

On dira peut-être que les 49 colonnes d'eau foutiennent la colonne d'eau du tube non-feulement par leur propre poids ; mais encore par celui des colonnes d'air qui leur font perpendiculaires, & que par conféquent quand on fupprime les 49 colonnes d'eau, & que l'air qui prend leur place, fait le même effet, il faut que ce foit les 49 colonnes d'air de même hauteur que les 49 colonnes d'eau qui pefent autant que ces colonnes. Mais il faut prendre garde que j'ai dit qu'en mettant les 49 colonnes d'eau on laiffe l'orifice A ouvert ; ce qui fait tomber l'objection, car fi les 49 colonnes d'eau font preffées par l'air qui pefe fur elles, la colonne d'eau du tube eft auffi preffée par l'air qui lui eft vertical, & comme l'air fe met de niveau comme les autres fluides,

& que par conséquent sa hauteur est par tout à égale distance de la surface de la terre en concevant que cette surface soit par-tout à égale distance de son centre ; il s'enfuit que l'air qui pese sur les 49 colonnes d'eau est à celui qui pese sur la colonne du tube, avec lequel il est en équilibre comme 49 à 1, & partant le poids de l'air qui est sur les 49 colonnes d'eau est au poids de l'air qui est sur la colonne du tube comme 49 est à 1 ; de façon que le poids des 49 colonnes d'eau joint au poids de l'air supérieur est au poids de la colonne du tube joint au poids de l'air qui pese sur elle encore comme 49 est à 1 ; mais le poids des 49 colonnes d'eau & de l'air qui les charge est en équilibre avec le poids de la colonne du tube & de l'air supérieur ; donc supprimant de part & d'autre le poids de l'air, le poids seul des 49 colonnes d'eau soutiendroit le poids seul de la colonne d'eau du tube, à cause de la raison 49 à 1 qui feroit toujours la même. Or de la maniere dont est faite l'expérience dont nous venons de parler, l'air qui est au-dessus de la colonne du tube ne presse point cette colonne, puisque l'orifice A est bouché exactement, donc l'air extérieur qui pese sur la base DH, ne soutient précisément que le poids de cette colonne lorsqu'elle est à la hauteur de 32 pieds, & par conséquent cet air pese autant que le poids des 49 colonnes pris en lui-même & indépendamment de l'air qui peseroit sur lui.

444. Une colonne d'eau de 32 pieds de hauteur est en équilibre avec une colonne de mercure de même base & d'environ 28 pouces de hauteur, ainsi que les expériences journalieres le font voir ; donc une colonne d'air de même base, & qui s'étend jusqu'au lieu le plus élevé de l'air est en équilibre avec une colonne d'environ 28 pouces de mercure, & pese autant qu'elle.

445. La masse totale de l'air qui environne la terre, se nomme *Atmosphere*, & une colonne de cet air qui est en équilibre avec une colonne de même base, & qui contient 28 pouces de mercure ou 32 pieds d'eau, se nomme *Poids de l'Atmosphere*.

446. L'air inférieur étant toujours comprimé par l'air supérieur tend à se dilater avec une force égale à celle qui le comprime, car c'est la nature de tout ressort de resister autant qu'il est pressé.

Si l'air est renfermé dans un vase, sans être ni plus ni moins comprimé que l'air extérieur, son ressort est le même que s'il n'étoit point renfermé, car on ne voit pas ce qui pourroit l'avoir altéré ; donc l'air renfermé presse la surface intérieure du corps qui le renferme, de même que l'air extérieur presse la même surface.

447. Soit un Vase AB, (*Fig.* 213.) bien fermé de tous les côtés, ayant un orifice C auquel soit adapté un robinet R par l'ouverture duquel l'air entre dans le Vase; soit adapté au tuyau du
robinet un cylindre creux ayant une ouverture S avec son couvercle P, & un piston IL; que le tout soit fait de façon que le
piston IL en avançant dans le cylindre ne donne point de passage
à l'air non plus que le robinet lorsqu'il est fermé, ni le couvercle P lorsqu'il est sur l'ouverture S. Je ferme le robinet & je
pousse le piston jusqu'à ce qu'étant parvenu en H il ait chassé hors
du cylindre l'air qui y étoit contenu; je ferme l'ouverture S, &
ouvrant le robinet je retire le piston jusqu'en I, alors l'air du Vase
qui se trouve comprimé entre ses parois, de même qu'il le seroit
par l'air supérieur au Vase se dilate du côté du cylindre où il ne
trouve aucune résistance; je ferme de nouveau le robinet, afin
que la partie d'air qui est passé du Vase dans le cylindre ne puisse
plus rentrer dans le Vase, & ouvrant le couvercle P, je repousse
le piston jusqu'en H pour chasser hors du cylindre la portion d'air
qu'il contient; j'ouvre de nouveau le robinet en fermant le couvercle P & retirant le piston en I, l'air qui étoit resté dans le Vase
se dilate de nouveau du côté du cylindre où il ne trouve aucune
résistance; c'est pourquoi si je ferme le robinet, & qu'après avoir
ôté le couvercle P, je pousse encore le piston vers H, je mettrai
hors du cylindre cette seconde portion d'air du Vase qui y étoit
passée; & continuant de la même façon, il est clair que je puis
épuiser l'air du Vase, de façon que la partie qui en restera soit si
peu considérable qu'on puisse la compter pour rien.

Cette Machine que je viens de décrire & dont on vient de
voir l'usage, se nomme Machine *Pneumatique*, ou Machine *du
Vuide*, ou du moins elle n'en differe qu'en ce qu'on lui a ajouté
des parties nécessaires pour en faciliter le jeu; & c'est par son
moyen qu'on a fait grand nombre d'expériences dont on a tiré
bien des théorêmes touchant les proprietés de l'air, de la lumiere, du son, &c.

Par exemple, si dans le Vase ou Récipient dont on a fait sortir l'air, on laisse tomber d'une même hauteur deux corps d'inégale pesanteur, on éprouve que ces deux corps descendent avec
la même vitesse & parcourent dans le même tems des espaces
égaux; & de-là on a eu raison de conclure que la pesanteur d'un
corps est toujours proportionnelle à sa masse. Car, supposons que
la masse du premier corps soit double de la masse du second, les
vitesses

vitesses de ces corps étant égales, leurs quantités de mouvement feront entr'elles comme leurs masses, & par conséquent leurs forces feront aussi dans la même raison; or les forces motrices des corps pesans qui tendent vers le centre de la terre font leurs pesanteurs; donc les pesanteurs des deux corps font entr'elles comme les masses.

De même, si l'on suspend une petite sonnette dans le Vase ou Récipient, & qu'après en avoir fait sortir l'air qu'il contient, on fasse tinter la sonnette, on n'entend aucun son, ce qui fait voir que le son ne vient à nos oreilles que par l'ébranlement de l'air causé par le frémissement des parties du corps qu'on frappe pour le faire sonner.

De même encore, si l'on met de la poudre dans le Récipient, & qu'après en avoir fait sortir l'air, on mette le feu à la poudre par le moyen d'un verre ardent, on éprouve que les grains de poudre s'embrâsent avec peine & ne font aucune détonation, ce qui fait voir que les effets de la poudre viennent du ressort de l'air qui se trouve dilaté par la chaleur du feu qu'on y porte; & il en est de même de grand nombre d'autres expériences qu'on peut lire dans tous les Ouvrages de Physique, & qu'il feroit inutile de rapporter ici.

448. Puisque la surface de l'atmosphére est partout à égale distance du centre de la terre, & que l'air inférieur est comprimé par le poids de l'air supérieur, il s'enfuit; 1°. Que plus l'air inférieur fera éloigné du sommet de l'atmosphere, plus il sera comprimé. 2°. Que les differentes couches d'air font plus ou moins comprimées selon leur plus ou moins de distance au sommet de l'atmosphere. 3°. Que la pesanteur de l'air devroit être égale dans tous les lieux de la terre qui font de niveau, & que par conséquent fa densité devroit y être aussi la même. Or si ceci ne se trouve presque jamais, la raison en est que la chaleur ou le froid qui augmentent & diminuent le ressort de l'air, varient selon les lieux, les saisons & les climats, & que les vapeurs & exhalaisons qui sortent du sein de la terre ne font pas en même quantité partout : & c'est aussi à ces variations qu'il faut rapporter l'origine des vents.

Par exemple, si fur certaine partie de la terre l'air vient à se condenser par le froid, & par conséquent à perdre de fa force élastique, l'air des parties voisines se répandra de ce côté-là, & on sentira un vent plus ou moins fort, selon que la condensation lera plus ou moins grande, ou se fera faite plus ou moins vîte.

Si une portion d'air vient à être échauffée par le Soleil ou par quelqu'autre cause, son reffort s'augmentant s'étendra sur les parties voisines qui en ressentiront du vent ; mais si ce même air après avoir été échauffé vient à se réfroidir, son reffort s'affaissera, & les parties voisines reprenant le dessus, le vent soufflera sur l'air qui se fera condensé.

Si, lorsqu'il s'éleve de la terre grand nombre d'exhalaisons & de vapeurs aqueuses, ces vapeurs soulevant l'air le rendent moins pesant ; mais si après qu'elles se sont élevées, elles se trouvent suspendues sans pouvoir s'élever davantage ni descendre, l'air qui en est chargé devient plus pesant jusqu'à ce que ces vapeurs trop multipliées viennent à tomber & se résoudre en pluye ou en rosée, & alors l'air redevient plus léger. Les vents contribuent aussi beaucoup à rendre l'air plus ou moins pesant, felon qu'ils soufflent de haut en bas ou du bas en haut, & il faut dire la même chose de la chaleur & du froid.

449. Pour s'assurer & connoître mieux les differens degrés de pesanteur, de densité, de chaleur, de froid & d'agitation qui se trouvent dans l'air, on a inventé plusieurs Instrumens dont nous allons parler.

Du Barometre.

450. Le *Barometre* ou *Barascope* est un Instrument dont on se sert pour connoître les differentes pesanteurs de l'atmosphere dans differens tems.

Pour composer un Barometre, on prend un tube A B (*Fig.* 214.) dont la longueur surpasse 30 ou 31 pouces, & dont l'extrêmité A soit exactement fermée ; on le remplit de Mercure par l'extrêmité B, après quoi bouchant cette extrêmité B avec le doigt, on plonge le tube verticalement dans un vase D E plein de Mercure, & débouchant alors l'extrêmité B, le Mercure demeure suspendu à 28 pouces de hauteur plus ou moins, selon que le poids de l'atmosphere est plus ou moins grand, de façon que les variations des differentes hauteurs sont comprises dans l'espace de 3 pouces, c'est-à-dire que le Mercure ne descend guéres plus bas que la hauteur de 26 pouces $\frac{1}{2}$ au-dessus du Mercure du vase D E, & qu'il ne s'éleve guéres plus haut qu'à 30 pouces $\frac{1}{2}$. On adosse à côté du tube une planche où l'on marque des divifions égales pour marquer les differences des élevations du Mercure.

Comme le vent de *Nord* & celui de *Nord-Eft* condenfent l'air, non-feulement par leur froideur, mais encore parce qu'en fouf-flant du haut en bas ils preffent l'air fupérieur fur l'air inférieur, le poids de l'atmofphere devient plus pefant, & le Mercure s'é-leve par confequent dans le Barometre; ainfi à caufe que ces deux vents amenent ordinairement le beau tems, on pronoftique par l'élevation du Mercure dans le Barometre que le beau tems doit regner.

Au contraire le vent de *Sud* & celui de *Sud-Oüeft* foufflent de bas en haut, & foulevent l'air, ce qui rend l'atmofphere moins pefant; c'eft pourquoi le Mercure baiffe dans le Barometre, & en ce cas fi le vent continue, ou s'il tourne vers le Nord en paf-fant par l'Oueft, c'eft ordinairement figne de pluye; mais s'il tourne vers le Nord en paffant par l'Eft, c'eft figne que le beau tems reprendra le deffus.

Ces fortes de pronoftiques ne font pas fi fûrs qu'on fe l'imagine ordinairement, & la raifon en eft que l'atmofphere peut avoir la même pefanteur par plufieurs caufes differentes qui ne font pas toujours celles qu'on s'imagine. Le chaud, le froid, ou quel-qu'autre caufe peuvent altérer la denfité de l'air inférieur fans altérer le poids total de l'atmofphere, il peut fe faire qu'une partie de l'air fupérieur fe dilate dans la même proportion que l'air inférieur fe condenfe, que quoique l'air inférieur fe di-late & devienne moins pefant, l'air fupérieur au contraire fe condenfe & compenfe par le poids de fa denfité le poids qui s'eft perdu par la dilatation inférieure; de plus, les vents & le mélange des vapeurs fe combinant de differentes façons peuvent produire le même poids, &c. c'eft pourquoi tout ce que nous pouvons conclure de l'ufage du Barometre, c'eft de nous faire connoître les differentes pefanteurs de l'atmofphere en differens tems, fans pouvoir nous faire connoître les véritables caufes qui produifent ces changemens; encore faut-il bien obferver que le Barometre fe trouve dans un lieu où le degré de chaleur ou de froid foit à peu près toujours le même. Car quoique le Mercure foit de tous les liquides celui qui fouffre le moins d'altération du côté du chaud & du froid, cependant il ne laiffe pas que d'en fouffrir, & il eft bon d'y faire attention.

Hh ij

Du Manometre, ou Manoscope.

451. Le *Manometre* eſt un Inſtrument qui ſert à connoître les differentes denſités de l'air inférieur.

Puiſqu'il peut ſe faire que l'air inférieur ſoit plus ou moins denſe ſans que le poids de l'atmoſphere diminue, il eſt clair que le Barometre ne peut ſervir à découvrir les differentes denſités de l'air inférieur, & qu'il a fallu pour cela imaginer un autre Inſtrument.

Pour conſtruire donc cet Inſtrument, on prend un grand vaſe de cuivre Q, (*Fig.* 215.) dont on fait ſortir l'air; on peſe ce vaſe vuide, & l'on prend une matiere bien peſante, comme du plomb & qui peſe autant que le vaſe; on attache le vaſe à l'extrêmité B, & le poids à l'extrêmité A d'un levier AB, dont les bras AD, DB ſont égaux, & dont le centre C de mouvement ſoit un peu au-deſſus du milieu D du levier; enfin on met au-deſſus du centre C de mouvement un quart de cercle gradué MN, dont le rayon ſoit la languette CL du levier : & l'Inſtrument eſt fait.

Pour ſe ſervir de cet Inſtrument, on peſe le vaſe & le poids dans l'air, & ſi le levier reſte dans une poſition horizontale, c'eſt marque que l'air eſt auſſi denſe qu'il l'étoit lorſqu'on a fait l'Inſtrument, mais ſi le poids emporte le vaſe, l'air eſt plus denſe; & ſi au contraire le vaſe emporte le poids, ſa denſité eſt moins grande, & la languette marque ſur le quart de cercle les degrés du plus ou moins de denſité.

Pour rendre raiſon de ceci, il faut obſerver; 1°. Que le vaſe Q a toujours plus de volume que le poids P, à cauſe du vuide que ce vaſe contient, & que par conſéquent à cauſe de l'égalité de poids, la peſanteur ſpécifique du poids P eſt plus grande que la peſanteur ſpécifique du vaſe; 2°. Que de quelque denſité que l'air puiſſe être, le vaſe & le poids ont toujours chaun plus de peſanteur ſpécifique que l'air. Cela poſé.

Quand l'air devient plus denſe qu'il n'étoit dans le tems qu'on a fait la Machine, & que le vaſe & le poids étoient en équilibre, il arrive la même choſe que ſi l'on plongeoit le vaſe & le poids dans un fluide qui eut moins de peſanteur ſpécifique qu'eux; or en ce cas, le poids P perdroit une partie de ſon poids égale au poids d'un volume de ce fluide égal au ſien, & la même choſe arriveroit au vaſe; ainſi à cauſe du volume du vaſe plus grand que le volume du poids P, le poids P perd moins que le vafe, & par conféquent il doit defcendre vers le centre de la terre & enlever le vafe. Suppofant donc que leur centre commun de gravité dans ce fluide foit en H, ce centre defcendra jufqu'à ce qu'il foit dans la verticale CH, & comme il ne pourra defcendre plus bas, il y aura alors équilibre, & le levier fera dans la pofition oblique SV, & la languette fe trouvant alors dans la pofition CI, fon extrêmité I marquera fur le quart de cercle de combien de degrés l'air eft plus denfe.

Si au contraire l'air devient moins denfe que dans le tems où le poids & le vafe étoient en équilibre dans la fituation horizontale du levier, il arrivera la même chofe que fi l'un & l'autre étoient plongés dans un fluide qui auroit moins de pefanteur fpécifique que celui dans lequel ils étoient auparavant; fuppofant donc que la pefanteur fpécifique de ce fluide fut à la pefanteur fpécifique du précédent comme 1 à 2, les volumes de ce fecond fluide dont le poids & le vafe occuperoient la place ne peferoient que la moitié des volumes du premier fluide dont ils occupoient la place, & par conféquent le poids & le vafe peferoient de cette moitié plus dans le fecond fluide. D'où il fuit que le poids du vafe à caufe de fon volume plus grand deviendroit auffi plus grand que le poids du plomb, & par conféquent l'enleveroit. Donc, &c.

Du Thermometre.

452. Le Thermometre ou Thermofcope a été inventé pour connoître les differens degrés de chaleur & de froid dans l'air.

Soit un vafe de verre fphérique AB, (*Fig.* 216.) auquel foit adapté un tube CD foudé avec la même matiere, qu'on y verfe de l'eau par le trou D en y laiffant une certaine quantité d'air, qu'on bouche enfuite avec le doigt le trou D, & qu'on plonge la tube verticalement dans un autre vafe EF plein d'eau où l'on débouchera le trou D. L'air qu'on aura laiffé dans le tube montera dans le vafe fphérique AB au deffus de l'eau, & comme au commencement il fera preffé par les parois du vafe, de même qu'il le feroit par l'air fupérieur, il forcera l'eau de defcendre; mais cette eau en defcendant laiffera à cet air un efpace qui feroit occupé par une maffe d'air extérieure plus grande que la maffe de l'air intérieur; c'eft pourquoi l'air extérieur ayant alors plus de pefanteur fpécifique que l'air intérieur, & d'ailleurs étant

Hh iij

chargé de l'air fupérieur empêchera l'eau de defcendre jufqu'au niveau de celle du vafe, & la tiendra fufpendue à une certaine hauteur. Or les chofes étant dans cet état, s'il arrive que la chaleur échauffe l'air, cette chaleur dilatera l'air intérieur, & celui-ci trouvant de la réfiftance du côté des parois du vafe portera toute fa preffion fur l'eau du vafe & du tube & la fera defcendre : au contraire, fi le froid vient à condenfer l'air intérieur, le reffort de cet air venant à diminuer preffera moins l'eau du vafe & du tube qu'il ne faifoit auparavant, & partant l'air extérieur fera monter l'eau. Ainfi on pourra connoître par-là les differens changemens de chaleur & de froideur qui arriveront à l'air.

Comme il peut fort bien fe faire que l'air devienne plus ou moins pefant fans changer de degré de chaleur ou de froideur, ainfi que nous l'avons obfervé en parlant du Barometre, il eft évident que l'Inftrument dont nous venons de donner la conftruction eft très-défectueux pour nous faire connoître les differens degrés de chaleur & de froideur dont l'air eft fufceptible, c'eft pourquoi Meffieurs les Académiciens de Florence ont imaginé le Thermometre fuivant, après s'être apperçûs des condenfations & des dilatations que l'Efprit-de-Vin fouffre de l'action du froid & du chaud.

On prend un long tube AB, (*Fig.* 217.) on adapte à fon extrêmité B un vafe fphérique ; on y verfe de l'Efprit-de-Vin par l'ouverture A, puis on met le globe dans de l'eau à la glace, & alors l'Efprit-de-Vin fe condenfant par le froid, defcend, & l'on obferve la hauteur où il refte laquelle doit être au-deffus de l'entrée. Cette hauteur que je fuppofe être BH, fait connoître le plus bas degré auquel l'Efprit-de-Vin puiffe defcendre dans le plus grand froid. On tire le globe hors de cette eau que l'on fait chauffer jufqu'à ce que l'Efprit-de-Vin foit prêt à bouillir : alors l'on obferve la hauteur BT à laquelle l'Efprit-de-Vin eft monté, & comme c'eft la plus grande à laquelle il puiffe s'élever dans les chaleurs de l'Eté, on ferme le tube en T, avant même que l'Efprit-de-Vin ait eu le tems de defcendre en fe refroidiffant ; cela fait, on adoffe le globe & le tube à une planche, & l'on marque à côté du tube entre H & T plufieurs divifions égales, qu'on nomme *Degrés*.

Quand le froid augmente, la liqueur fe condenfe & defcend ; au contraire, quand la chaleur augmente, la liqueur fe dilate & par conféquent s'éleve, puifqu'elle occupe alors un volume plus grand; ainfi il paroît que ce Thermometre eft beaucoup meilleur que le précédent : néanmoins il a auffi fes défauts; car, 1°. Quand il fait froid, la liqueur en defcendant acquiert une viteffe qui augmente fon degré de compreffion; & au contraire, quand il fait chaud, la pefanteur de la liqueur l'empêche de monter auffi haut qu'elle le devroit par fa raréfaction; 2°. Quand la liqueur fe condenfe par le froid il en fort de l'air, & quand elle fe raréfie, l'air qui fe raréfie y entre beaucoup moins vîte qu'il n'en étoit forti, ainfi que plufieurs expériences nous en affurent, c'eft pourquoi la liqueur ne s'éleve pas autant qu'elle le feroit fans cet obftacle. On ne peut donc juger exactement par ce Thermometre des differens degrés de chaleur & de froid de l'air, quoique c'étoit le meilleur qu'on ait pû imaginer.

DE L'HYGROMETRE.

453. L'*Hygrometre* a été inventé pour connoître les differens degrés de fechereffe & d'humidité que l'air peut contracter; on en fait de plufieurs fortes, mais je me contenterai d'en rapporter ici deux des meilleurs.

On attache à un point fixe E une corde, (*Fig.* 218.) qu'on fait paffer fur plufieurs poulies A, B, C, D, H difpofées comme la Figure le montre, & on atttache à l'extrêmité de la corde un poids P. Quand l'air deviant humide la corde fe gonfle, & par conféquent fe racourcit, ce qui fait monter le poids; au contraire dans les tems fecs les fibres de la corde s'étendent, & le poids defcend; ainfi par les differens éloignemens du poids P à la poulie H on peut juger de l'humidité ou de la fechereffe de l'air. Mais cet Hygrometre & tous ceux qui font faits avec des cordes ont ce défaut que le poids tirant toujours la corde en fait allonger les fibres beaucoup plus que l'humidité ne peut les faire raccourcir. C'eft pourquoi j'aimerois mieux l'Hygrometre fuivant.

Prenez une Balance femblable à celle du Manometre (*Fig.* 215.) fufpendez en B une éponge au lieu du vafe Q, & en A un poids P qui foit en équilibre avec l'éponge. Quand l'air deviendra plus humide, l'éponge fe chargera de fes vapeurs, & pefera davantage, ce qui fera hauffer le poids, & au contraire quand l'air deviendra plus fec, l'éponge fe deffechant deviendra plus legere, & le poids l'emportera, c'eft pourquoi dans l'un & dans l'autre cas la languette de la Balance marquera fur le quart de cercle MN les differences d'humidité ou de fecherefle.

454. *Remarque.* La connoiffance des varietés de l'air & la maniere d'en juger peuvent fervir beaucoup pour nous faire raifonner jufte touchant les effets de la poudre à canon, en y ajoutant le fecours des épreuves. Mais il faut prendre garde que ces épreuves foient faites avec beaucoup de difcernement, qu'on fçache y démêler les véritables caufes des variations de l'air; car on vient de voir qu'il y en a d'équivoques, & qu'on écarte auffi du côté de la poudre & des Bombes à feu tous les accidens qui peuvent provenir d'autre part, & dont nous avons parlé en traitant du jet des Bombes. De plus il faut que les épreuves fur lefquelles on prétend s'appuyer foient des épreuves conftantes régulieres, & qui ne fe démentent jamais. Faute de prendre ces précautions, il arrive qu'on bâtit des fyftêmes, ou pour mieux dire des châteaux en Efpagne qui fe diffipent dès qu'on veut en fonder la folidité.

Par exemple, on établit pour regle affurée qu'une même charge de poudre dans un même canon porte plus loin lorfqu'on tire avant le lever du Soleil que lorfqu'on tire fur l'heure de midi. Plufieurs expériences, dit on, nous en convainquent, & la raifon qu'on en donne, c'eft que l'air étant plus dilaté par la chaleur à l'heure de midi que le matin, réfifte davantage au mouvement du boulet; tout cela va fort bien, mais ne peut-il pas fe faire qu'il faffe le matin un grand froid qui condenfe extrêmement l'air, que l'atmofphere fe trouve chargé de vapeurs & d'exhalaifons qui rendent cet air plus pefant; que fur les huit ou neuf heures du matin, il vienne à pleuvoir, ce qui diminuera le poids de l'air, & qu'enfin fur le midi le Soleil n'échauffe l'air que médiocrement. Or en ce cas ci & en d'autres diverfement combinés & qui feront pourtant des effets à peu près femblables, il arrivera que l'air du matin réfiftera plus au boulet que celui qui regnera vers le midi. Donc on a tort de propofer la queftion comme générale, & d'y répondre dans le même fens.

Un Canon porte-t-il plus loin lorfqu'on a tiré plufieurs coups que la premiere fois? les uns difent oui, & c'eft le plus grand nombre, d'autres au contraire difent non. Les uns & les autres ont tort, dès qu'ils n'y mettent aucune reftriction. Si à force de tirer, la lumiere s'évafe de façon que l'inflammation de la poudre dans la chambre puiffe s'échapper en partie de ce côté-là, fi

l'ébranlement

l'ébranlement des parties du métal fait qu'il réfifte moins à cette inflammation, fi l'air extérieur devient plus chaud, &c. certaine- ment la portée du boulet deviendra moins grande; mais fi tout cela n'arrive point, ou s'il n'arrive que dans un degré très-médio- cre, il eft vifible que la charge fe deffechera plutôt lorfque la piece fera échauffée, que par conféquent fon inflammation fe fera plus promptement lorfqu'on y mettra le feu, & que le boulet par- tira avec plus de viteffe.

Il s'eft élevé depuis quelques années une difpute touchant les charges des Canons qui donnent les plus grandes portées. Un Auteur qui s'imaginoit avoir pénétré plus avant dans les fecrets de la Nature que le refte du genre humain, a prétendu que la charge de 9 livres de poudre pour la piece de 24 de calibre étoit la plus convenable; les épreuves ont été faites, il les a dirigées lui-même; mais ces épreuves fur lefquelles il a prétendu s'ap- puyer ont démenti fon fiftême; les coups tirés à 12, 14, 16 li- vres, &c. ont prefque toujours porté plus loin, malgré les irrégu- larités qui pouvoient y furvenir de la part des accidens infépara- bles du tir du Canon. L'ufage dans lequel Meffieurs de l'Artille- rie fe font mis depuis long-tems de ne battre en brêche qu'avec la charge de huit livres pour la piece de 24, & quelquefois avec la charge de fix livres, quand la piece eft échauffée, fembloit au- torifer le fentiment de cet Auteur; mais il devoit prendre garde que lorfqu'on bat en brêche, on cherche à égratigner & à déchirer les revêtemens plutôt qu'à faire un trou par une plus grande force qu'on pourroit donner au boulet, & que dans les cas où il s'agit de battre de plein fouet un objet plus éloigné, on tire ordinaire- ment à 12 livres, parce qu'on s'eft apperçû que l'effet de huit livres ne feroit pas affez grand; au refte, je n'entre pas dans un plus grand détail fur cette matiere, on peut lire l'excellent Mémoire que M. de Valiere a fait en 1740 fur les charges & fur les portées des bouches à feu, & qui a été diftribué dans les cinq Ecoles d'Artil- lerie, tout ce que je pourrois dire après un fi grand Maître n'au- roit peut-être pas la même force qu'on trouvera dans cet Ouvrage qui eft vrayement digne d'être lû avec beaucoup d'attention.

Ces obfervations & grand nombre d'autres que je pourrois faire fur cette matiere & fur ce qui concerne les mines & les charges qu'on doit y employer felon les terres qu'on veut enlever, font voir qu'il faut être extrêmement attentif à ne pas bâtir des fyftêmes chimériques, fouvent dangereux à l'Etat par l'épargne & l'économie apparente qu'ils semblent vous présenter. La Nature ne veut pas être prévenue dans ses opérations, elle est mystérieuse, elle aime qu'on la suive pas à pas, qu'on soit attentif à ses effets, & qu'on la sonde jusques dans ses replis les plus cachés; le silence & l'attention sont ici peut-être plus nécessaires qu'ils ne l'étoient dans l'Ecole de Pythagore où il falloit rester sept ans sans parler.

DE L'HYDRAULIQUE.

455. L'Hydraulique est la Science qui traite du mouvement des Fluides, & surtout du mouvement des Eaux.

456. PROPOSITION LXXVIII. *Si deux Vases* AB, *ab,* (Fig. 219.) *qu'on entretient toujours pleins d'eau ont des ouvertures* C, *&* c *par où l'eau s'écoule, les vitesses des colonnes* CL, cl *qui s'écoulent dans des tems égaux font entr'elles comme les Racines quarrées des hauteurs, c'est-à-dire des distances* CE, ce *des orifices à la surface supérieure de l'eau des vases.*

Supposons que les orifices C, c soient bouchés par des cloisons, les pressions que ces cloisons souffriront seront entr'elles comme les produits des grandeurs des cloisons par leurs distances à la surface supérieure de l'eau, & partant ces pressions seront exprimées par C×CE & c×ce; supposons aussi que les colonnes d'eau qui sortiront dans des tems égaux soient les cylindres CL, cl, ces cylindres étant entr'eux comme les produits de leurs bases par les hauteurs seront C×CL & c×cl; de plus leurs hauteurs CL, cl exprimeront les vitesses des colonnes d'eau qui sortiront dans des tems égaux par les deux orifices; car si l'une de ces hauteurs est plus longue que l'autre, il est clair que cela ne peut provenir que de ce que l'une des colonnes sort plus vîte que l'autre. Or les quantités de mouvement de ces deux colonnes étant le produit de leurs masses par leurs vitesses, sont exprimées par $C \times \overline{CL}^2$ & $c \times \overline{cl}^2$, & ces quantités de mouvement font entr'elles comme les forces qui les produisent, c'est-à-dire comme les pressions $C \times CE$, $c \times ce$; donc nous avons $C \times \overline{CL}^2 . c \times \overline{cl}^2 :: C \times CE . c \times ce$, ou $\overline{CL}^2 . \overline{cl}^2 :: CE . ce$; donc $CL . cl :: \sqrt{CE} . \sqrt{ce}$, & partant les vitesses CL, cl des eaux qui s'écoulent par les orifices C, c sont entr'elles comme les racines des hauteurs CE, ce.

457. *Les colonnes d'eau qui s'écoulent dans des tems égaux par les orifices* C, c *en fuppofant toujours que les Vafes foient entretenus pleins d'eau, font en raifon compofée des orifices & de leurs vitefses.* Les quantités de mouvement de ces colonnes font $C \times \overline{CL}^2$ & $c \times \overline{cl}^2$, & leurs vitefses font CL, *cl*; divifant donc ces quantités de mouvement par les vitefses, les quotiens $C \times CL$, $c \times cl$ feront les valeurs des colonnes qui fortent par les orifices. Or ces quotients font les produits des orifices C, *c* par les vitefses CL, *cl*; donc, &c.

458. *Si les hauteurs* CE, ce *font égales & les orifices inégaux, les colonnes d'eau qui fortiront dans des tems égaux, font entr'elles comme les orifices* C, c. Les quantités de mouvement des colonnes qui fortent par les orifices font $C \times \overline{CL}^2$, $c \times \overline{cl}^2$, & nous avons $\overline{CL}^2 . \overline{cl}^2 :: CE . ce$; donc en fuppofant CE $= ce$, nous avons $\overline{CL}^2 = \overline{cl}^2$ & CL $= cl$; or les colonnes qui fortent par les orifices dans des tems égaux font comme $C \times CL$ & $c \times cl$; donc à caufe de CL $= cl$, ces colonnes font entr'elles comme C eft à *c*.

459. *Si les hauteurs* CE, ce *font inégales, & les orifices* C, c *égaux, les colonnes d'eau qui fortent dans des tems égaux font entr'elles comme les racines des hauteurs.* Leurs quantités de mouvement font $C \times \overline{CL}^2$ & $c \times \overline{cl}^2$; divifant donc par les vitefses CL, *cl*, les quotients $C \times CL$ & $c \times cl$ feront les valeurs des colonnes qui fortent par les orifices. Or nous avons C $= c$; donc ces colonnes font entr'elles comme CL, *cl*, c'eft-à-dire comme leurs vitefses, mais les vitefses font comme les racines quarrées des hauteurs CE, *ce*; donc, &c.

460. Si les hauteurs CE, *ce* font égales & les orifices auffi, les colonnes d'eau qui fortent par les orifices font égales, car ces colonnes font entr'elles comme $C \times CL$, $c \times cl$, ou comme CL, *cl*, à caufe de C $= c$; mais les vitefses CL, *cl* font auffi égales, puifqu'elles font comme les racines quarrées des hauteurs CE, *ce* que l'on fuppofe égales; donc les colonnes qui fortent par les orifices font auffi égales.

461. *Si les hauteurs* CE, ce *font inégales & les orifices auffi; & que cependant les colonnes d'eau qui fortent dans un même tems foient égales, les racines quarrées des hauteurs font entr'elles réciproquement comme les orifices.* Car les colonnes d'eau font $C \times CL$, & $c \times cl$;

or, par la fuppofition nous avons $C \times CL = c \times cl$, donc $CL.\ cl ::$ $c.\ C$, mais $CL.\ cl :: \sqrt{CE}.\ \sqrt{ce}$, donc $\sqrt{CE}.\ \sqrt{ce} :: c.\ C$.

462. Pour une plus grande intelligence de la Propofition fuivante, il faut fe rappeller que j'ai démontré (*N*. 116.) que fi deux ou plufieurs corps pefans d'inégales maffes, & même d'inégales natures, tombent librement vers le centre de la terre, ils parcourent dans des tems égaux des efpaces égaux ; les expériences de la machine du vuide que j'ai rapportées dans l'Airométrie confirment cette vérité ; & par conféquent fi cela ne fe trouve pas exactement vrai lorfque les corps defcendent vers le centre de la terre à travers de l'air, c'eft que l'air refifte davantage aux corps qui ont plus de furface à proportion de leur maffe. Or, de cette verité il fuit, 1°. Que fi deux corps qui ont commencé à defcendre vers le centre de la terre fe trouvent avoir parcouru des efpaces égaux, les tems qu'ils auront employé à defcendre feront égaux ; 2°. Que les viteffes acquifes à la fin de leurs efpaces feront auffi égales à caufe que les viteffes acquifes à la fin des efpaces font toujours entr'elles comme les tems ou comme les racines quarrées des efpaces.

Nous avons auffi démontré (*N*. 115.) que fi un corps après avoir defcendu librement vers le centre de la terre pendant un certain tems remonte dans une direction oppofée à celle de fa pefanteur avec la viteffe acquife à la fin de fa defcente, il s'élevera à la hauteur dont il eft defcendu dans un tems égal à celui qu'il a employé à defcendre. Or de-là il fuit, 1°. Que fi deux corps après avoir parcouru en defcendant des efpaces égaux, remontent avec leurs viteffes acquifes à la fin de ces efpaces, ils s'éleveront à des hauteurs égales dans un tems égal à celui qu'ils ont employé à defcendre. 2°. Que fi ces deux corps remontent à des hauteurs égales, les viteffes avec lefquelles ils remonteront feront égales, & les tems employés à remonter feront auffi égaux. Car ils ne remontent à ces hauteurs égales, que parce qu'ils ont des viteffes égales à celles qu'ils auroient acquifes en defcendant des mêmes hauteurs. Or, ces viteffes acquifes font égales, & les tems employés à les acquérir font auffi égaux, comme on vient de voir. Donc, &c. ceci pofé.

463. Proposition LXXVIX. *Si l'on a foin de tenir toujours plein un Vafe* AB, (Fig. 220.) *dont l'eau fort par un orifice* C, *la viteffe avec laquelle cette eau fort eft égale à celle qu'un corps auroit acquife en tombant de la hauteur* EC *de la furface de l'eau.*

Si on met à l'orifice un tuyau CD, de façon que l'eau ne puisse sortir qu'avec une direction verticale & contraire à sa pesanteur; on sait par une longue expérience que l'eau qui sort s'éleve à une hauteur DF à peu de chose près égale à la hauteur CE de la surface de l'eau, & que cette petite différence dans les hauteurs ne vient que de ce que l'air resiste à l'eau, & l'empêche de s'élever autant qu'elle feroit ; ce qu'on peut aisément éprouver dans la machine du vuide. Or, si un corps après être descendu librement de la hauteur EC remontoit avec sa vitesse acquise, il remonteroit à la hauteur DF égale à la hauteur EC ; donc puisque l'eau & le corps remonteroient à des hauteurs égales, les vitesses avec lesquelles ils remonteroient, doivent être égales, de même que les tems qu'ils employeroient à remonter (par la Remarque précédente.)

464. *Quand l'eau qui coule d'un vase toujours plein est obligée de remonter, la hauteur à laquelle elle s'éleve, n'est que la moitié de la longueur qu'elle parcourreroit dans un tuyau CH horizontal dans un tems égal à celui qu'elle employe à remonter.*

Si un corps après être descendu de la hauteur EC remontoit avec sa vitesse acquise, & que sa pesanteur ne lui fît point obstacle, ce corps remonteroit à une hauteur double de la hauteur DF ou CE dans un tems égal à celui qu'il remonteroit ; ainsi qu'il a été dit en parlant du Mouvement uniformément acceleré ou retardé ; donc la même chose arriveroit aussi à l'eau qui remonte à la hauteur DF, si sa pesanteur ne lui faisoit obstacle ; or, si à la place du tuyau CD on met un tuyau horizontal CH, la vitesse de l'eau au sortir de l'orifice ne trouvera point l'obstacle de la pesanteur dans ce tuyau, & comme cette vitesse est uniforme, puisqu'elle est produite par la même pression ; il s'ensuit qu'elle fera parcourir à l'eau dans ce tuyau CH un espace double de la hauteur DF dans un tems égal à celui que l'eau employeroit à s'élever à cette hauteur.

465. On m'objectera peut-être que si cela est ainsi que je viens de le dire, il s'ensuivra que lorsque l'eau est obligée de s'élever perpendiculairement, il ne devroit sortir par l'orifice C que la moitié de l'eau qu'il en sortiroit dans le même tems, si le tuyau étoit horizontal, ce qui est impossible, puisque la pression à l'orifice C étant toujours la même, il doit en sortir d'égales quantités d'eau; mais il faut prendre garde que lorsque l'eau est obligée de de remonter, & qu'elle perd de sa vitesse, le jet se gonfle peu à

peu, de façon qu'il prend la forme d'un cône tronqué renverſé, au lieu que quand le tuyau eſt horizontal l'épaiſſeur de la colonne d'eau qui ſort eſt la même partout, & par conſéquent il ſe fait une compenſation, & ce que l'une des colonnes gagne en longueur, l'autre le gagne par les augmentations de ſon épaiſſeur.

466. C'eſt par une raiſon contraire à celle-ci que lorſque l'eau qui coule de l'orifice C tombe perpendiculairement vers le centre de la terre, elle eſt beaucoup plus épaiſſe à la ſortie de l'orifice que lorſqu'elle en eſt plus éloignée, & qu'à un grand éloignement elle doit ſe reſoudre en goutes; car les parties d'eau qui ſortent ſucceſſivement de l'orifice ont la même viteſſe, puiſque la preſſion ſubſiſte toujours la même à cauſe qu'on a ſoin d'entretenir le vaſe toujours plein. Suppoſons donc pour un moment que ces parties d'eau en tombant ſucceſſivement n'ayent aucune viteſſe & paſſent du repos au mouvement, & qu'après un certain tems on fixe tout d'un coup leur mouvement. Les tems de la deſcente des parties qui ſeront ſorties plutôt de l'orifice ſeront plus longs que les tems de la deſcente des parties qui ſeront ſorties plus tard, & comme les mouvemens de toutes ces parties ſeront accelerés par leurs peſanteurs, les eſpaces parcourus ſeront entr'eux comme les quarrés des tems, & par conſéquent les différences de ces eſpaces iront en diminuant à meſure qu'ils s'approcheront de l'orifice, de même que les différences des quarrés vont en diminuant à meſure que ces quarrés diminuent; ainſi les parties d'eau plus proches de l'orifice ſeront plus proches entr'elles que celles qui en ſeront plus éloignées. Donc, &c.

467. PROPOSITION LXXX. *Si l'on entretient un vaſe* AB *(Fig. 221.) toujours plein, & que le long de la hauteur* BH *de ce vaſe il y ait pluſieurs orifices égaux* C, D, E, F, *&c. par leſquels l'eau s'écoule, les quantités d'eau qui ſortiront dans un même tems par ces orifices ſeront entr'elles comme les ordonnées d'une parabole* HMB, *dont le diamétre ſeroit la hauteur* HB.

A cauſe de l'égalité des orifices, les quantités d'eau qui coulent par ces orifices dans des tems égaux, ſont entr'elles comme les racines des hauteurs HF, HE, HD, HC; or, les ordonnées de la parabole ſont entr'elles auſſi comme les racines de leurs abſciſſes qui ſont ces hauteurs. Donc, &c.

468. *Si au lieu des orifices faits le long de la hauteur* HB *du vaſe, on fait une fente égale à cette hauteur, & qui ſoit partout d'égale largeur, l'eau qui coulera de cette fente pendant un certain tems ne ſera*

*que les deux tiers de l'eau qui en couleroit pendant le même-tems, si
toutes les parties de l'eau couloient avec la vitesse exprimée par la racine
quarrée de la plus grande hauteur.*

Concevons que l'eau contenue dans le vase soit partagée en
une infinité de couches horizontales dont l'épaisseur soit infiniment petite; les parties d'eau qui couleront dans un même tems
de chacune, seront comme les racines quarrées des distances de
ces couches à la surface supérieure de l'eau, & par conséquent
elles seront entr'elles comme les ordonnées infiniment proches,
ou comme les élemens de la parabole ; ainsi leur somme sera à
la plus grande multipliée par le nombre des termes, comme 2 à
3, c'est-à-dire comme la somme des élemens de la parabole
HMB est au dernier & plus grand élement BM multiplié par le
nombre des termes ou la hauteur BH, & par conséquent comme
la parabole est au rectangle circonscrit BV ; mais de toutes les
parties d'eau qui s'écoulent dans un même tems par la fente HB,
la plus grande est celle qui s'écoule par l'extrêmité B de cette
fente, puisque c'est celle qui sort avec la plus grande vitesse ;
donc la somme des parties d'eau qui s'écoulent dans un même
tems est à celle qui s'écoule par l'extrêmité B, multipliée par la
hauteur HB, comme 2 est à 3. Mais multiplier la plus basse eau
qui sort par la hauteur HB, c'est la même chose que de supposer que toutes les autres parties d'eau qui sortent des différentes
couches d'eau sont égales à celle-ci ; donc les différentes parties
d'eau qui sortent de chaque couche chacune avec sa vitesse particuliere, ne sont que les deux tiers des différentes parties d'eau
qui sortiroient toutes de chaque couche avec la vitesse de la plus
basse.

469. Si l'on prend deux vases prismatiques AB, ab *(Fig. 222.)
de même hauteur, & dont le second* ab *ait la largeur* mb *de sa base
égale à sa hauteur. Je dis que si l'on fait sur l'un des côtés du premier
vase* AB, *une fente verticale* HC, *& sur la longueur* mb *de la base
du second, une fente horizontale* fb *de même largeur que la verticale,
& que les deux vases soient toujours entretenus plein d'eau, l'eau qui
sortira par la fente verticale* HC *dans un certain tems sera à l'eau
qui sortira par la fente horizontale* fb *dans le même tems, comme* 2
est à 3.

Les deux fentes ayant la même longueur & la même largeur,
les quantités d'eau qui se presenteront pour sortir de l'une & de
l'autre seront égales ; mais toutes les parties de la quantité d'eau

qui fe prefente pour fortir de la fente verticale, font entr'elles comme leurs viteffes inégales, c'eft-à-dire comme les racines des hauteurs ou de leurs diftances à la furface fupérieure de l'eau, ou comme les ordonnées d'une parabole, dont les abfciffes font les mêmes hauteurs, & au contraire toutes les parties d'eau qui fortent par la fente horizontale font égales & peuvent être exprimées chacune par la racine de la hauteur HC ; ainfi toutes les parties d'eau qui fortent par la fente horizontale dans un certain tems feroient égales à toutes les parties d'eau qui fortiroient dans le même tems par la fente verticale, fi elles avoient toutes la viteffe exprimée par $\sqrt{HC}$. Or, nous venons de voir (*N.* 468.) que les parties d'eau qui fortent dans le même tems par la fente verticale HC, chacune avec fa viteffe particuliere font aux quantités d'eau qui fortiroient avec la viteffe commune $\sqrt{HC}$ comme 2 à 3. Donc elles font auffi à celles qui fortent par la fente horizontale comme 2 à 3.

470. Lorfque les parties d'eau qui fortent par une fente verticale BH (*Fig.* 221.) font entr'elles comme les élemens d'une parabole ; il fe trouve toujours une de leurs viteffes, laquelle étant multipliée par le nombre qui en exprime la multitude ou par la hauteur BH, donne un produit égal à la fomme des viteffes, & c'eft ce qu'on nomme *Viteffe moyenne ;* de façon que fi toutes les parties de l'eau qui fort par la fente fortoit avec cette viteffe moyenne, la quantité d'eau qui fortiroit pendant un certain tems, feroit égale à celle qui en fortiroit dans un tems égal en fuppofant que chaque partie d'eau confervât fa viteffe particuliere.

471. Or, pour trouver cette viteffe moyenne il n'y a qu'à prendre les deux tiers de la plus grande viteffe $\sqrt{HB}$, car la fomme des viteffes ou ce qui eft la même chofe la fomme des élemens de la parabole eft les $\frac{2}{3}$ du rectangle circonfcrit, & par conféquent cette fomme eft $\frac{2}{3}$BM × BH, mais la viteffe BM eft exprimée par $\sqrt{HB}$, donc la fomme eft $\frac{2}{3}\sqrt{HB}$ × BH.

472. PROBLEME. *Trouver la quantité d'eau qui fort dans un certain tems de l'orifice C d'un vafe AB (Fig. 220.) que l'on entretient toujours plein.*

L'expérience nous apprend qu'un corps qui paffant du repos au mouvement defcend librement vers le centre de la terre parcourt environ 15 pieds dans une feconde, & nous fçavons auffi qu'un corps avec la viteffe acquife par fa chûte peut parcourir un efpace double de l'efpace parcouru par fa chûte dans un tems

égal

égal à celui de sa chûte. Si nous suppofons donc que la diftance de l'orifice C à la furface fupérieure de l'eau foit de 15 pieds, l'eau qui fort de l'orifice aura la même viteffe qu'auroit acquife un corps en tombant de cette hauteur, & comme cette viteffe fera uniforme à caufe que la preffion eft toujours la même, cette eau parcourera dans le tuyau CH un efpace de 30 pieds dans une feconde, & par conféquent cet efpace exprimera fa viteffe uniforme, & en même tems la quantité d'eau qui fortira dans une feconde, laquelle ne fera autre chofe que le produit de la largeur de l'orifice par l'efpace CH parcouru dans cette feconde. Ainfi fi l'on demande combien il en fortira dans une minute ou 60 fecondes; on dira par Regle de Trois : fi dans une feconde il fort une colonne d'eau qui a pour bafe la grandeur de l'orifice, & pour longueur 30 pieds, combien en fortira-t-il dans 60 fecondes, & l'on trouvera qu'il en fortira 60 colonnes égales à la premiere.

Si la hauteur CE eft plus ou moins grande que 15 pieds, & qu'elle foit, par exemple, de 6 pieds, il fera toujours vrai de dire qu'il fortira de l'orifice une colonne de 12 pieds de longueur dans un tems égal à celui qu'un corps auroit employé à defcendre de cette hauteur, mais le temps fera moindre qu'une feconde ; & pour le trouver on obfervera que les tems des hauteurs parcourues par la chûte d'un corps à commencer toujours depuis le commencement de la chûte, font entr'eux comme les racines quarrées des hauteurs; c'eft pourquoi on dira par Regle de Trois : la racine quarrée de la hauteur 15, eft à la racine quarrée de la hauteur 6, comme le tems une feconde employé à defcendre de la hauteur 15 eft à un quatriéme terme qui fera le tems employé à defcendre de la hauteur 6. Ainfi on aura $\sqrt{15} . \sqrt{6} :: 1 . \dfrac{\sqrt{6}}{\sqrt{15}}$, & ce quatriéme terme $\dfrac{\sqrt{6}}{\sqrt{15}}$ ou $\sqrt{\dfrac{6}{15}}$ ou $\sqrt{\dfrac{2}{5}}$ fera le tems employé à defcendre de la hauteur 6. Après quoi on fera une autre Régle de Trois, en difant : fi pendant le tems $\sqrt{\dfrac{2}{5}}$ l'eau avec la viteffe égale à celle qu'un corps auroit acquife en tombant de la hauteur 6 parcourt 12 pieds ; combien percourera-t-il dans le tems 1 feconde; c'eft-à-dire qu'en nommant x le quatriéme terme de cette proportion, on aura $\sqrt{\dfrac{2}{5}} . 12 :: 1 . x$, & élevant tous les termes aux quarrés on aura $\dfrac{2}{5} . 144 . 1 . xx$, ce qui donne $\dfrac{2}{5} xx = 144$, d'où l'on tire $xx = \dfrac{720}{2} = 360$, donc $x = 18$ pieds & un peu plus ;

ainſi l'eau qui s'écoulera dans une ſeconde ſera une colonne de 18 pieds de longueur & un peu plus.

473. Si l'on prend donc ſur un diamétre indefini AC une grandeur de 15 pieds de A en B (*Fig. 223.*), & qu'après avoir élevé en B une perpendiculaire BH qu'on fera double de AB, on décrive avec le diamétre AB, & l'ordonnée BH une parabole AHL indefinie ; on trouvera les longueurs des colonnes qui peuvent ſortir de l'orifice d'un vaſe AL entretenu toujours plein à quelque diſtance que cet orifice ſoit de la ſurface ſupérieure de l'eau ; car ſi, par exemple, l'orifice eſt en T, on menera de ce point T l'ordonnée TS, & meſurant cette ordonnée elle ſera la longueur ou la viteſſe de l'eau qui ſortira de l'orifice T dans une ſeconde, & ainſi des autres, ce qui eſt d'une extrême commodité ſur-tout lorſqu'on fait une échelle ſur le papier.

474. PROBLEME. *Ayant un vaſe qu'on entretient toujours plein d'eau qui s'écoule par une fente AC verticale* (Fig. 223.), *trouver le point de la hauteur auquel répond la viteſſe moyenne.*

Je décris ma parabole, comme il vient d'être dit (*N.* 473.), & ſuppoſant que la droite AC ſoit la hauteur verticale ou le diamétre ; je mene du point C l'ordonnée CL qui marque la plus grande viteſſe. Et pour trouver la viteſſe moyenne, j'en prens les deux tiers de C en V, & du point V élevant la perpendiculaire VM qui coupe la parabole en M ; je mene du point M l'ordonnée MP, laquelle eſt la viteſſe moyenne, puiſqu'elle eſt égale à CV $= \frac{2}{3}$ CL (*N.* 470.), ainſi le point P eſt le point cherché.

Si l'on pratiquoit donc en P un orifice ou une fente horizontale de la même grandeur que la verticale, l'eau qui s'écouleroit pendant un certain tems de cet orifice ou de cette fente ſeroit égale à l'eau qui s'écouleroit dans le même tems de la fente verticale.

475. Quand on veut mettre en pratique tout ce que nous venons de dire, & ce que nous dirons dans la ſuite, il ſe trouve du déchet, c'eſt-à-dire toujours un peu moins que les calculs ne donnent ; & cela vient de ce que dans nos Régles & nos Calculs, nous faiſons abſtraction du frottement de l'eau contre les parois du vaſe, & contre le contour des orifices, lequel frottement doit diminuer un peu la viteſſe de l'eau ; or, comme ces ſortes de déchets ne peuvent mieux être eſtimés que par la pratique & l'expérience ; nous laiſſons le ſoin à ceux qui travaillent d'examiner de quelle façon ils doivent y avoir égard. Générale-

ment parlant la Géométrie confidérant les furfaces des corps comme parfaitement planes, & les corps comme parfaitement homogenes dans toutes les parties, fait abftraction des irrégularités qui
fe trouvent dans ces fujets, & comme les effets de ces fortes
d'irrégularités qui nous font fouvent infenfibles, ne peuvent fe
difcerner que par l'expérience ; ceux qui s'adonnent à la pratique
doivent y avoir recours, & prendre garde cependant de ne pas
établir trop vite des regles générales; qu'on ait trouvé, par exemple, qu'une furface de tant de bafe & de hauteur a donné un certain déchet, il ne s'enfuivra pas toujours qu'une furface double
de celle-là doive donner un double déchet; il faudroit pour que
cela fût, que l'irrégularité des parties de l'une des furfaces fût la
même que l'irrégularité des parties de l'autre, ce qui ne fe trouve
prefque jamais, tout varie dans la nature, & l'on raifonneroit fort
mal fur fes effets fi l'on croyoit pouvoir en parler avec la derniere
précifion. A la bonne heure qu'on aille par dès à peu près ; mais
de dire qu'en conféquence de quelques expériences on puiffe
tirer des Régles précifes & Géométriques, c'eft fe tromper foi-
même & en impofer aux Lecteurs. Il arrive même de-là qu'on
fait par trop d'entêtement des fautes confidérables, dans lefquelles on ne tomberoit pas fi on étoit accoutumé à avoir l'efprit
moins fyftêmatique ; les régles de la Nature vont leur train,
tandis qu'un fyftême va auffi le fien ; & au bout du compte l'un
& l'autre fe trouvent étrangement éloignés.

476. PROPOSITION LXXXI. *Si un vafe prifmatique* AB
(Fig. 224.) *plein d'eau, fe defemplit par un orifice* E. *Le mouvement
de l'eau qui coule par cet orifice eft un mouvement uniformément retardé.*

Concevons que le vafe foit coupé par des plans paralelles à la
bafe, dont les hauteurs CH, CI, CL, CA foient comme les
quarrés 1. 4. 9. 16, &c. des nombres naturels 1. 2. 3. 4, &c.
quand l'eau commencera à couler fa viteffe étant comme la racine de la hauteur CA $= 16$, fera 4 ; & quand le niveau de l'eau
fera defcendu jufqu'en L*l*, fa viteffe fera comme $\sqrt{CL} = \sqrt{9}$,
ou comme 3, & quand le niveau fera en I*i* fa viteffe fera comme $\sqrt{CI} = \sqrt{4}$, ou comme 2, & ainfi de fuite ; or, les cylindres
CD, C*l*, C*i*, C*h* étant entr'eux comme leurs hauteurs à caufe de
la bafe commune, font par conféquent comme les nombres 16.
9. 4. 1, & leurs différences, c'eft-à-dire les cylindres d'eau LD,
I*l*, H*i*, C*h* font comme les nombres 7. 5. 3. 1 ; donc à mefure

que l'eau en defcendant parcourera les cylindres LD, I*l*, H*i*, C*h*, elle perdra des degrés égaux de viteffe, & par conféquent il arrivera à l'eau, ce qui arrive à un corps, qui en remontant avec un certain degré de viteffe acquife, perd des degrés égaux de viteffe à mefure qu'il parcourt des efpaces qui font entr'eux comme les nombres impairs pris en retrogradant. Or, le mouvement de ce corps eft uniformément retardé. Donc le mouvement de l'eau d'un vafe qui fe defemplit eft auffi uniformément retardé.

477. *Remarque.* Il faut obferver que fi l'orifice étoit dans le fond du vafe, il faudroit qu'il fût beaucoup moindre que le fond. Car fi l'orifice étoit égal au fond du vafe l'eau tomberoit tout d'une piece, de façon que les parties inférieures & les fupérieures auroient la même viteffe, & par conféquent cette maffe d'eau fuivroit la loi ordinaire des corps pefans, & parcoureroit dans des tems égaux des efpaces qui feroient entr'eux comme les nombres impairs 1. 3. 5. 7, &c. & fi l'ouverture quoique moindre que le fond étoit un peu trop grande, la colonne d'eau qui feroit au-deffus de cette ouverture étant d'un poids confidérable s'affaiferoit trop vite & formeroit un efpece d'entonnoir.

478. Corollaire. *Si l'on laiffe defemplir un vafe plein d'eau par un orifice E. La quantité d'eau qui en fera fortie ne fera que la moitié de la quantité d'eau qui en fortiroit dans le même tems fi l'on entretenoit le vafe toujours plein d'eau.*

Quand le vafe fe defemplit, la viteffe $\sqrt{AC}$ avec laquelle l'eau commence à couler diminue à chaque inftant, & au contraire quand on entretient le vafe toujours plein la viteffe $\sqrt{AC}$ avec laquelle l'eau commence à couler, refte toujours la même, & par conféquent elle eft uniforme ; or, felon les régles du mouvement uniformément retardé, une viteffe qui diminue à chaque inftant fait parcourir un efpace qui n'eft que la moitié de celui qu'elle fait parcourir dans le même tems lorfqu'elle eft uniforme ; Donc la quantité d'eau qui fort lorfque le vafe fe defemplit ne parcourt que la moitié de l'efpace de la quantité d'eau qui fortiroit dans le même tems fi le vafe étoit entretenu toujours plein, c'eft-à-dire, que fi on adaptoit un long tuyau à l'orifice, la colonne d'eau qui fe trouveroit dans ce tuyau quand le vafe fe feroit defempli n'auroit que la moitié de la longueur de la colonne d'eau qui s'y trouveroit, fi le vafe toujours plein avoit coulé pendant tout le tems qu'il a fallu pour fe defemplir, & par conféquent la premiere quantité d'eau ne feroit que la moitié de la feconde.

479. Corollaire II. De-là il eſt aiſé de trouver dans combien de tems toute l'eau d'un vaſe s'écoule lorſque le vaſe ſe déſemplit ; car il n'y a qu'à chercher combien d'eau il ſortiroit de l'orifice pendant une ſeconde ſi le vaſe reſtoit toujours plein (N. 472.), chercher auſſi la quantité d'eau que le vaſe contient, doubler cette quantité, & dire enſuite par Regle de Trois : ſi une telle quantité s'écoule dans une ſeconde quand le vaſe eſt toujours plein, le double de la quantité d'eau que le vaſe contient, pendant combien de tems s'écoulera-t-elle le vaſe reſtant toujours plein ? & le tems que l'on trouvera ſera celui pendant lequel le vaſe doit ſe déſemplir ; car quand le vaſe ſe déſemplit il ne ſort comme on a vû ci-deſſus, que la moitié de la quantité d'eau qui ſortiroit dans le même tems ſi le vaſe étoit toujours entretenu à même hauteur.

Nommant donc a la baſe ; h la hauteur du vaſe ; b la grandeur de l'orifice ; m la longueur de la colonne d'eau qui ſortiroit dans une ſeconde ſi le vaſe étoit toujours plein, & x le tems qu'on cherche. La quantité d'eau que le vaſe contient ſera ah, & le double de cette quantité $2ah$, la colonne d'eau qui ſortiroit dans une ſeconde ſera bm ; ainſi l'on aura bm. 1. $2ah$. x, ce qui donne

$$x = \frac{2ah}{bm}.$$

Soit $a = 10$ pouces quarrés, $h = 15$ pieds, $b = 2$ pouces quarrés, & $m = 30$ pieds, nous aurons $x = \dfrac{2 \times 10 \times 15}{2 \times 30} = \dfrac{20 \times 15}{60} = \dfrac{300}{60}$ $= 5$ ſecondes ; ainſi le vaſe ſe déſemplira en 5 ſecondes, & ainſi des autres.

480. Corollaire III. *Si deux vaſes* AB, *ab* (Fig. 225.) *pleins d'eau ſe déſempliſſent par des orifices* E, e, *les tems des écoulemens ſont entr'eux en raiſon compoſée de la raiſon directe des baſes, de la raiſon directe des hauteurs, de la raiſon inverſe des orifices, & de la raiſon inverſe des longueurs des colonnes d'eau qui ſortiroient dans une ſeconde ſi les vaſes étoient toujours pleins.* Car nommant A, *a* les baſes ; H, *h*, les hauteurs, B, *b* ; les orifices, M, *m* ; les longueurs des colonnes qui ſortiroient dans une ſeconde les vaſes étant toujours pleins ; & X, *x*, les tems qu'il faut aux vaſes pour ſe déſemplir ; nous aurons $X = \dfrac{2AH}{BM}$ pour le tems qu'il faut au premier vaſe pour ſe déſemplir (N. 478.), & $x = \dfrac{2ah}{bm}$, pour le tems qu'il faut

au second vase, & partant $X . x :: \dfrac{2AH}{BM} . \dfrac{2ah}{bm} :: \dfrac{AH}{BM} . \dfrac{ah}{bm}$, & multipliant les termes de la derniere raison par BM, & *bm*, nous aurons $X . x :: AH \times bm . ah \times BM$; or, la raison $AH \times bm . ah \times BM$, est composée des raisons A, *a*; H, *h*; *b*, B; & *m*. M. Donc, &c.

Si l'on fait $A = a$ on aura $X . x :: H \times bm . h \times BM$, c'est-à-dire si les bases des deux vases sont égales, les tems des écoulemens sont entr'eux en raison composée de la raison directe des hauteurs H, *h*, de la raison inverse *b*, B des orifices, & de la raison inverse *m*, M des longueurs.

Si l'on fait $A = a$ & $H = h$, on aura $X . x :: bm . BM$, c'est-àdire les bases des vases étant égales, & les hauteurs aussi, les tems des écoulemens sont en raison composée de la raison inverse *b*, B des orifices, & de la raison inverse des longueurs *m*, M; mais il faut prendre garde qu'en ce cas on aura toujours $M = m$, à cause des hauteurs égales H, *h*, ainsi l'on aura $X . x :: b . B$, c'està-dire les bases & les hauteurs étant égales les tems sont entr'eux en raison inverse des orifices.

Si l'on fait $H = h$, & par conséquent $M = m$; on aura $X . x . A \times b . a \times B$, c'est-à-dire les hauteurs étant égales les tems des écoulemens sont entr'eux en raison composée de la directe des bases, & de l'inverse des orifices.

Si l'on suppose $H = h$, & $B = b$, ce qui donne $M = m$, on aura $X . x :: A . a$, c'est-à-dire les hauteurs & les orifices étant égaux, les tems des écoulemens sont entr'eux dans la raison des bases.

481. PROBLEME. *Connoissant le tems pendant lequel un vase se désemplit, connoître les quantités d'eau qui en sortent à chaque partie de ce tems.*

Supposons que le vase DC (*Fig.* 224.) se desemplisse dans 4 secondes, je divise sa hauteur en quatre parties, ensorte que les hauteurs CH, CI, CL, CM soient entr'elles commes les quarrés 1. 4. 9. 16 des nombres 1. 2. 3. 4, & concevant que l'eau du vase, soit coupée par des paralelles à la base qui passent par les points de division, les cylindres d'eau DC, *l*C, *i*C, *h*C seront entr'eux comme les quarrés 16. 9. 4. 1, & leurs différences, c'est-à-dire les cylindres DL, *l*I, *i*H, *h*C feront comme les nombres impairs 7. 5. 3. 1, & exprimeront les quantités d'eau qui sortiront dans chacune des quatre secondes. Car la vitesse avec laquelle l'eau commence à couler étant uniformément retardée pendant fon mouvement, il eft clair que les efpaces que l'eau parcourt pendant les quatre tems égaux qui compofent la durée de fon mouvement doivent être entr'eux comme les nombres 7. 5. 3 & 1.

Des Machines Hydrauliques.

482. Les Machines Hydrauliques font des Machines qui ont été imaginées pour élever l'eau dans les endroits où on ne fçauroit en trouver naturellement.

L'eau étant du nombre des corps pefans ne s'éleve jamais au-deffus de fon origine; mais fi après avoir defcendu pendant un certain tems, elle trouve un obftacle qui l'empêche de defcendre plus bas & de s'étendre horizontalement de côté & d'autre, fa viteffe acquife la fait remonter à une hauteur égale à celle dont elle eft defcendue dans un tems égal à celui qu'elle a employé à defcendre.

Pour faire remonter l'eau par le moyen de fa viteffe acquife, on la fait couler depuis la fource A, (*Fig. 226.*) par un tuyau AB cylindrique ou prifmatique, perpendiculaire ou incliné à l'horizon, après quoi on recourbe le tuyau de façon que l'eau ne puiffe fortir par l'ouverture D qu'avec une direction verticale ou inclinée à l'horizon, & c'eft ce qu'on nomme des *Jets* d'eaux. Que fi entre le lieu M, (*Fig.* 227.) auquel on veut l'élever & fa fource A, il fe trouve un vallon ABC, on fait defcendre le tuyau AB jufqu'au fond du vallon, après quoi on le recourbe jufqu'en C, ou on en adapte un autre CM par le moyen duquel l'eau remonte en M, fuppofé que M ne foit pas plus haut que A.

Il faut prendre garde que dans ces fortes de conduits, de même que dans les Jets, l'eau ne remonte pas tout-à-fait auffi haut qu'elle eft defcendue, ce qui provient du frottement de l'eau contre les parois des tuyaux & de la réfiftance de l'air qui diminuent la viteffe avec laquelle l'eau remonteroit fans ces obftacles.

Quelques polies que nous paroiffent les furfaces intérieures des tuyaux dont on fe fert pour conduire les eaux, elles ont cependant des irrégularités & des petites éminences enfemble, qui comme autant de petits plans inclinés rallentiffent le mouvement de l'eau; car on fçait que les corps pefans defcendent moins vîte le long des plans inclinés que s'ils defcendoient par une direction verticale. Ainfi quand l'eau eft parvenue jufqu'au bas du tuyau, fa viteffe acquife n'eft pas auffi grande qu'elle l'au-

roit été fi elle n'avoit pas rencontré ces petits plans, & par conféquent on ne doit pas s'étonner fi elle n'eft pas capable d'élever
l'eau à la hauteur, dont elle eft defcendue. De plus, lorfque l'eau
vient à remonter, l'air à travers lequel elle paffe s'oppofe à fon
paffage & diminue encore fon mouvement. Or, pour pouvoir
juger exactement & géométriquement de combien la viteffe de
l'eau eft rallentie, il faudroit pouvoir découvrir quelle eft la diminution de viteffe caufée par les petites éminences des furfaces
intérieures des tuyaux, & celle que caufe la réfiftance de l'air,
ce qui me paroît bien difficile, ou pour mieux dire impoffible
pour bien des raifons, quand même on appelleroit l'expérience
à fon fecours. 1°. La Géométrie ne tire des conféquences certaines qu'autant qu'elle connoît les rapports des furfaces, des
plans de leurs dimenfions & des angles qu'elles forment; or,
tout cela ne fe peut connoître dans ces petites irrégularités qui
fe trouvent dans les furfaces intérieures des tuyaux; ces irrégularités font differentes par leurs figures, & ne font pas partout en
même nombre, car toutes les parties des tuyaux ne-fçauroient
être homogenes, l'eau en paffant par deffus les émouffe, l'expérience qu'on aura faite aujourd'hui ne répondra par conféquent
pas à celle qu'on fera demain, les Machines un peu vieilles ont
beaucoup moins de frottement que les neuves; d'ailleurs, l'expérience faite à l'égard d'une certaine furface ne peut fervir de
regle pour une autre furface plus ou moins grande, qu'autant
qu'on voudroit fuppofer que les irrégularités feroient de même
nature partout, ce qui eft faux; 2°. L'air réfifte plus ou moins felon les differentes altérations qu'il peut fouffrir, & dont nous
avons déja parlé plus haut, les pertes que fouffre la viteffe de
l'eau ne font donc pas toujours les mêmes. Mais fuppofons que
par le moyen d'un Barometre, d'un Thermometre, d'un Hygrometre, &c. on puiffe venir à bout de déterminer exactement
les effets de l'air felon les circonftances, il reftera encore à fçavoir quelle eft la réfiftance de l'air au premier inftant où l'eau
commence à s'élever. Il eft démontré qu'à la fin des tems 1. 2.
3. 4. &c. les réfiftances font entr'elles comme les quarrés des
viteffes reftantes; pour trouver donc la fomme des réfiftances à la
fin d'un tems déterminé compofé de petits tems égaux, il faut
néceffairement connoître la premiere, & comment pouvoir y
parvenir; eft-il facile de fermer un tuyau précifément à la fin d'un
certain tems, de façon qu'il n'en forte ni plus ni moins d'eau

qu'il

qu'il n'en faut? fuppofé même qu'on en vienne à bout, peut-on
démêler dans la diminution d'eau qu'on trouvera à la fin de cet
inftant quelle eft la partie de cette diminution qui a été caufée
par le frottement, & celle qui a été caufée par la réfiftance ; &
quand on pourroit le trouver dans un certain cas particulier, ce
qui eft bien difficile, pourroit-on en tirer quelques conféquences
pour le général? ces confiderations & grand nombre d'autres que
j'y pourrois ajouter, font voir quel fond l'on peut faire fur les
regles que quelques Auteurs ont voulu nous donner touchant les
frottemens & la réfiftance de l'air. Les calculs fur lefquels ils ont
voulu appuyer ces regles, feront toujours admirables & certains,
dès qu'on accordera les fuppofitions qu'ils ont faites; mais
comme rien n'eft fixe dans la Nature, & que la combinaifon des
chofes varie d'un inftant à l'autre, la fuppofition faite dans le
fond d'un cabinet n'eft prefque jamais d'accord avec ce qui fe
paffe réellement; le calcul tombe, & le calculateur en eft pour
les frais d'avoir calculé.

Les Machines Hydrauliques que l'on employe pour élever l'eau
au-deffus de fa fource, font de deux fortes; les unes élevent l'eau
renfermée dans un vafe de la même façon qu'on éleve un poids.
C'eft ainfi qu'on fe fert des feaux pour tirer de l'eau d'un puits
à la faveur d'une poulie, qu'on attache des feaux à la circonférence d'une grande roue dont une partie eft plongée dans l'eau,
afin que les feaux fe trouvant au bas de la roue fe rempliffent,
& que lorfqu'ils font en haut ils puiffent fe vuider dans un canal,
&c. Le calcul de ces Machines fe fait de la même façon que fi
on leur attachoit un poids égal à celui de l'eau qu'elles élevent,
& par conféquent je n'en parlerai pas après ce que j'en ai dit ci-
deffus touchant ces fortes de Machines. Celles de la feconde efpece élevent l'eau par le moyen de l'air, & font beaucoup plus
ingénieufes que les précedentes ; les Anciens s'en fervoient de
même que nous, mais comme ils n'avoient aucune connoiffance
de la pefanteur de l'air & de fon reffort, tout ce qu'ils ont écrit
là-deffus n'a rien de fatisfaifant, & leurs Machines étoient bien
éloignées de la perfection de celles qu'on fait aujourd'hui. Je
vais en rapporter quelques-unes des plus fimples ; la connoiffance
de celles-ci fera aifément juger de ce qu'on doit penfer des autres
qui n'en font que des differentes combinaifons.

D u   S i p h o n.

483. Le Siphon eſt un Inſtrument dont on ſe ſert pour·faire ſortir la liqueur d'un vaſe par le haut ſans·toucher au vaſe ; on en fait de pluſieurs façons, mais ordinairement c'eſt un tuyau ABC, (*Fig.* 228.) dont l'une des branches AB eſt plus grande que l'autre BC. Quand on veut s'en ſervir, on plonge la branche BC dans la liqueur du vaſe MN qu'on veut vuider, on applique la bouche à l'extrêmité A de l'autre branche AB, & l'on aſpire juſqu'à ce que la liqueur vienne mouiller les lévres ; alors on ſe retire, & la liqueur du vaſe coule par l'ouverture A.

La raiſon de ceci, eſt qu'en aſpirant on étend la capacité de la poitrine, de ſorte qu'une partie de l'air qui étoit dans le Siphon venant à paſſer dans les poulmons, ce qui reſte étant plus dilaté a moins de reſſort & de force que la colonne d'air qui peſe ſur la ſurface de la liqueur contenue dans le vaſe. Ainſi cette colonne fait monter l'eau, laquelle étant parvenue en B deſcend par ſon propre poids le long de la branche BA, ce qui continue juſqu'à ce que la liqueur contenue dans le vaſe ſe trouve au-deſſous de l'orifice C de l'autre branche BC.

On dira peut-être que la colonne d'air qui répond à l'ouverture A étant en équilibre avec celle qui peſe ſur la ſurface de la liqueur contenue dans le vaſe doit empêcher l'eau qui eſt dans la branche AB de couler ; mais il faut obſerver que la branche AB étant toujours plus longue que la branche BC contient une plus grande quantité d'eau que la branche BC, & que par conſéquent la colonne d'air qui répond à l'ouverture A ayant une plus grande quantité d'eau à ſoutenir que la colonne d'air qui fait remonter l'eau par l'autre ouverture, ſe trouve plus foible & doit laiſſer le paſſage libre à l'eau.

Il faut prendre garde que ſi dans la branche BC la partie BE qui ſe trouve au-deſſus du niveau de l'eau contenue dans le vaſe n'étoit pas moindre de 32 pieds, l'eau ne couleroit jamais par l'autre branche ; car ſuppoſé même qu'on pût en aſpirant tirer tout l'air qui eſt dans le Siphon, la colonne d'air qui eſt au-deſſus de la ſurface du vaſe ne pourroit élever l'eau qu'à 32 pieds de hauteur ; or, il reſte toujours de l'air dans le Siphon, & cet air, quoique dilaté, a toujours une certaine force qui s'oppoſe à l'action de la colonne extérieure ; donc, cette colonne extérieure ne peut élever l'eau jusqu'à 32 pieds. Ainſi l'ancien Méchanicien *Heron* avoit tort de dire qu'avec un ſeul Siphon, il feroit paſſer l'eau au-deſſus de la plus haute montagne.

484. On peut ſe ſervir du Siphon ſans être obligé d'aſpirer, ce qui ſe fait de differentes façons, ainſi qu'on va voir.

J'adapte un Siphon au côté MS d'un vaſe MN, (*Fig.* 229.) de façon que la petite branche BC ſoit dans le vaſe, la plus grande AB en dehors, & que le ſommet B ſoit moins haut que le ſommet M du vaſe ; je verſe de l'eau dans le vaſe, & tant que cette eau ne montera pas juſqu'en B, elle entrera dans la branche BC, & ſe mettra en équilibre ou de niveau avec l'eau contenue dans le reſte du vaſe, & par conſéquent elle ne deſcendra point par la branche BA ; mais dès lors que l'eau du vaſe ſera à une hauteur plus grande que BS, elle paſſera par la branche BC, & forcée par le poids de celle qui reſtera dans le vaſe, elle commencera à couler par la branche BA, & ne ceſſera de couler que lorſque l'eau du vaſe ſe trouvera plus baſſe que l'ouverture C de la branche BC. La raiſon en eſt, que ſi l'eau qui aura paſſé dans la branche BA pouvoit s'écouler par A & ſe ſéparer de celle qui eſt dans la branche BC, il ſe trouveroit entre ces deux eaux un air qui ſe dilateroit de plus en plus à meſure que l'eau de la branche BA deſcendroit ; c'eſt pourquoi cet air dilaté ayant moins de force que celui qui peſe ſur la ſurface de l'eau du vaſe, celui-ci forceroit l'eau de couler de nouveau par la branche BA.

Ces ſortes de Siphons adroitement cachés dans les parois d'un vaſe, & diſpoſés de differentes façons, produiſent des effets gracieux & qui ſurprennent beaucoup ceux qui n'en connoiſſent pas la cauſe.

485. Soit un grand vaſe ou reſervoir AC, (*Fig.* 230.) plein d'eau ; je range pluſieurs caiſſes MN, RS, &c. horizontalement & au niveau du baſſin, j'adapte aux fonds de ces caiſſes des tuyaux DE, FH, &c. qui ont à leurs extrêmités E, H des robinets ; j'adapte auſſi au-deſſus de ces caiſſes des tuyaux LX, PQ qui entrent dans d'autres caiſſes TZ, YV poſées de façon que les plus éloignées du baſſin AC ſoient plus hautes que celles qui en ſont plus proches ; les extrêmités X, Q des tuyaux LX, PQ doivent entrer bien avant dans les caiſſes TZ, YV, mais non pas tout-à-fait juſqu'à la ſurface ſupérieure. Je mets à la caiſſe TZ un tuyau *ab* qui plonge dans le vaſe AC & entre dans la caiſſe TZ, je mets un autre tuyau *hf* dont l'extrêmité *f* plonge dans la caiſſe

TZ. Cette Machine étant faite, je remplis d'eau les caisses inférieures MN, RS par le moyen d'une ouverture qui est sur leur surface supérieure, & je ferme cette ouverture de façon que l'air ne puisse pas y entrer; j'ouvre le robinet E, & à mesure que l'eau de la caisse MN commence à descendre & à couler par E, l'air qui se trouve dans les caisses supérieures & dans leurs tuyaux de communication avec les inférieures se dilate de plus en plus & son ressort s'affoiblit; c'est pourquoi l'air qui pese sur la surface de l'eau du vase AC devenant le plus fort, fait monter l'eau par le tuyau *bc*, & la caisse TZ s'en remplit. Je ferme le robinet E avant que toute l'eau de la caisse MN se soit écoulée; car si cela arrivoit, l'air qui rentreroit par E dans les tuyaux ED, LX se trouvant aussi fort que celui qui est sur la surface du vase AC empêcheroit l'eau de continuer à monter dans le tuyau *ab*. J'ouvre le robinet H, & l'eau de la caisse RS commençant à couler, l'air de la caisse supérieure YV se dilate & perd de son ressort, ainsi l'eau de la caisse TZ monte par le tuyau *fh* & coule dans la caisse YV; & continuant à mettre des caisses dans la disposition que je viens de dire, je pourrois aisément faire monter l'eau au-dessus du reservoir AC aussi haut que je voudrois, à condition cependant que les tuyaux *ba*, *fh*, &c. fussent chacun d'une hauteur au-dessous de 32 pieds, pour les raisons que j'ai déja dit.

Cette Machine est fort propre à faire voir comment on peut élever l'eau aussi haut que l'on voudra par le moyen de la seule dilatation de l'air, mais il est aisé de voir qu'elle ne seroit pas des plus commodes pour l'usage.

De la Fontaine de Heron d'Alexandrie.

486. Cette Fontaine fait monter l'eau par le moyen de la compression de l'air : on le construit ainsi.

AB, (*Fig.* 231.) est un grand vase dont le couvercle supérieur AEFC est concave, HL est une cloison ou diaphragme qui coupe le vase en deux parties; FS est un tuyau adapté au fond concave AEFC qui passe à travers le diaphragme HL & qui descend à une petite distance du fond MB; PR est un autre tuyau adapté au diaphragme HL qui entre très-peu dans la partie inférieure HB, & qui monte dans la supérieure AL à une petite distance du couvercle AEFC; enfin TX est un autre tuyau adapté au couvercle AEFC & qui defcend dans la cavité fupérieure AL jufqu'à une petite diftance du diaphragme HL.

Pour fe fervir de cette Machine, on verfe de l'eau par l'orifice T du tuyau TX jufqu'à ce qu'on entende qu'elle coule dans la cavité inférieure HB par l'orifice P du tuyau PR ; alors on bouche l'orifice T, & on verfe de l'eau par l'orifice F du tuyau FS ; cette eau en montant peu à peu dans la cavité HB comprime l'air qui eft dans cette cavité, & celui qui eft refté dans la cavité AL ; de forte que lorfqu'elle eft parvenue à une certaine hauteur YZ, l'air comprimé la tient en balance & l'empêche de monter plus haut. Or, cette eau monteroit jufqu'en F fi elle ne trouvoit point d'obftacle dans toute la capacité AB. Donc, l'air comprimé par cette eau comprime auffi l'eau qui eft dans la capacité fupérieure AL avec une force capable de l'élever à une hauteur égale à ZF. Ainfi fi l'on débouche l'orifice T, la colonne d'air extérieur qui porte fur cet orifice, & qui feroit en équilibre avec l'air intérieur s'il n'étoit pas comprimé, cedera à la force de cet air comprimé, & l'eau de la capacité fupérieure AL jaillira par l'orifice T à une hauteur égale à ZF, ce qui durera jufqu'à ce que l'eau de la capacité AL fe trouve plus baffe que l'extrêmité X du tuyau TX ; car quoiqu'à mefure que l'eau de la cavité AL jaillit, l'air comprimé puiffe fe dilater davantage dans cette cavité, cependant l'eau qu'on verfera toujours par l'orifice F du tuyau FS, montera davantage dans la cavité inférieure HB, ce qui tiendra l'air des deux cavités dans le même état de compreffion.

De la Pompe Afpirante.

487. La Pompe Afpirante eft un cylindre creux AB (*Fig.* 232.) ayant à fa bafe LB un tuyau CD, auquel eft une *Soupape* ou couvercle CH qui s'ouvre en dedans du cylindre & qui peut fe refermer par fon propre poids ; on adapte à ce cylindre un pifton MVRZSX, auquel eft une autre foupape EF qui s'ouvre de bas en haut, & qui fe referme par fon propre poids.

Quand on veut fe fervir de cette Machine, on plonge le tuyau CD verticalement dans l'eau ; on enfonce le pifton jufqu'en L, & l'air compris entre le pifton & le fond LB de la Pompe fe trouvant comprimé de plus en plus à mefure que le pifton defcend, fe fait jour en ouvrant la foupape EF, laquelle fe referme lorfque le pifton eft parvenu en L. On éleve le pifton, & comme à me-

L l iij

fure qu'il s'éloigne du fond il laiffe un vuide dans lequel il ne fe trouve que très-peu d'air extrêmement rarefié qui ne fçauroit être en équilibre avec celui du tuyau, celui-ci fe dilate en ouvrant la foupape CH, laquelle après cette dilatation fe referme par fon propre poids; cependant l'air dilaté du tuyau n'étant plus en équilibre avec l'air qui pefe fur la furface de l'eau, il eft clair que l'eau doit monter jufqu'à ce que l'air dilaté foit comprimé de fa-çon à être en équilibre avec elle. On enfonce de nouveau le pifton jufqu'en L, & l'air compris entre lui & le fond LB fe trouvant de nouveau comprimé fe fait encore jour par la foupape qui fe referme quand le pifton eft parvenu en L; c'eft pourquoi retirant le pifton, ce qui étoit refté d'air dans le tuyau fe fait en-core jour par la foupape CH, & l'eau monte dans le cylindre jufqu'à une certaine hauteur où elle fe tient en équilibre avec l'air dilaté qu'elle condenfe, & la foupape CH fe referme. On enfonce encore le pifton jufqu'en L, & non-feulement l'air qui étoit refté, mais encore l'eau qui eft montée dans le cylindre fort par la fou-pape EF laquelle fe referme, & continuant à relever & à enfon-cer fucceffivement le pifton, on fera monter de l'eau tant qu'on voudra au-deffus de la foupape EF, & on la fera couler par un tuyau PQ adapté horizontalement au fommet du cylindre **AB.**

Mais il faut obferver que la hauteur du tuyau CD au-deffus de l'eau qu'on veut élever doit être moindre que 32 pieds; car l'air qui preffe la furface de l'eau ne peut élever l'eau qu'à cette hauteur, & c'eft même à une de ces Pompes afpirantes que nous fommes redevables de la découverte de cette proprieté de l'air. Le Jardinier de Galilée, à ce qu'on dit, arrofoit fon jardin par le moyen d'une Pompe; au bout de quelques années la Pompe fe trouvant ufée il en fit conftruire une autre, & foit par hazard, ou de deffein prémédité la longueur du tuyau d'afpiration fut faite de plus de 32 pieds; mais quel fut l'étonnement du Jardinier, lorfque la Machine ayant été placée, il trouva qu'il faifoit de vains efforts pour faire remonter l'eau. Surpris de cet évenement auquel il n'avoit garde de s'attendre, il courut l'annoncer à fon Maître comme un prodige étonnant qui venoit d'arriver dans fa maifon. Galilée étoit auffi profond Phyficien que fçavant Géo-metre. Accoutumé à rechercher les caufes des effets les plus furprenans qu'on voit dans la Nature, il s'apperçut qu'il n'y avoit que l'air qui fût capable de faire remonter l'eau dans une Pompe, & de-là il conclut aifément que fi l'eau ne remontoit qu'à 32

pieds, cela ne provenoit que de ce qu'une colonne d'air de même bafe que celle de l'eau, & dont la hauteur eft égale à celle
de l'atmofphére pefoit autant qu'une colonne d'eau de même
bafe & de 32 pieds de hauteur. Les expériences qu'il fit en conféquence, & une infinité d'autres qu'on a faites après, lui ont établi pour régle certaine & incontestable ce qu'il ne regardoit d'a-
bord que comme une conjecture.

Ce qu'il y a encore à obferver à l'égard des pompes, c'eft que
les charnieres des foupapes ne foient pas faites de métaux qui
font fujets à la rouille, ni de façon que le limon de l'eau entre
dans leurs jointures ; car dans l'un & l'autre cas le jeu de ces
charnieres deviendroit trop dur, & quelquefois même il s'arrête-
roit tout court. C'eft pour cette raifon qu'on a toujours crû que
les meilleures foupapes étoient celles qu'on conftruit, ainfi qu'on
va voir.

Suppofons que le cercle HL (*Fig.* 233.) reprefente le fond
d'une pompe ou d'un pifton, & que le cercle NCR reprefente
l'ouverture. On prend une piece de cuir MNCRS dont la partie
NCR couvre exactement l'ouverture fans pouvoir tomber par
deffous, & dont l'autre partie MNRS foit bien attachée fur le
cercle HL ; ainfi la ligne NR de ce cuir qu'on doit prendre flexible lui fert de charniere ; mais comme l'eau en venant à pefer
au-deffus de la partie NCR pourroit la faire fléchir. On a foin
de mettre fur cette partie une plaque de fer ou de cuivre de même grandeur. Toutes les foupapes qu'on a voulu fubftituer à la
place de celle-ci ont prefque toujours réuffi fort mal, quoique
leur invention parut d'abord ingénieufe.

De la Pompe Refoulante.

488. La Pompe Refoulante ne differe de l'Afpirante qu'en ce
que le pifton MNVXT (*Fig.* 234.) entre dans la Pompe par le
bas, & que le diaphragme PL eft environ vers le milieu ; quand
on tire le pifton de P en M l'eau qui eft par deffous ouvre la foupape FH, & entre dans la pompe, & quand on repouffe le pifton de M en P la foupape FH fe referme, & l'eau qui eft entrée
au-deffus du pifton fe trouvant comprimée à mefure que le pifton
monte, ouvre la foupape RS, & entre dans la cavité AL après
quoi la foupape RS fe referme ; c'eft pourquoi fi l'on continue à

baisser & hausser le piston successivement, on fera monter tant d'eau qu'on voudra.

Du choc des Fluides contre les Corps solides.

489. Lorsqu'un corps solide ABCD (*Fig.* 235.) choque un autre corps solide EF ; il faut faire attention à la masse, à la vitesse & à sa direction ; le produit de la masse par la vitesse est la force du corps ABCD, & ce corps choque avec toute sa force si la direction OR de son mouvement est perpendiculaire au corps choqué EF, & avec moins de force si cette direction est oblique.

Quant à l'étendue de la face BC qui choque le corps EF, il importe peu qu'elle soit plus ou moins grande ; car toutes les parties du corps ABCD étant étroitement liées ensemble, leur effort commun se réunit à leur centre de gravité O, de sorte que EF reçoit le même choc que si toutes les parties du corps ABCD le touchoient.

490. Il n'en est pas de même du choc des fluides contre les corps solides ; les fluides n'ayant pas toutes leurs parties intimément unies les unes aux autres, n'ont point de centre de gravité à moins qu'on ne renferme un fluide dans un vase bien bouché qu'on laisse ensuite tomber vers le centre de la terre. Ainsi un solide choqué par un fluide ne reçoit à chaque instant que l'impression des molécules d'eau qui le touchent. C'est pourquoi dans ces sortes de chocs il faut avoir égard à la direction, à la grandeur de la surface choquée & à la vitesse. Plus la surface choquée est grande, la vitesse étant la même, plus il y a de molécules d'eau qui touchent le corps choqué ; & plus la vitesse est grande, la surface étant la même, plus il se trouve aussi de molécules qui choquent cette surface dans un certain tems. Supposons, par exemple, que deux fluides de même nature MABN, *mabn* (*Fig.* 236.) choquent les surfaces égales AB, *ab* avec des vitesses inégales, enforte que la vitesse du premier soit, si l'on veut, double de celle du second ; les molécules d'eau du fluide MABN feront donc dans une seconde un chemin double de celui que feront les molécules du fluide *mabn*, & par conséquent dans un même tems, c'est-à-dire dans une seconde le nombre des molécules qui choqueront la surface AB sera double du nombre des molécules qui choqueront la surface *ab* ; d'où il suit que les sur-

faces

faces étant égales, les volumes des fluides qui choquent dans un même tems, font entr'eux comme leurs vitesses.

491. PROPOSITION LXXXII. *Si deux fluides de même nature choquent avec une même direction ou fous un même angle deux plans inégaux* A, B, *les forces dont ces plans font choquées, font entr'elles comme les plans.*

Les deux fluides étant d'une même nature ont une même densité; & l'on suppose que les vitesses font égales de même que les directions; ainsi la différence des chocs ne peut provenir que de la différence des volumes qui choquent. Or, à cause de l'égalité des vitesses, la quantité de molécules qui choquent le plan A est à la quantité des molécules qui choquent le plan B dans le même tems, comme le plan A est au plan B (*N.* 490.); donc la force du choc du fluide contre le plan A est à celle du choc du fluide contre le plan B, comme A est à B.

492. *Si les vitesses font inégales & les plans égaux, les forces des chocs font entr'eux comme les quarrés des vitesses.* Car dans cette supposition les quantités de molécules qui choquent dans le même tems font entr'elles comme les vitesses (*N.* 490.); ainsi les forces, c'est-à-dire les volumes, ou masses, ou quantités de molécules, multipliés par leurs vitesses, font entr'eux comme les vitesses multipliés par leurs vitesses, c'est-à-dire comme les quarrés des vitesses.

493. Suppofant toujours que les fluides foient de même nature, & qu'ils choquent avec la même direction, fi nous nommons le plan A $= A$, le plan B $= a$, la vitesse du premier fluide $= V$, la vitesse du fecond $= u$, la force du choc du premier fluide contre le plan A $= F$, & celle du fecond fluide contre l'autre plan $= f$, & que nous faffions la raifon $A \times VV$, *auu* qui eft la compofée de la raifon A, *a*, des plans, & de la raifon VV, *uu* des quarrés des vitesses, nous aurons pour tous les cas $F.f :: A \times VV$. *auu.*

Car fi $V = u$ l'analogie $F.f :: A \times VV$, *auu* fe changera en $F.f :: A.a$, & c'est ce que nous venons de voir (*N.* 491.)

Si $A = a$ nous aurons $F.f :: VV.uu$, & c'est ce qu'on vû (*N.* 492.).

Si $A = a$, & $V = u$, donc $A \times VV = auu$, & partant $F = f$.

Enfin, fi tout eft inégal nous aurons $F.f :: AVV$. *auu*, c'est-à-dire les forces des chocs font en raifon compofée de la raifon des quarrés des vitesses, & de la raifon des plans; car à cause de l'inégalité des plans & des vitesses ; les volumes ou masses qui choquent sont en raison composée de la raison des plans, & de celle des vitesses, c'est-à-dire, ces volumes sont entr'eux comme AV est à *au* ; or, les forces sont comme les volumes ou masses multipliées par les vitesses ; donc elles sont comme AVV est à *auu*.

Supposons A $=$ 2 & *a* $=$ 1, il est clair que si les vitesses étoient égales la quantité de molécules qui choquent A seroit à celle qui choque *a* dans le même tems comme 2 est 1 (*N.* 491.); ainsi A seroit choqué par une masse d'eau double de celle qui choqueroit *a*. Maintenant supposons encore V $=$ 3 & *u* $=$ 1, le plan A se trouvant choqué avec une vitesse triple de celle avec laquelle le plan *a* est choqué, sera par conséquent choqué avec une masse triple de la précédente ; ainsi cette masse sera sextuple de celle qui choque *a*, c'est-à-dire les masses qui choqueront A, *a*, sont entr'elles comme 6 à 1 ; or, pour avoir les forces, il faut multiplier les masses par les vitesses 3, 1 ; donc ces forces sont comme 3 × 6, & 1, ou comme le plan 2 multiplié par le quarré 9 de la vitesse 3 est au plan 1 multiplié par le quarré 1 de la vitesse 1, & ainsi des autres.

494. **PROPOSITION LXXXIII.** *Déterminer les forces des chocs de deux fluides de différente nature qui choquent deux plans avec la même direction.*

En premier lieu, si l'on suppose que les plans A, B soient égaux & les vitesses égales, les quantités de molécules qui choqueront les deux plans seront égales entr'elles ; mais à cause qu'on suppose les fluides de différente nature, & par conséquent de différente densité ; les masses de ces quantités de molécules seront entr'elles comme les densités ; ainsi les forces étant dans ce cas comme les masses multipliées par les vitesses, seront aussi comme les densités multipliées par les vitesses, mais les vitesses sont égales, donc les forces des chocs seront entr'elles comme les densités.

En second lieu, si les vitesses sont égales & les plans inégaux, les quantités de molécules qui choquent les plans dans un même tems seront non-seulement dans le rapport des plans (*N.*491.), mais encore dans la raison des densités. Ainsi ces quantités de molécules ou masses seront comme les produits des plans par les densités. Or les forces des chocs sont entr'elles comme les produits des masses par les vitesses, & les vitesses sont égales ; donc les forces des chocs feront comme les maffes ou comme les produits des plans par les denfités.

En troifiéme lieu, fi les viteffes font inégales & les plans égaux, les quantités de molécules qui choqueront les plans dans un même tems feront dans la raifon des viteffes & de celles des denfités. Ainfi ces quantités de molécules ou maffes feront comme les produits des denfités par les viteffes. Or les forces des chocs font comme les produits des maffes par les viteffes. Donc ces forces font entr'elles comme les produits des denfités par les viteffes multipliés par les viteffes, c'eft-à-dire comme les denfités multipliées par les quarrés des viteffes.

Enfin, fi les viteffes font inégales & les plans auffi, les quantités de molécules feront entr'elles dans la raifon des plans, dans celle des viteffes & dans celles des denfités, & par conféquent elles feront comme les produits des plans des viteffes & des denfités. Or les forces des chocs font entr'elles comme les produits des quantités de molécules ou des maffes par les viteffes ; donc ces forces font comme les produits des plans, des denfités & des viteffes multipliés par les viteffes, c'eft-à-dire comme les produits des plans & des denfités multipliés par les quarrés des viteffes ou en raifon compofée de la raifon des plans, de celle des denfités, & de celles des quarrés des viteffes.

495. Ainfi nommant A le premier plan, *a* le fecond, V la viteffe du fluide qui choque A, & D fa denfité, *u* la viteffe de l'autre fluide, & *d* fa denfité ; F la force du choc du premier fluide, & *f* la force du choc du fecond, & faifant la raifon $A \times D \times VV$, *aduu* qui eft la compofée de la raifon des plans, de celle des denfités, & de celle des quarrés des viteffes , & faifant $F.f ::$ $A \times D \times VV.$ *aduu*, cette analogie répondra à tous les cas.

Car fi l'on fait $V = u$, & $A = a$, on aura $F.f :: D.d$, ainfi que nous l'avons vû.

Si l'on fait $V = u$, & le refte inégal, on aura $F.f :: A \times D.$ *ad*, comme nous l'avons vû auffi, & ainfi des autres.

REMARQUE. Tout ce que nous venons de dire dans les deux Propofitions précédentes à l'égard des fluides qui choquent des plans qui ne fe meuvent pas, doit s'entendre auffi des plans qui fe mouveroient dans des fluides tranquilles ; étant certain que la refiftance que ces plans éprouveroient de la part des fluides feroit égale à la force du choc qu'ils reffentiroient s'ils étoient en repos, & que les fluides vinffent à les choquer avec la viteffe avec laquelle ils fe meuvent.

496. **Proposition LXXXIV.** *Si un fluide choque oblique-ment une droite* AB *(Fig.* 237.) *felon des droites paralelles* AC, DB, *fa viteffe abfolue eft à fa viteffe relative, comme le finus total eft au finus de l'angle d'incidence.*

Suppofons que la viteffe abfolue foit exprimée par la droite AC; je mene du point C la droite CF perpendiculaire fur AB, & felon les loix du mouvement compofé, la viteffe AC eft équi-valente aux deux viteffes CF, FA, mais la viteffe FA n'agit point fur la ligne AB qui lui eft paralelle; donc le fluide n'agit fur AB qu'avec la viteffe CF; or en prenant CA pour le finus total, la droite CF eft le finus de l'angle d'inclinaifon CAF du fluide fur la ligne AB; donc la viteffe abfolue du fluide eft à fa viteffe rela-tive comme le finus total eft au finus de l'angle d'inclinaifon.

497. **Corollaire I**^{er}. *La maffe du fluide qui choque indireEtement la ligne* AB *eft à celle qui le choqueroit direEtement, comme le finus de l'angle d'incidence eft au finus total.*

Je mene du point B la perpendiculaire BE fur AC; il n'y a pas plus de filets d'eau qui choquent AB qu'il n'y en a qui choque-roient la droite BE fur laquelle ces filets font perpendiculaires; c'eft pourquoi le nombre de filets qui choquent AB eft exprimé par la droite BE, au lieu que fi AB étoit choquée direEtement, le nombre de filets qui le choqueroit feroit exprimé par AB. Or, nous fuppofons la viteffe égale dans le choc direEt & dans le choc indireEt; donc le volume du choc oblique eft au volume du choc direEt comme EB eft à AB. Prenant donc AB pour finus total, la droite EB fera le finus de l'angle CAB d'incidence du fluide, & partant la maffe du choc oblique eft à la maffe du choc direEt, comme le finus de l'angle d'incidence eft au finus total.

498. **Corollaire II.** *La force du choc oblique du fluide con-tre la droite* AB*, eft à la force avec laquelle il le choqueroit direEte-ment, comme le quarré du finus de l'angle d'incidence eft au quarré du finus total.*

La viteffe abfolue eft à la refpeEtive comme le finus total eft au finus de l'angle d'incidence (*N.* 496.), & le volume ou maffe qui choqueroit direEtement eft au volume qui choque indireEte-ment dans la même raifon du finus total au finus de l'angle d'in-cidence (*N.* 497.); or, la force qui choquera direEtement eft le produit de la maſſe directe par la viteſſe abſolue, & la force qui choque indirectement eſt le produit de la maſſe qui choque indirectement par la viteſſe relative; donc ces deux forces ſont éntr'elles comme le produit du ſinus total par le ſinus total eſt au produit du ſinus de l'angle d'incidence par le même ſinus, ou comme le quarré du ſinus total eſt au quarré du ſinus de l'angle d'incidence; & partant la force du choc indirect eſt à celle du choc direct, comme le quarré du ſinus de l'angle d'incidence eſt au quarré du ſinus total.

499. Corollaire III. Si l'on décrit un demi-cercle AEB autour de la ligne AB, & que du point B on mene la droite BE au point E où la direction CA coupe le cercle; & du point E, une droite EH perpendiculaire ſur AB, la force du choc direct ſera à la force du choc oblique, comme le diamétre AB eſt à ſa partie BH; car à cauſe des triangles ſemblables AEB, BEH, nous avons AB. BE :: BE. BH, donc $\overline{AB}^2$. $\overline{BE}^2$ :: AB. BH; mais par le Corollaire précédent la force du choc direct eſt à celle du choc oblique, comme $\overline{AB}^2$ eſt à $\overline{BE}^2$; donc ces deux forces ſont auſſi comme AB. BH.

500. Corollaire IV. Par le moyen du Corollaire précédent, on peut trouver aiſément le rapport des différentes forces des chocs d'un même fluide qui choqueroit une même ligne avec la même viteſſe ſous différentes directions; par exemple, ſi l'on demande la force du choc ſous la direction RA, j'abaiſſe du point R la droite RF perpendiculaire ſur AB, & par conſéquent la force du choc direct eſt à celle du choc oblique ſous la direction AR comme AB eſt à BF; or, nous avons auſſi la force du choc direct eſt à celle du choc oblique ſous la direction AC, comme AB eſt à BH, c'eſt pourquoi nommant F la force du choc direct, O la force du choc oblique ſous la direction CA & o la force du choc oblique ſous la direction RA, nous aurons d'une part F. O :: BA. BH ou F. BA :: O. BH, & de l'autre F. o :: BA. BF ou F. BA :: o. BF; donc O. BH :: o. BF, ou O. o :: BH. BF, c'eſt-à-dire la force du choc oblique ſous la direction CA, eſt à celle du choc oblique ſous la direction RA, comme BH eſt à BF, & ainſi des autres.

501. Corollaire V. Si le fluide choquoit directement la droite AB, le volume qui choqueroit ſeroit comme la ligne AB multipliée par la viteſſe, car ce volume devient d'autant plus grand que.

la viteſſe eſt plus grande (*N.* 490.) ; ainſi nommant V la viteſſe ;
le volume qui choqueroit directement feroit AB × V , & par conféquent la force du choc feroit AB × V × V ou AB × V² ; or nous
venons de voir que le choc direct eſt au choc indirect fous la
direction AC, comme AB. BH ; faiſant donc AB. BH :: AB × V².

$$\frac{BH \times AB \times V^2}{AB} = BH \times V^2,$$ ce quatriéme terme $BH \times V^2$ exprimera
la force du choc fous la direction AC, & par la même raiſon on
trouvera que BF × V² exprime la force du choc fous la direction
AR , & ainſi des autres.

502. **Corollaire VI.** Si la viteſſe fous la direction AC étoit
exprimée par V , & la viteſſe fous la direction RA par *u*, la force
du choc fous la direction AC feroit BH × V² , & celle du choc
fous la direction RA feroit BF × *u*².

Si la viteſſe du fluide qui choque fous la direction AC étoit
= V & ſa denſité = D , & que la viteſſe du fluide qui choque
fous la direction RA fût = *u* & ſa denſité *d*, le choc direct du
premier fluide feroit AC × D × V² , & ſon choc fous la direction
AC feroit BH × B × V² ; de même le choc direct du ſecond fluide feroit AC × *d* × *u*² , & ſon choc fous la direction RA feroit
BF × *d* × *u*² , de ſorte que le choc oblique du premier fluide fous
la direction AC feroit au choc oblique du ſecond fous la direction RA , comme BH × D × V² eſt à BF × *d* × *u*² , & ainſi des autres cas.

Fin du troiſiéme Livre.

TRAITÉ
DE
PERSPECTIVE.

1. **L**A *Perspective* eſt la Science de repréſenter les objets ſur une ſurface tels qu'ils nous paroiſſent lorſque nous les regardons fixement & ſans changer
de place.

2. Il y a trois ſortes de Perſpectives ; la *Perſpective
ordinaire*, la *Perſpective militaire*, & la *Perſpective curieuſe*.

3. La Perſpective ordinaire repréſente les objets ſur une ſurface plane ou tableau, paralelle à nos yeux, & par conſéquent
perpendiculaire ſur le terrein.

4. La Perſpective militaire repréſente les objets ſur une ſurface plane, non pas comme ils nous paroiſſent lorſque nous les
regardons fixement & ſans bouger, mais à peu près comme ils
ſont, & l'on en agit ainſi afin de pouvoir conſerver le rapport
des véritables meſures des objets qu'on repréſente.

5. Enfin, la Perſpective curieuſe repréſente les objets ſur toutes ſortes de ſurfaces planes ou courbes dans telle poſition que
l'on veut, de façon que ces objets nous paroiſſent ſur ces ſurfaces,

tels que nous les voyons fur le terrein. La même Perfpe&ive apprend auffi à faire fur le papier ou fur le carton des figures dif-formes & monftrueufes, lefquelles étant préfentées à un miroir concave ou convexe, ou fait en pyramide, &c. nous paroiffent avoir leurs véritables proportions.

6. Nous allons voir dans ce Traité les regles de la Perfpe&ive ordinaire & de la militaire; & nous dirons très-peu de chofe, ou prefque rien, de la Perfpe&ive curieufe, à caufe de l'inutilité du fujet.

De la Perfpeſtive ordinaire.

7. L'œil eſt l'organe de la vifion; fon globe eſt compofé de cinq tuniques, la *Cornée*, la *Sclerotique*, l'*Uvée*, la *Choroïde*, & la *Rétine*, & de trois humeurs, l'*Aqueufe*, la *Cryſtalline*, & la *Vitrée*.

8. La cornée eſt une tunique extérieure AB, (*Fig.* 1.) qui couvre le devant de l'œil; elle eſt mince, tanfparente, un peu dure, & fe jette en dehors.

9. La fclerotique CD eſt la continuation de la Cornée, mais elle eſt plus épaiffe, plus dure, fans être tranfparente. La cornée & la fclerotique forment la furface extérieur du globe de l'œil. La fclerotique eſt couverte d'une membrane blanche qui forme le blanc de l'œil, & qu'on nomme la *Conjonĉtive*.

Le globe de l'œil formeroit une fphere parfaite, fi la cornée n'étoit pas fi convexe, & fi le nerf optique ne s'y inferoit par la partie poftérieure.

10. L'uvée eſt une tunique EF qui fe trouve fous la cornée, & qui a au milieu un trou qu'on nomme prunelle de l'œil; cette tunique eſt de diverfes couleurs, & c'eſt ce qui fait que fa partie que nous voyons à travers la cornée fe nomme *Iris*.

11. La choroïde eſt la continuation de l'uvée; elle eſt de cou-leur noire, & tapiffe tout le dedans de l'œil, de forte qu'elle fe trouve entre la fclerotique & la retine; la cornée tient à la fcle-rotique, & l'uvée à la choroïde par un ligament nommé ciliaire, les petits rameaux qui fortent de ce ligament & qui s'étendent jufqu'à l'humeur criftalline, fe nomment productions ciliaires.

12. La rétine TV eſt une membrane mince, mollaffe & mé-dullaire qui eſt une extenfion du nerf optique PQ, laquelle s'é-tend fur toute la choroïde. Quoique le nerf optique foit blanc comme le cerveau où il prend fon origine, la rétine cependant

ne

ne paroît pas blanche, & la raifon en eft qu'elle eft plongée dans une efpece de glu qui eft noire dans l'enfance, moins obfcure à l'âge de vingt ans, grife à peu près à l'âge de trente, & enfin prefque blanche à l'âge décrépit.

13. M. Ruifch prétend avoir trouvé entre la choroïde & la retine une autre tunique qui de fon nom s'appelle *Tunique de M. Ruifch ;* mais comme de fon propre aveu, cette tunique tient fi fort à la choroïde qu'on a peine à la diftinguer, d'autres Anatomiftes prétendent que ce n'eft autre chofe que la furface intérieure de la choroïde, à caufe qu'il n'y a prefque point de membrane qu'on ne puiffe divifer en d'autres membranes plus minces qu'elles.

14. L'endroit où le nerf optique entre dans l'œil eft du côté du nez, & pour déterminer plus précifément fa pofition, il faut concevoir que l'œil regarde directement l'horizon, & que deux plans, l'un horizontal & l'autre vertical coupent fon globe, l'infertion du nerf optique eft un peu au-deffous du plan horizontal, & entre le nez & le plan vertical.

15. Entre la cornée & l'iris, il y a une cavité nommée *Chambre antérieure,* & entre l'iris & le criftallin M, il s'en trouve une autre un peu moins grande, nommée *Chambre poftérieure ;* la prunelle fert de communication à ces deux chambres, & l'une & l'autre font remplies d'une liqueur à qui l'on donne le nom d'*Humeur aqueufe.* Cette humeur eft déliée, claire, un peu falée, & fans odeur.

16. Le criftallin M eft une humeur affez folide, tranfparente & convexe des deux côtés, mais un peu plus vers la partie intérieure de l'œil que du côté de l'iris ; elle eft fans couleur jufqu'à l'âge de 20 ou 25 ans, enfuite elle eft d'un jaune clair qui devient plus foncé avec le tems, de forte qu'elle eft auffi jaune que l'ambre lorfqu'on a atteint l'âge de 80 ans. Sa confiftance varie auffi felon l'âge ; elle eft affez mollaffe jufqu'à 25 ans, & elle fe durcit peu à peu jufqu'à ce qu'on foit fexagenaire. Le criftallin eft placé entre le centre de l'œil & l'humeur aqueufe, la partie antérieure de la membrane qui l'enveloppe & qui eft extrêmement, fine fe nomme *Arachnoïde.*

17. L'humeur vitrée O occupe toute la partie poftérieure de l'œil, elle eft tranfparente, flexible, moins folide que le criftallin & plus épaiffe que l'humeur aqueufe ; la choroïde & les produc-

tions ciliaires l'affujettiffent & l'empêchent de fe mêler avec l'humeur aqueufe.

18. Nous ne parlons point ici des mufcles qui fervent aux mouvemens des yeux, ni de la route des nerfs optiques dans le cerveau, ce détail eft inutile pour notre fujet.

De la Lumiere.

19. On a donné le nom de *Lumiere* à tout ce qui frappe l'organe de la vûe, & donne à notre ame la perception des objets. Nous n'avons qu'à ouvrir les yeux pour être convaincus de fon exiftence, & fi nous faifons attention qu'elle paffe à travers grand nombre de corps que l'air ne fçauroit pénetrer, tels que font le papier, le verre, l'écaille, les diamans, & les autres pierres précieufes : nous en conclurons aifément qu'elle doit être une matiere d'une extrême fubtilité.

20. Le feu & tous les corps qui tiennent de la nature du feu étant toujours dans une extrême agitation, preffent de toutes parts la matiere qui les environne & produifent la lumiere, ce qui leur a fait donner le nom de corps *lumineux;* les autres corps que nous ne voyons qu'à la faveur de la lumiere de ceux-ci, fe nomment corps éclairés.

21. La moindre étincelle lumineufe peut être vûe de tous côtés, ainfi l'on peut concevoir la lumiere comme étant compofée d'une infinité de rayons minces & déliés qui partent du point lumineux comme du centre d'une fphere. Mais comment ces rayons parviennent-ils jufqu'à nous ? font-ils lancés par les corps lumineux enforte qu'ils ayent un mouvement local & progreffif? agiffent-ils au contraire fur nos yeux à peu près comme un bâton qui étant preffé par un bout preffe un corps qui fe trouve à l'autre bout ? enfin la lumiere fe communiqueroit-elle par des ondulations femblables à celles que l'on voit fe former fur la furface d'une eau tranquille lorfqu'on y jette une pierre ? c'eft ce que les Phyficiens n'ont point encore décidé d'un commun accord, & ce qui nous importe fort peu. Quelque parti que l'on prenne làdeffus, tout ce que nous allons établir dans ce Traité fubfiftera de la même façon; ceux qui feront curieux d'en fçavoir davantage pourront lire les Ouvrages de M. Defcartes, du Pere Malebranche, de M. Huguens, de M. Rohaut, & des autres Modernes qui ont écrit fur cette matiere.

20. Puisque tout point lumineux peut être regardé comme un centre duquel partent de tous les côtés une infinité de rayons, & que la surface d'un corps lumineux comprend une infinité de ces points, il s'ensuit que la surface de tout corps lumineux est composée d'une infinité de centres d'où partent des rayons de toutes parts, & quoique ces rayons s'entrecoupent nécessairement dans leurs directions, leur action n'en est cependant pas interrompue, puisqu'il n'est aucun de ces points qu'on ne puisse voir de tous côtés, à moins que quelque corps opaque ne soit interposé entr'eux & l'œil du spectateur.

21. Lorsque les rayons d'un corps lumineux rencontrent un corps opaque qu'ils ne peuvent pénetrer, ils se réflechissent en ligne droite faisant l'angle d'incidence égal à l'angle de reflexion, ainsi que nous l'avons démontré dans la Méchanique à l'égard des autres corps, & ce sont ces rayons qui nous rendent visibles les corps sur lesquels ils se font réflechis.

22. Comme il n'est aucun point sur la surface d'un corps éclairé qu'on ne puisse voir d'une infinité d'endroits, il s'ensuit que les surfaces des corps éclairés doivent être regardées comme composées d'une infinité de points qui font autant de centres d'où partent de toutes parts des rayons réflechis.

23. Les rayons qui partent des objets lumineux ou éclairés & frappent nos yeux en ligne droite, se nomment *Rayons directs ;* ceux qui avant de parvenir jusqu'à nous rencontrent une surface extrêmement polie sur laquelle ils se réflechissent de façon qu'ils portent à nos yeux l'image des objets d'où ils font émanés avant de se réflechir, se nomment *Rayons réflechis,* tels font les rayons des objets que nous voyons représentés dans les miroirs. Enfin, ceux qui passant d'un milieu dans un autre abandonnent leur premiere direction pour en suivre une autre, se nomment *Rayons rompus,* & l'action par laquelle ils se rompent se nomme *Réfraction.* Tous les rayons qui passent de l'air dans l'eau, dans le verre, dans le cristal, &c. se brisent comme nous venons de le dire, & sont par conséquent des rayons rompus.

24. On a éprouvé depuis long-tems que si un rayon de lumiere passe d'un milieu moins épais dans un milieu plus épais, il se rompt au passage de ce second milieu en s'approchant de la ligne droite perpendiculaire sur la surface du second milieu, & que si au contraire il passe d'un milieu plus épais dans un milieu moins épais, il se rompt en s'éloignant de la ligne droite perpendicu-

laire fur le milieu plus épais. Suppofons que l'efpace MXNT, (*Fig.* 2.) foit de l'air, que l'efpace XLHN foit de l'eau, que le point A foit un point lumineux, & la ligne AB un de fes rayons qui tombe fur la furface XN de l'eau avec la direction AB; je mene en B la droite PQ perpendiculaire fur la furface XN de l'eau, & le rayon AB au lieu de continuer fa route en ligne droite de B en S prend la direction BR qui s'approche de la perpendiculaire BQ, & ainfi des autres.

25. Il n'eft point de corps tranfparens qui n'ait des parties opaques & d'autres raboteufes qui obligent les rayons de fe réflechir. Les parties opaques interceptent les rayons qui les frappent & les empêchent de parvenir jufqu'à nous, c'eft pourquoi la lumiere en devient plus foible, & l'image des corps que nous voyons à travers les corps tranfparens n'eft pas fi vive; les rayons qui fe réflechiffent fur les parties raboteufes nous portent avec eux les images de ces parties, & de-là vient que nous voyons non-feulement les corps dont les rayons lumineux paffent à travers les pores des corps tranfparens, mais encore les corps tranfparens eux-mêmes.

26. Quelque polie que puiffe être une furface, elle a toujours des parties raboteufes qui en faifant réflechir les rayons des corps lumineux dérangent l'ordre de leurs parties; or ces rayons dont les parties font alterées venant à frapper nos yeux nous portent l'image des parties de la furface qui les ont alterés, tandis que ceux qui n'ont fouffert aucune alteration nous repréfentent l'objet dont ils font émanés avant de fe réflechir. C'eft pourquoi lorfque nous avons les yeux tournés vers une glace, nous voyons les objets qu'elle repréfente & la glace elle-même.

27. Lorfque les rayons de la lumiere directs ou réflechis vont en s'éloignant, on les nomme *Rayons divergens*, & lorfqu'ils vont en fe rapprochant, on les nomme *Rayons convergens*.

28. Deux rayons divergens peuvent devenir convergens en paffant par differens milieux. Soient, par exemple, les rayons divergens AB, AC, (*Fig.* 3.) qui partent du point lumineux A dans l'air, ces rayons venant à paffer dans l'eau dont la furface eft repréfentée par la ligne BC, s'approcheront des perpendiculaires MN, OP menées fur la furface de l'eau aux points B, C, & prenant les directions BR, CT, ils deviendront moins divergens. Suppofant donc qu'étant parvenus en R & T, ils rencontrent une furface convexe RT d'un autre liquide plus épais que

l'eau, ils fe briferont encore en s'approchant des perpendiculaires RZ, TY, & cette réfraction pourra fe faire de telle façon felon le rapport des differens liquides, que les rayons prendront des directions convergentes RL, TH, &c.

De quelle maniere fe fait la Vifion.

29. Soit l'objet AC, (*Fig.* 4.) pofé vis-à-vis de l'œil EFD; tous les points A, B, C de cet objet font autant de centres d'où partent une infinité de rayons de toutes parts, comme nous avons déja dit plus haut; mais nous ne confidererons que ceux qui peuvent entrer dans la prunelle. Par exemple, de tous les points qui partent du point B, il n'y a que ceux qui font entre les rayons BE, BF qui entrent dans la prunelle, tous les autres à droite & à gauche tombent fur la conjonctive, & fe réflechiffent fans entrer dans l'œil; or le rayon BD étant perpendiculaire à la cornée, au criftallin & à l'humeur vitrée, ne fouffre aucune réfraction, & paffe en ligne droite jufqu'au fond de l'œil en D, & c'eft pour cette raifon qu'on le nomme *Axe optique*; au contraire, les autres rayons du point B qui paffent par la prunelle tombant obliquement fur les trois humeurs fouffrent differentes réfractions; ainfi le rayon BE traverfe l'humeur aqueufe en s'approchant de la perpendiculaire ER menée fur cette liqueur, à caufe que l'humeur aqueufe eft plus épaiffe que l'air, de-là venant à rencontrer le criftallin qui eft encore plus denfe que l'humeur aqueufe, il fe brife de nouveau en s'approchant de la droite ST perpendiculaire fur l'arachnoïde, & enfin au paffage du criftallin dans l'humeur vitrée qui eft moins denfe que le criftallin, il fe rompt en s'éloignant de la perpendiculaire VX, & par-là les rayons AB, BD qui étoient auparavant divergens deviennent convergens, & fe coupent en un point D, la même chofe arrive au rayon BF & à tous ceux qui fe trouvent entre les rayons BE, BF, de forte qu'en fuppofant que l'objet AC foit à une diftance convenable pour être vû diftinctement, tous les rayons qui partent du point B, & qui entrent dans la prunelle vont tous aboutir à un même point D fur la retine.

Les rayons qui partent du point A & qui traverfent la prunelle, fouffrent auffi trois réfractions, & vont fe réunir à un même point M dans le fond de l'œil, & la même chofe arrive à tous les rayons qui partent de tous les points de l'objet AC depuis A jufqu'en C, c'eſt pourquoi l'impreſſion que ces rayons font ſur la retine ſe trouve renfermée entre les points N, M où vont ſe joindre les rayons qui partent des extrêmités A, C de l'objet AC, mais dans une poſition renverſée, parce que les rayons qui partent de la gauche AB de l'objet frappent la retine à droite de D en M, & que ceux qui partent de la droite BC du même objet frappent la retine à gauche de D en N.

L'impreſſion faite ſur la retine ſe communiquant au nerf optique paſſe dans le cerveau, & c'eſt alors que notre ame reçoit la perception d'une image ſemblable à celle qui eſt peinte dans la retine, mais qui n'eſt pas renverſée comme elle. Pour expliquer ceci, quelques-uns ont dit que les nerfs optiques ſe renverſent lorſqu'ils paſſent dans le cerveau, de ſorte que l'impreſſion qui ſe fait à gauche dans l'œil ſe fait à droite dans l'endroit où le nerf optique aboutit; mais comme cette réponſe ne levé point toutes les difficultés, & qu'on peut toujours demander comment il ſe peut faire que la lumiere qui eſt un corps venant à ébranler la retine & le nerf optique agiſſe ſur l'ame qui n'eſt qu'un pur eſprit ſur lequel l'action des corps n'a point de priſe; d'autres diſent que c'eſt un méchaniſme admirable que l'Auteur de la Nature a ſagement établi, & par lequel l'ame recevant la perception de l'objet en conſéquence de l'image faite ſur la retine, rapporte cette perception, non pas à l'organe ſur lequel l'image eſt faite, mais à l'objet même qui en eſt la cauſe, à peu près comme nous rapportons la douceur au ſucre lorſque nous en mangeons.

30. Pour ſe convaincre aiſément que les rayons qui paſſent dans le fond de l'œil y forment l'image renverſée des objets dont ils ſont émanés, on n'a qu'à faire l'expérience ſuivante: il faut choiſir une chambre dont les fenêtres donnent ſur quelque place où l'on puiſſe voir beaucoup d'objets à la fois, fermer exactement les fenêtres & les portes de façon qu'il n'entre du jour que par un petit trou pratiqué à l'une des fenêtres, mettre à ce trou un verre convexe du côté de la lumiere, après quoi ſi à l'oppoſite du trou on étend un linge blanc, on ne manquera pas de voir les objets de dehors très-bien deſſinés ſur ce linge, mais dans une poſition renverſée, enſorte que ſi l'on voit par exemple marcher des hommes ou des animaux, ils auront la tête en bas, les pieds en haut, la gauche à la droite, & la droite à la gauche.

Jean-Baptiſte Porta Napolitain, eſt le premier qui s'eſt apperçû de ceci, & après lui un grand nombre de Phyſiciens ſe ſont avifés de conftruire des yeux artificiels, par le moyen defquels ils ont crû pouvoir expliquer tout ce qui fe paffe à l'égard de la vifion ; mais il refte à fçavoir, comme M. de la Hire l'a très-bien remarqué, fi toutes les conféquences qu'ils en ont tirées s'accordent avec la nature des chofes. Par exemple, ils ont placé le criftallin dans l'œil artificiel, de maniere qu'on pût l'approcher ou l'éloigner du fond de l'œil ; après quoi, ayant obfervé que lorfque les objets étoient trop éloignés de la cornée, il falloit approcher le criftallin du fond de l'œil, afin que la réunion des rayons qui paffent à travers ce criftallin fe fît précifément fur le fond, & y dépeignît une image bien nette ; & qu'au contraire, lorfque les objets étoient trop proches, il falloit éloigner le criftallin du fond de l'œil ; les uns ont conclu que le globe de l'œil s'allongeoit pour voir les objets proches, & s'applatiffoit pour voir ceux qui font éloignés ; & d'autres ont dit que le criftallin s'applatiffoit ou s'arrondiffoit, felon que les objets étoient plus éloignés ou plus proches.

La fauffeté de ces explications fe découvre d'abord, poûr peu qu'on faffe attention à la maniere dont l'œil eft conftruit. La cornée eft d'une confiftance à ne pouvoir devenir ni plus ni moins convexe qu'elle n'eft, & la fclerotique eft encore plus dure que la cornée ; donc, l'œil ne peut ni s'allonger ni s'applatir, ce qui eft contre la premiere fuppofition. Les productions ciliaires qui affujettiffent le criftallin n'ont rien qui tienne de la nature du mufcle ; felon les plus fçavans Anatomiftes, elles ne peuvent ni s'allonger ni fe raccourcir ; donc le criftallin ne peut ni s'éloigner ni s'approcher du fond de l'œil, ce qui eft contre la feconde fuppofition.

Mais, dira-t-on, peut-être ; fi cela eft ainfi, il n'y aura qu'une feule diftance à laquelle nous puiffions voir un objet bien diftinctement ; car à mefure que cet objet s'approchera ou s'éloignera de l'œil, les rayons émanés de tous fes points tomberont moins ou plus obliquement fur les humeurs, & leur réunion fe fera, ou au-delà de la retine, ou en-deçà ; or, felon ce que nous avons dit ci-deffus, la réunion des rayons doit fe faire fur la retine afin que l'image foit diftincte ; donc, lorfque l'objet s'approchera ou s'éloignera de la diftance néceffaire pour que la réunion des rayons fe faffe fur la retine, nous verrons l'objet confufément : mais ceci eft contre l'expérience ordinaire ; car nous éprouvons tous les jours qu'un même objet eft vû diftinctement à differentes diftances; donc, il faut néceffairement, ou que l'œil fouffre quelque changement de figures, où que le criftallin change de place felon les occurrences.

Je répons à cela premierement, que les fuppofitions impoffibles ne fervent de rien pour rendre raifon de ce qu'on éprouve tous les jours. 2°. Que fi par le mot de vifion diftinéte, on entend la vifion la plus parfaite qu'on puiffe avoir d'un même objet, il n'y a point de doute qu'il n'y a qu'une diftance précife & déterminée qui puiffe caufer cet effet; mais cela n'empêche point qu'il ne puiffe y avoir de diftances plus ou moins grandes dans une certaine étendue auxquelles on puiffe voir l'objet, non pas à la verité fi parfaitement, mais d'une maniere affez diftinéte pour pouvoir dire qu'on le voit fans confufion, ce que j'explique ainfi.

31. Suppofons que l'objet AC, (*Fig.* 5.) foit dans la pofition néceffaire pour faire qu'il foit vû le plus diftinéctement qu'il eft poffible; fi on vient à le rapprocher de l'œil, & qu'on le mette dans la pofition *ac* paralelle à la premiere, tous les rayons qui partent du point *b* & qui paffent par la prunelle étant plus courts que lorfque le point étoit en B, feront moins divergens entr'eux, & tomberont fur la cornée dans des points plus près de l'axe; ainfi ils feront moins obliques fur les humeurs de l'œil, & fouffriront de moindres réfractions, & par conféquent leur réunion fe fera en un point O au-delà de la retine, & les rayons couperont fur cette membrane une bafe circulaire RS. Or, il eft clair que fi le point O eft très-proche de la retine, ou qu'il n'en foit pas à une diftance bien éloignée, la bafe RS fera extrêmement petite, & ne differera pas fenfiblement d'un point; donc l'ame aura auffi une perception qui ne fera pas bien differente de celle d'un point ou de celle qu'elle auroit eu fi la réunion des rayons s'étoit faite fur la retine; & comme la même chofe arrivera jufqu'à ce que la bafe RS devienne fenfiblement trop grande par le trop grand éloignement du point O, il s'enfuit que l'objet AC en fe rapprochant de l'œil peut être vû affez diftinéctement jufqu'à ce qu'il foit parvenu à une certaine pofition au-delà de laquelle on ne le verra que d'une maniere très-confufe.

Maintenant, fuppofons que le même objet AC, (*Fig.* 6.) s'éloigne de la pofition où il étoit vû le plus diftinéctement qu'il eft poffible, & paffe dans la pofition *ac*; les rayons du point *b* qui paffent par la prunelle feront plus divergens qu'ils n'étoient au-

paravant

paravant puifqu'ils feront plus longs, & comme ils tomberont plus obliquement fur la cornée ils fouffriront de plus grandes réfractions, & leur réunion fe fera en un point O entre la retine & le criftallin ; après quoi continuant leur route, ils commenceront à diverger, & couperont fur la retine une petite bafe circulaire RS. Ainfi cette bafe fera extrêmement petite fi le point O eft fort proche ou à une petite diftance de la retine, & par conféquent l'ame aura encore une perception qui ne fera pas bien differente de celle d'un point, c'eft-à-dire de celle qu'elle auroit eu fi la réunion des rayons s'étoit faite fur la retine ; & comme la même chofe arrivera jufqu'à ce que la bafe RS devienne fenfiblement trop grande, il s'enfuit que l'objet AC en s'éloignant de l'œil peut être vû diftinctement jufqu'à une certaine pofition au-delà de laquelle on ne le verra plus que d'une maniere confufe. Ainfi quoique la vifion parfaite ne fe faffe qu'à une certaine diftance, il y a cependant une certaine étendue dans laquelle l'objet peut s'approcher ou s'éloigner de l'œil & être vû plus ou moins diftinctement, felon qu'il s'éloigne moins ou plus de l'endroit où la vifion eft parfaite.

32. Lorfque nous voyons un objet éloigné, les rayons qui partent de tous fes points font fort divergens au paffage de la prunelle, & par conféquent il y en entre moins, & l'impreffion qu'ils font fur la retine eft plus foible, ainfi l'image eft moins vive & moins colorée ; au contraire lorfque nous voyons un objet qui eft proche de nous, les rayons qui partent de tous fes points étant moins divergens, il en paffe davantage par la prunelle, & l'impreffion faite fur la retine devenant plus grande, l'objet nous paroît plus vif & plus coloré.

33. *Les objets que nous voyons fous des angles égaux font fur la retine des images égales ; ceux que nous voyons fous des plus grands angles forment des plus grandes images, & ceux que nous voyons fous des plus petits angles forment des plus petites images.*

Soit l'objet AE vis-à-vis de l'œil, (*Fig.* 7.) de fes extrémités A, E je mene des droites AC, CE au point *c* où l'axe vifuel BD coupe la cornée, & l'angle ACE eft l'angle fous lequel l'objet eft vû, ou l'angle *vifuel*. Suppofant donc que tous les rayons qui partent du point A & qui paffent par la prunelle aillent fe réunir au point M de la retine, & que ceux qui partent du point E aillent fe réunir au point N, l'image de l'objet fur la retine fera renfermée dans l'efpace NDM. Prolongeons maintenant le rayon

CA indéfiniment en H, & le rayon CE indéfiniment en L, & qu'il fe trouve au-delà de AE un objet HL compris entre ces deux rayons prolongés; de tous les rayons qui partent du point H, il y en aura certainement quelqu'un HC qui paffera par le point A, & par conféquent ce rayon HC ira frapper la retine au même point M où le rayon AC de l'objet AE l'avoit frappée. Ainfi, comme nous fuppofons que la vifion du point H eft diftincte, tous les autres rayons qui partent du point H fe réuniront en M ou fort peu en-deçà ou en-delà de la retine, enforte que l'impreffion ou petite bafe qu'ils couperont fur la retine fera autour de M, & par la même raifon les rayons qui partent de l'autre extrêmité L feront leur impreffion en N; donc l'image entiere de HL fera encore comprife dans l'efpace NDM, & par conféquent elle fera égale à l'image de AE, & ce feroit la même chofe s'il fe trouvoit dans l'angle vifuel HCE un objet HE incliné, & non paralelle aux autres.

Maintenant, foient les deux objets AE, PQ dont le premier eft vû fous l'angle ACE plus grand que l'angle PCQ fous lequel l'autre eft vû; le rayon PC paffant par le point R de l'objet AE va faire fon impreffion fur la retine au même point X où le rayon RC de l'objet AE fait la fienne, de même le rayon QSC fait fon impreffion fur la retine au même point Z où le point S de l'objet AE fait la fienne, & par conféquent l'image de PQ eft comprife dans l'efpace ZX, & eft égale à l'image de la partie RS de l'objet AE laquelle eft comprife dans le même efpace ZX; or l'image de l'objet AE eft plus grande que l'image de fa partie RS, puifqu'elle eft renfermée fous un plus grand efpace NM. Donc l'image de l'objet AE vû fous un plus grand angle ACE, eft plus grande que l'image de l'objet PQ vû fous un plus petit angle PCQ.

34. De-là il fuit, 1°. Que fi un même objet AB, (*Fig.* 8.) eft mis dans differentes pofitions AB, MN, &c. paralelles entr'elles, l'image qu'il formera fur la retine dans une pofition plus proche AB fera plus grande que l'image qu'il formera dans une pofition plus éloignée MN, car l'image qu'il formera dans la pofition MN fera la même que celle que fa partie RS formoit dans la pofition AB; or dans la pofition AB, l'image de la partie RS eft plus petite que l'image de tout l'objet AB; donc, &c. 2°. Que fi un même objet eft mis dans differentes pofitions qui ne foient pas paralelles entr'elles, il fe peut faire qu'il faffe fur la retine une

image plus grande lorfqu'il eft dans une pofition plus éloignée
que ce qu'il fait lorfqu'il eft dans une pofition plus proche. Car fi
l'angle MCN, (*Fig. 9.*) fous lequel il eft vù dans la pofition MN
plus éloignée eft plus grand que l'angle ACB fous lequel il eft
vû dans la pofition AB plus proche, l'image formée par MN fera
plus grande que l'image formée par AB.

35. Il n'eft donc pas vrai en géneral que les objets nous paroiffent plus petits à mefure qu'ils s'éloignent de nous; & au contraire, il eft toujours vrai de dire que les images qu'ils forment
font d'autant plus petites que les angles fous lefquels on les voit
font moindres.

36. Quoique nous éprouvions ordinairement que les objets
nous paroiffent proportionnels aux images qu'ils forment fur notre retine, c'eft-à-dire que nous les voyons plus grands lorfque
l'image eft plus grande, & plus petits lorfqu'elle eft plus petite;
cependant il eft des occafions. où un même objet qui forme la
même image nous paroît tantôt plus grand, tantôt plus petit, en
conféquence de certains jugemens naturels qui fe forment dans
nous fans que nous y faffions réflexion : un exemple nous fuffira
pour expliquer ceci.

Suppofons qu'un objet d'une certaine grandeur foit mis dans
un efpace vuide, par exemple dans l'air, & que nous le regardions de façon que l'axe optique lui foit perpendiculaire & le
coupe dans fa longueur en deux également. Si cet objet eft ifolé
de toutes parts qu'il n'y ait rien à droite ni à gauche, pardevant
ni par derriere, qui puiffe nous faire juger de fa diftance, l'ame
s'en tient précifément à l'image que cet objet forme fur la retine,
& la perception qu'elle en a eft conforme à cette image. Maintenant, fuppofons que ce même objet foit pofé perpendiculairement fur le terrein, que nous le regardions de la même façon,
c'eft-à-dire que l'axe optique lui foit perpendiculaire & coupe fa
longueur en deux également; enfin, que la diftance à laquelle il
eft mis foit la même que celle à laquelle il étoit lorfque nous le
voyons dans l'air, il eft vifible que l'angle fous lequel nous le
voyons dans l'une & l'autre pofition fera la même, & que par
conféquent les deux images formées fur la retine dans ces deux
pofitions feront égales. Cependant s'il fe trouve entre l'œil & cet
objet mis fur le terrein à gauche & à droite d'autres objets qui
puiffent faire juger de fa diftance, alors l'ame le jugeant moins
éloigné dans cette feconde pofition que dans la précédente, s'en

O o ij

forme une perception plus grande qu'auparavant par l'habitude
où nous fommes de voir qu'un objet toujours perpendiculaire à
l'axe optique nous paroît plus grand quand il eft plus près que
lorfqu'il eft plus loin : ainfi voilà deux perceptions differentes,
quoique l'image de l'objet foit toujours la même. Ce n'eft pas
tout, fuppofons encore que cet objet étant dans la même pofition fur le terrein, il fe trouve entre l'œil & lui un mur au-deffus
duquel nous voyons l'objet fans voir ce qui fe trouve entre l'objet
& le mur; alors l'image du mur & celle de l'objet étant contigues fur la retine, & l'ame n'appercevant rien qui puiffe lui faire
juger que le mur & l'objet font éloignés l'un de l'autre, elle juge
qu'ils fe touchent; ainfi, à caufe qu'elle croit l'objet moins diftant
qu'elle ne le jugeoit auparavant, elle s'en forme une perception
plus grande que celle qu'elle fe formeroit fi le mur n'étoit pas
entre deux. D'où l'on voit qu'on peut avoir d'un même objet
qui forme toujours la même image, une infinité de perceptions
differentes ; car felon que le mur interpofé fera plus proche
de l'œil, la perception de l'objet vû par-deffus deviendra plus
grande.

　　Ces jugemens que l'ame fait dans ces occafions font, comme
j'ai déja dit, des jugemens naturels qui fe forment dans nous
fans aucune réflexion de notre part, & qui font toujours faux par
le défaut des conditions que l'ame y met; ainfi nous aurions
grand tort de les fuivre, & de vouloir juger des grandeurs ni des
diftances des objets par ces fortes de perceptions.

　　37. Le Pere Lami de l'Oratoire dans fon Traité de Perfpective, prétend que pour bien repréfenter les objets fur un tableau,
il faut avoir égard non-feulement à la grandeur des images qu'ils
forment fur la retine en les repréfentant fous les mêmes angles
fous lefquels nous le voyons, fuivant les regles que nous enfei-
gnerons plus bas, mais encore aux differentes perceptions que
l'ame fe forme dans certaines occafions. Or en cela il fe trompe
très-fort; car lorfqu'on repréfente les objets dans un tableau, on
les repréfente avec toutes leurs circonftances, le tout fous les
mêmes angles, c'eft pourquoi fi l'objet eft ifolé, il le fera auffi
dans le tableau, & l'ame ne pourra pas faire plus de jugement
fur fa diftance en le voyant dans le tableau, qu'elle n'en feroit
fi elle le voyoit dans l'air, puifque l'image fera toujours la même;
fi l'objet eft environné d'autres objets qui faffent juger de fa diftance, il le fera auffi dans le tableau, & les jugemens que l'ame

portera, soit sur le tableau, soit sur le terrein, seront encore les mêmes, puisque les angles seront les mêmes & les images aussi, & que la comparaison de ces différentes images sera toujours la même ; soit que ces images viennent des objets sur le terrein ou des objets sur le tableau. Il arriveroit même, si l'on vouloit suivre le sentiment de cet Auteur, que sous prétexte de vouloir faire paroître aux yeux les objets conformément aux perceptions que l'ame s'en forme, nous les représenterions sous des angles différens de ceux sous lesquels on les voit, ce qui formeroit sur notre retine des images différentes de celles que les objets forment, & de-là l'ame prendroit occasion de s'en former des perceptions bien différentes de celles que nous voudrions lui attribuer. La véritable régle est de représenter les objets dans le tableau sous les même angles, sous lesquels on les voit ; de mettre ensuite le tableau devant les yeux, de façon que les angles sous lesquels ils sont peints tombent sur les angles sous lesquels ils sont vûs sur le terrein ; & dès-lors les objets nous paroîtront sur ce tableau de la même façon qu'ils sont vûs sur le terrein, & l'ame en portera les mêmes jugemens ; ainsi la représentation sera parfaite, surtout si on a l'art d'y mettre les diminutions des couleurs, selon les différens éloignemens. Tout ceci sera mieux expliqué en détail dans la suite, & j'espére faire voir qu'il n'y a rien de si dangereux pour les Sciences que d'y mêler certains raisonnemens captieux, qui sous prétexte d'être fondés sur des principes mal appliqués, nous jettent dans l'erreur.

38. Lorsque nous regardons fixement sans détourner la vûe de côté ni d'autre, tout ce que nous voyons est compris sous un angle droit, c'est-à-dire que si au point C (*Fig.* 10.) où l'axe optique traverse la cornée, on fait de part & d'autre de cet axe deux angles MCB, NCB de 45 degrés, lesquels formeront ensemble un angle droit MCN, il n'y aura que les objets compris sous les jambes CM, CN prolongées indéfiniment qui seront vûs distinctement, supposé qu'ils ne soient ni trop proches ni trop éloignés. On peut s'assurer de ceci par l'expérience ; car si l'on met un équerre à angle droit devant ses yeux, on éprouvera qu'on ne voit clairement que ce qui est compris sous cet angle, & la raison en est évidente par la conformation de l'œil. Car si l'on prolonge au-delà de l'angle droit un objet MN qui y est compris, tous les rayons qui partiront du point H hors de cet angle tomberont avec beaucoup d'obliquité sur la cornée, & par consé-

quent il y en aura très-peu qui passeront par la prunelle, & ceux qui y passeront iront frapper la retine si obliquement que leur impression ne sera presque pas sensible.

39. De ce que les rayons qui frappent trop obliquement la retine y font des impressions plus foibles que ceux qui la frappent moins obliquement; il s'ensuit que l'image d'un objet qui est plus ramassée dans une certaine proportion autour du point D où l'axe optique coupe la retine, est vûe plus parfaitement dans toutes ses parties qu'un autre image du même objet qui seroit plus étendue; & de-là on peut voir de quelle utilité sont les différentes humeurs que l'Auteur de la Nature a si sagement disposées dans l'œil, car ces humeurs ne servent pas seulement à nourrir & à humecter l'œil pour l'empêcher de se dessecher, comme on pourroit croire; mais encore à diminuer les images des objets par les refractions que les rayons souffrent, à les rendre par conséquent plus sensibles, & à faire que nous puissions voir de très-grands objets.

Principes nécessaires pour la pratique de la Perspective.

40. Lorsque nous sommes dans une grande plaine qui n'est terminée par aucune montagne, le Ciel & la Terre nous paroissent se réunir en une même ligne, qui nous paroît en tournant autour de nous la circonférence CDEF (*Fig.* 11.) d'un cercle dont le centre A est dans nos yeux; & le terrein compris entre nos pieds & cette circonférence qu'on nomme *Horizon*, nous paroît former la surface d'un cône dont le sommet B est à nos pieds, & dont la base est le cercle CDEF. Que si nous nous élevons au-dessus du terrein en montant, par exemple, en haut d'une Tour, l'horizon nous paroîtra encore la circonférence d'un cercle dont nos yeux feront le centre, & le terrein compris entre le pied de la Tour, & la circonférence nous paroîtra la surface d'un cône renversé dont le sommet sera le pied de la Tour, & sa hauteur sera égale à la distance du pied de la Tour à nos yeux; de sorte que le plan de l'horizon paroît s'élever quand nous nous élevons, & s'abaisser quand nous nous baissons.

Lorsque nous sommes debout, le plan de l'horizon passant par nos deux yeux est perpendiculaire à notre position, de même que le terrein sur lequel nous sommes; ainsi le terrein & le plan de l'horizon sont paralelles entr'eux, quoiqu'ils nous paroissent se couper.

41. Lorfque nous regardons fixement fans tourner autour de nous, ni jetter les yeux de part & d'autre, la partie du plan horizontal que nous voyons eft un quart de cercle, puifque notre vûe eft renfermée dans les bornes d'un angle droit (*N.* 38.); mais alors l'arc de ce quart de cercle étant extrêmement grand & fort éloigné, nous paroît une ligne droite HG (*Fig.* 12.), laquelle avec les côtés égaux AH, AG de l'angle droit vifuel HAG, forme un triangle rectangle ifofcele, dont les angles H, G fur la bafe font par conféquent égaux & de 45 degrés; & comme l'axe optique AC fait avec ces côtés AH, AG des angles qui font auffi chacun de 45 degrés (*N.* 38.); il s'enfuit que les triangles APH, APG que cet axe optique forme, font auffi de triangles rectangles ifofceles & égaux; ainfi on a AP = HP = GP, c'eft-à-dire que fi du centre A de l'œil, on mene une droite AP, perpendiculaire fur l'horizon HG, cette droite coupera la droite HG en deux parties HP, PG égales entr'elles & à la diftance AP de l'œil à l'horizon.

La droite HG fe nomme *Ligne horizontale*, la droite AP eft le *Rayon principal*, le point P fe nomme *Point de vûe*, & les points H, G fe nomment *Points de diftance*, parce qu'ils nous fervent à déterminer dans le tableau les apparences des diftances des objets que nous voyons fur le terrein.

42. *Si deux triangles* ABC, ADC (Fig. 13.) *ont les bafes égales, mais que les côtés* AB, BC *du premier foient chacun plus petits que les côtés* AD, DC *du fecond, l'angle au fommet* B *du premier eft plus grand que l'angle au fommet* D *du fecond.*

Je mets les deux bafes l'une fur l'autre, de façon que le plus grand côté AD du fecond triangle tombe du côté du plus grand côté AB du premier, & je décris autour du premier triangle ABC un cercle ABPC. 1°. L'angle ADC ne peut pas être à la circonférence du cercle; par exemple, en P, car fi cela étoit le côté CD tomberoit fur la corde CP, & comme cette corde eft plus petite que la corde CB, à caufe qu'elle foutient un arc moindre, il s'enfuivroit que le côté CP ou CD du triangle ADC feroit plus petit que le côté CB du triangle ABC, ce qui eft contre la fuppofition. 2°. Le fommet D du triangle ADC ne peut pas tomber dans le cercle entre la circonférence & le côté BC; car s'il étoit en R, le côté CD tomberoit fur la droite CR, & prolongeant CR en T la corde CT feroit plus petite que la corde CB qui foutient un plus grand arc; & à plus forte raifon CR, c'eſt-à-dire CD ſeroit moindre que CB, ce qui eſt encore contre la ſuppoſition 3°. Le ſommet D ne peut pas tomber en-dedans du triangle ABC. Par exemple, en S, car ſi cela étoit le côté CD tomberoit ſur la droite CS, & les deux côtés AS, SC, c'eſt-à-dire les côtés AD, CD du triangle ADC ſeroient enſemble plus petits que les côtés AB, CB qui prennent un plus grand détour entre leurs extrêmités A, C. Il faut donc néceſſairement que le ſommet D ſoit hors du cercle ABPC; or, l'angle ABC à la circonférence vaut la moitié de l'arc AC qu'il embraſſe, & l'angle ADC étant hors du cercle vaut la moitié de l'arc concave AC qu'il embraſſe, moins la moitié de l'arc convexe XC qu'il coupe. Donc l'angle ADC eſt moindre que l'angle ABC.

43. S'il ſe trouve dans le plan du terrein pluſieurs lignes égales & paralelles AB, CD (*Fig.* 14.); celles qui ſe trouveront plus éloignées de l'œil O du ſpectateur ſeront vûes ſous des moindres angles que celles qui ſeront plus proches, car puiſque CD eſt plus éloignée de l'œil que AB, la droite DO eſt plus grande que la droite BO, & la droite CO plus grande que la droite AO; or, les baſes CD, AB des triangles COD, AOB ſont égales; donc l'angle au ſommet de celui qui a les plus grands côtés eſt plus petit que l'angle au ſommet AOB de l'autre (*N.* 42.).

Delà il ſuit que les lignes égales & paralelles ſur le terrein, forment dans l'œil des images d'autant plus petites qu'elles ſont plus éloignées, & que par conſéquent s'il s'en trouvoit une qui fût à la plus grande diſtance poſſible, c'eſt-à-dire à l'horizon, elle ſeroit vûe ſous l'angle le plus petit ſous lequel on puiſſe la voir, & ſon image ſeroit la plus petite poſſible & ne differeroit pas d'un point.

La même choſe doit ſe dire de pluſieurs lignes égales & paralelles qui ſeroient élevées à plomb ſur le terrein, & de toutes les lignes égales & paralelles qui ſeroient dans un plan paralelle au plan de l'horizon & ſupérieur à ce plan, &c.

44. Si pluſieurs lignes *ab*, *cd* (*Fig.* 15.) menées ſur le terrein, ſont paralelles entr'elles, mais inclinées à la ligne TV qui paſſe par nos pieds ou à quelque ligne AB paralelle à la ligne TV, toutes ces lignes *ab*, *cd*, &c. nous paroiſſent aller aboutir à un même point de l'horizon. Nous éprouvons tous les jours qu'une longue allée nous paroît ſe retrecir à meſure qu'elle s'éloigne de nous : que les murs d'une longue ſale ſemblent ſe rapprocher vers le fonds, &c. La même choſe arriveroit auſſi ſi ces lignes

étoient

étoient élevées au-deſſus du plan de l'horizon. Or, pour trouver
le point de l'horizon où ces lignes paroiſſent aboutir, il faut mener du point de l'œil H une ligne H*h* paralelle aux lignes *ab*, *cd*, &c.
& le point de l'horizon où cette ligne aboutira ſera le point où
toutes les autres *ab*, *cd*, &c. paralelles à H*h*, nous paroîtront aller
aboutir, ſoit qu'elles ſoient ſur le terrein ou au-deſſus du plan de
l'horizon.

Pour faire entendre ceci clairement, concevons que le plan
ABCD (*Fig.* 16.) repreſente le terrein que nous voyons devant
nous prolongé juſqu'à l'horizon ; que la ligne AB ſoit la ligne
qui paſſe par le pied du ſpectateur dont la poſition eſt en P ; que
la droite PO perpendiculaire ſur le terrein ſoit la hauteur de l'œil
dont la poſition eſt en O, & que ſur le terrein ſoient menées des
droites MN, RS, &c. perpendiculaires à la droite AB. Concevons auſſi que par l'œil O il paſſe un plan EFGH paralelle au plan
du terrein, & qui ſera par conſéquent le plan de l'horizon, que
la ligne EF ſoit paralelle à la ligne AB qui paſſe par les pieds P,
& que du point O ſoit menée dans le plan de l'horizon la droite
OV perpendiculaire ſur EF, laquelle ſera l'axe optique ou le
rayon principal, puiſqu'elle ſera perpendiculaire ſur la ligne horizontale HG, laquelle eſt paralelle à EF ; enfin, du point P me-
nons dans le plan du terrein la droite PT perpendiculaire ſur AB,
& par conſéquent paralelle aux droites MN, RS, &c. Cela
poſé.

Les plans ABCD, EFGH étant paralelles entr'eux la droite
PO perpendiculaire ſur le plan ABCD eſt auſſi perpendiculaire
ſur le plan EFGH, & partant elle eſt perpendiculaire ſur les droites PT, OV qui ſont dans ces plans, & qui les coupent en P &
en O. Ainſi les droites PT, OV ſont paralelles entr'elles ; c'eſt
pourquoi, ſi nous concevons que la droite PO ſe meuve toujours
paralellement à elle-même en allant vers l'horizon, elle ſera toujours renfermée entre les droites PT, OV ; or, à meſure que PO
s'éloignera de l'œil O elle paroîtra toujours plus petite juſqu'à ce
qu'étant arrivée à l'horizon elle ne paroîtra plus que comme un
point ; ainſi l'image qu'elle formera alors ſur la retine ne ſera pas
différente de celle que le point de vûe V, y forme ; mais la ligne
PO en s'éloignant de l'œil ne peut pas paroître diminuer à moins
que les paralelles OV, PT entre leſquelles elle eſt toujours compriſe ne paroiſſent s'approcher l'une de l'autre, & la ligne OV
qui eſt l'axe optique ne peut pas nous paroître changer de poſition ;

donc il faut que ce foit la ligne PT qui nous paroiſſe aller ſe terminer au point de vûe V. Maintenant les droites PT, MN étant
paralelles entr'elles ; ſi nous concevons que la droite PM ſe meuve toujours paralellement à elle-même, elle ſera toujours compriſe entre les paralelles PT, MN, & comme à meſure qu'elle
s'éloignera de l'œil, elle paroîtra toujours plus petite juſqu'à ce
qu'étant arrivée à l'horizon, ſon image ne ſera plus qu'un point,
il eſt clair que les paralelles PT, MN nous paroîtront s'aller réunir en un même point ; or, nous venons de voir que la droite PT
doit nous paroître aller aboutir au point de vûe V ; donc la droite
MN doit nous paroître aller aboutir au point de vûe V, & ainſi
des autres ; d'où il ſuit que toutes les lignes menées ſur le terrein
paralelles entr'elles & perpendiculaires à la droite AB qui paſſe
par le pied du ſpectateur paroiſſent aller aboutir au point de vûe
V, c'eſt-à-dire au point où le rayon OV paralelle à ces droites
coupe l'horizon.

De même, ſuppoſons que ſur le terrein ſoient menées des droites *mn*, *rs* paralelles entr'elles, & qui faſſent avec la ligne AB qui
paſſe par les pieds du ſpectateur un angle de 45 degrés ; je mene
du centre de l'œil dans le plan de l'horizon une droite OG paralelle aux droites *mn*, *rs*, &c. & à cauſe que la droite EF qui
paſſe par les yeux eſt paralelle à la droite AB qui paſſe par les pieds
& que OG eſt paralelle à *mn*, l'angle GOF eſt auſſi de 45 degrés,
& partant l'angle GOV eſt de 45 degrés, à cauſe que l'angle
VOF eſt droit ; ainſi la ligne OG va aboutir ſur la ligne horizontale à l'un des points de diſtance. Je mene ſur le terrein par les
pieds P une droite indefinie P*p* paralelle aux droites *mn*, *rs*, &
par conſéquent paralelle à OG ; & concevant que la ligne OP
compriſe entre les deux paralelles OG, P*p*, ſe meuve toujours
paralellement à elle-même en allant vers l'horizon, cette droite
en s'éloignant paroîtra toujours plus petite juſqu'à ce qu'étant
arrivée à l'horizon, ſon image ne ſera plus qu'un point, & cette
image ſera la même que celle du point de diſtance G ; c'eſt pourquoi les deux lignes OG, P*p* entre leſquelles OP étoit compriſe
paroîtront ſe couper au point G. Maintenant les lignes P*p*. *rs*
étant paralelles ſur le terrein, ſi l'on conçoit que la ligne *r*P compriſe entre ces paralelles ſe meuve toujours paralellement à elle-
même entre ces droites, elle nous paroîtra diminuer à tout moment à meſure qu'elle s'éloignera, de façon qu'étant arrivée à
l'horizon elle ne paroîtra plus que comme un point, auquel les

deuxlig nes P*p*, *rs* paroîtront fe couper. Or, nous venons de voir
que P*p* paroît aboutir en G, donc *rs* paroîtra auffi aboutir au même point G, & ainfi des autres ; d'où il fuit que toutes les lignes
paralelles fur le terrein qui font avec la ligne AG qui paffe par
les pieds P un angle de 45 degrés, paroiffent toutes aller aboutir fur l'horizon à l'un des points de diftance.

Et on prouvera de la même maniere que toutes les paralelles
menées fur le terrein, & qui font avec la ligne qui paffe par les
pieds D un angle quelconque paroiffent toutes aller aboutir au
point de l'horizon où aboutiroit un rayon mené de l'œil paralellement aux droites du terrein ; & ce feroit encore la même chofe
fi ces paralelles étoient dans un plan paralelle au plan de l'horizon, & qui fût au-deffus de ce plan. Tel, par exemple, qu'eft
le plancher fupérieur d'une longue fale, à l'entrée de laquelle le
fpectateur fe trouveroit.

45. Si l'on conçoit qu'entre le fpectateur & les objets qu'il regarde fur le plan AB*q*Q du terrein (*Fig.* 17.), il fe trouve un plan
CDEF tranfparent, qui foit perpendiculaire fur le terrein en une
droite CD paralelle à la droite AB qui paffe par les pieds P du
fpectateur, enforte que ce plan foit à une certaine diftance de
l'œil O. Je dis que fi de tous les points des objets qui font fur le
terrein en-delà de ce plan, on mene des lignes droites à l'œil O,
lefquelles en coupant le plan CDEF y laiffent leur impreffion,
& qu'on conçoive enfuite que ce plan ceffe d'être tranfparent,
toutes les impreffions que les rayons vifuels auront faites fur ce
plan, formeront dans l'œil les mêmes images qu'y formoient auparavant les objets d'où ces points émanent, & l'œil verra les
objets fur le tableau de la même façon qu'il les voyoit fur le terrein.

Soit, par exemple, le triangle *abc* (*Fig.* 18.) décrit fur le terrein, les rayons qui partent de tous les points de la ligne *ab*, &
qui vont aboutir à l'œil O, forment un triangle *aOb*, lequel eft
une furface plane, de même que le plan ou tableau CFED qu'il
coupe ; or, deux furfaces planes qui fe coupent, fe coupent en
une ligne droite ; donc la ligne *de* dans laquelle le triangle vifuel
aOb coupe le tableau CFED eft droite ; mais cette ligne eft comprife dans le même angle *aOb* formé par les mêmes rayons *a*O,
*b*O ; donc l'image de cette ligne *d* dans l'œil eft précifément la
même que celle de la ligne *ab*. On prouvera de même que les
rayons menés de tous les points du côté *ac* à l'œil O coupent le

tableau en une ligne *df* comprise fous le même angle visuel *aoc*, & qui par conféquent forme dans l'œil la même image que la ligne *ac*, & que les rayons qui portent de tous les points de la ligne *cb* coupent auffi le tableau en une ligne *fe* qui forme dans l'œil la même image que la ligne *cb*. Ainfi puifque le contour du triangle *def* forme dans l'œil une image précifément égale à celle du contour *acd*, & qui eft placée fur la retine de la même façon; le triangle *def*, c'eft-à-dire fon aire formera auffi la même image que celle de l'aire du triangle *abc*, & l'œil verra l'un & l'autre de la même façon; & il en eft de même de tout autre objet qui feroit dans le plan du terrein, ou perpendiculaire à ce plan, ou élevé au-deffus, & qui feroit au-delà du tableau par rapport à l'œil.

46. L'axe optique OV (*Fig.* 19.) coupe le plan du tableau CFED en un point R qui eft l'apparence du point de vûe V; car le point V & le point R étant fur le même rayon visuel O, ne forment fur la retine qu'une même & feule image.

47. Si dans le plan de l'horizon on fait de part & d'autre deux angles SOR, TOR de 45 degrés, les points S, T, où les côtés SO, TO coupent le tableau feront les apparences des deux points de diftance de la ligne horizontale; car ces rayons OS, OT étant prolongés jufqu'à l'horizon iroient aboutir aux points de diftance (*N.* 41.); ainfi ces points étant fur les mêmes rayons que les points S, T, l'image de ceux-ci fur la retine eft précifément la même que celle des points de diftance.

48. Donc la ligne droite SRT menée dans le tableau par les points S, R, T eft l'apparence de la ligne horizontale, car cette ligne SRT eft vûe fous le même angle droit TOS, fous lequel la ligne horizontale eft comprife, & par conféquent l'image de l'une eft précifément la même que l'image de l'autre.

49. L'apparence SRT de la ligne horizontale eft paralelle à la bafe CD du tableau, c'eft-à-dire à la droite CD, dans laquelle le tableau coupe le plan du terrein; car le triangle visuel TOS eft dans le plan de l'horizon, lequel eft paralelle au plan du terrein; or, le tableau eft coupé par ces deux plans aux lignes ST, CD; donc ces deux lignes font paralelles.

50. Si plufieurs lignes indéfinies MN, X*x* (*Fig.* 20.) menées fur le terrein, font paralelles entr'elles & perpendiculaires à la bafe CD du tableau qu'on nomme ordinairement *Ligne de terre*; les apparences de ces lignes feront les droites MR, XR, menées

des points M, X où elles coupent le tableau au point R qui eſt l'apparence du point de vûe , car la ligne indéfinie X*x* étant perpendiculaire ſur la ligne de terre CD , eſt auſſi perpendiculaire à la ligne AB qui paſſe par les pieds P , & qui eſt paralelle à CD. Donc la ligne X*x* nous paroît aller aboutir au point de vûe V (*N.* 44.) ; ainſi l'œil voit cette ligne ſous l'angle VOX formé par le rayon principal VO, & par le rayon OX ; or, la ligne XR ſur le tableau eſt vûe ſous le même angle formé par les mêmes rayons ; donc l'image de la ligne XR dans l'œil eſt la même que celle de la ligne X*x* , & ainſi des autres.

51. Si l'on mene ſur le terrein pluſieurs lignes indefinies MN, X*x* (*Fig.* 21.) paralelles entr'elles, & qui faſſent avec la ligne de terre CD des angles NMD , *x*XD de 45 degrés , les apparences de ces lignes ſur le tableau ſeront les droites MT, XT menées des points M, X au point T qui eſt l'apparence du point de diſtance vers lequel ces lignes MN , X*x* prennent leur route ; car la droite MN , faiſant un angle de 45 degrés avec CD fait auſſi un même angle avec la droite AB, & par conſéquent elle paroît aller aboutir au point de diſtance qui eſt de ce côté-là (*N.* 44.), & auquel le rayon OT va aboutir ; ainſi l'œil voit la ligne MN ſous l'angle TOM fait par le rayon OT qui iroit aboutir au point de diſtance, & par le rayon OM ; or, la ligne MT eſt vûe ſous le même angle. Donc, &c.

52. Pour trouver dans le tableau l'apparence d'une ligne indefinie MN (*Fig.* 22.) menée ſur le terrein , & qui fait avec la ligne de terre CD un angle NMD différent de l'angle de 45 degrés. Je mene par les pieds P une droite PQ qui faſſe avec la ligne de terre CD l'angle PQM égal à l'angle NMD ; au point Q, j'éleve ſur CD, & dans le plan du tableau la perpendiculaire QL , & du point L où elle coupe la ligne ST qui eſt l'apparence de la ligne horizontale ; je mene la droite LM qui ſera l'apparence de la droite indéfinie MN. Car menant dans le plan de l'horizon la ligne OL , les droites OP, QL perpendiculaires ſur le terrein , & compriſes entre le plan du terrein & celui de l'horizon ſont paralelles & égales entr'elles ; ainſi les droites OL, PQ ſont auſſi paralelles ; c'eſt pourquoi ſi on les conçoit prolongées juſqu'à l'horizon , elles paroîtront ſe couper au même point où OL coupera l'horizon , & la droite MN étant paralelle à PQ paroîtra auſſi aboutir au même point, & ſera vûe ſous l'angle LOM, formé par le rayon OL, & par le rayon OM ; or, ML eſt vûe ſous le

même angle ; donc ML eſt l'apparence de la ligne MN, & ainſi des autres.

Le point L où la droite MN & toutes ſes paralelles paroiſſent ſe couper dans le tableau, eſt nommé *Point accidental* par quelques Auteurs.

53. Si une droite MN menée ſur le terrein (*Fig.* 23.) eſt paralelle à la ligne de terre CD, ſon apparence *mn* dans le tableau eſt auſſi paralelle à CD ; car concevant que ſur MN ſoit mis un plan MNPQ perpendiculaire ſur le terrein, ce plan ſera paralelle au plan CDEF du tableau qui eſt auſſi perpendiculaire ſur le terrein, & dont la baſe CD eſt paralelle à la baſe MN ; or, ces deux plans paralelles coupent le triangle viſuel MON l'un en MN & l'autre en *mn* ; donc ces deux lignes MN, *mn* ſont paralelles entr'elles, mais MN eſt paralelle à CD, donc *mn* l'eſt auſſi, & on prouvera la même choſe de toute ligne paralelle à la ligne de terre, ſoit qu'elle ſoit ſur le terrein ou élevée au-deſſus.

54. Si une droite PN eſt perpendiculaire ſur le terrein, ſon apparence P*n* (*Fig.* 23.) dans le tableau eſt perpendiculaire ſur la ligne de terre CD ; car menant par PN un plan MNPQ perpendiculaire ſur le terrein & paralelle au tableau. Je prouverai, comme ci-devant, que l'apparence *mn* de la ligne MN eſt paralelle à cette ligne, & à cauſe que les deux plans paralelles MNPQ, CDEF coupent le triangle viſuel PON aux droites NP, *np* ; je prouverai auſſi que les droites *np*, NP ſont paralelles. Concevant donc que l'angle *mnp* gliſſe le long de ON ; enſorte que *mn* ſoit toujours paralelle à MN, & *pn* à PN. Il eſt clair que quand le ſommet *n* ſera parvenu en N, la droite *mn* tombera ſur la direction de MN, la droite *np* ſur la direction de NP, & que les deux angles ſeront égaux ; or, l'angle MNP eſt droit ; donc l'angle *mnp* l'eſt auſſi ; & partant *np* eſt perpendiculaire ſur *mn*, mais *mn* eſt paralelle à CD ; donc *np* eſt auſſi perpendiculaire ſur CD.

55. Si une ligne MN (*Fig.* 24.) tracée ſur le terrein paralellement à la baſe CD eſt coupée en parties égales MP, PQ, QN, ſon apparence *mn* ſur le tableau ſera auſſi coupée en parties égales *mp*, *pq*, *qn*.

Les triangles OMP, O*mp* ſont ſemblables à cauſe des baſes paralelles MP, *mp* ; donc MP. *mp* : : PO. *po* ; or, les triangles ſemblables POQ, *poq* donnent PQ. *pq* : : PO. *po* ; donc MP. *mp* : : PQ. *pq*, ou MP. PQ : : *mp*. *pq* ; mais par la conſtruction nous avons MP $=$ PQ , donc $mp = pq$, & on prouvera de même que $pq = qn$.

56. Si la ligne MN divifée en plufieurs parties égales étoit perpendiculaire fur le terrein, fon apparence dans le tableau feroit auffi coupée en parties égales, ce qui fe démontre de la même façon. Et il faut dire la même chofe des lignes élevées en l'air & qui feroient paralelles à CD.

57. Plus le tableau CDEF eft proche de l'œil, plus l'apparence des objets dans ce tableau devient petite, ce qui eft évident, car on voit bien que fi le tableau CDEF coupe le triangle vifuel PON plus près du fommet O, l'apparence pn de la droite PN fera plus petite qu'elle ne feroit fi le même tableau coupoit le même triangle plus près de l'objet PN, & ainfi des autres.

58. L'apparence fur le tableau d'une ligne droite MN ou NP (*Fig.* 23.) qui eft fur le terrein, ou dans un plan différent du plan de l'horizon, eft toujours une ligne droite ; ce qui eft encore évident, car le triangle vifuel MON ou NOP étant un plan, la ligne mn ou np dans laquelle il coupe le tableau eft une ligne droite. Mais l'apparence des lignes droites menées dans le plan de l'horizon, & qui paffent par l'œil n'eft qu'un point, car chacune de ces lignes ne coupe le tableau qu'en un point, de même que leur image dans la retine n'eft qu'un point.

59. Je nommerai *Ligne principale* la ligne PM (*Fig.* 20.) menée du pied P du fpectateur paralellement au rayon principal OR. Si cette ligne PM eft conçue prolongée jufqu'à l'horizon, fon apparence dans le tableau eft, comme nous avons dit ci-deffus, la droite MR menée du point M à l'apparence R du point de vûe, & cette droite MR eft perpendiculaire fur la ligne CD, & fur l'apparence ST de la ligne horizontale.

Pratique de la Perfpective.

60. Les objets qu'on veut repréfenter font, ou des lignes tracées fur le terrein, & qui y forment différentes figures, ou des lignes élevées fur le terrein, & qui forment différens corps, ou enfin, des lignes qui font dans l'air, & qui forment ou des figures ou des corps.

De la maniere de repréfenter les Figures qui font fur le Plan du Terrein.

61. Les apparences dans le tableau des différentes lignes ou figures qui font fur le terrein dépendent des différentes pofitions que ces grandeurs ont entr'elles fur le terrein, & de leurs différentes diftances ; ainfi il faut avant tout avoir le plan de ce qu'on veut repréfenter, & fon échelle ; enfuite on doit déterminer de quel côté on veut le voir, & quelle doit être la hauteur de l'œil au-deffus du terrein, ce qui demande beaucoup de choix & de goût, étant certain que le tableau devient plus ou moins gracieux, felon les différens afpects des objets.

Suppofons donc que le rectangle ABCD (*Fig. 25.*) foit le plan d'un terrein fur lequel on a tracé différentes figures qu'on veut repréfenter, & qu'on fe foit déterminé de le voir du côté AB, enforte que la ligne MN foit la ligne principale, & que le côté AB foit la ligne de terre, c'eft-à-dire fur laquelle le tableau doit être perpendiculaire ; je fais en A & B les angles RAB, RBA chacun de 45 degrés ; & il eft clair que fi je veux voir d'un coup d'œil tout ce qui eft dans le plan ; je ne puis pas me mettre plus proche du tableau qu'au point R où l'angle vifuel ARB eft droit, car fi j'en approchois davantage comme en S l'angle vifuel ASB deviendroit obtus, & tous les objets qui feroient proches des extrêmités A, B du plan ne formeroient que des images très-confufes dans mon œil. Or, comme les objets vûs fous un angle droit ARB forment dans notre œil une image très-étendue dont les extrêmités A, B ne font pas vûes bien diftinctement, fi je m'éloigne un peu plus. Par exemple, en T, enforte que l'angle vifuel devienne raifonnablement aigu fans l'être trop. Je verrai beaucoup mieux les objets qui font dans le plan. Mais en ce cas, il faut ou que la bafe du tableau foit plus grande que la ligne AB, ou que les points de diftance fe trouvent hors du tableau, c'eft-à-dire dans le plan du tableau prolongé. Car les apparences des points de diftance doivent toujours être autant éloignées de l'apparence du point de vûe qui eft au-deffus du point N dans le tableau, que le tableau eft éloigné de l'œil ; c'eft-à-dire qu'en fuppofant que je veuille être en T, & que le point de vûe fur le tableau fût le point N, il faut que je faffe NH & NL chacune égale à TN pour avoir les points de diftance fur le plan du tableau.

La

La largeur du tableau étant déterminée selon la distance de l'œil à laquelle on veut qu'il se trouve, supposons que ce tableau soit le plan *abcd*, sa base *ab* sera donc égale à la ligne AB du plan, si on a choisi d'en représenter les objets sous l'angle droit, & elle sera plus grande si on a choisi un angle moindre. Pour le présent, supposons *ab* = AB ; je prens sur le côté *bc* une partie *bh* égale à la hauteur de l'œil au-dessus du terrein, en me servant des mesures de l'Echelle du plan, & par le point *h* je mene la droite *hl* paralelle à la ligne *ab* ; je divise *hl* en deux également en *r*, & du point *r* je mene sur la base la perpendiculaire *rn* ; ainsi la ligne *hl* sera l'apparence de la ligne horizontale, le point *r* sera l'apparence du point de vûe, les points *h*, *l* seront l'apparence des points de distance ; enfin la ligne *rn* sera l'apparence de la ligne principale NM prolongée jusqu'à l'horizon ; car si l'on conçoit que le tableau *abcd* soit mis perpendiculairement sur la ligne de terre AB du plan, ensorte que le point *n* tombe sur le point N, & que le spectateur soit en R, de façon que son œil soit élevé au-dessus du terrein d'une quantité égale à *bh*, on jugera aisément par les regles établies ci-dessus, que toutes ces apparences seront précisément les mêmes que nous venons de dire. Tout ceci posé, passons à la solution des Problemes.

62. PROBLEME. *Trouver sur le Tableau l'apparence d'un point donné* P *sur le Plan.* (Fig. 25.)

Du point P je mene sur AB la perpendiculaire PQ ; je prens avec le compas la distance QN du point Q à la ligne principale NM, je la porte sur la base du tableau de *n* en *q*, & je mene la droite *qr* à l'apparence *r* du point de vûe ; je prens de même la distance PQ du point P à la ligne de terre AB, & la portant sur la base du tableau de *q* en *x*, je mene au point *l* qui est l'apparence du point de distance opposé la droite *xl*, & le point *p* où cette droite coupe la droite *rq* est l'apparence sur le tableau du point P qui est sur le plan, ce que je prouve ainsi.

Je prens sur la ligne de terre AB la droite QX égale à la perpendiculaire QP, & je mene la droite XP, ce qui donne le triangle rectangle isoscele PQX dont les angles QPX, QXP sont chacun de 45 degrés ; je conçois que le tableau soit mis perpendiculairement sur la droite AB & sur le plan ABCD, de façon que les points *n*, *q*, *x* tombent sur les points N, Q, X, il est clair que si le spectateur est en R & que son œil soit élevé au-dessus de ce point d'une quantité égale à *nr*, la droite QP du plan

Tome II.Q q

prolongée jufqu'à l'horizon lui paroîtroit aller aboutir au point de vûe à caufe qu'elle eft perpendiculaire fur la ligne de terre, (*N*. 44.) & la droite XP prolongée auffi jufqu'à l'horizon lui paroîtroit aller aboutir au point de diftance oppofé à l'angle QXP à caufe qu'elle fait un angle de 45 degrés avec la ligne de terre, (*N*. 44.) donc l'apparence fur le tableau de la ligne PQ prolongée doit être la droite *qr*, (*N*. 50.) & l'apparence de la ligne XP prolongée doit être *xl* (*N*. 51.) or le point P du terrein eft fur l'interfection des droites QP, XP; donc l'apparence de ce point dans le tableau doit être le point d'interfection des apparences *qr*, *xl* de ces lignes.

63. Il fuit de-là que pour trouver fur le tableau l'apparence d'un point quelconque P, il n'y a qu'à chercher la diftance PZ ou NQ de ce point à la ligne principale NM, & la diftance PQ de ce même point à la ligne de terre AB; car portant la premiere fur la bafe du tableau de *n* en *q*, & l'autre de *q* en *x*, & menant du point *q* la droite *qr* à l'apparence *r* du point de vûe, & du point *x* la droite *xl* à l'apparence *l* du point de diftance oppofé, l'interfection des deux lignes *nr*, *ql* donnera toujours fur le tableau l'apparence *p* du point P du terrein.

64. PROBLEME. *Trouver fur le tableau l'apparence d'une droite* PV *qui eft fur le Plan du terrein.* (Fig. 25.)

Je cherche l'apparence *p* du point P, ainfi qu'il a été dit dans le Probleme précedent; puis de l'autre point V je mene fur la ligne de terre AB la perpendiculaire VT, & prenant la diftance NT avec le compas, je la porte fur la bafe du tableau de *n* en *t*, & je mene la droite *tr*, je prens auffi avec le compas la diftance VT, mais comme elle eft trop grande pour pouvoir être mife fur la bafe du tableau de *t* vers *a*, je la mets de l'autre côté de *t* en *z*, & du point *z* je mene la droite *zl* à l'apparence *l* du point de diftance oppofé, & l'interfection *u* des lignes *tr*, *zl* eft l'apparence du point V du terrein, ce qui fe démontre comme ci-deffus, c'eft pourquoi la droite *pu* menée du point *p* au point *u* fur le tableau eft l'apparence de la ligne PV du terrein; car cette ligne étant droite, fon apparence eft auffi droite, & par conféquent elle eft comprife entre les apparences *p*, *u* des extrêmités P, V.

65. PROBLEME. *Trouver fur le Tableau l'apparence d'une droite* PE *qui eft fur le Plan du Terrein & paralelle à la ligne de terre* AB. (Fig. 25.)

Des extrêmités P, E de la ligne PE je mene les droites PQ , EF, perpendiculaires fur AB, je prens avec le compas les diftances NQ, NF que je porte fur la bafe du tableau de *n* en *q* & de *n* en *f*, & des points *q*, *f* je mene les droites *qr*, *fr*. Je prens auffi avec le compas la droite PQ, & la portant de *q* en *x* je mene la droite *xl*, & du point *p* je mene dans le tableau entre les droites *qr*, *fr*, la droite *pe* paralelle à la bafe *ab*, & cette droite eft l'apparence de la droite PE fur le terrein.

Car PE étant paralelle à la ligne de terre AB & comprife entre les droites PQ, EF qui font perpendiculaires fur la ligne de terre, l'apparence de PE fur le tableau doit être auffi paralelle à la bafe du tableau, (*N*. 53.) & comprife entre les droites *qr*, *fr* qui font les apparences des droites PQ, EF prolongées jufqu'à l'horizon. Or par la conftruction le point *p* eft l'apparence de l'extrêmité P de la droite PE; donc la ligne *pe* menée du point *p* paralelle à *ab* & comprife entre *qr*, *fr*, eft l'apparence de la droite PE; car d'un point *p*, on ne peut pas mener deux differentes paralelles à la ligne *ab*.

66. PROBLEME. *Trouver l'apparence fur le Tableau d'une figure* QPTV, (Fig. 26.) *tracée fur le Terrein, & dont le contour n'eft compofé que de lignes droites.*

Je cherche les apparences *p*, *q*, *t*, *u* des points P, Q, T, V, de même que ci-deffus, puis menant les droites *pq*, *qu*, *ut*, *tp*, la figure *qptu* eft l'apparence de la figure QPTV, ce qui n'a pas befoin de démonftration, & ainfi des autres.

C'eft par ce moyen qu'on trouvera dans le tableau *abcd* (*Fig*. 27.) l'apparence du parterre compris dans le plan ABCD, & dans le tableau *abcd*, (*Fig*. 28.) celle du parterre ABCD, &c.

67. PROBLEME. *Trouver fur le Tableau l'apparence* PQTV *d'un cercle tracé fur le Plan* ABCD. (*Fig*. 29.)

Je conçois un quarré EFHX autour du cercle, enforte que fes côtés EF, XH foient paralelles à la ligne de terre AB; je mene dans ce quarré plufieurs lignes droites telles que ZS, YI, &c. paralelles à fes côtés, puis je cherche dans le tableau les apparences des points où le cercle eft coupé par toutes ces lignes droites, & faifant paffer une courbe par tous ces points, j'ai l'apparence *pqtu* du cercle PQTV, & on fera la même chofe pour trouver l'apparence de toute autre ligne courbe differente du cercle.

Q q ij

68. PROBLEME. *Trouver sur le Tableau les apparences de plusieurs lignes* PQ, TS *égales, paralelles entr'elles, à la ligne de terre* AB, *& également éloignées entr'elles.* (Fig. 30.

Je suppose toujours que AB est égal à *ab* & AN $=$ *an*; c'est pourquoi des points *a*, *b* je mene dans le tableau les droites *ar*, *br* qui sont les apparences des droites AD, BC prolongées jusqu'à l'horizon. Je porte les distances égales AP, PT, &c. sur la base du tableau de *a* en *x*, de *x* en *z*, &c. & des points *x*, *z*, &c. je mene au point *l* les droites *xl*, *zl*, &c. qui coupent *ar* aux points *p*, *t*, &c. lesquels sont les apparences des points P, T, &c. (*N.* 62.) ainsi menant des points *p*, *t*, &c. des droites *pq*, *ts*, &c. paralelles à *ab* & comprises entre les droites *ar*, *br*, ces droites *pq*, *ts*, &c. seront les apparences des droites PQ, TS, &c. tracées dans le plan.

69. PROBLEME. *Trouver sur le Tableau l'apparence d'une droite* AD *menée dans le Plan, perpendiculaire sur la ligne de terre* AB, *& divisée en parties égales* AP, PT. (*Fig.* 30.)

Je mene du point *a* la droite *ar* qui est l'apparence de la droite AD prolongée jusqu'à l'horizon; je porte les parties égales AP, PT, &c. sur la base *ab* de *a* en *x*, de *x* en *z*, &c. & des points *x*, *z*, &c. menant au point *l* les droites *xl*, *zl*, &c. les points *p*, *t*, &c. où ces droites coupent la droite *ar*, sont les apparences des points P, T, &c. (*N.* 62.) donc les droites *ap*, *pt*, &c. sont les apparences des parties égales AP, PT, &c. de la droite AD.

70. PROBLEME. *Trouver sur le Tableau l'apparence d'une ligne* PT *paralelle à la ligne de terre* AB *& divisée en parties égales* PQ, QO, OS, ST. (*Fig.* 31.)

Des points de division P, Q, O, S, T, je mene à la ligne de terre AB les perpendiculaires PX, QZ, ON, &c. je porte les distances NZ, NX, NY, NV sur la base du tableau de *n* en *z*, de *n* en *x*, &c. & je mene les droites *xr*, *zr*, &c. je prens aussi la distance PX, & la portant de *x* en *f*, je mene la droite *fl* qui coupe la droite *xr* au point *p*, je mene la droite *pt* paralelle à la base *ab* & comprise entre les droites *xr*, *ur*, & cette droite est divisée par les autres lignes menées au point *r* en parties égales qui sont les apparences des parties PQ, QO, &c. de la droite PT, ce qui est évident par les principes expliqués ci-dessus.

71. PROBLEME. *Trouver dans le Tableau l'apparence d'un point, d'une ligne ou d'une figure, lorsque les points de distance sont hors du Tableau.*

Soit le plan ABCD, (*Fig. 3 2.*) dont la ligne principale eſt RM,
la ligne de terre eſt AB, & le point de ſtation, c'eſt-à-dire le
point du ſpeꞔateur, eſt le point R, je fais en R de part & d'autre de la ligne principale RM deux angles de 45 degrés, ce qui
donne l'angle droit SRV. Si je voulois donc que les points de
diſtance fuſſent dans le tableau, il faudroit que la baſe du tableau
fût égale à la droite SV ; or, comme je ſuppoſe que les objets que
je veux repréſenter ſont tous compris dans le plan ABCD, &
que par conſéquent il ſe trouveroit du vuide à gauche & à droite
dans le tableau, ce qui feroit un vilain effet, je fais la baſe *ab* du
tableau égale à la ligne de terre, & portant ſur ſon côté la grandeur *al* égale à la hauteur de l'œil, je mene *lh* paralelle au tableau,
& la coupant en deux également en *r*, puis menant *rn*, la droite
lh eſt l'apparence de la ligne horizontale, le point *r* eſt l'apparence du point de vûe, & la droite *rn* eſt celle de la principale
NM prolongée juſqu'à l'horizon. Mais les points de diſtance ne
peuvent être ſur *lh*, à moins qu'on ne la prolonge de part &
d'autre en faiſant les droites *rm* & *ry* égales chacune à la droite
NV & NS.

Maintenant, ſi le tableau a aſſez de marge pour pouvoir y placer les apparences *y*, *m* des points de diſtance, il eſt clair qu'en
ce cas on trouvera ſur le tableau par le moyen de ces deux points
les apparences des objets, comme il a été enſeigné dans les
Problemes précedens ; mais ſi cela ne ſe peut, voici comme on fera.

Je prens une partie de *rm* ou de NV, telle qu'elle puiſſe être
compriſe entre les points *r*, *h*, par exemple le tiers, & la portant
de *r* en *t* & de *r* en *u*, je regarde les deux points *t*, *u* comme s'ils
étoient les apparences *m*, *y* des points de diſtance. Du point P
je mene PQ perpendiculaire ſur la ligne de terre AB ; je fais
nq = NQ, & du point *q* je mene la droite *qr* qui eſt l'apparence
de la droite QP prolongée juſqu'à l'horizon ; je prens le tiers de
la diſtance QP à cauſe que j'ai pris le tiers de *rm*, & portant ce
tiers de *q* en *x*, je mene du point *x* au point *t* la droite *xt*, laquelle
coupe *qr* au point *p*, & ce point eſt l'apparence du point P, ce
que je démontre ainſi.

Si le plan du tableau pouvoit être prolongé, les apparences des
points de diſtance ſeroient les points *m*, *y* ; c'eſt pourquoi portant
la grandeur PQ de *q* en *z*, & du point *z* menant au point *m* la
droite *zm*, le point où cette droite couperoit la droite *qr* ſeroit
l'apparence du point P ; il n'y a donc qu'à faire voir que *zm* cou-

peroit la droite *qr* au même point *p* où la droite *xt* la coupe.

En quelqu'endroit de *qr* que foit le point où *zm* coupe *qr* ; nommons ce point = *f*. Les triangles femblables *rfm*, *zfq* donnent *rm*. *zq* :: *rf*. *fq* ; & dans les triangles femblables *rpt*, *xpq*, nous avons *rt*. *xq* :: *rp*. *pq*. Or, à caufe que *rt* eft le tiers de *rm*, & que *xq* eft le tiers de *zq*, nous avons *rm*. *zq* :: *rt*. *xq*; donc *rf*. *fq* :: *rp*. *pq* ; & partant *rf* + *fq*. *fq* :: *rp* + *pq*. *pq*, c'eft-à-dire *rq*. *fq* :: *rq*. *pq* ; mais *rq* = *rq* ; donc *fq* = *pq*, & par conféquent le point *f* & le point *p* ne font qu'un feul & même point. Donc, &c.

On fera la même chofe pour trouver les apparences des lignes & des figures tracées dans le plan, obfervant toujours que fi *rt* ou *ru* n'eft que la moitié ou le tiers, ou le quart de *rm*, les parties *qx* des diftances PQ des points tels que P ne doivent être que la moitié, ou le tiers, ou le quart de ces diftances.

72. **Probleme.** *Trouver les apparences d'un point, d'une ligne, ou d'une figure lorfqu'il n'y a qu'un feul point de diftance dans le tableau, & que le point de vûe eft trop proche de l'un des côtés.*

Soit le plan ABCD, (*Fig.* 33.) dont la ligne de terre eft AB, la principale MN, & le point de ftation R. Je fais de part & d'autre de MR des angles SRM, BRM de 45 degrés, ce qui donne l'angle droit SRB ; ainfi il faudroit que la bafe du tableau fût égale à SB, fi je voulois que les deux points de diftance fuffent dans ce tableau. Mais comme je ne veux repréfenter que ce qui eft dans le plan ABCD, je prens un tableau dont la bafe *ab* foit égale à la ligne de terre, & portant fur fon côté la grandeur *bh* égale à la hauteur de l'œil, je mene *hl* paralelle à *ab*, & faifant *lr* égal à AN, puis menant *rn* perpendiculaire fur *ab* ; le point *r* eft l'apparence du point de vûe, le point *h* eft l'apparence de l'un des points de diftance, & la droite *rn* eft celle de la principale MN prolongé jufqu'à l'horizon.

Suppofant donc qu'on demande l'apparence du point P, je mene PQ perpendiculaire fur AB, & faifant *nq* = NQ, je mene *qr*, ce qui me donne l'apparence de la ligne PQ prolongée jufqu'à l'horizon, & par conféquent l'apparence du point P eft fur cette ligne ; or il faudroit pour trouver l'apparence de ce point, prendre la diftance PQ & la porter de *q* vers *a* pour pouvoir enfuite mener une ligne au point *h* ; mais comme l'extrêmité *a* du tableau eft trop proche du point *q*, voici comme je fais.

De l'autre extrémité *b* de la bafe du tableau, je mene la droite *br*, puis faifant *bx*=PQ, je mene la droite *xh* qui coupe *br* en *f*, & du point *f* je mene *fp* paralelle à la bafe du tableau, & le point *p* où cette paralelle coupe *qr*, eft l'apparence demandée du point P. Ce que je prouve ainfi.

Je prens BX=QP=*bx*=FB, & je mene les droites XF & FP; ainfi FP eft paralelle à QB, & l'angle FXB eft de 45 degrés; or par la conftruction, les droites *qr*, *br* font les apparences des droites QP, BF prolongées jufqu'à l'horizon; le point *f* eft l'apparence du point F, & la droite *fp* paralelle à *qb* & comprife entre les droites *qr*, *br* eft l'apparence de la droite FP paralelle à QB & comprife entre les droites QP, BF; donc le point *p* eft l'apparence du point P, & ainfi des autres.

C'eft de cette façon qu'on peut trouver dans le tableau *abcd* l'apparence des objets tracés dans le plan ABCD dont la principale eft MN, & de même des autres.

73. PROBLEME. *Conftruire une Echelle de Perfpective.*

La multiplicité des lignes qu'il faut tirer lorfqu'on veut repréfenter fur un tableau les objets tracés fur un plan, caufe fouvent beaucoup de confufion & toujours bien de la malpropreté fur la toile & encore plus fur le papier; c'eft pourquoi il eft à propos d'avoir un brouillon de même grandeur que le tableau, & d'y conftruire une Echelle dont on fe fervira pour porter les pofitions des points, des lignes & des figures, ainfi qu'on va voir.

Soit le plan ABCD, (*Fig.* 34.) dont la ligne de terre eft AB, & la principale eft MN. Je divife la droite AB en petites parties égales felon la grandeur de cette ligne, par exemple en *huit* AP, PQ, &c. & des points de divifion je mene des perpendiculaires PT & fur AB. Je porte AP fur AD autant de fois qu'il peut y être contenu, & des points Y, S, &c. de divifion j'éleve des perpendiculaires fur AD, & par-là le plan fe trouve divifé en grand nombre de petits quarrés tous égaux entr'eux. Cela fait.

Je prens un plan égal à la grandeur du tableau, & dont la bafe *ab* foit égale à celle du tableau. J'y marque, comme il a été dit ci-deffus, les apparences *hl* de la ligne horizontale, *r* du point de vûe, *h*, *l* des points de diftance fi ces points font dans le tableau, & *rn* de la ligne principale. Je divife enfuite la bafe *ab* = AB en un même nombre de parties égales que AB, en portant AP de *a* en *p*, de *p* en *q*, &c. & des points de divifion je mene les droites *ar*, *pr*, *qr*, &c. qui font les apparences des droites AD, PT, &c. prolongées jufqu'à l'horizon. Du point *p* je mene

la droite *pl* qui coupe *ar* en *y*, & par conféquent *ay* eft l'apparence de AY, & le point *y* eft l'apparence du point Y ; ainfi menant du point *y* la droite *yu* paralelle à la bafe du tableau & comprife entre les droites *ar*, *br*, cette droite *yu* eft l'apparence de
la droite YV, & fa partie *yf* eft celle de la partie YF. Je mene
du point *f* la droite *fl* qui coupe *ar* en S, & la partie *ys* eft l'apparence de la partie VS. C'eft pourquoi menant du point S entre
les droites *ar*, *br* une paralelle à la bafe *ab*, cette paralelle fera
l'apparence de la droite menée du point S paralellement à AB
& comprife entre les droites AD, BC, & continuant de la même
façon, ainfi que la Figure le fait voir, le trapezoïde *axzb* eft
l'apparence du plan ABCD, & tous les petits trapezoïdes qui
rempliffent le trapezoïde *axzb*, font les apparences des petits
quarrés qui rempliffent le plan ABCD.

Cette Echelle étant achevée, foit la ligne EI dans le plan, je
cherche le point *e* qui eft l'apparence du point E, & le point *i*
qui eft l'apparence du point *i*, & la ligne *ei* menée entre les pointt
e, *i*, eft l'apparence de la ligne EI, & on trouvera de la même
façon les apparences des lignes & des figures, quand les extrêmités des lignes ou des angles des figures fe trouveront fur l'interfection de deux lignes, dont l'une eft perpendiculaire fur AB,
& l'autre perpendiculaire fur AD.

Lorfque quelque point fe trouvera dans un des quarrés du
plan, on pourra déterminer fa pofition à vûe d'œil dans le trapezoïde qui eft l'apparence de ce petit quarré, fuppofé que ce
trapezoïde foit éloigné de la bafe *ab*; car plus ces trapezoïdes
s'éloignent de la bafe, plus ils deviennent petits, & par conféquent on ne courera pas rifque de commettre une erreur fenfible ;
mais fi ce trapezoïde eft proche de la bafe, on déterminera la
pofition de la façon que je vais dire, & qui pourra même fervir
à l'égard des petits trapezoïdes, fi l'on eft bien aife de travailler
avec toute la jufteffe poffible.

Soit le point P dans le quarré FSVT, (*Fig. 35.*) dont l'apparence eft le trapezoïde *fsut*, je mene de ce point une perpendiculaire PQ fur la ligne de terre AB ; je fais *nq* = NQ, puis mettant la regle fur les points *q*, *r*, je ne trace de la ligne *qr* que la
partie *xz* qui doit être comprife dans le trapezoïde *tfsu*. Je prens
la diftance PQ, & la portant de *q* en *o*, je mets la regle fur les
points *o*, *h*, je ne trace point la ligne *oh*, mais je marque fimplement

ment le point *p* où elle coupe la ligne *xz*, & ce point eſt l'apparence du point P, & ainſi des autres.

Après avoir trouvé de cette façon l'apparence de toutes les
figures qui ſont ſur le plan, il ne s'agit plus que de tranſporter
ces apparences du brouillon ſur le plan qui doit être le tableau.
Or cela eſt fort aiſé; car ſi je veux tranſporter la ligne *ei* ſur le
tableau, (*Fig.* 34.) je prens avec le compas la grandeur *ae*, &
portant la pointe ſur l'extrêmité de la baſe du tableau, je décris
avec l'autre un arc; je prens auſſi la diſtance *be*, & portant la
pointe ſur l'extrêmité droite de la baſe du tableau, je décris avec
l'autre un arc qui coupe le premier en un point, & ce point ſe
trouve poſé ſur le tableau de la même façon que le point *e* eſt
poſé ſur le brouillon, & ainſi des autres. Au reſte, un peu d'uſage
ſur cette matiere en apprendra beaucoup plus que les plus longs
diſcours.

Comme dans le tableau *abcd*, (*Fig.* 34.) le trapezoïde *axzb*
qui repréſente le plan ABCD laiſſe des vuides à droite & à gauche; ſi l'on vouloit remplir ces vuides, on prolongeroit la ligne
xz en *t*; puis portant ſur *zt* l'une des parties égales de *xz* autant
de fois qu'elle pourroit y être contenue, on meneroit du point *r*
par des points de diviſion de *zt*, des droites qui formeroient avec
les lignes paralelles à la baſe *ab*, des trapezoïdes leſquels repré-
ſenteroient des quarrés égaux à ceux du plan, ce qui eſt une ſuite
des principes ci-deſſus.

De la maniere de repréſenter les Lignes & les Figures élevées ſur le Plan du Terrein.

74. **PROBLEME.** *Trouver ſur le Tableau l'apparence d'une Ligne
droite élevée perpendiculairement ſur un point* P *du Plan* ABCD,
(Fig. 36.) *dont la principale eſt* MN.

Je cherche l'apparence *p* du point P en menant la perpendiculaire PQ ſur AB, puis faiſant *nq* = NQ, & le reſte comme ci-
deſſus. Du point *q* je mene dans le tableau la droite *qs* perpendiculaire ſur la baſe *ab* & égale à la ligne perpendiculaire élevée
ſur le point P dont on demande l'apparence; du point S je mene
la droite *sr* à l'apparence *r* du point de vûe, & du point *p* je mene
entre les lignes *qr*, *sr* la droite *pt* paralelle *qs*. Cette droite *pt* eſt
l'apparence demandée. Ce que je démontre ainſi.

A cauſe que les lignes *qr*, *sr* vont aboutir à l'apparence *r* du point de vûe, ces deux lignes repréfentent deux lignes paralelles, dont l'une QP prolongée jufqu'à l'horizon eft dans le plan du terrein, & perpendiculaire à la ligne de terre AB, & l'autre eft élevée au-deffus du terrein d'une hauteur égale à *qs*. Or les lignes *qs*, *pt* repréfentent deux lignes paralelles entre les deux précedentes ; donc les lignes *qs*, *pt* repréfentent deux lignes égales, dont l'une feroit perpendiculaire fur le terrein en Q, & l'autre en P, & partant, la ligne *pt* eft l'apparence de la ligne demandée. Les Problemes fuivans renferment des pratiques encore plus commodes.

75. **PROBLEME.** *Plufieurs lignes égales étant élevées perpendiculairement fur le plan* ABCD *aux points* P, T, O, S, X *d'une droite* PX *paralelle à la ligne de terre, trouver l'apparence de ces lignes,* (Fig. 37.)

Je cherche l'apparence *px* de la ligne PX & les apparences *p*, *t*, *o*, *s*, *x*, des points P, T, O, S, X, (*N.* 70.) je cherche auffi l'apparence *p*1 de la ligne perpendiculaire fur le point P, (*N.* 74.) du point 1 je mene dans le tableau la ligne 15 paralelle & égale à *px*, puis des points *t*, *o*, *s*, *x*, je mene entre les droites *px*, 15, les lignes *t*2, *o*3, *s*4, *x*5 égales & paralelles à la droite *p*1, ce qui me donne les apparences des lignes demandées. En voici la démonftration.

Les lignes élevées fur les points P, T, O, S, X étant égales & perpendiculaires fur le plan & fur la ligne PX, font paralelles entr'elles, & la droite qui pafferoit par leurs fommets eft paralelle & égale à la ligne PX, & par conféquent cette ligne eft auffi paralelle à la ligne de terre AB, & fon apparence dans le tableau doit être paralelle à *ba* ou *px*, (*N.* 53.) or la ligne *p*1 étant l'apparence de la perpendiculaire élevée fur le point P par la conftruction, le point 1 eft l'apparence d'un point de la droite qui feroit menée par les fommets de toutes les perpendiculaires, & la droite 15 eft la direction de l'apparence de cette ligne, & partant les apparences des perpendiculaires doivent fe terminer fur 15. Or les apparences des perpendiculaires doivent être perpendiculaires fur la bafe *ab* du tableau qui eft la ligne de terre, (*N.* 54.) donc elles doivent être auffi perpendiculaires fur *px* ; ainfi ces apparences doivent être les droites *p*1, *t*2, *o*3, &c.

De-là il fuit que fi plufieurs lignes égales font perpendiculaires fur le terrein, & également éloignées de la ligne de terre, leurs apparences fur le tableau font égales.

76. PROBLEME. *Plusieurs lignes égales étant élevées perpendiculairement sur le plan ABCD, (Fig. 38.) en des points P, T, &c.
inégalement éloignés de la ligne de terre AB, trouver leurs apparences
sur le tableau.*

Des points P, T, &c. je mene les droites PQ, TS, &c. perpendiculaires sur la ligne de terre AB; je fais $nq = NQ$, & ns
$= NS$; je mene les droites qr, sr, & achevant le reste à l'ordinaire, je trouve les apparences p, t des points P, T; du point a
je mene la droite ar qui est l'apparence de la droite AD prolongée
jusqu'à l'horizon. Je porte sur le côté du tableau la droite az
égale à la hauteur des perpendiculaires égales élevées sur les
points P, T, & du point z je mene la droite zr. Des points p, t
je mene les droites pf, ti paralelles à la base du tableau, & des
points f, i où ces lignes coupent la droite ar, je mene entre les
lignes ar, zr les droites $f3$, $i4$, paralelles à az; sur le point p de
la ligne fp j'éleve la perpendiculaire $p1$ que je fais égale à $f3$,
& sur le point t de la ligne it j'éleve la perpendiculaire tz que
je fais égale à $i4$, & les deux lignes $p1$, $t2$ sont les apparences
demandées. Ce que je prouve ainsi.

A cause que les droites ar, zr aboutissent au point r, ces deux
lignes représentent deux lignes paralelles, dont l'une est la droite
AD prolongée jusqu'à l'horizon, & l'autre est une autre droite
élevée au-dessus du point A d'une hauteur égale à az; ainsi les
lignes $f3$, $i4$ étant paralelles entr'elles & comprises entr les deux
ar, zr représentent des lignes égales entr'elles & à la ligne élevée
sur le point P. Or la droite fp étant paralelle à la ligne ab représente la ligne FP du terrein laquelle est paralelle à AB. Donc,
les lignes égales $f3$, $p1$ représentent des perpendiculaires élevées
sur les points F, P égales entr'elles & à la ligne az, ($N.$ 75.)
qui est la hauteur de la perpendiculaire dont on demande l'apparence, & partant $p1$ est l'apparence de celle qui seroit élevée
sur le point P; & on prouvera de la même façon que $t2$ est l'apparence de la perpendiculaire qui seroit élevée sur le point T
& égale à la hauteur az.

On trouvera ci-dessous ($N.$ 84.) la maniere de représenter
plusieurs lignes inégales perpendiculaires sur differens points du
terrein.

77. PROBLEME. *Trouver sur le tableau l'apparence d'un paralellepipede dont la base sur le plan est PVTQ, & dont les côtés montans
font perpendiculaires sur la base, (Fig. 39.)*

Je cherche l'apparence *pqtu* de la bafe PQTV, je porte fur le
côté du tableau la hauteur *af* du paralellepipede, des points *a*, *f*
je mene les droites *ar*, *fr*; je prolonge les droites *ut*, *pq* jufqu'à
ce qu'elles coupent *ar* en *x* & *z*, & des points *x*, *z* je mene entre
les droites *ar*, *fr* les lignes *x2*, *z3* paralelles à *af*; j'éleve aux
points *u*, *t* les droites *u4*, *t5* égales chacune à *x2*, & aux points
p, *q* les droites *p6*, *q7* égales chacune à *z3*; puis menant les
droites 64, 45, 57, 76, la figure *pqtu4675* eft l'apparence
du paralellepipede propofé. Ce qui n'a pas befoin de démonftration.

78. PROBLEME. *Trouver l'apparence fur le Tableau d'un prifme
dont la bafe fur le plan eft l'exagone* PQSTVX, *& dont les côtés
montant font perpendiculaires fur la bafe.* (Fig. 40.)

Je cherche l'apparence *pqstux* de la bafe PQSTVX, je porte fur
le côté du tableau la hauteur *af* du prifme; des points *a*, *f* je mene
les droites *ar*, *fr*; des angles *p*, *q*, *s*, *t*, *u*, *x* je mene des paralelles
à la bafe *ab*, lefquelles coupent la droite *ar* en des points, d'où
je mene entre les lignes *ar*, *fr* des droites paralelles à *af*, & ces
droites étant tranfportées aux angles auxquels elles conviennent
font les apparences de la hauteur du prifme. Par exemple, la
droite 23 étant mife en *u* de *u* en 4 perpendiculairement fur la
bafe du tableau, eft l'apparence de la perpendiculaire élevée fur
le point V & égale à *af*, & ainfi des autres; de façon qu'en menant des droites par les fommets des perpendiculaires élevées
fur les points *p*, *q*, *s*, *t*, *u*, *x*, on aura l'apparence du prifme.

Et on trouvera de la même façon les apparences des autres folides perpendiculaires fur le terrein de quelque figure qu'ils foient;
mais il faut prendre garde quand on veut deffiner, que la plûpart
des lignes que l'on tire ne doivent plus paroître; par exemple,
il eft aifé de voir qu'eu égard à la pofition de l'œil, la furface
élevée fur le côté *px* de la bafe fera vifible de même que celles
qui font élevées fur les côtés *xu*, *ut*, & qu'au contraire celles
qui font élevées fur les côtés *pq*, *qs*, *st* ne peuvent être vûes à
caufe que les précédentes les cachent; ainfi après avoir trouvé
l'apparence du folide, il faudra effacer les perpendiculaires élevées fur les angles *q*, *s*, & laiffer fubfifter les autres.

C'eft en fuivant ces regles qu'on trouvera dans le tableau *abcd*
(*Fig.* 41.) l'apparence de plufieurs pilaftres dont les bafes font
les petits quarrés du plan ABCD, & dans le tableau *abcd* (*Fig.* 42.)

l'apparence de plusieurs colonnes dont les bases sont les cercles du plan ABCD, & ainsi des autres.

79. *Definition.* Si d'un point P élevé en l'air, (*Fig.* 43.) on abaisse une perpendiculaire PQ sur le plan ABCD du terrein, ce point Q se nomme *Projection* ou *Assiette* du point P. De même si de tous les points d'une ligne PT, (*Fig.* 44.) élevée en l'air, on abaisse des perpendiculaires sur le terrein, la ligne QV qui passe par tous les points où les perpendiculaires coupent le terrein sera la projection ou assiette de la ligne PT ; d'où l'on voit que la projection d'une ligne droite élevée en l'air & qui n'est pas perpendiculaire sur le plan du terrein, est toujours une ligne droite.

Si les extrêmités P, T d'une ligne droite PT élevée en l'air sont également éloignées du plan, la projection QV est égale à la droite PT ; car ces deux lignes sont alors paralelles entre les deux paralelles PQ, TV. Mais si les extrêmités M, T d'une droite MT ne sont pas à égale distance du plan, la projection QV est moindre que MT, à cause que QV est perpendiculaire entre les paralelles MQ, TV, & qu'au contraire MT est oblique ; ainsi si le point M s'éloignoit de plus en plus du plan, & que le point T restât toujours fixe, la projection de MT deviendroit petite de plus en plus jusqu'à ce que MT fût dans la position TN perpendiculaire au plan, & alors sa projection ne seroit plus qu'un point V.

Si un plan MNPQ est élevé en l'air, & qu'après avoir mené de tous ses angles des perpendiculaires M*m*, N*n*, P*p*, Q*q* sur le plan du terrein, on joigne ces points par les lignes *mn*, *np*, *pq*, *qm*, la figure *mnpq* sera la *projection* ou l'*assiette* du plan MNPQ, & cette projection sera égale au plan MNPQ, si ce plan est paralelle à celui du terrein, mais elle sera moindre si MNPQ est oblique ; de façon que si l'on fait tourner le plan MNPQ autour de son côté fixe QP, son *assiette* diminuera de plus en plus, & sera enfin une ligne droite *pq*, lorsque le plan MNQP sera dans la position QPZX perpendiculaire au terrein.

80. Ce que je viens de dire des lignes & des plans élevés en l'air doit s'entendre aussi des lignes & des plans qui coupent le terrein obliquement. Par exemple, si la ligne PM, (*Fig.* 46.) fait un angle aigu avec le plan du terrein, j'abaisse du point P la perpendiculaire PQ sur le terrein, & la droite MQ est l'*assiette* de la ligne MP. Il est clair que cette assiette diminuera à mesure

que MP fera un angle moins aigu, & qu'elle ne fera plus qu'un point M, lorfque MP fera perpendiculaire fur le plan.

De même, foit la furface MNPQ, (*Fig.* 47.) oblique fur le plan ABCD qu'elle coupe en MQ, j'abaiffe des angles N, P les droites NT, PX perpendiculaires fur ABCD, & menant les droites TM, TX, XQ, j'ai la projection ou l'affiette MTXQ du plan MNPQ, & cette projection diminuera à mefure que MNPQ fera un angle moins aigu avec le plan ABCD, & fe changera en la ligne MQ, lorfque le plan MNPQ fera perpendiculaire fur le terrein.

L'affiette d'un plan élevé en l'air, & qui n'eft pas dans une pofition verticale au plan du terrein, eft donc toujours un plan.

81. PROBLEME. *Trouver fur le Tableau l'apparence d'une ligne* PS, (Fig. 48.) *élevée obliquement fur le terrein* ABCD *au point* P.

Du fommet S de cette ligne je mene ST perpendiculaire fur le plan ABCD; ainfi PT eft l'affiette de cette ligne, & le point T eft l'affiette du point S. Je cherche dans le tableau les apparences *p*, *t* des points P, T. Je porte la grandeur de TS fur le côté du tableau de *a* en *f*, & je mene les droites *ar*, *fr*; du point *t* je mene *t*2 paralelle à la bafe *ab*, & du point 2 la droite 23 paralelle à *af*; enfin du point *t* je mene *ts* égale & paralelle à *23*, & la droite *ps* menée du point *p* au point *s*, eft l'apparence de la droite PS, ce qui n'a pas befoin de démonftration.

82. PROBLEME. *Trouver l'apparence d'un rectangle* MNPQ, (Fig. 49.) *élevé obliquement fur le plan* ABCD *qu'il coupe en* MQ.

Je mene des angles N, P des perpendiculaires NT, PV fur le plan du terrein, je cherche dans le tableau l'apparence des points M, Q, V, T. Je porte fur le côté du tableau la droite *af* égale à la hauteur VP ou TN; car ces deux hauteurs font égales à caufe que le plan MNPQ eft un rectangle; des points *t*, *u* je mene *t*2, *u*3 paralelles à la bafe *ab*, & des points 3, 2 les droites 34, 25 paralelles à *af*; du point *u* je mene *up* paralelle & égale à 34, & du point *t* la droite *tn* paralelle & égale à 25, & menant les droites *mn*, *np*, *pq*, *qm*, j'ai l'apparence *mnpq* du rectangle MNPQ.

83. PROBLEME. *Trouver l'apparence d'un plan* MNPQS *qui a plufieurs angles & qui coupe obliquement le plan* ABCD *en* MS. (Fig. 51.)

Des angles N, P, Q j'abaiffe fur le plan du terrein les perpendiculaires NT, PV, QX, & menant les droites MT, TV,

VX, XS, j'ai la projection MTVXS du plan MNPQS, je cherche l'apparence *mtuxs* de cette projection par les regles ordinaires. Je porte sur le côté du tableau la droite *af* égale à la hauteur NT, la droite *ae* égale à la hauteur VP, & la droite *ai* à la hauteur XQ. Des points *a*, *f*, *e*, *i* je mene les droites *ar*, *fr*, *er*, *ir*, & des angles *t*, *u*, *x*, je mene les droites *t*2, *u*3, *x*4 qui coupent *ar* aux points 2, 3, 4; du point 2 je mene entre les droites *ar*, *fr* la droite 25 paralelle à *af*, & du point *t* je mene *tn* égale & paralelle à 25. Ainfi *tn* eft l'apparence de la hauteur TN; car les droites *af*, 25 étant paralelles entre les lignes *ar*, *fr* repréfentent des lignes égales entr'elles & à caufe de *af* = TN, la ligne 25 repréfente une ligne égale à TN; or, à caufe de *t*2 paralelle à *ab*, les points 2, *t* repréfentent des points du plan également éloignés de la ligne de terre AB; donc les apparences 25, *tn* des perpendiculaires égales entr'elles & à TN doivent être égales. (*N.* 75.)

De même, du point 3 je mene entre les droites *ar*, *er* la ligne 36 paralelle à *ae*, & du point *u* je mene *up* égale & paralelle à 36, & la ligne *up* eft l'apparence de la ligne VP; enfin du point 4 je mene entre les droites *ar*, *ir* la ligne 47 paralelle à *ai*, & du point *x* je mene *xq* égale & paralelle à 47, & la ligne *xq* eft l'apparence de la ligne XQ. Par les mêmes raifons que nous venons de dire.

Les apparences des points M, N, P, Q, S du plan MNPQS étant ainfi trouvées, je mene les droites *mn*, *np*, *pq*, *qs*, *sm*, & j'ai l'apparence *mnpqs* du plan MNPQS.

84. *REMARQUE*. La pratique du Probleme précédent & la démonftration que nous en avons donné, nous fourniffent un moyen aifé de conftruire une Echelle qui fervira à trouver les apparences des differentes hauteurs inégales qui coupent le plan en differens points plus ou moins éloignés de la ligne de terre.

Soit le tableau *abcd*, (*Fig.* 50.) dont le point de vûe eft *r*; je porte fur le côté du tableau plufieurs parties égales *a*1. 12. 23. 34. 56, &c. de la grandeur, par exemple d'un pied de l'Echelle du plan; des points de divifion *a*, 1, 2, 3, 4, & je mene les lignes *ar*, 1*r*, 2*r*, &c. ainfi toutes les lignes paralelles à *a*1 & comprifes entre les deux *ar*, 1*r* repréfenteront des lignes égales qui vaudront chacune un pied; de même toutes les lignes paralelles à *a*2 & comprifes entre les droites *ar*, 2*r* repréfenteront des lignes égales qui vaudront chacune deux pieds, & ainfi des autres.

Suppofant donc que les points *m*, *h*, *q* foient les apparences de différens points du plan, & qu'on veuille l'apparence d'une hauteur de 2 pieds en *m*, de 3 pieds en *h*, de 6 pieds en *q*. Je mene des points *m*, *h*, *q*, les droites *mt*, *hf*, *qs* paralelles à la bafe *ab*; & du point *t* menant entre les droites *ar*, *2r* la ligne *tu* paralelle à *a2*; je mene du point *m*, la ligne *mp* égale & paralelle à *tu*, & *mp* eft l'apparence d'une hauteur de 2 pieds qui feroit fur le point du plan dont le point *m* eft l'apparence. De même du point *f* je mene entre les droites *ar*, *3r* la droite *f9* paralelle à *a3*, & du point *h* la droite *h7* égale & paralelle à *f9*, & la ligne *h7* reprefente une hauteur de 3 pieds qui feroit fur le point du plan dont le point *h* eft l'apparence. Enfin, du point S je mene entre les droites *ar*, *6r* la ligne *sx* paralelle à *ab*, & du point *q* la ligne *qz* égale & paralelle à *sx*, & cette ligne *qz* repréfente une hauteur de 6 pieds qui feroit fur le point du plan dont le point *q* eft l'apparence, & ainfi des autres.

85. PROBLEME. *Trouver l'apparence d'une droite* PQ *élevée en l'air au-deffus du plan* ABCD (Fig. 52.).

Des extrêmités P, Q, j'abaiffe fur le plan les perpendiculaires PS, QV. Je cherche les apparences *s*, *u* des points S, V; je porte fur le côté du tableau la droite *af* égale à la hauteur SP du point P, & la droite *ae* égale à la hauteur VQ du point Q; je mene des points *a*, *e*, *f* les droites *ar*, *er*, *fr*, & des points *s*, *u* les lignes *s2*, *u3*, qui coupent la droite *ar* aux points 2, 3; du point 2, je mene entre les droites *ar*, *fr*, la droite 24 paralelle à *af*, & du point 3 entre les droites *ar*, *er*, la droite 35 paralelle à *ae*. Du point *s*, je mene *sp* paralelle & égale à 24, & du point *u*, la droite *uq* égale & paralelle à 35, & joignant les points *p*, *q* par la droite *pq*, j'ai l'apparence *pq* de la droite PQ.

86. PROBLEME. *Trouver l'apparence d'un plan* PQST *élevé en l'air au-deffus du plan* (Fig. 53.).

De tous les angles T, P, Q, S du plan PQST j'abaiffe des perpendiculaires PV, QZ, SY, TX. Je cherche les apparences *u*, *z*, *y*, *x*, des points V, Z, Y, X, & j'acheve le refte comme dans les Problêmes précedens.

87. PROBLEME. *Trouver l'apparence d'un paralellepipede* PN *dont la bafe* PQRS *eft fur le plan, & dont les côtés montans font obliques fur le même plan* ABCD (Fig. 54.).

Des angles V, I, N, M, j'abaiffe fur le plan les perpendiculaires VX, IZ, NY, MT. Je cherche l'apparence *pqrs* de la bafe

PQRS,

PQRS, & l'apparence *xzyt* des points de projeétion X, Z, Y, T ;
je cherche auffi les apparences *ux*, *iz*, *ny*, *mt* des perpendiculaires VX, IZ, NY, MT ; enfin, menant les droites *pu*, *qi*, *sm*,
rn, *um*, *mn*, *ni*, *iu*, j'ai l'apparence *pn* du paralellepipede incliné
PN.

Et on trouvera de la même façon les apparences des autres
folides inclinés fur le plan ou élevés en l'air au-deffus du plan.
Mais en cela il fe rencontre fouvent une difficulté qu'il eft bon
d'éclaircir.

Soit, par exemple, le prifme triangulaire PQSVTX (*Fig.* 55.)
tronqué par les deux plans inclinés PQX, STV. Concevons que
ce folide foit élevé en l'air, de forte que fa face PQSV foit paralelle au plan du terrein ; il eft clair qu'on peut mener aifément
des quatre angles P, Q, S, V des perpendiculaires fur le terrein ; mais comme la même chofe ne peut pas fe faire à l'égard
des angles X, T à caufe qu'il faudroit traverfer le folide, je prolonge XT de part & d'autre en H & L jufqu'à ce que je puiffe
mener librement des points H, L des perpendiculaires HE, LF
fur le terrein ; ainfi la ligne EF eft la projeétion de la ligne HL,
& lui eft égale à caufe que nous fuppofons HL paralelle au terrein ; c'eft pourquoi retranchant de EF la partie ER égale à HX,
& la partie FY égale à TL, le refte RY eft égal à la ligne XT ;
ainfi menant les droites XR, TY, ces droites feront paralelles
& égales à EH, ou FL, & partant elles feront perpendiculaires
fur le terrein, & les points R, Y feront la projeétion des angles
X, T ; d'où il eft aifé de juger de ce qu'il faudroit faire dans
d'autres cas.

Suppofant donc que dans le plan ABCD (*Fig.* 56.) les points
P, Q, T, S, V, X foient la projeétion des angles du folide dont
nous venons de parler, & qu'on veuille reprefenter ce folide
élevé en l'air & foutenu par quatre piliers ; enforte que la hauteur de chacun de ces piliers foit égale à la ligne *af*, & que les
hauteurs de chacun des deux autres angles au-deffus des points
V, S foit égale à *ae*. Je cherche les apparences *p*, *q*, *t*, *s*, *u*, *x*
des points P, Q, T, S, V, X, je mene les droites *ar*, *fr*, *er*, &
achevant le refte à l'ordinaire, j'ai l'apparence demandée ; ainfi
qu'on voit dans la Figure, & de même des autres.

De quelle maniere on doit placer la Ligne principale ſur le Plan ; la Ligne horizontale , le point de vûe & les points de diſtance ſur le Tableau.

88. J'ai déja dit plus haut qu'il falloit beaucoup de choix & de goût pour repréſenter ſur un tableau les objets vûs du meilleur côté, & rendre leur apparence la plus gracieuſe qu'il ſe puiſſe. Pour dire maintenant quelque choſe de moins vague , entrons dans un petit détail.

89. Suppoſons que le plan ABCD (*Fig.* 57.) ſoit le plan d'un grand Parterre où ſont pluſieurs compartimens avec des Statues, des Baſſins, des Fontaines, des Allées, &c. & qu'il ſe trouve , ſi l'on veut , vers le fonds CD une grande & belle Maiſon, avec des aîles de part & d'autre, & que tout ſoit dans une parfaite ſymmétrie. En ce cas, ſi je veux repréſenter tous ces objets ſur un tableau , je dois placer ma ligne principale de façon qu'elle coupe le plan ABCD en deux également ; car pour bien découvrir le bel ordre qui régne dans ce parterre , il eſt clair qu'on doit ſe mettre ſur quelqu'un des points de la ligne MN prolongée du côté de R.

La même choſe doit s'obſerver toutes les fois qu'on veut repréſenter des objets qui ont une parfaite ſymmétrie , ſuppoſé que ces objets ſoient le ſujet principal du tableau ; ainſi dans le plan d'une grande Allée ornée de Statues, de Baſſins , ou dans celui de l'intérieur d'un Temple régulier, &c. on doit toujours mettre la ligne principale , comme nous venons de le dire.

90. Au contraire ſi les objets ſur le plan ABCD ou élevés ſur ce plan ne ſont pas ſymmétriſés, & qu'il s'en trouve de plus beaux, ou plus agréables à voir du côté de AD, que du côté de CB ; il faut placer la principale du côté de AD ; par exemple , en XZ, car par ce moyen les apparences des objets qui ſont du côté de AD paroîtront mieux, à cauſe que ce côté ſera vû moins obliquement que le côté CB.

De même , ſi les objets ſur le plan ABCD ou élevés ſur ce plan étoient dans une parfaite ſymmétrie, mais que le principal ſujet du Peintre fût quelque action qui ſe paſſeroit du côté de AD , il faudroit alors placer la principale du côté de AD , comme en

XZ par la raison que le principal sujet du Tableau doit toujours être celui qui frappe le plus.

Supposons qu'on veuille représenter l'Auditoire d'un Sermon fait devant le Roi, dans la Chapelle de Versailles. Le principal sujet est ici le Roi, & ce qui l'environne, les yeux des Spectateurs sont tournés de ce côté. C'est pourquoi si le Prédicateur est en H, & le Roi vis-à-vis en L ; il faut placer la principale le plus près qu'on pourra de L, afin que tout ce qui est du coté de BC paroisse beaucoup mieux. Et il y a dans ce cas deux choses à observer.

La premiere, c'est de ne pas offusquer le sujet principal par une multiplicité de figures inutiles. Ainsi ce seroit une grande faute si sous prétexte de représenter entiérement la Chapelle de Versailles, on mettoit la ligne de terre à l'entrée de cette Chapelle ; car comme dans un Sermon les personnes qui sont vers la porte, tournant le dos vers l'entrée de l'Eglise ; le devant du Tableau seroit rempli de figures qu'on verroit par derriere, ce qui feroit un fort vilain effet ; & d'ailleurs le sujet principal, & tout ce qui l'environne paroîtroit trop petit & seroit confondu dans la foule. La maxime générale est de ramener le sujet principal au devant du Tableau autant qu'il est possible, afin qu'il frappe davantage les yeux.

La seconde chose qu'il faut observer, c'est de faire entrer dans le Tableau tout ce qui a du rapport au sujet principal, de peur de laisser à deviner ce que l'on a voulu représenter. Je me souviens qu'étant autrefois dans une Ville du Languedoc, le Gouverneur de la Province alla entendre le Sermon, suivi d'une nombreuse Noblesse. L'Auditoire étoit brillant, la plupart des Dames de la Ville s'y trouverent dans toute leur parure, & le reste de l'Eglise étoit rempli d'une grande affluence d'Artisans & de Bourgeois. Un Peintre fameux, & qui réussissoit très-bien à faire des Portraits, se glissa dans la foule, & perça jusqu'auprès de la Chaire, sous la basse nef derriére le Prédicateur. Comme de-là il voyoit en face, le Gouverneur, la Noblesse, les Dames & le reste de l'Auditoire, tout le fruit qu'il tira du Sermon, fût de se graver dans l'imagination, les traits & les attitudes des principales personnes qu'il vouloit représenter, dans l'idée d'en faire un des plus beaux sujets qui eussent jamais paru en fait de Tableau. De retour chez lui, il fit son esquisse, il imprima sa toile, & se mit à travailler sans relâche, tout autre ouvrage cessant. Un hom-

me à talens qui travaille avec foin & application ne manque pas
de réuffir. Le Tableau étoit parfait, l'architecture fort bien repréfentée, les vifages très-reffemblans, les attitudes naturelles, les
draperies moëleufes, le clair-obfcur jetté avec beaucoup d'art,
les couleurs vives & bien menagées, en un mot, il n'y auroit
rien eû à defirer, fi on y avoit vû la Chaire & le Jefuite qui dé-
bitoit fon Sermon. Satisfait de la beauté de fon Ouvrage, le
Peintre s'empreffa de l'étaler aux yeux de tous ceux, qui, par
curiofité ou par envie de fe faire peindre, venoient dans fon attelier.
Le bruit s'en répandit bien-tôt, le Tableau du Sermon fut pendant quelque-tems l'unique fujet des entretiens, des affemblées,
& des promenades ; on accouroit en foule pour le voir, & dire,
je l'ai vû : Tout le monde applaudiffoit, & à l'exception d'une
ou deux Dames que le Peintre n'avoit pas trouvé affez jolies
pour y mettre leurs portraits ; tous les fuffrages étoient réunis ;
perfonne ne s'apperçevoit que le Jefuite y fût de moins. Ces
éloges multipliés & qui paffoient de bouche en bouche, com-
mençoient à enfler le cœur de notre Peintre. Il regardoit fon
Tableau comme un protecteur qui devoit lui faire une fortune
brillante. Son efprit ne fe repaiffoit plus que d'un bel Hôtel qu'il
auroit bien-tôt dans Paris, d'un ou deux carroffes dans fes remi-
fes, de fix chevaux dans fon écurie, & enfin, de la place de premier Peintre du Roi, qu'on ne pourroit lui refufer. Malheureu-
fement arriva un Gafcon forti recemment de fa Province, & qui,
bien différent de ceux qui ont fréquenté long-tems la Ville & la
Cour, ignoroit encore l'art d'étouffer un bon mot. *Eh quadedis !*
s'écria t-il en voyant le Tableau, *voilà Monfieur le Gouverneur
tout craché ; c'eft lui-même en chauffe & en pourpoint ; voilà mon bon
ami le Vicomte........ comme il a l'air de petit Maître ; voilà
Madame la Marquife...... quelle eft gentille & aimable ! elle étoit
hier à la Comédie, tout le monde jettoit les yeux fur elle, & je fus
cent fois fur le point de monter à fa Loge pour lui faire des compli-
mens fur fa beauté ; voilà le petit Chevalier....... laiffez le venir,
ce fera un bon égrillard, c'eft dommage que fon pere le gâte un peu trop :*
Et cent autres exclamations de cette nature qui fortent abondamment de la bouche d'un Gafcon ; on eût dit qu'il montroit la lan-
terne magique : *Mais, Monfieur,* continua-t-il en s'adreffant au
Peintre, *que fait-là cette belle affemblée, toutes les figures ont les
yeux tournés en haut & vers un même point ? D'où vient cette attention qu'on voit fur leur vifage ?...... Quoi ! Monfieur,* s'écria le

Peintre en colére, *ne voyez-vous pas que cette Architecture repré-*
sente notre Cathedrale, que voilà le Grand-Autel, & voici la Chaire
de notre Evêque que je n'ai point représenté, parce qu'il est à Paris
pour des affaires de son Diocèse ; que quand tous les visages sont ainsi
tournés d'un même côté dans une Eglise, & qu'ils regardent fixement
à un même endroit, c'est qu'ils écoutent attentivement le Sermon qu'on
leur fait ? . . . . . . *Eh ! pardon,* répliqua le Gascon, *je m'en dou-*
tois presque, mais je ne sçavois pas que dans votre Ville on prêchoit
sans Chaire ni Prédicateur. Je laisse à juger des risées que cette
saillie excita, de la fureur du Peintre, & des fables qu'on en
fit de toutes parts. Dès ce moment il ne fût plus question du
Tableau que pour rappeller la plaisanterie que le Gascon en avoit
faite.

J'avouë que dans cette occasion la sincérité du Gascon fut un
peu trop grande ; le Tableau comprenoit une infinité de belles
choses ; & par-là il semble qu'on pouvoit passer au Peintre la faute
qu'il avoit commise ; cependant il n'y avoit pas grand mal. Il ne
faut rien laisser d'ambigu dans un Tableau ; le principal sujet doit
y briller le plus ; mais aussi toutes ses dépendances doivent néceffairement s'y trouver. *Falloit-il donc,* difoit alors une Dame qui
se trouvoit fort bien dans ce Tableau, *falloit-il que pour peindre le*
Prédicateur & la Chaire, le Peintre passât sous l'autre nef, & nous
représentât tous par derriere ? Non, certainement des Tableaux ainsi
faits n'ont rien de gracieux, mais il y avoit un milieu à prendre,
& ce milieu confistoit à placer sa ligne principale, comme je l'ai
dit ci-dessus. Je ne doute point que grand nombres de Tableaux
qui font aujourd'hui fort renommés ne fussent bien-tôt mis au
rebut, fi tous ceux qui les regardent étoient des Gascons aussi
sincéres que celui dont je viens de parler. On dessine exactement, le coloris est beau, les teintes bien entendues ; mais on
péche contre la vraisemblance, on néglige les régles de la perfpective, les figures font entassées les unes sur les autres, les diminutions des grandeurs ne font pas exactement observées, &
la plupart du tems fi l'on demandoit au Peintre le plan &
l'élevation de ce qu'il a voulu dépeindre, on le jetteroit dans un
embarras dont il ne lui feroit pas facile de se tirer. Les idées
pictorefques ne font permifes qu'autant qu'elles ne s'écartent ni
des régles de la Nature, ni de celles de la vrai-femblance ; &
qu'elles ne laiffent aucune ambiguité. Un Tableau est un Livre
qui parle aux yeux. Il faut qu'il parle aussi clairement que le fe-

roient les objets qu'il repréfente. Tout ce qui eft obfcur ou éni-
gmatique ne doit point s'y trouver.

91. Lorfque la ligne principale paffe par le milieu du plan,
& que le but du Peintre eft de repréfenter des objets fymmétrifés;
la hauteur de l'œil doit être plus grande que la hauteur naturelle
d'un homme, c'eft-à-dire que l'apparence de la ligne horizontale
doit être placée affez haute dans le Tableau, la raifon en eft que
fi cette ligne étoit plus baffe, les apparences des compartimens
d'un Parterre plus éloignées de la bafe du Tableau paroîtroient
trop petites & trop refferrées. De même s'il y avoit des Allées ou
des colonnes & des piliers, &c. placés fur des lignes perpendiculaires fur la ligne de terre, les arbres, les colonnes, les piliers,
&c. ne paroîtroient pas affez détachés les uns des autres, c'eft
pour la même raifon que dans ces occafions on peut placer les
deux points de diftance aux deux extrêmités du Tableau ou à une
très-petite diftance de ces extrêmités en-dehors; car en agiffant
ainfi, les lignes menées aux points de diftance coupent celles qui
font menées à ce point de vûe en des points plus éloignés de la
bafe du Tableau, ce qui fait que les apparences des objets tracés
fur le plan ou élevées au-deffus du plan font plus diftinctes &
féparées entr'elles. Il faut pourtant prendre garde de ne pas placer le point de l'œil extrêmement haut; car de-là il arriveroit
que les apparences des toits des Maifons paroîtroient trop grandes, & que les figures qu'on voudroit dépeindre fur le terrein
feroient trop petites & trop racourcies. Ces hauteurs de l'œil fi
élevées ne font bonnes que pour des plans qu'on veut repréfenter, comme on dit à vol d'oifeau, tel qu'eft le nouveau Plan de
Paris; encore ces repréfentations font-elles toujours très-difgra-
cieufes; & j'aimerois mieux tout uniment donner le plan des
objets, comme on a coutume de faire dans les Cartes Topogra-
phiques, que de les préfenter fous un afpect auffi difforme, fous
prétexte de faire voir les élevations de quelques édifices. Nous
dirons plus bas de quelle maniere fe font ces élevations.

92. Mais fi le principal fujet du Peintre eft une action qui fe
paffe fur le plan, alors comme il faut rapprocher cette action
vers la bafe du Tableau autant que l'on peut, & que la fymmétrie
du plan ou des objets élevées fur le plan, n'eft qu'une acceffoire.
Il faut placer l'œil moins haut qu'à hauteur naturelle d'un homme,
deux ou trois pieds au plus fuffifent; par ce moyen les figures
qui compofent l'action auront leur tête au-deffus de la ligne ho-

rizontale, ce qui fait beaucoup mieux que si la ligne horizontale étoit au-dessus ou au niveau de leur tête, & le détail de toutes les parties paroîtra beaucoup mieux. Par la même raison les points de distance doivent être hors du Tableau ; car ce qu'on voit sous un angle moindre que 90 degrés, se voit beaucoup mieux & plus distinctement que si on le voyoit sous cet angle.

93. En général les deux points de distance ne doivent être dans le Tableau que dans le cas où il s'agit de représenter des objets symmétrisés, ou qu'il est question de peindre de grands Paysages ou des grandes vûes, comme seroit celle d'une Ville qu'on voit d'un peu loin.

94. Je ne grossirai point ce petit Traité par grand nombre d'autres Remarques que je pourrois faire touchant le choix des sujets, & la maniere de donner aux figures des attitudes qui en relevent la beauté. Il me suffira de dire que si on joint à la connoissance des Régles de la Perspective, une étude assidue des Ouvrages des grands Peintres, & qu'on s'attache à examiner & suivre la Nature, on ne manquera pas de parvenir à ce goût délicat qui est l'ame de la Peinture & du Dessein.

Des erreurs de quelques Personnes en fait de Perspective.

95. Les erreurs dont nous allons parler sont d'autant plus dangereuses qu'elles paroissent fondées sur les principes les plus certains. Ces principes sont les suivans :

96. Ier PRINCIPE. *Soient deux lignes droites* AB, BC (Fig. 58.) *perpendiculaires entr'elles à leur extrêmité commune* B ; *si l'on coupe l'une des deux* BC *en plusieurs parties égales* BD, DE, EC, *& que des points de division on mene à un point quelconque* A *de l'autre ligne* AB *des droites* DA, EA, CA, *ce qui donnera des triangles égaux* BAD, EAD, CAE, *à cause qu'ils ont les bases égales & les sommets au même point* A. *Je dis que les angles aux sommets de ces triangles seront d'autant plus petits qu'ils s'éloigneront de la perpendiculaire* AB, *c'est-à-dire l'angle* BAD *sera plus grand que l'angle* DAE, *& celui-ci sera plus grand que l'angle* EAC, *&c. Ce que je prouve ainsi :*

Du point A pris pour centre & avec un rayon égal à AD, je décris l'arc RDS qui coupe les lignes voisines AB, AE aux points R, S. Les triangles ABD, ADE sont égaux, comme je viens de le dire. Or, le secteur ARD est plus grand que le triangle ABD, & le secteur ADS est plus petit que le triangle ADE ; donc le ſecteur ARD eſt plus grand que le ſecteur ADS ; mais les ſecteurs ARD , ADS étant ſecteurs d'un même cercle ſont entr'eux comme leurs arcs RD , DS ; donc l'arc RD du ſecteur ARD eſt plus grand que l'arc DS du ſecteur DAS , & partant l'angle DAR meſuré par l'arc DR eſt plus grand que l'angle DAS meſuré par l'arc DS. De même ſi du point A pris pour centre & d'un intervale AE on décrit un arc HP entre les deux lignes voiſines AD, AC, on trouvera que le ſecteur HAE plus grand que le triangle DAE eſt plus grand que le ſecteur EAP , lequel eſt moindre que le triangle EAC , & que par conſéquent l'arc HE eſt plus grand que l'arc PE , & l'angle HAE plus grand que l'angle EAC, & ainſi des autres.

97. *Si l'on prolonge la ligne* CB *de l'autre côté, & qu'ayant diviſé ſon prolongement* BM *en parties* BO, OS, SM *égales aux parties* BD, DE, &c. *on mene au point* A *les droites* OA , SA , MA , *les angles aux ſommets des triangles* BAO, OAS, SAM *ſeront égaux chacun à chacun aux angles au ſommet des triangles* BAD, DAE, EAP:

Car 1°. les triangles rectangles ABD , ABO ayant le côté AB commun & le côté BD égal au côté BO , ſont parfaitement égaux ; donc l'angle BAD eſt égal à l'angle BAO. 2°. A cauſe des triangles ABD , ABO parfaitement égaux, nous avons AO $=$ AD, & par la conſtruction OS $=$ DE , mais l'angle AOB étant égal à l'angle ADB, l'angle AOS complement à deux droits de l'angle AOB eſt égal à l'angle ADE complement à deux droits de l'angle ADB; donc les triangles AOS, ADE ſont parfaitement égaux, puiſqu'ils ont deux côtés égaux chacun à chacun, & l'angle compris égal à l'angle compris, & par conſéquent l'angle OAS eſt égal à l'angle DAE, & ainſi des autres.

98. *En général ſi deux triangles* AHD, APS (Fig. 59.) *ont des baſes égales* HD, PS *ſur une même ligne droite* HS, *& que leurs ſommets ſoient à un même point* A, *l'angle* HAD *au ſommet du triangle* HAD *qui eſt plus proche de la perpendiculaire* AB *menée ſur* HS *eſt plus grand que l'angle* PAS *au ſommet de l'autre triangle* PAS.

Car à cauſe de la baſe MS plus éloignée de la perpendiculaire AB que la baſe HD, l'oblique AM eſt plus grande que l'oblique AD qui eſt plus proche qu'elle de la perpendiculaire AB, & l'oblique AS eſt plus grande que l'oblique AH. Ainſi les deux triangles MAS, DAH ont les baſes égales, mais les deux côtés AM, SM du triangle MAS ſont chacun plus grands que les côtés DA,

HA

HA du triangle DAH, donc l'angle MAS est plus grand que l'angle DAH (*N*. 42.).

99. SECOND PRINCIPE. *Soit décrit sur le plan* MN *du terrein* (*Fig.* 60.) *un cercle* ABC *au centre* P, *duquel soit un homme debout dont l'œil est en* O, & *que du côté où il regarde soient élevées sur différents points* A, B, &c. *de la circonférence des figures d'égale hauteur* AD, BE *perpendiculaires sur le terrein. Je dis que ces figures formeront dans l'œil* O *des images égales.*

Des points D, A, E, B, je mene les droites DO, AO, EO, BO, & du centre P, je mene sur le plan du cercle les rayons PA, PB; la droite OP étant perpendiculaire sur le plan du cercle, est par conséquent perpendiculaire sur les rayons PA, PB, qui passent par son pied P; ainsi les triangles OPA, OPB sont rectangles & parfaitement égaux, à cause du côté OP commun, & du côté PA égal au côté PB, d'où il suit que l'hypothenuse OA est égale à l'hypothenuse OB, & que l'angle OAP est égal à l'angle OBP. Or, les droites AD, BE étant perpendiculaires sur le plan du cercle, sont aussi perpendiculaires sur les rayons PA, PB qui passent par leurs pieds A, B, & partant elles sont paralelles à la droite PO, laquelle est perpendiculaire sur le plan; ainsi les plans ODAP, OEBP sont perpendiculaires sur le cercle, & les angles DAP, EBP sont droits. Retranchant donc de l'angle DAP l'angle OAP, & de l'angle EBP, l'angle OBP égal à l'angle OAP, comme on vient de voir; il restera l'angle OAD égal à l'angle OBE, & par conséquent les triangles OAD, OBE qui ont le côté OA égal au côté OB, le côté DA égal au côté BE, & l'angle compris OAD égal à l'angle compris OBE sont parfaitement égaux; d'où il suit que l'angle AOD est égal à l'angle BOE; or, les angles AOD, BOE sont les angles sous lesquels l'œil O voit les figures égales AD, BE; donc à cause de l'égalité de ces angles les figures AD, BE forment dans l'œil des images égales (*N*. 33.).

100. Nota. *Si dans le plan du cercle* ABC (*Fig.* 61.) *on mene une corde* EF, & *que du centre* P *on mene des rayons* PI, PA, PB, PH, PL, &c. *qui coupent cette corde,* & *dont l'un* PB *soit perpendiculaire sur la corde* EF. *Je dis* 1°. *que de toutes les parties* RI, SA, TB, VH, XL *de ces rayons comprises entre la circonférence,* & *la corde la plus grande est la partie* TB *qui appartient au rayon* PB *perpendiculaire sur la corde* EF. 2°. *Que les autres parties* SA, RI, &c. *des autres rayons comprises entre la circonférence* & *la corde diminueront de plus en plus à mesure qu'elles appartiendront à des rayons qui s'éloigne-*

ront davantage du rayon PB. 3°. *Que celles qui appartiendront à des rayons également éloignés du rayon* PB *feront égales.*

Car 1°. la partie extérieure PT du rayon PB étant perpendiculaire fur la corde EF eft plus courte que les parties extérieures PV, PS, &c. des autres rayons, lefquelles font obliques fur la même corde. Or, tous les rayons font égaux, donc la partie reftante TB du rayon PB doit être plus grande que chacune des parties reftantes SA, VH, &c. des autres rayons. 2°. Le rayon PH étant plus proche du rayon PB que le rayon PL fa partie extérieure PV eft moins oblique fur la corde EH que la partie extérieure PX du rayon PL, laquelle eft plus éloignée de la perpendiculaire PT; donc PV eft moindre que PX, & partant la partie reftante VH eft plus grande que la partie reftante XL, & ainfi des autres. 3°. Enfin, fuppofé que les rayons PA, PH foient également éloignés du rayon PB, les angles APB, HPB feront égaux, & les triangles rectangles PTS, PTV auront les trois angles égaux chacun à chacun, & feront parfaitement égaux à caufe du côté PT commun; ainfi la partie extérieure PS du rayon PA fera égale à la partie extérieure PV du rayon PH, & par conféquent l'intérieure SA fera égale à l'intérieure VH. On fentira bien-tôt l'utilité de cette Remarque.

101. Ire ERREUR. Suppofons que AB (*Fig. 62.*) foit la hauteur d'une grande Tour que deux hommes d'égale hauteur AC, DB foient debout l'un au pied de la Tour en AC, & l'autre en haut en DB, que P foit les pieds d'un homme qui regarde cette Tour, & dont la hauteur de l'œil eft PO; fi l'on demande à la plupart des Peintres & des Deffinateurs : comment on doit repréfenter ces deux hommes fur le Tableau? Ils ne manqueront pas de décider hardiment que l'homme en DB doit être repréfenté plus petit que celui qui eft en AB par la raifon qu'il eft plus éloigné de l'œil O, & cette raifon eft conforme au premier principe que nous venons d'établir; car fi l'on mene les rayons vifuels CO, AO, DO, BO, les triangles COA, DBO qui ont les bafes AC, DB égales entr'elles & fur la même droite AD, & qui ont leurs fommets au même point O feront égaux entr'eux; mais à caufe que le triangle CAO eft plus près de la perpendiculaire qu'on meneroit du point O fur AD que ne l'eft le triangle DAB, l'angle au fommet COA eft plus grand que l'angle au fommet DOB, & l'homme AC vû fous un angle plus grand fera auffi une image plus grande dans l'œil O que l'homme DB qui eft vû fousun

angle plus petit (*N*. 33.). Cependant je vais faire voir que si la prétention de ces Messieurs étoit véritable, toutes les Régles de Perspective que nous avons données jusqu'ici, & qu'ils suivent eux-mêmes partout à l'exception du cas present, seroient entiérement détruites & sapées jusques aux fondemens. Ce sera à eux après cela à voir s'ils veulent tomber en contradiction, ou s'ils sont en état de démontrer la fausseté de nos Régles, & d'en établir d'autres sur la certitude & l'évidence desquelles nous puissions mieux compter.

En premier lieu donc, supposons que la ligne MX menée sur le terrein passe par les pieds P du spectateur, qu'entre l'œil & la Tour soit mis le tableau RSTV perpendiculaire sur le terrein, de façon que la ligne de terre RV soit paralelle à la ligne MX; les rayons visuels menés des points D, B, C, A, & de tous les autres points de la Tour formeront un triangle DOA, & à cause que la base DA est perpendiculaire sur le terrein de même que le tableau; ce triangle coupera le tableau en une ligne *da* perpendiculaire sur la base RV du tableau, comme nous l'avons démontré plus haut (*N*. 54.), & paralelle à DA. Ainsi la partie *db* de cette ligne sera l'apparence de l'homme DB, la partie *ca* l'apparence de l'homme CA, & la partie *ba* l'apparence de la Tour. Or, les triangles semblables DOA, *doa* donnent DO. *do* :: AO. *ao*, & à cause des triangles semblables DOB, *dob*, nous avons DB. *db* :: DO. *do*; donc DB. *db* :: AO. *ao*; mais les triangles semblables COA, *coa*, donnent AC. *ac* :: AO. *ao*; donc DB. *db* :: AC. *ac*; or, par la construction DB=AC, donc *db* = *ac*; c'est-à-dire les apparences *db*, *ac* des hommes DB, AC sont égales sur le tableau. Mais comme l'angle *dob* sous lequel *db* est vû est égal à l'angle DOB sous lequel on voyoit DB, & que l'angle *coa* sous lequel *ca* est vû est égal à l'angle COA sous lequel on voyoit CA, les apparences égales *db*, *ca* feront dans l'œil les mêmes images que feroient DB, CA, & par conséquent *ab* sera vû sur le tableau plus petit que *ca*, quoique ces apparences soient égales, de même que DB étoit vû plus petit que son égal CA. Il n'est donc pas vrai qu'il faille représenter sur le tableau l'homme DB plus petit que l'homme AC, puisqu'en mettant l'apparence *db* égale à l'apparence *ac* on ne laisse pas que de voir *db* moindre que *ac*, & cela précisément dans le même rapport qu'on voyoit DB plus petit que AC, à cause que les angles visuels conservent les mêmes rapports.

T t ij

En second lieu, si l'on veut que quoique l'apparence *db* paroisse plus petite que l'apparence *ac*, il saille cependant la diminuer encore pour faire un meilleur effet, consentons-y pour un moment, & faisons cette apparence égale à *bn*. Je mene du point O le rayon O*n* que je prolonge jusqu'à ce qu'il coupe BD en N; l'angle sous lequel *bn* sera vû sera donc l'angle *nob* moindre que *dob*; mais comme l'angle *nob* est le même que l'angle NOB sous lequel l'œil voit la partie NB de l'homme DB; il s'ensuit que l'image que *nb* fait dans l'œil est la même que feroit un homme qui feroit au haut de la Tour, & dont la hauteur feroit moindre que la hauteur de l'homme AC ou de l'homme DB; ainsi l'apparence *nb* feroit celle d'un homme moindre que DB.

On dira sans doute qu'à la vérité l'image que *db* fait dans l'œil est la même que celle que DB y feroit, mais que l'ame ne s'en tient pas toujours à l'image faite sur la retine par les objets, & qu'il y a bien des occasions où une même image donne différentes perceptions, ainsi que je l'ai moi-même remarqué plus haut (*N. 36.*). Or, à cela je répons que pour faire que le tableau donne à l'ame les mêmes perceptions que lui donneroient les objets. Le meilleur moyen, le plus sûr & même l'unique, est de représenter ces objets avec toutes les circonstances qui les environnent & chaque chose sous l'angle sous laquelle elle est vûe; si la Tour est fort élevée au-dessus des autres édifices, si son sommet est uniquement environné d'air, si on la voit jusqu'au pied ou si quelque objet interposé ne nous en laisse voir que la partie supérieure, &c. Toutes ces circonstances doivent se trouver dans le tableau, & dès-lors les apparences ne manqueront pas de faire le même effet que la réalité, à condition cependant qu'on observe les diminutions des teintes selon les éloignemens, & que les objets plus distans de l'œil ne soient pas dessinés avec toute la recherche avec laquelle on en dessineroit un autre semblable qui feroit plus proche du spectateur. Un homme qui est au haut d'une grande Tour n'est pas vû si distinctement qu'un autre qui feroit au bas. Ce feroit donc une faute considérable de vouloir marquer tous ses traits, & de le colorer avec la même vivacité de teintes. J'ai vû plus d'une fois des tableaux être admirés par des ignorans, à cause que dans les figures qui étoient dans le lointain on y voyoit les yeux, la bouche, le nez, les doigts, leurs articulations, les ongles, &c. le tout avec la même netteté que si ç'avoient été des grandes figures mises sur le devant du tableau;

mais je n'ai jamais vû des perfonnes un peu entendues faire grand cas de ces fortes d'ouvrages. Boffe, célebre Graveur & très-habile en fait de Perfpeétive, de Peinture & de Deffein, a fait un Livre intitulé : Le Peintre converti aux regles de fon Art, & ce titre m'a toujours paru avoir une énergie à laquelle peut-être Boffe ne penfoit pas. En effet, la plûpart des Peintres qui ont l'imagination belle, le pinceau brillant & le deffin hardi, fe donnent fouvent des licences qu'ils nomment recherches & délicateffes de l'Art, mais qui ne font à vrai dire que des fauffes applications de quelques principes d'Optique mal entendus; nous venons d'en voir un exemple; mais de peur qu'ils ne fe rendent pas encore aux preuves que je viens de donner, & qu'ils ne s'imaginent au contraire qu'on veut ôter de leurs ouvrages ce qu'il y a de plus beau, & les réduire par-là au rang des Peintres ordinaires, achevons, s'il fe peut, d'operer leur converfion, ou du moins voyons ce qu'ils auront à répondre aux nouvelles preuves que je vais leur oppofer.

En troifiéme lieu, (*Fig. 63.*) je porte fur la hauteur AB de la tour, la hauteur AC de l'homme AC, de A en C, de C en E, de E en F, &c. jufqu'en B, foit que la hauteur AB contienne AC un certain nombre de fois exaétement, ou qu'elle le contienne un certain nombre de fois avec un refte; des points de divifion A, C, E, F, & je mene des rayons vifuels à l'œil O, les angles EOC, COA, font égaux à caufe qu'ils font faits de part & d'autre de la droite OC perpendiculaire fur BA; ainfi les deux parties égales EC, CA de la tour étant vûes fous des angles égaux paroiffent égales; mais comme les autres angles FOE, &c. s'éloignent de la perpendiculaire OC, ils deviennent petits de plus en plus, & par conféquent les autres parties égales FE, &c. de la tour étant vûes fous des angles qui vont en diminuant paroiffent à l'œil O d'autant plus petites qu'elles s'éloignent de la perpendiculaire OC, ou qu'elles s'approchent du fommet B de la tour. Or je demande à ceux qui prétendent qu'il faut dépeindre l'homme DB plus petit que l'homme AC, s'il faut auffi dépeindre les parties de la tour qui font du côté de B plus petites que celles du côté de A. Si on répond que les parties de la tour doivent être repréfentées égales, je demande pourquoi donc il faut dépeindre l'homme DB plus petit que l'homme AC? car de même que l'homme DB paroît plus petit que l'homme AC, les parties égales de la tour du côté de B paroiffent auffi plus petites que

T t iij

celles qui font du côté de A ; la raifon étant la même de part &
d'autre, la diminution des repréfentations doit l'être auffi à proportion des éloignemens. Si au contraire, on répond que ces
parties égales de la tour doivent être repréfentées inégales pour les
raifons que je viens d'alléguer, je remets le tableau entre l'œil
& la tour, comme ci-deffus, & je leur démontrerai que l'apparence *ba* de la tour BA étant paralelle à BA, eft divifée en parties proportionnelles à celles de la tour, & partant en parties
égales ; mais que de même que les parties égales de la tour font
vûes inégales par l'œil O, de même les parties égales de l'apparence *ba* font vûës inégales auffi à caufe que les angles fous lefquels
on voyoit les parties égales de la tour font les mêmes angles fous
lefquels on voit les parties égales de fon apparence *ba*. Enfin, fi
l'on prétend que malgré tout ce que je viens de dire, on doive
diminuer encore les apparences fur le tableau afin que l'ame s'apperçoive mieux des inégalités, je démontrerai comme auparavant
que l'apparence de la tour & celles de fes parties feront vûes
fous des angles plus petits que ceux fous lefquels on voyoit la
tour & fes parties, & que la diverfité de ces angles & la diminution des images dans l'œil dérouteront totalement les jugemens
de l'ame, d'autant plus que ces jugemens naturels & involon-
taires dépendent, non pas du caprice de ceux qui deffinent,
mais des rapports fixes & conftans que la Nature a établi entre les
images des objets & les angles fous lefquels on les voit.

Mais allons plus loin, & fuppofons que la ligne A1, (*Fig.* 64.)
paralelle à la ligne MZ qui paffe par les pieds du fpectateur foit
la bafe de la face AB81 de la tour AB oppofée à l'œil O ; je divife
comme auparavant la hauteur AB en parties égales à la hauteur
AC, & des points de divifion je mene entre les deux coins AB,
18 les droites C2, E3, F4, &c. paralelles à A1 ; ainfi fuppofant
que les deux coins AB, 18 foient parfaitement d'aplomb, les droites A1, C2, E3, F4, &c. feront égales ; mais à caufe que les
triangles vifuels à qui ces lignes égales fervent de bafe ont les côtés plus longs à mefure qu'ils s'éloignent davantage du triangle
CO2 perpendiculaire fur la tour, les angles au fommet O deviennent auffi plus petits, & les lignes égales C2, E3, F4, &c.
paroiffent d'autant plus petites qu'elles s'approchent davantage
du fommet B de la tour. Or je demande fi ces parties égales C2,
E3, F4 doivent être repréfentées fur le tableau égales ou inégales. Si on prétend qu'elles doivent être repréfentées égales ; donc

l'homme BD devra être auffi repréfenté égal à l'homme AC, il n'y a pas plus de raifon d'une part que de l'autre, & fi on veut qu'on les repréfente inégales, il s'enfuivra que cette Tour fera deffinée fur le tableau, comme un trapezoïde plus large par le bas que par le haut. Et je laiffe à juger fi une pareille repréfentation auroit quelque chofe de bien gracieux.

Tout ce que je viens de dire fait affez voir que l'Erreur que j'attaque renverfe la plupart des Principes de la Perfpective; mais pour achever de montrer qu'elle les fape tous, foit le plan ABCD (*Fig. 65.*) dont la principale eft MN, le point du fpectateur en quelque point R de MN prolongée, & fur ce plan foit mené la droite EF paralelle à la ligne de terre AB & coupée en parties égales ES, SX, XO, &c. Enfin, des points de divifion foient menées des perpendiculaires EA, ST, XZ, &c. fur la ligne de terre; il eft clair que les parties égales ES, SX, XO comprifes entre le point E & la principale MN étant inégalement éloignées du fpectateur R lui paroîtront inégales, que ES lui paroîtra plus petite que SX, & SX plus petite que XO, & la même chofe arrivera à l'égard des parties égales qui font entre le point F & la principale MN; de même la perpendiculaire EA plus éloignée de l'œil paroîtra plus petite que la perpendiculaire ST; celle-ci paroîtra plus petite que XZ, & ainfi de fuite jufqu'à la perpendiculaire ON qui paroîtra la plus grande; après quoi les autres paroîtront aller en diminuant jufqu'à la perpendiculaire FB. Cependant fi je veux repréfenter toutes ces lignes fur un tableau *abcd* en perfpective : il faut, felon les régles fuivies par ceux mêmes que nous attaquons ici, porter les diftances NZ, NT, NA, &c. fur la bafe du tableau de *n* en *z*, de *n* en *t*, &c. tirer des points de divifion *n*, *z*, *t*, &c. les droites *nr*, *zr*, *tr*, &c. prendre la grandeur AE de l'une des perpendiculaires égales AE, TS, &c. & la porter fur la bafe du tableau de *a* en *y*; mener du point *y* la droite *yl* à l'apparence *l* du point de diftance oppofé; enfin, du point *e* mener entre les lignes *ar*, *br*, la droite *ef* paralelle à la bafe. Cela fait, la droite *ef* eft l'apparence de la droite EF, fes parties *es*, *sx*, *xo*, &c. font les apparences des parties ES, SX, XO, &c. de la droite EF, les droites *ea*, *st*, *xz*, *on*, &c. font les apparences des perpendiculaires EA, ST, XZ, ON, &c. & fi l'on conçoit que le tableau foit mis perpendiculairement fur le terrein, enforte que la bafe *ab* tombe fur la ligne de terre AB, & le point *n* fur le point N, & que l'œil foit élevé au-deſſus du point R d'une hauteur égale à *al*, toutes les lignes *if*, *es*, *sx*, &c. *ae*, *ts*, &c. feront les mêmes images dans l'œil que les lignes EF, ES, SX, &c. AE, TS, &c. du terrein, à cauſe que les unes & les autres feront vûes ſous les mêmes angles. Or, ſi nous conſidérons les choſes de près, & le compas à la main, nous trouverons que les apparences *es*, *sx*, *xo*, &c. ſont égales entr'elles, de même que les droites ES, SX, XO, &c. dont elles ſont les apparences, & qu'au contraire les droites *ae*, *ts*, *zx*, *xo*, qui ſont les apparences des perpendiculaires égales AE, TS, ZX, vont en diminuant à meſure qu'elles approchent de *on*, car *on* étant perpendiculaire entre les paralelles *ef*, *ab* eſt plus courte que *xz*; celle-ci étant moins oblique entre les mêmes paralelles que *ts*, eſt par conféquent plus courte que *ts*, & par la même raiſon *ts* eſt plus courte que *ae*. Il n'eſt donc pas vrai que ce qui paroît plus petit doive toujours être repréſenté plus petit ſur le tableau, puiſque nous voyons ici qu'il y a des objets qui nous paroiſſent aller en augmentant, tels que ſont les parties ES, SX, XO, &c. & dont les apparences ſur le tableau ſont égales, & d'autres qui nous paroiſſent auſſi aller en augmentant, tels que ſont les perpendiculaires AE, TS, &c. & dont les apparences *ae*, *ts*, &c. vont en diminuant; mais il eſt toujours vrai qu'on doit dépeindre ſur le tableau les objets ſous les mêmes angles ſous leſquels on les voit, & avec toutes leurs circonſtances, puiſque nous éprouvons toujours qu'en obſervant ces régles, le tableau fait le même effet ſur nous que le feroient les objets qu'il repréſente.

Le Pere Lami voulant nous faire voir qu'il n'eſt pas vrai en général que les objets qui ſont vûs ſous les mêmes angles nous paroiſſent égaux; nous objecte en deux ou trois endroits de ſa Perſpective l'exemple de la Lune qui nous paroît plus grande quand elle eſt directement à l'horizon, que lorſqu'elle eſt élevée au-deſſus. Ce phénomene peut venir de deux cauſes, la premiere eſt que la Lune étant à l'horizon, ſon image & celle des terres interpoſées entr'elle & nous, ſont contigues dans notre œil, & comme l'horizon de terre ne s'étend guéres au-delà de huit ou neuf lieuës, & que notre ame n'apperçoit aucune ſéparation entre la Lune & l'horizon, elle juge la Lune plus proche que lorſqu'étant élevée au deſſus elle lui paroît iſolée; ainſi elle s'en forme une perception plus grande, quoique dans l'un & l'autre cas l'image dans l'œil ſoit la même; & la même choſe arrive ſur la

Mer

Mer dont l'horizon eſt un peu plus étendu que celui de terre.
La ſeconde cauſe eſt qu'il s'éleve du ſein de la terre des vapeurs
à travers leſquelles paſſent les rayons de la Lune qui entrent dans
la prunelle, ce qui fait que ces rayons ſouffrent des refractions
qui peuvent occaſionner une plus grande image dans l'œil. Or,
1°. un Peintre qui veut repréſenter une Lune qui s'éleve, ne la
dépeint pas toute ſeule & iſolée, il y met l'horizon ſoit de terre
ou de mer, & les objets interpoſés. Ainſi les mêmes circonſtances ſe trouvant ſur le tableau, la Lune dépeinte de la même grandeur fera la même image dans nos yeux, & l'ame en conſéquence de ſes jugemens naturels s'en formera une perception plus
grande, & qui ſera préciſément la même que celle qu'elle ſe
formoit en voyant la Lune à l'horizon. 2°. Les vapeurs qui s'élevent du ſein de la terre ne ſont pas toujours en même quantité,
il y en a tantôt plus tantôt moins, & quelquefois point du tout,
ou du moins très-peu; ainſi il eſt toujours libre au Peintre de ſuppoſer qu'il a fait ſon tableau dans un tems où ces vapeurs n'alte-
roient pas ſenſiblement l'image de la Lune. Nous rapporterons
plus bas une autre raiſon dont le Pere Lami prétend s'appuyer
pour détruire la régle que nous avons établie, & la foibleſſe de
ſa démonſtration nous fera voir qu'il eſt bien difficile de raiſon-
ner en homme d'eſprit, lorſqu'on veut s'en prendre à des principes qui portent avec eux la certitude & la conviction.

102. IIe Erreur. Soit ſur le plan ABCD (*Fig. 66.*) le point P
les pieds du ſpectateur, la ligne de terre EF, ſur laquelle eſt élevé
perpendiculairement le plan EFGH du tableau, la principale
PQ, le point de l'œil O, & la droite PO la hauteur de l'œil au-
deſſus du plan ABCD. Du centre P, & avec un rayon plus grand
que PQ ſoit décrit ſur le plan du terrein un arc de cercle EXLF
dont la ligne de terre EF ſoit la corde ſur laquelle la principale
PQ ſera par conſéquent perpendiculaire ; enfin, ſur pluſieurs
points X, L, &c. de cet arc ſoient élevées perpendiculairement
ſur le terrein des figures d'égale hauteur XM, LN, &c. Le ſentiment de quelques Peintres fameux, eſt que les figures égales
XM, LN, &c. doivent être repréſentées égales ſur le tableau,
par la raiſon que l'œil mis en O les voit égales, comme nous
l'avons démontré dans le ſecond Principe ci-deſſus (*N. 99.*); or,
comme cette façon de penſer n'eſt encore qu'une mauvaiſe application de ce Principe, laquelle tend à détruire les Régles les

plus certaines de la Perſpective ; il eſt à propos d'en mettre la fauſſeté dans tout ſon jour. Ce que je fais ainſi :

Je mene les rayons viſuels OM, OX, ON, OL ; les triangles OXP, OLP étant perpendiculaires ſur le plan du terrein
(*N*. 99.), de même que le plan EFHG du tableau, les droites Sx,
Ql, dans leſquelles ces triangles coupent le tableau ſont perpendiculaires ſur le terrein, & par conſéquent paralelles entr'elles,
& à la droite PO. Ainſi les triangles OXP, xXS ſont ſemblables, & donnent PX. OX :: SX. Xx ; par la même raiſon les
triangles PLO, QLl étant ſemblables, nous avons PL. LO ::
QL. Ll ; or, les triangles PXO, PLO étant parfaitement égaux
(*N*. 99.) donnent PX $=$ PL & OX $=$ LO ; donc SX. Xx
:: QL. Ll ; mais à cauſe que PL eſt perpendiculaire ſur la corde
EF, la droite SX eſt plus petite que la droite QL (*N*. 100.) ;
donc la droite Xx eſt auſſi plus petite que la droite Ll, & comme à cauſe des triangles parfaitement égaux OXM, OLN,
nous avons OX $=$ OL, nous avons auſſi Ox plus grand que Ol.
Maintenant à cauſe que MX & LN ſont perpendiculaires ſur le
terrein, le tableau EFHG qui eſt auſſi perpendiculaire ſur le
terrein, coupe les triangles viſuels OXM, OLN, en des lignes
mx, nl paralelles aux baſes MX, LN de ces triangles ; ainſi les
triangles ſemblables OXM, Oxm donnent OX. XM :: Ox. xm,
& à cauſe des triangles ſemblables OLN, Oln, nous avons
OL. LN :: Ol. ln ; mais nous avons OX $=$ OL & XM $=$ LN,
donc Ox. xm :: Ol. ln ; or, Ox eſt plus grand que Ol, donc xm
eſt plus grand que ln, c'eſt-à-dire l'apparence mx de la droite
MX eſt plus grande que l'apparence nl de la droite NL égale à
la droite MX, & on prouvera de la même façon que les apparences des lignes égales élevées perpendiculairement ſur le terrein, & ſur les points de l'arc EXLF feront d'autant plus grandes que ces lignes feront plus éloignées de celle qui eſt élevée
à l'extrêmité L du rayon PL qui coupe la corde EF en deux
également ; mais comme ces apparences inégales feront vûes
ſous les mêmes angles ſous leſquels on voyoit les lignes égales
qu'elles repréſentent, elles formeront des images égales dans
l'œil, & elles feront vûes égales. Il eſt donc faux qu'il faille repréſenter les figures XM, LN égales ſur le tableau, par la raiſon
qu'elles le ſont ſur le terrein, & qu'elles paroiſſent égales à l'œil.
Je dis bien plus, c'eſt que ſi on repréſentoit LN plus grand que

In, alors cette repréfentation étant vûe fous un angle plus grand nous paroîtroit plus grande que la repréfentation *mx* qui feroit vûe fous un angle moindre ; d'où il arriveroit que nous le jugerions plus proche de l'œil, & que par conféquent la repréfentation de la courbure EXLF, nous paroîtroit tourner fa convexité du côté de l'œil, au lieu qu'elle doit paroître tourner fa concavité de ce côté ; ainfi le tableau nous paroîtroit s'avancer vers nous par le milieu & s'éloigner par les extrêmités. Mais en voilà affez pour faire voir combien il eft dangereux d'abandonner les régles fûres & évidentes de la Perfpective, fous prétexte qu'elles paroiffent contraires à quelques Théoremes d'Optique que l'on interpréte mal.

De quelle façon un Sculpteur doit faire une Statue qu'on veut mettre au haut d'une Tour fort élevée, enforte que ceux qui la regarderont d'en bas, la voyent égale à la hauteur naturelle d'un homme.

103. Avant de répondre à cette queftion, je pofe pour principe inconteftable que *nous ne voyons jamais toutes les parties d'un objet dans le rapport naturel qu'elles ont entr'elles, & que pour les voir de la maniere la plus approchante de ce rapport, il faut que l'objet qu'on regarde foit la bafe d'un triangle ifofcele dont les côtés égaux foient les deux rayons vifuels menés des deux extrémités de l'objet à l'œil.*

Pour démontrer cet efpece de paradoxe, foit l'œil O (*Fig. 67.*) au fommet O du triangle ifofcele AOB ; je divife la bafe AB en parties égales en nombre pair ; par exemple, en fix, & des points de divifion menant des lignes au fommet O, j'ai fix triangles égaux ; or, à caufe que la bafe AB eft divifée en deux également en E, & que par conféquent le rayon OE eft perpendiculaire fur cette bafe, les deux angles DOE, FOE autour de cette perpendiculaire font égaux (*N.* 97.), & les parties égales DE, EF de la bafe AB paroiffent égales à l'œil ; de même les angles COD, HOF également éloignés de la perpendiculaire OE étant égaux, les deux parties égales CD, HF de la bafe AB paroiffent égales à l'œil, mais moindres que les deux CD, FH, à caufe que les angles COD, HOF, font moindres que les angles DOE, FOE, & par les mêmes raifons les deux parties égales AC, BH de la bafe AB paroiffent égales entr'elles ; mais moindres que les deux

CD , FH. Donc dans cette pofition de l'objet , les parties égales ne paroiffent égales que deux à deux , & par conféquent l'œil ne les voit pas dans le véritable rapport qu'elles ont entr'elles. Il ne refte donc plus qu'à faire voir que fi l'on met l'objet dans telle autre pofition que l'on voudra , l'œil verra ces parties égales d'une maniere encore plus éloignée de leur véritable rapport.

Soit donc le triangle fcalene OAB (*Fig.* 68.) au fommet duquel eft l'œil O , & dont la bafe eft la ligne AB divifée en fix parties égales ; je mene du fommet O la perpendiculaire OF fur la bafe, & fuppofant que cette perpendiculaire tombe fur le point F ; il eft clair que les deux parties EF , FH paroîtront égales à l'œil, que les deux DE, HB paroîtront auffi égales, mais moindres que les deux précédentes (*N.* 97.) , & que les deux CD, AC paroîtront inégales entr'elles & moindres chacune que les précédentes ; ainfi l'œil verra les parties égales de la ligne AB d'une façon moins approchante de leur véritable rapport que dans le cas précédent ; & comme plus la perpendiculaire menée du fommet fur la bafe s'éloignera du milieu E , plus auffi les parties égales de AB paroîtront inégales à l'œil ; il s'enfuit que dans aucun cas l'œil ne voit les parties égales d'un objet dans leur véritable rapport , & qu'il ne les voit jamais d'une façon plus approchante que lorfque la perpendiculaire menée de l'œil fur l'objet paffe par fon milieu.

104. *Nota.* Il eft bon d'obferver en paffant que fi la bafe AB (*Fig.* 67.) d'un triangle ifofcele AOB eft divifée en parties égales , & qu'après avoir mené des points de divifion des droites au fommet O, on mene entre ces droites prolongées , s'il le faut , une ligne MN qui ne foit pas paralelle à la bafe AB, cette ligne fera divifée par les lignes menées aux points de divifion de la bafe en parties toutes inégales entr'elles , les plus grandes feront celles qui feront plus éloignées du fommet O, & les moindres feront celles qui en feront plus proches. Ce que je prouve ainfi :

Du point S , je mene RP paralelle à AB, & à caufe que la droite AD comprife entre les droites OA , OC eft coupée en deux parties égales par la droite OC, la droite RP paralelle à AD, & comprife entre les droites OA , OD prolongées eft auffi coupée en deux parties égales par la droite OC prolongée en S ; ainfi nous avons RS = SP ; or, les triangles RSN, QSP ont le côté RS , égal au côté SP , l'angle RSN égal à l'angle QSP qui lui eſt oppoſé, mais l'angle obtus SRN eſt plus grand que l'angle SPQ ; c'eſt pourquoi ſi je mets le triangle QSP ſur le triangle RSN, enſorte que le côté SP tombe ſur ſon égal RS & l'angle QSP ſur ſon égal NSR l'angle SPQ tombera en-dedans de l'angle obtus SRN en SRX ; donc le côté QS tombera ſur SX plus courte que SN, & partant la partie NS de la droite NM ſera plus grande que la partie QS, & on prouvera de même que les autres parties de NM vont en diminuant à meſure qu'elles approchent du point M plus proche du ſommet O. Tout ceci poſé, venons à la ſolution de la queſtion propoſée.

105. Soit donc AB (*Fig. 69.*), la hauteur d'une Tour au ſommet de laquelle un Statuaire veut mettre une Statue qui paroiſſe de la même grandeur que le paroîtroit un homme qui ſeroit au pied de la Tour, & dont la hauteur ſeroit la droite AC. Du point C, j'éleve ſur la hauteur de la Tour une perpendiculaire indéfinie, & j'obſerve que ſi je prenois ſur cette perpendiculaire une partie EC égale à la partie CB de la hauteur de la Tour, & que je vouluſſe ſuppoſer que l'œil du ſpectateur fût en E, cet œil ne verroit rien au-delà du ſommet B de la Tour. Car menant la droite BE, l'angle BEC ſeroit de 45 degrés, & faiſant de l'autre côté de EC un autre angle REC de 45 degrés, l'angle droit REB renfermeroit tout ce que l'œil peut appercevoir ; or, pour bien voir la Statue qu'on veut mettre en B, il faut que l'œil puiſſe voir non-ſeulement la Statue, mais encore une partie du Ciel. Donc il faut que je recule la poſition de l'œil en quelque point O au-delà de E ; ce point O étant ainſi déterminé, je coupe la hauteur AC en deux parties égales AD, DC, & prenant CL = CD, ce qui donne LD = CA, j'obſerve encore qu'un homme qui auroit la poſition LD ſeroit vû beaucoup plus parfaitement que s'il avoit la poſition CA, à cauſe du rayon OC perpendiculaire ſur le milieu de LD (*N.* 103.). Je mene donc les rayons viſuels LO, DO, & l'angle ſous lequel je vois l'homme en LD eſt l'angle LOD. Or, il faut que la Statue qu'on veut mettre en B faſſe dans l'œil O un image égale à celle que fait LD ; c'eſt pourquoi je mene de l'œil O le rayon viſuel OB au ſommet B de la Tour, & faiſant en O avec le rayon OB un angle POB égal à l'angle LOD, & qui coupe en P la hauteur AB de la Tour prolongée, je dis que PB ſera la hauteur que le Statuaire doit donner à ſa Statue, car PB & LD étant vûs ſous les mêmes angles paroîtront égaux.

V v iij

Nota, 1°. Que la hauteur PB fera plus grande que la hauteur LD; car fi elles étoient égales, l'angle vifuel POB plus éloigné de la perpendiculaire OC feroit plus petit que l'angle vifuel LOD; or par la conftruction, l'angle POB eft égal à l'angle LOD; donc il faut néceffairement que la bafe PB foit plus grande que la bafe LD.

Nota, 2°. Qu'il n'y a pas à craindre que la ftatue PB paroiffe plus grande qu'il ne faut; car les images de PB, LD étant égales dans l'œil, & celle de PB étant ifolée au milieu de l'air, au lieu que celle de LD eft environnée d'autres objets, il y auroit plutôt à craindre que l'ame ne fe fît une perception plus grande de LD que de PB; ce qui pourtant n'arrivera pas, à caufe que la ftatue n'eft pas totalement détachée de la tour, & qu'elle y tient du moins par les pieds, & cela occafionnera dans l'ame, je ne dis pas un jugement naturel, mais un jugement volontaire par lequel elle dira : les images de PB, LD me paroiffent égales, mais PB eft plus éloigné de mon œil que LD; donc il faut que l'ouvrier ait fait PB plus grand que LD, & cet ouvrier a fort bien fait, car autrement fa ftatue me paroîtroit trop petite, & je n'en verrois pas toutes les beautés comme je les vois.

106. Maintenant pour trouver de quelle façon le ftatuaire doit travailler les differentes parties de la ftatue PB, je prens fur le rayon OP une partie OQ égale au rayon OB, & je mene la droite QB, ce qui donne un triangle ifofcele QOB, dont la droite QB eft la bafe. Ainfi une ftatue qui feroit de la grandeur QB & qui auroit la pofition QB paroîtroit égale à la ftatue qui auroit la grandeur PB & qui auroit la pofition PB, à caufe qu'elles feroient vûes fous le même angle, mais les differentes parties de la ftatue QB feroient vûes d'une maniere plus approchante de leurs véritables rapports que celles de la ftatue PB (*N.* 103.) pour faire donc enforte que les differentes parties de la ftatue PB paroiffent de la même grandeur que celles de la ftatue QB, je porte fur QB les grandeurs des parties de la ftatue QB felon les rapports naturels qu'elles ont entr'elles; & fuppofant que QR foit la grandeur de la tête, je mene du point O par le point R le rayon OR qui coupe PB en *r*, & la partie P*r* de PB eft la hauteur qu'on doit donner à la tête de la ftatue PB. Car la tête QR & la tête P*r* étant vûes fous les mêmes angles paroîtront égales, de même que la ftatue QB & la ftatue PB; & faifant la même chofe à l'é-

gard des autres parties de la ftatue QB, on aura les differentes grandeurs des parties de la ftatue PB.

Or il arrivera qu'en agiffant ainfi, les parties de la ftatue PB n'auront plus le même rapport entr'elles que celles de la ftatue QB; car à caufe que les droites QP, Rr qui coupent les côtés de l'angle EBP ne font pas paralelles, & que Rr s'éloigne davantage de QP du côté de r que du côté de R, on aura Pr plus grand par rapport à PB que QR par rapport à QB, c'eft pourquoi la tête Pr fera plus grande par rapport à la ftatue PB que la tête QR par rapport à la ftatue QB, & par conféquent les autres parties de la ftatue PB perdront de leur véritable rapport, de façon que celles du côté de B feront plus petites par rapport à la ftatue PB que celles de QB du côté de B par rapport à QB; mais cela doit être ainfi, puifque par ce moyen les parties de PB paroiffent égales aux parties de QB que l'œil voit de la façon la plus approchante de leur véritable rapport.

Je fçais bien qu'un Sculpteur qui travailleroit aux yeux de tout le monde une ftatue felon les regles que nous venons de donner, ne manqueroit pas de s'attirer la rifée des ignorans; mais je fuis perfuadé que la ftatue feroit à peine placée dans le lieu deftiné, que les rifées fe changeroient en admiration, comme il arriva autrefois au célebre Sculpteur Phidias. Les Athéniens, au rapport de Tzetzez, ayant déliberé d'ériger une ftatue à Minerve fur une haute colonne, ordonnerent à Phidias & à Alcamene de faire chacun la ftatue de cette Déeffe, dans le deffein de choifir celle qui conviendroit le mieux. L'ouvrage étant achevé de part & d'autre, la ftatue d'Alcamene vûe de près parut délicate, gracieufe & dans toute la perfection qu'on pouvoit fouhaiter; au contraire celle de Phidias paroiffoit gigantefque, monftrueufe & fi difproportionnée dans toutes fes parties, qu'on fut fur le point de la lapider. On éleva donc avec des grandes acclamations la Minerve d'Alcamene; mais quel fut l'étonnement des Athéniens, lorfque cette ftatue étant au haut de la colonne ne parut plus que comme un Pigmée dont on ne diftinguoit point les traits, & que celle de Phidias dont on voulut faire l'effai parut d'une beauté encore plus parfaite que tout ce que l'art d'Alcamene avoit pû imaginer. C'eft ainfi que Phidias fe fit un nom immortel, & que celui d'Alcamene ne femble être parvenu jufqu'à nous que pour perpétuer les mépris piquans que fon ignorance lui attira.

107. Le Pere Tacquet Jéfuite eſt le premier qui dans ſon Optique a donné la maniere de trouver la hauteur PB que le Statuaire doit donner à une ſtatue miſe au haut d'une tour, & c'eſt ſur ſes principes que j'ai déterminé la grandeur qu'il doit donner aux differentes parties de cette ſtatue. Or, quoique le ſentiment de ce ſçavant Géometre ſoit d'une évidence à laquelle il n'y a point de réplique, cependant le Pere Lami a crû devoir le citer comme un exemple des erreurs groſſieres qu'on peut commettre dans la Science dont nous traitons; les raiſons ſur leſquelles il s'appuye ſont ſi foibles & ſi ſurtiles, qu'on pourroit croire que je veux en impoſer, ſi je ne rapportois les propres paroles de cet Auteur.

Pluſieurs avancent, dit-il, comme un axiome une propoſition qui en pluſieurs occaſions eſt fauſſe & capable de faire faire de grandes fautes dans la pratique de· la Perſpeſtive. Ils prétendent que les choſes que l'on voit ſous des angles égaux ont les apparences égales ou paroiſſent d'une égale grandeur; d'où le Pere Tacquet conclut que ſi on vouloit élever au-deſſus de la colonne BD, (Fig. 70.) *une ſtatue ou ligne qui parut égale à* BC, *il faudroit après avoir tiré la ligne* AD *prendre l'arc* ef *égal à* bd, *& mener par* f *la ligne* AE *qui donneroit la ligne* DE *qui ſelon lui paroîtroit égale à* BC, *puiſqu'elle eſt vûe ſous un angle égal.*

Il y a d'abord ici une inexaſtitude dans le diſcours qui pourroit jetter dans l'erreur; il eſt vrai que nous diſons que les choſes qu'on voit ſous les mêmes angles forment des images égales dans l'œil, mais nous ne diſons point que leurs apparences ſur le tableau ſoient égales. Car on a vû ci-deſſus qu'il y a des occaſions où les apparences des choſes égales vont en diminuant, & cela vaut bien la peine que nous y faſſions faire attention. Après ceci, le Pere Lami nous enſeigne que la propoſition qu'il critique n'eſt vraie que lorſque les objets ſont proches, mais que dans l'éloignement les mêmes grandeurs ont differentes apparences ſelon la diverſité des jugemens naturels que nous faiſons de leurs diſtances; que c'eſt de-là que le Soleil & la lune nous paroiſſent beaucoup plus grands & plus proches de nous, quand ils ſont ſur l'horizon que lorſqu'ils ſont ſur nos têtes, & qu'enfin on peut voir ce que le Pere Malebranche en a dit dans la Recherche de la Vérité & dans ſes Eclairciſſemens. Or, comme j'ai déja répondu abondamment à ce qui regarde les jugemens naturels de l'ame, & que le Pere Malebranche qui parle ſi ſouvent de ces

jugemens

jugemens naturels, n'a cependant jamais dit nulle part qu'un Peintre dût dépeindre les objets autrement que fous les angles fous lefquels on les voit; je ne m'arrêterai pas davantage fur cet article, & je viens à l'examen de la prétendue démonftration que le Pere Lami donne contre la propofition du Pere Tacquet.

Pour démontrer, continue-t'il, *la fauffeté de cette propofition que le Pere Tacquet prend pour un axiome, que ce qui eft vû fous un même angle paroît égal, foit l'œil en* A, *& qu'il faille mettre fur une colonne* BD *un objet qui lui paroiffe égale à* BC. *Si l'angle* bAd *étoit demi droit, il faudroit felon l'axiome prétendu que l'angle* DAE *fût égal à l'angle* bAd, *afin que* DE *parut égal à* BD. *Or il n'eft pas poffible en ce cas que ces deux angles foient égaux quand* DE *feroit infinie; car* Ag *étant paralelle à* BE, *l'angle* DAE *feroit toujours moindre que l'angle* BAC *qu'on fuppoferoit de* 45 *degrés; mais enfin quand il feroit peu different, alors* DE *feroit prefque infinie. Cependant felon l'axiome elle paroîtroit plus petite que* BC, *ce qui eft contraire à l'expérience.*

Tout ce raifonnement n'eft fondé que fur une fuppofition abfurde, impoffible & abfolument contraire aux principes que le Pere Lami lui-même a établi dans fon Traité; l'angle CAB ne peut être demi droit, à moins que l'œil ne foit en un point R éloigné de la tour d'une diftance RB égale à la hauteur BC, c'eft-à-dire d'environ cinq ou fix pieds. Or, on n'a jamais imaginé, & il n'eft pas même poffible de penfer qu'on puiffe voir une ftatue mife au haut d'une tour extrêmement élevée en fe tenant à cinq ou fix pieds de diftance de cette tour; donc la fuppofition eft fauffe & le raifonnement auffi. Pour bien voir d'un coup d'œil la tour, les ftatues PB, LD, (*Fig.* 69.) & les comparer enfemble, il faut comme j'ai dit ci-deffus, que l'œil foit en un point O tel que l'angle MOD de 45 degrés comprenne non-feulement tous ces objets, mais encore une partie du ciel; ainfi l'angle LOD doit néceffairement être bien au deffous de 45 degrés.

108. Ce qu'il y a de furprenant dans ce raifonnement du Pere **Lami**, c'eft qu'après nous avoir dit dans un autre endroit qu'il n'y a point de regle certaine pour juger quelle doit être la grandeur d'une ftatue pofée dans un lieu élevé afin qu'elle paroiffe dans fa grandeur naturelle, que la regle que donne le Pere Tacquet ne s'accorde pas avec l'experience & ne fatisfait pas l'œil, & que c'eft ce qui oblige les Peintres, Sculpteurs & Architectes dans les ouvrages de conféquence de faire des experiences auxquelles il dit qu'il faut toujours avoir recours dans les occafions;

il nous donne cependant pour regle fure la pratique du chaffis
dont fe fervent les Peintres, & qui n'eft bonne que parce qu'elle
eft fondée fur les principes que j'ai établis ci-deffus après le
Pere Tacquet.

109. Pour expliquer en peu de mots ce que c'eft que ce chaffis,
& quelle eft la meilleure façon de s'en fervir, fuppofons comme
ci-deffus, qu'un Sculpteur veuille faire une ftatue qu'on doit
placer au haut de la tour AB, (*Fig.* 69.) & qui doive paroître de
la même grandeur d'une ftatue qui feroit en LD; je cherche
comme ci-deffus le point O de l'œil, &c. je fais fur une toile
ou fur du carton une efquiffe de la ftatue dans l'attitude qu'elle
doit avoir & dont la hauteur foit égale à LD. Je divife cette efquiffe en petits quarrés égaux entr'eux, & je la place en LD; je
prens un chaffis compofé de quatre regles mouvantes qui puiffent
s'approcher & s'éloigner comme on voudra; je me mets en O,
& j'envoye un homme au haut de la tour, à qui j'ordonne de
mettre le chaffis dans une pofition inclinée vers O, & d'écarter
ou d'appocher les regles du chaffis jufqu'à ce qu'il me paroiffe
d'une grandeur égale à LD, & que fon extrêmité fupérieure ne
paroiffe pas plus éloignée de l'œil que l'inférieure. Je partage
alors ce chaffis en un même nombre de quarrés que l'efquiffe par
le moyen d'autres petites regles que j'attache à fes côtés. Je fais
remettre ce chaffis au haut de la tour dans la même pofition qu'auparavant, & choififfant une nuit obfcure je mets un flambeau en
O. Je monte enfuite fur la tour avec mon efquiffe LD; je fais
élever un grand tableau ou toile au lieu où doit être la ftatue, de
façon que ce tableau foit perpendiculaire fur la tour, & que fa
bafe foit paralelle à celle du chaffis, & comme le chaffis fe trouve
entre le flambeau & ce grand tableau, les rayons de la lumiere
paffant à travers les quarrés du chaffis forment fur la toile la figure du chaffis & de fes quarrés; mais au lieu des quarrés, je
vois fur la toile des trapezoïdes plus larges par le haut que par
le bas, à caufe que cette toile eft plus éloignée du chaffis par le
haut. Je rapporte dans ces trapezoïdes les traits de mon efquiffe
chacun dans le trapezoïde qui eft la repréfentation du quarré de
l'efquiffe dans lequel il eft, & donnant enfuite ce nouveau deffin
à un Sculpteur, la ftatue qu'il fera en fuivant ces proportions
fera celle qu'il faut mettre au haut de la tour, afin qu'elle paroiffe
à l'œil O d'une hauteur égale à LD.

Or, tout ceci n'eft point different de nos principes; s'il eft vrai que l'œil O voit les trapezoïdes du tableau mis derriere le chaffis de la même grandeur que les quarrés du chaffis, il eft clair que cela ne provient que de ce que l'œil les voit fous les mêmes angles, puifque les rayons de la lumiere prolongés au-delà du chaffis donnent précifément les mêmes angles que les rayons vifuels qui partiroient de l'œil, & qui paffant par les angles du chaffis & de fes quarrés iroient fe terminer fur le tableau; il eft vrai qu'en tâtonnant pour trouver la grandeur qu'on doit donner au chaffis, il femble qu'on veut fe défier de cette regle qu'on adopte cependant à l'égard des trapezoïdes; mais la raifon de cela ne feroit-elle pas que la regle du Pere Tacquet n'eft pas connue de tous les Peintres? qu'entre ceux qui la connoiffent il y en a peu qui foient affez Géometres pour la pratiquer, & que peut-être les autres ne s'en défient que parce qu'ils ont ajouté foi trop facilement à la prétendue démonftration que le Pere Lami a voulu lui oppofer. Qu'on en faffe l'expérience en fuivant ce que j'ai dit plus haut, & l'on éprouvera bien-tôt que la Nature ne fe dément pas. L'ufage du chaffis eft excellent lorfqu'on veut dépeindre quelque fujet fur des furfaces concaves, telles que font les voûtes d'une Eglife, &c.

110. Au refte dans tout ceci, mon deffein n'eft pas de décrier la fcience du Pere Lami, ni en particulier fon Traité de Perfpective. Il y a dans cet Ouvrage & dans tous les autres que cet Auteur a mis au jour beaucoup d'efprit & de fçavoir. Mais enfin les Sçavans font quelquefois des fautes, & comme la plûpart des Lecteurs qui en fçavent moins qu'eux s'y laiffent ordinairement furprendre, il eft bon de les leur mettre devant les yeux, de peur de laiffer dépraver le véritable goût des Sciences & des Arts.

D *E S* O *M B R E S.*

111. La lumiere eft dite *Directe* lorfque fes rayons tombent directement fur un objet, *Oblique*, lorfque fes rayons tombent obliquement, & *Réflechie* lorfque fes rayons tombant directement ou obliquement fur un certain nombre d'objets vont fe réflechir fur un ou plufieurs objets fur lefquels ils ne tomboient ni obliquement ni directement.

112. Soit un corps AE, (*Fig.* 71.) compris fous plufieurs faces, fi deux de ces faces ABCD, ABFH font éclairées, & que les rayons de la lumiere tombent fur l'une & l'autre avec la même

obliquité : ces deux faces feront dans une clarté égale , & comme les rayons ne pourront percer la folidité du corps , les deux autres faces LECD , LEFG oppofées aux autres n'étant éclairées ni directement ni obliquement feront dans une obfcurité qu'on ne verra qu'à la faveur des rayons réflechis des objets ou du terrein qui feront aux environs ; & dans ce cas l'obfcurité de ces deux faces fera égale , fuppofé qu'il ne fe trouve pas à quelque diftance des objets éclairés dont les rayons réflechis donnent plus fur l'une que fur l'autre.

Mais fi les rayons de la lumiere font moins obliques fur la face ABFH que fur la face ABCD , la face ABFH fera plus claire que la face ABCD , & la face LECD oppofée à la face ABFH plus obfcure que la face HLEF oppofée à la face ABCD par la raifon qu'il y aura plus de parties de terrein éclairées à quelque diftance de celle-ci qu'il ne s'en trouvera à quelque diftance de l'autre , & que par conféquent les rayons réflechis diminueront un peu l'obfcurité.

113. Lorfqu'entre la lumiere & le terrein il fe trouve un corps opaque , les rayons qui tombent fur quelques-unes des faces de ce corps ne pouvant paffer à travers le folide , ne peuvent pas non plus éclairer les parties du terrein qui font de l'autre côté , & c'eft l'obfcurité de ces parties de terrein qu'on nomme *Ombre* du corps, par la raifon qu'elle en a la reffemblance. L'ombre eft quelquefois fur le terrein , quelquefois fur un corps qui eft proche de celui qui intercepte les rayons de la lumiere , & quelquefois en partie fur le terrein , & en partie fur les corps voifins.

114. Il y a donc des clairs & des obfcurs plus grands les uns que les autres , & par les mêmes raifons des ombres plus fortes les unes que les autres. Tout cela en géneral fe nomme le *Clair obfcur*, & l'art qui apprend aux Peintres à ménager leurs teintes de façon que le *Clair obfcur* foit bien entendu fe nomme *Entente* ou *Intelligence du Clair obfcur*. Cet art eft géneralement fi eftimé, qu'un Peintre qui le poffede parfaitement eft prefque toujours plus renommé qu'un autre qui en fçait plus que lui dans d'autres parties. Les Batailles d'Alexandre & tous les autres ouvrages de Le Brun font certainement mieux deffinés que les tableaux de Rubens , & en particulier ceux de l'hiftoire du mariage d'Henry IV. qu'on voit à Paris dans la galerie du Luxembourg ; mais comme dans ceux-ci le *Clair obfcur* eft beaucoup mieux ménagé que dans les tableaux de Le Brun , il n'eft prefque perfonne qui ne donne la

préference à Rubens. Je n'entreprendrai point de dire mon fentiment là-deſſus ; ce qu'il y a de certain, c'eſt qu'en joignant enſemble les talens de Rubens & ceux de Le Brun, on feroit un Peintre beaucoup plus parfait que les Raphaels, les Michel-Anges, & que tous les Peintres que la vénérable Antiquité nous fait regarder comme des hommes inimitables. Les hommes d'aujourd'hui valent bien ceux d'autrefois, il ne s'agiroit que d'étouffer dans leur cœur la trop grande ambition du gain, & d'y faire naître un plus grand défir de la gloire.

115. Les ombres proviennent, ou de l'interception des rayons du Soleil, ou de l'interception des rayons d'un flambeau, & les unes & les autres font bien differentes entr'elles.

Le Soleil étant extrêmement éloigné de la furface de la terre, & les objets que nous dépeignons ordinairement fort petits, eu égard à cet immenfe éloignement, il eſt clair que fi des deux extrêmités A, C, (*Fig.* 72.) d'un objet AC, on tire des rayons au Soleil, ces rayons feront avec l'objet AC un triangle dont le Soleil fera le fommet, & l'objet fera la bafe ; & cette bafe étant extrêmement petite par rapport aux côtés, chaque angle fur la bafe de ce triangle ne differera pas fenfiblement d'un droit, & que par conféquent les rayons du Soleil qui paffent par les extrêmités A, C peuvent être regardés comme paralelles fans craindre d'y commettre aucune erreur, & c'eſt de quoi l'expérience nous affure ; car fi entre un mur & le Soleil on interpofe un bâton dont la pofition foit paralelle au mur, & qu'on prenne fur ce mur la grandeur de l'ombre du bâton, on trouvera que la longueur du bâton & celle de fon ombre feront parfaitement égales, ce qui provient, comme je viens de le dire, de ce que les rayons qui paffent par les extrêmités du bâton & qui vont terminer fon ombre fur le mur, font paralelles ou approchent infiniment du paralellifme.

Il n'en eſt pas de même des ombres qui proviennent d'un corps intercepté entre un objet & la lumiere d'un flambeau ; car un flambeau étant toujours à une diftance médiocre du corps qu'il éclaire & dont il termine l'ombre, les rayons menés du flambeau aux extrêmités du corps font avec lui un triangle dont la bafe eſt bien éloignée d'être infiniment petite par rapport aux côtés ; c'eſt pourquoi les angles fur la bafe n'étant pas fenfiblement droits, les rayons vont en divergeant, & plus les endroits où ils vont terminer l'ombre font éloignés de l'objet, plus cet ombre s'élargit

& devient grande, eu égard cependant aux differentes pofitions dans lefquelles le corps peut fe trouver par rapport à fon ombre. Car fi le corps eft paralelle à fon ombre, cette ombre fera plus grande que s'il étoit dans une pofition oblique, &c. ce qui peut varier encore pour bien d'autres raifons.

Regles pour les Ombres Solaires.

116. La plûpart des Auteurs qui ont écrit fur la Perfpective ont donné des regles touchant les ombres folaires fi obfcures & fi difficiles à entendre, qu'on fe dégoûte de cette Science quand on eft venu jufques-là. Pour ne pas tomber dans le même incon-vénient, le parti qu'il m'a paru devoir prendre, c'eft de marquer fur le plan les ombres des corps, & de chercher enfuite fur le tableau les apparences de ces ombres, de la même façon qu'on y cherche les apparences des lignes & des furfaces. Il n'eft donc queftion que de trouver une maniere aifée de tracer fes ombres fur le plan; & c'eft à quoi on parviendra bien-tôt, fi l'on fait attention aux principes fuivans.

117. Lorfque le Soleil eft fur l'horizon, l'ombre fur le terrein d'un corps élevé fur ce terrein eft infinie, car les rayons du Soleil font alors paralelles à la furface du plan; mais à mefure que le Soleil s'é-leve, fes rayons commencent à faire avec le plan des angles qui vont en augmentant jufqu'à midi, & par conféquent l'ombre d'un corps diminue jufques vers le milieu du jour; après quoi, comme le Soleil commence à fe rapprocher de l'horizon, l'ombre aug-mente jufqu'à la fin du jour, de la même façon qu'elle avoit di-minué. Ainfi à l'heure du midi, l'ombre eft la plus petite, à onze heures de matin, & à une heure après midi elle eft égale, de même qu'à dix heures du matin & à deux heures après midi, & ainfi de fuite. Ceci eft géneralement vrai à l'égard des Pays qui font fous la Zone torride & fous les deux Zones temperées; mais à l'égard des Pays qui font fous les Zones glaciales, & furtout fous les poles, les chofes vont un peu autrement; par exemple, fous les poles on voit le Soleil pendant trois mois confécutive-ment, & comme le cercle que le Soleil décrit dans l'efpace de 24 heures eft paralelle à l'horizon, les ombres des corps ne di-minuent ni n'augmentent pas du moins fenfiblement pendant cet intervalle, & ce n'eft que de 24 en 24 heures qu'on peut s'apper-cevoir d'une petite augmentation ou d'une petite diminution.

Nous ne parlerons ici que des ombres qui concernent les Zones temperées & la torride, par la raison qu'on ne s'avise pas de faire des deſſins & des tableaux pour ceux qui habitent ſous les poles, s'il eſt vrai que ces Pays ſoient habités.

118. Les clairs, les obſcurs & les ombres ſont differens ſur le terrein ſelon les differentes parties du Ciel où le Soleil peut ſe trouver, eu égard à la poſition de la ligne de terre ou du tableau. Ordinairement on poſe la ligne de terre de façon que le tableau ſoit directement oppoſé au midi, & alors le Soleil levant eſt à la gauche du tableau, & le Soleil couchant eſt à ſa droite; & la raiſon en eſt que dans l'hémiſphere où nous ſommes, ſi nous tournons les yeux vers le midi, le levant eſt à notre gauche, & le couchant à la droite. Mais ce ſeroit le contraire, ſi nous étions dans l'autre hémiſphere; car alors, pour voir le Soleil à midi, il faudroit tourner les yeux vers le Nord, & le Soleil levant ſeroit à droite, & le couchant à gauche. C'eſt ainſi que les Géographes font leurs Cartes Géographiques, à cauſe que dans notre hémiſphere nous voyons dans le Ciel l'étoile du Nord; au reſte, ce que je viens de dire au ſujet de la poſition de la ligne de terre, n'eſt pas une regle génerale que je veuille établir, on peut mettre cette ligne comme on voudra, ſelon que l'exigeront les objets qu'on veut repréſenter, pourvû qu'on obſerve ce que je vais dire au ſujet de la poſition du Soleil dans le Ciel, eu égard à cette ligne.

119. Le Soleil peut ſe trouver dans le Ciel ou hors du plan du tableau du côté de l'œil, ou hors du plan du tableau de l'autre côté, ou dans le plan du tableau.

Soit, par exemple ABCD, (*Fig.* 73.) le plan du terrein, P les pieds du ſpectateur, PO la hauteur de l'œil O, MN la ligne de terre ſur laquelle eſt élevé perpendiculairement le plan MNEF du tableau, ſi l'ombre MRSN de ce tableau eſt tournée du côté du ſpectateur, le Soleil eſt hors du plan du tableau & au-delà de ce plan par rapport à l'œil; car les rayons HR, LS qui terminent l'ombre de la baſe ſupérieure FE ſont dans un plan HRSL qui coupe le tableau; & le Soleil d'où émanent ces rayons eſt au-delà du tableau par rapport à l'œil. Au contraire, ſi l'ombre MVXN eſt de l'autre côté du tableau, les rayons FV, EX qui terminent l'ombre de FE ſont auſſi dans un plan FVXE qui coupe la tableau, & le Soleil dont ils émanent eſt hors du plan du tableau du côté de l'œil. Mais ſi l'ombre du tableau n'eſt ni d'un côté ni d'autre par rapport à l'œil, & qu'elle ne soit qu'une ligne droite NI qui est le prolongement de la base MN du tableau; alors le rayon IE forme avec l'ombre NI & le côté NE du tableau un triangle ENI qui fait avec le plan du tableau un seul & unique plan. C'est pourquoi, si l'on conçoit que ce plan soit prolongé indéfiniment, il passera par le Soleil qui dans ce cas est dans le prolongement de la ligne IE du côté de E.

120. *Si plusieurs lignes droites* AB, CD (Fig. 74.) *élevées perpendiculairement ou obliquement sur le terrein font paralelles entr'elles, leurs ombres* AH, CE *font aussi paralelles sur le terein.* Car à cause que la ligne BD qui passe par les extrêmités de ces lignes est très-petite eû égard à la longueur immense des rayons du Soleil qui passent par les mêmes extrêmités, & qui terminent sur le terrein les ombres AH, CE, ces rayons BH, DE font paralelles entr'eux (*N.* 115.) ; or, les droites BA, DC font aussi paralelles entr'elles, donc les triangles BAH, DCE font paralelles ; or, ces deux plans paralelles coupent le plan du terrein aux lignes AH, CE qui font les ombres des côtés AB, CD, donc ces ombres font paralelles sur le plan du terrein.

121. *Si plusieurs lignes droites* AB, CD (Fig. 74.) *élevées perpendiculairement ou obliquement sur le terrein, font paralelles entr'elles, leurs ombres* AH, CE *sur le terrein font entr'elles dans la même raison que ces lignes.* Car les triangles BAH, DCE font paralelles , & leurs côtés le font aussi, donc leurs angles font égaux chacun à chacun , & par conséquent leurs côtés font proportionnels, & nous avons AH. CE :: AB. DC.

122. *Quand le Soleil est dans le plan du tableau* (Fig. 75.) *l'ombre* EH *d'une ligne* EF *perpendiculaire sur le plan* ABCD *du terrein est paralelle à la ligne de terre* AB. Concevons que sur cette ligne de terre AB soit élevé le plan ABMN du tableau perpendiculaire sur le terrein, le côté BM de ce tableau sera aussi perpendiculaire sur le terrein ; or, à cause que le Soleil est supposé dans le plan du tableau, l'ombre BV du côté BM sera le prolongement de la ligne de terre (*N.* 119.) ; donc l'ombre EH de la ligne EF paralelle à BM sera paralelle à BV (*N.* 120.), & par conséquent paralelle à AB.

123. *Quand le Soleil est hors du plan du tableau du côté de l'œil ou de l'autre côté* (Fig. 76.) *l'ombre* EH *d'une ligne* EF *perpendiculaire sur le plan* ABCD *du tableau est oblique sur la ligne terre* AB. Concevons que le tableau ABMN soit mis sur la ligne AB perpendiculairement

diculairement fur le terrein ABCD , & que le Soleil foit au-
delà de ce plan par rapport à l'œil ; l'ombre AV du côté AN
tombera fur le terrein du côté du fpectateur, & fera un angle avec
la ligne de terre AB, & l'ombre EH de la ligne EF fera paralelle
à AV à caufe que les deux lignes AN, EF perpendiculaires fur
le terrein font paralelles entr'elles ; donc la ligne EH prolongée ,
s'il le faut , coupera la ligne de terre AB, & ne lui fera pas paralelle. Et on prouvera la même chofe fi l'ombre de la ligne AN
étoit de l'autre côté du tableau.

124. *Remarque.* Dans les plans de Fortification on fuppofe
toujours que le jour vient de gauche à droite , mais en fait de
Deffein & de Peinture , il eft permis de faire venir le jour d'où
l'on veut, & de fuppofer que le Soleil eft dans tel point du Ciel
que l'on voudra, pourvû que l'on obferve qu'il ne foit pas en
face du tableau du côté de l'œil, ou du côté oppofé. Si la lumiere
venoit directement du côté de l'œil , tous les objets élevés fur le
plan du terrein feroient prefque tous éclairés , & fi elle venoit
du côté oppofé, les objets élevés fur le plan feroient prefque tous
obfcurs, & dans l'un & l'autre cas le *clair-obfcur* n'étant pas affez
mélangé feroit un fort vilain effet.

125. *Probleme. Trouver fur le plan* ABCD *les ombres de plufieurs lignes* EF, MN, &c. *élevées perpendiculairement fur le terrein
le Soleil étant dans le plan du tableau* (Fig. 77.).

Comme les ombres font plus ou moins grandes felon que le
Soleil eft plus ou moins élevé fur l'horizon ; je détermine la grandeur de l'une des ombres EH ou à difcrétion ou en la mefurant fur
le terrein précifément à l'heure à laquelle je fuppofe que je voyois
les objets fur le terrein ; & comme dans la fuppofition l'ombre
EH eft paralelle à la ligne de terre. Je mene par le pied M de
l'autre ligne MN la droite MR paralelle à la ligne de terre ; &
je dis par Regle de Trois : comme la ligne FE eft à fon ombre
EH, ainfi la ligne MN eft à un quatriéme terme qui fera la longueur de l'ombre MR, & ainfi des autres (*N.* 121.).

126. *Probleme. Trouver fur le plan* ABCD (Fig. 78.) *les
ombres de plufieurs lignes* EF, MN, &c. *paralelles entr'elles, & élevées obliquement fur le plan, le Soleil étant dans le plan du tableau.*

Des extrêmités F, N des lignes EF, MN, &c. j'abaiffe fur le
plan du terrein les perpendiculaires FP, NQ ; je cherche par le
Problême précedent les ombres PS, QR des hauteurs FP, NQ,
&c. puis menant les droites ES, MR, ces droites font les om-

Tome II.   Y y

bres demandées des lignes EF, MN, &c. ce qui porte avec foi
fa démonftration.

127. **PROBLEME.** *Trouver fur le plan* ABCD (Fig. 79.) *l'ombre
d'une ligne* EF *élevée en l'air, le Soleil étant dans le plan du tableau.*

Des extrêmités E, F, j'abaiffe fur le plan les perpendiculaires
FP, FQ, je cherche, comme ci-devant, les ombres PR, QS
des hauteurs EP, FQ, & la ligne RS menée par les extrêmités
R, S de ces ombres eft l'ombre de la droite EF.

128. **PROBLEME.** *Trouver fur le plan* ABCD (Fig. 80.) *les ombres de plufieurs lignes* EF, MN, &c. *perpendiculaires fur le terrein,
le Soleil n'étant pas dans le plan du tableau.*

Suppofons que le Soleil foit au-delà du tableau par rapport au
fpectateur R. Je détermine l'ombre EH de l'une des perpendiculaires EF à volonté ou en la mefurant fur le terrein, comme j'ai
dit ci-deffus, enfuite de l'extrêmité M de la droite MN, je mene
ML paralelle à EH, & je dis par Régle de Trois : comme la
ligne EF eft à fon ombre EH; ainfi la ligne MN eft à un quatriéme terme qui fera la longueur de l'ombre ML.

Et l'on feroit la même chofe fi les lignes EF, MN paralelles
entr'elles étoient inclinées obliquement fur le terrein, & fi le
Soleil étoit du côté du fpectateur par rapport au tableau.

D'où il eft aifé de voir ce qu'il faudroit faire pour trouver fur
le plan les ombres des lignes élevées en l'air, le Soleil n'étant
pas dans le plan du tableau.

Les ombres des furfaces & des corps étant terminées par les
ombres des lignes qui terminent ces furfaces & ces folides, &
par lefquelles les rayons du Soleil paffent; on trouvera ces ombres fur le plan de la même façon.

128. **PROBLEME.** *Trouver fur le tableau les apparences des ombres
des lignes des figures, & des corps élevés fur le plan.*

Il faut tracer fur le plan les ombres des lignes des figures &
des corps felon les Régles des Problêmes précédens, & enfuite
chercher les apparences de ces ombres fur le tableau de la même maniere qu'on y cherche les apparences des lignes & des
furfaces tracées fur le terrein.

129. Cette méthode eft la plus fimple, la plus générale & la
plus intelligible qu'on puiffe donner touchant les apparences des
ombres; mais comme elle n'eft pas la plus courte pour la pratique, je vais donner des moyens courts & faciles qui la rendront
beaucoup plus parfaite que toutes les autres.

130. Si le Soleil eſt dans le plan du tableau, ſoit le plan ABCD (*Fig.* 81.) dont la ligne de terre eſt AB, la principale MN, & ſur lequel ſont élevées perpendiculairement deux lignes droites EF, PQ. Les triangles FES, PQT formés par les lignes EF, PQ avec leurs ombres ES, PT, & les rayons du Soleil FS, QT qui terminent ces ombres ſont paralelles entr'eux, & comme leurs baſes ES, PT ſont paralelles à la ligne de terre AB, il eſt clair que ſi l'on mettoit le tableau *abcd* ſur la ligne de terre AB perpendiculairement ſur le terrein, les triangles FES, PQT ſeroient paralelles au tableau, & leurs côtés EF, PQ paralelles au côté *ad* du tableau. Je prens ſur ce côté *ad* une partie quelconque *ax*, & je dis par Régle de Trois : comme la ligne EF eſt à ſon ombre ES ſur le terrein; ainſi la ligne *ax* eſt à un quatriéme terme, & ce quatriéme terme *ay* ſera l'ombre de la partie *ax* du côté *ad* du tableau perpendiculaire ſur le terrein au point A du plan. Menant donc la ligne *xy* le triangle *axy* ſera paralelle aux deux autres triangles EFS, PQT, & les côtés de ces trois triangles ſeront paralelles entr'eux & au tableau. Or, les apparences dans le tableau de pluſieurs lignes paralelles entr'elles, & au tableau ſont paralelles par la raiſon que les triangles viſuels formés par les rayons menés de l'œil à leurs extrêmités, ſont coupés par le tableau paralellement à leurs baſes; donc les apparences *fs*, *qt* des rayons ſolaires FS, QT dans le tableau, ſeront paralelles à la droite *xy*, de même que les apparences *es*, *pt* des droites ES, PT ſeront paralelles à *ay*, & que les apparences *ef*, *pq* des droites EF, PQ ſeront paralelles à la droite *ax*. Pour trouver donc ſur le tableau les apparences des ombres ES, PT, je cherche d'abord les apparences *ef*, *pq* des droites EF, PQ à l'ordinaire; après quoi menant des points *e*, *p* des droites *es*, *pt* paralelles à *ay*, & des points *f*, *q* des droites *fs*, *qt* paralelles à la droite *xy*, & qui coupent les précédentes aux points *s*, *t* les droites *es*, *pt* ſeront les apparences des ombres ES, PT, ce qui eſt évident.

Au moyen de ceci on voit que quand le Soleil eſt dans le plan du tableau, il n'eſt pas néceſſaire de tracer ſur le plan toutes les ombres des différentes perpendiculaires EF, PQ qui peuvent être élevées ſur le plan en différens points, & que pourvû qu'on ait déterminé la grandeur *ay* de l'ombre de la partie *ax* du côté *ad* perpendiculaire ſur le terrein, & mené la droite *xy*, il ne s'agit plus que de trouver ſur le tableau les apparences *ef*, *pq* des perpendiculaires EF, PQ, & mener enſuite par les points *e*, *p* des paralelles à la bafe du tableau , & par les points f, q des paralelles à la droite xy, lefquelles termineront aux points s, t, les apparences es, pt des ombres des perpendiculaires EF, PQ fur le terrein, ce qui eft extrêmement fimple , & très-facile à pratiquer.

131. Si le Soleil eft au-delà du plan du tableau par rapport à l'œil. Soit le plan ABCD (*Fig.* 82.) dont la principale eft MN, la ligne de terre eft AB les pieds du fpectateur R , & fur lequel font élevées des perpendiculaires EF, PQ, &c. dont les ombres ES, PT, &c. font paralelles à l'ombre AV que feroit le côté du tableau qui feroit élevé perpendiculairement fur la ligne de terre AB; ainfi les triangles EFS, PQT , font paralelles entr'eux & leurs côtés auffi ; mais comme l'ombre AV coupe la ligne de terre AB , les deux ombres ES, PT paralelles entr'elles couperoient auffi la même ligne de terre fi elles étoient prolongées , & les deux rayons folaires ES, QT paralelles entr'eux ne feroient point paralelles au plan du tableau ; c'eft pourquoi fi les ombres ES, PT étoient prolongés jufqu'à l'horizon , elles nous paroîtroient aller aboutir à un même point de l'horizon ; & fi les rayons folaires FS, QT étoient prolongés jufqu'au Soleil, ils nous paroîtroient aller aboutir à un même point du Ciel , c'eft-à-dire au lieu où feroit le Soleil.

Nous avons donc à trouver fur le tableau deux points , l'un qui foit l'apparence du point de l'horizon auquel les ombres SE, PT, nous paroîtroient aller aboutir, & l'autre le point du Ciel auquel les rayons folaires SF, TQ, nous paroîtroient fe terminer.

Pour trouver le premier de ces points, je mene des pieds R du fpectateur une ligne RX paralelle aux droites AV, ES, PT, & qui coupe la ligne de terre en X. Je porte fur la bafe du tableau la grandeur NX de n en x , & du point x je mene dans le tableau la ligne xi paralelle au côté ad, & qui coupe l'apparence hl de la ligne horizontale en un point i, qui eft le point auquel les apparences des ombres ES, PT prolongées jufqu'à l'horizon iront aboutir dans le tableau. Car fi je conçois que le tableau foit mis fur la ligne de terre AB perpendiculairement fur le terrein , enforte que le point n tombe fur le point N , le point x tombera fur le point X, & la droite xi fera perpendiculaire fur le terrein au point X; & comme xi eft égale à la droite al qui eft égale à la hauteur RO de l'œil du fpectateur au-deffus du point R , le rayon vifuel Oi mené de l'œil O au point i fera paralelle à la droite RX , & par conféquent paralelle aux ombres SE, TP; ainfi ces ombres

SE , TP prolongées jufqu'à l'horizon paroîtroient aller aboutir au point où le rayon vifuel O*i* mené de l'œil par le point *i* iroit couper l'horizon. Or l'apparence de ce point fur le tableau eft le point *i* ; donc les apparences fur le tableau des ombres SE , TP prolongées doivent paffer par le point *i*.

Pour trouver l'autre point , je dis par Régle de Trois : comme l'ombre ES eft à la ligne EF ; ainfi la droite RX eft à une quatriéme ligne que je porte fur la ligne *xi* de *x* en 2. Je prolonge 2*i* au-delà de *i*, & faifant 23 égal à la hauteur *al*, le point 3 eft le point où les apparences fur le tableau des rayons folaires. SF , TQ prolongés jufqu'au Soleil fe couperont. Car fi je conçois que le tableau foit mis comme ci-devant fur la ligne de terre, la ligne *x3* fera perpendiculaire fur le terrein au point X , & par conféquent menant du point 2 la droite 2R le triangle rectangle 2XR fera femblable au triangle rectangle FES , à caufe qu'ils ont les côtés proportionnels par la conftruction , & ces deux triangles feront paralelles à caufe de la bafe XR paralelle à la bafe ES ; ainfi la ligne 2R fera paralele au rayon folaire ES , de même qu'au rayon folaire QT. Mais à caufe que la droite 23 eft égale & paralelle à la hauteur RO de l'œil fur le point R, le rayon vifuel O3 mené de l'œil au point 3 fera auffi paralelle à la droite 2R , & aux rayons folaires SF , TQ. Ainfi ces rayons folaires prolongés vers le foleil paroîtront aller fe terminer au même point du Ciel où fe terminera le rayon vifuel O3 mené de l'œil par le point 3. Or le point 3 eft l'apparence fur le tableau du point où ce rayon vifuel va aboutir ; donc les apparences dans le tableau des rayons folaires SF , TQ fe termineront auffi au point 3.

Suppofé donc qu'ayant cherché par les régles ordinaires les apparences des lignes EF , PQ , ces apparences foient les droites *ef*, *pq*. Je mene du point *i* par les points *e* , *p* les droites *is*, *it*, & du point 3 par les points *f*, *q* les droites 3*s*, 3*t* qui terminent les précédentes aux points *s* , *t* , & les droites *es*, *pt* font les apparences des ombres ES , PT.

On voit par-là que quand le Soleil eft au-delà du tableau par rapport à l'œil, il n'eft pas néceffaire de tracer fur le plan les ombres des perpendiculaires élevées fur ce plan , & qu'il fuffit pour trouver les apparences de ces ombres, de mener du point R la droite RX paralelle à ces ombres, de prendre fur la bafe du tableau la droite *nx* égale à NX, & de mener dans le tableau la droite *xi* qui coupe *hl* en *i*, ce qui donnera le point *i* où toutes les apparences des ombres iront aboutir ; qu'enfuite il n'y a qu'à prendre une quatriéme proportionnelle à une ombre ES, à la ligne EF à qui cette ombre appartient & à la droite XR, faire $x2$ égale à cette quatriéme proportionnelle, & puis 23 égale à la hauteur *al* de l'œil, ce qui donnera l'apparence 3 du Soleil; d'où il faudra mener des lignes par les fommets des apparences des perpendiculaires, & ces lignes venant à couper celles qui feront menées du point *i* par les pieds *e*, *p* de ces perpendiculaires donneront les apparences des ombres demandées, & la pratique de tout ceci eft très-fimple & très-facile quand on a une fois entendu les raifons fur lefquelles elle fe trouve établie.

Si le point X tomboit fur la ligne de terre AB prolongée d'un côté ou d'autre, il faudroit prolonger la bafe *ab* du tableau, & l'apparence *hl* de la ligne horizontale pour pouvoir y placer le point *x* & la droite *xi3* & achever le refte comme auparavant.

133. Si le Soleil eft en-deçà du tableau par rapport à l'œil, foit le plan ABCD (*Fig.* 83.) dont la principale eft MN la ligne de terre AB, les pieds du fpeçtateur R, & fur lequel font élevées perpendiculairement plufieurs lignes EF, PQ ; il eft clair que fi l'on mettoit le tableau *abcd* perpendiculairement fur le terrein & fur la ligne de terre AB l'ombre BL de fon côté *bc* feroit paralelle aux ombres ES, PT, & comme ces trois ombres ne font pas paralelles à la ligne de terre, fi on conçoit qu'elles foient prolongées jufqu'à l'horizon, elles paroîtront au fpeçtateur aller toutes aboutir à un même point de l'horizon. De même les rayons folaires FS, QT paralelles entr'eux ne font pas paralelles au tableau ; mais ils s'en éloignent davantage du côté ST que du côté FQ, c'eft pourquoi fi l'on conçoit encore que le plan du terrein, & la terre qui eft par deffous foient tranfparens, enforte qu'on puiffe voir les lignes FS, QT prolongées indéfiniment, ces lignes paroîtroient au fpeçtateur aller aboutir à un même point dans la terre extrêmement éloigné du plan ABCD. Ainfi il s'agit encore de trouver fur le tableau le point où doivent tendre les apparences des ombres ES, PT prolongées jufqu'à l'horizon, & celui où doivent fe terminer les apparences des rayons FS, QT prolongés indéfiniment au-deffous du plan ABCD.

Pour trouver le premier, je mene du point R la droite RX paralelle aux ombres ES, PT, & qui coupe la ligne de terre au point X, je porte la grandeur NX fur la bafe du tableau de *n* en *x*, & du point *x* je mene *xi* paralelle au côté *bc*. Le point *i* où cette ligne coupe l'apparence *hl* de la ligne horizontale, est le point où toutes les apparences des ombres ES, PT prolongées jusqu'à l'horizon, iront se terminer sur le tableau : ce qui se démontre comme dans le cas précedent.

Pour trouver l'autre point, je dis par Regle de Trois : comme l'ombre ES est à la ligne EF dont elle est l'ombre ; ainsi la ligne RX est à un quatriéme, & je porte ce quatriéme terme ou ligne sur *ix* prolongée, s'il le faut, de *i* en *z*, & le point *z* est celui où les apparences des rayons solaires FS, QT prolongés indéfiniment en-dessous du plan ABCD, iront se terminer.

Supposant donc que les lignes *ef*, *pq* soient les apparences des lignes EF, PQ ; je mene du point *i* aux points *e*, *p* les droites *ie*, *ip*, & du point *z* par les points *f*, *q*, les droites *zf*, *zq* qui coupent les précedentes aux points *s*, *t*, & les droites *es*, *pt* sont les apparences des ombres ES, PT, de même que les droites *fs*, *qt* sont les apparences des rayons solaires FS, QT.

Pour démontrer que le point *z* est le véritable point où les apparences *fs*, *qt* des rayons solaires FS, QT doivent tendre, mettons le tableau sur la ligne de terre AB perpendiculairement sur le terrein, ensorte que les points *n*, *x*, tombent sur les points N, X, la droite *xi* sera perpendiculaire sur le terrein au point X, & comme par la construction cette droite *xi* est égale à la hauteur RO de l'œil O sur le terrein, le rayon visuel O*i* sera paralelle à RX, & par conséquent paralelle aux ombres ES, PT, de même que *i*X est paralelle aux droites EF, PQ. Or, si nous concevons que le tableau mis sur AB soit prolongé au-dessous du plan dans la terre que nous supposons transparente, la partie *xz* de la ligne *iz* tombera sur X*z*, & sera perpendiculaire sur la ligne de terre AB en-dessous du plan ABCD ; ainsi à cause que nous avons fait ES. EF :: RX. *iz*, & que nous avons RX = O*i*, nous avons aussi ES. EF :: O*i*. *iz*, mais l'angle SEF compris entre les deux premiers termes ES, EF est droit, de même que l'angle E*iz* compris entre les deux autres O*i*. *iz* ; donc les deux triangles SEF, O*iz* sont semblables ; or, le triangle rectangle ORV est semblable au triangle rectangle *zi*O, à cause de l'angle aigu ROV égal à l'angle aigu O*zi* ; donc le triangle ORV est semblable au triangle FES, & à cause de OR paralelle à EF, & de RV paralelle à ES, le rayon visuel OV est aussi paralelle au rayon solaire FS ; ainsi les rayons solaires FS, QT prolongés indéfiniment en-dessous du plan paroîtront aller aboutir au même point où le rayon vifuel OV prolongé indéfiniment iroit aboutir ; or, l'apparence fur le tableau du point où le rayon vifuel OV iroit aboutir, eft le point z où ce rayon coupe le tableau, donc les apparences *fs*, *qt* des rayons folaires FS, QT doivent tendre à ce point.

On voit par-là qu'au moyen de cette pratique, il n'eft pas néceffaire de tracer fur le plan toutes les ombres dont on cherche les apparences, non plus que dans les autres cas.

134. Les pratiques que nous venons de donner ne fervent pas feulement à trouver les apparences des ombres des lignes perpendiculaires ; mais on peut encore s'en fervir commodément pour trouver les apparences des ombres de toute forte de lignes inclinées fur le terrein ou élevées en l'air ; d'où il fuit que les apparences des ombres des furfaces & des corps fe trouveront par les mêmes voyes.

Par exemple, fuppofons que dans le tableau *abcd* (*Fig.* 84.) la ligne *ef* foit l'apparence d'une ligne élevée obliquement fur le plan du terrein, & que la ligne *fp* repréfente la perpendiculaire menée fur le plan du fommet de la ligne repréfentée par *ef*, fi le point *i* eft le point où tendent les apparences des ombres des perpendiculaires ; & que le point *z* foit celui où tendent les apparences des rayons folaires qui paffent par les fommets des perpendiculaires, je mene par le point *i* & le point *p* la droite *ipt*, & par le point *z* & le point *f* la droite *zft* qui coupe la précedente en *t*, & la droite *pt* eft l'apparence de l'ombre de la perpendiculaire repréfentée par *fp*, & par conféquent le point *t* eft l'apparence de l'ombre du point *f* de la ligne *ef* ; ainfi menant la droite *et*, j'ai l'apparence de l'ombre de la ligne repréfentée par *ef*.

De même, fuppofons que dans le tableau *abcd* (*Fig.* 85.) la droite *ef* foit l'apparence d'une ligne élevée en l'air, & que les droites *ep*, *fq* foient les apparences des perpendiculaires menées fur le plan des extrêmités de la ligne repréfentée par *ef* ; fi le point *i* eft le point où vont aboutir les apparences des ombres des perpendiculaires, & que le point *z* foit le point où tendent les apparences des rayons folaires, je mene par le point *z*, & par les points *e*, *f* les droites *ze*, *zf*, & par le point *i*, & les points *p*, *q* les droites *ip*, *iq* qui coupent les précédentes aux points 2, 3, & les droites *p*2, *q*3 font les apparences des ombres des perpendiculaires ; donc le point 2 eft l'apparence de l'ombre du point *e* de la ligne *ef*, & le point 3 eft l'apparence de l'ombre de l'autre point *f* de cette ligne *ef*, donc la ligne 23 eft l'apparence de *ef*.

De

De même encore, suppofons que dans le tableau *abcd* (*Fig.* 86.)
le plan *pqst* foit l'apparence d'un plan élevé en l'air, & que les
droites *pm*, *qn*, *so*, *tu* foient les apparences des perpendiculaires
menées fur le terrein de tous les angles du plan repréfenté par
pqst, je cherche les apparences des ombres de ces perpendiculaires, comme ci-deffus, & ces apparences font les droites *m2*,
n3, *o4*, *u5*, & comme les extrêmités de ces ombres font auffi
les apparences des ombres de tous les angles du plan repréfenté
par *pqst*, je joins les points 2, 3, 4, 5 par des droites, & j'ai
l'apparence 2345 de l'ombre du plan.

Pour trouver l'apparence de l'ombre d'un paralellepipede *mq*,
(*Fig.* 87.) il faut obferver quels font les angles qui font de l'ombre fur le terrein, & ceux qui n'en font point ; ainfi l'angle *q* ne
fait point d'ombre ; c'eft pourquoi je cherche les apparences *m2*,
u3, *o4*, des ombres des droites *pm*, *tu*, *so*, & menant les droites
23, *34*, j'ai l'apparence *m2340u* de l'ombre du paralellepipede.

La Figure 88 repréfente deux paralellepipedes avec leurs ombres en fuppofant que le Soleil eft dans le plan du tableau, comme ce cas eft facile, je ne m'y arrête point.

135. Je nommerai *Triangle d'ombre* tout triangle dans le tableau
qui fera formé par une ligne droite perpendiculaire fur la bafe
du tableau par l'ombre de cette ligne, & par le rayon folaire
qui termine cet ombre. Ainfi dans le tableau *abcd* (*Fig.* 87.) le
triangle *tu3* eft un triangle d'ombre, &c.

136. PROBLEME. *Trouver fur le tableau les apparences des ombres
des lignes, des furfaces & des corps, dont les ombres tombent en partie
fur le terrein, & en partie fur des furfaces ou des corps élevés fur le
terrein.*

Ce Problême comprend une infinité de cas dont le détail nous
meneroit extrêmement loin. Il fuffira d'en donner quelques exemples, & l'on jugera aifément de ce qu'il faut faire dans les cas
dont nous ne parlerons pas.

Soit dans le tableau *abcd* (*Fig.* 89.) l'apparence MN d'un mur
élevé perpendiculairement fur le plan du terrein, & l'apparence
ef d'une ligne droite élevée auffi perpendiculairement ; je fuppofe
que fon ombre cherchée, felon les Régles ci-deffus, eft *ex*, &
que le triangle d'ombre eft *fex* du point 2 où l'ombre *ex* coupe
la bafe du mur ; je mene dans le tableau une droite 23 qui foit
perpendiculaire fur la bafe *ab* du tableau, & la partie 23 de cette
ligne comprife entre les côtés *ex*, *fx* du triangle d'ombre *fex* eft

Tome II. Zz

la partie de l'ombre de *ef* qui tombe fur le mur, l'autre partie de l'ombre de cette ligne qui tombe fur le terrein eft la droite *e2*. Car le triangle d'ombre *efx* repréfente un triangle perpendiculaire fur le terrein, & la face NL du mur fur laquelle tombe une partie de l'ombre, repréfente auffi un plan perpendiculaire fur le terrein; donc la ligne dans laquelle ces deux plans fe coupent eft auffi perpendiculaire fur le terrein; mais la ligne dans laquelle ces deux plans fe coupent doit paffer par le point 2 où le côté *e2* du triangle d'ombre coupe la face NL, & par le point 3 où le rayon folaire la coupe; donc cette ligne doit être la ligne 23, laquelle repréfente une ligne perpendiculaire fur le terrein au point 2 à caufe qu'elle eft perpendiculaire à la bafe *ab* du tableau.

Soit *ft* l'apparence d'une ligne élevée en l'air, & les droites *fe*, *tq* les apparences des perpendiculaires abaiffées fur le terrein des extrêmités de la ligne repréfentée par la droite *ft*. Je cherche, comme on vient de voir, les parties 45, 23 des ombres des perpendiculaires qui tombent fur la face NM du mur, & menant des points 5, 3 la droite 53, j'ai l'apparence de l'ombre de *ft*, ce qui eft évident.

De même foit la droite *pf* l'apparence d'une ligne élevée obliquement fur le terrein, & la droite *fe* l'apparence de la perpendiculaire menée du fommet de cette ligne fur le terrein; je cherche l'ombre *ex* de la droite *ef*, & menant du point *p* au point *x* la droite *px*, j'ai fur le terrein l'ombre *px* de la droite *pf*, mais comme la partie *6x* de cet ombre eft interceptée par la face NL du mur, & qu'en cherchant l'ombre du point *f* qui eft l'extrêmité de la perpendiculaire *ef*, je trouve qu'elle coupe la face NL au point 3, je mene du point 6 au point 3 la droite 63, laquelle eft la partie de l'ombre de la droite *pf* qui tombe fur la face NL.

Maintenant fi on fuppofe que *pfe* foit une furface, & *eftq* une autre furface, il eft aifé de voir que 236 fera la partie de l'ombre de *pfe* qui tombera fur la face NL, & que 4532 fera la partie de l'ombre de *eftq* qui tombera fur la même face, & on trouvera toujours de la même façon les ombres qui tombent fur les corps perpendiculaires fur le terrein, foit que le Soleil foit dans le plan du tableau, comme nous l'avons fuppofé dans ces exemples, ou qu'il n'y foit pas. Venons à prefent aux ombres qui tombent fur des plans inclinés.

Soit dans le tableau *abcd* (*Fig. 90.*), la Figure MNPQ qui repréfente un plan incliné fur le terrein, enforte que la droite ST représente la projection de la droite PN élevée sur le plan, & que par conséquent le plan SPNT représente un plan perpendiculaire sur le terrein ; soit aussi la droite *ef* l'apparence d'une ligne élevée perpendiculairement sur le plan ; je suppose que l'ombre de cette ligne ayant été cherchée, selon les Régles ci-dessus, le triangle *fex* soit le triangle d'ombre qui convient à la droite *ef* ; du point *z* où l'ombre *ex* prolongée, s'il le faut, coupe la projection ST de la droite PN, je mene *zs* perpendiculaire sur la base *ab* du tableau & du point *s* où elle coupe PN, je mene au point *t* où l'ombre *ex* coupe QM, la droite *st* qui coupe le rayon *fx* en *u*, & la droite *tu* est la partie de l'ombre de la ligne *ef* qui tombe sur le plan incliné MNQP ; car le triangle d'ombre *efx* représente un triangle perpendiculaire sur le plan du terrein, & le triangle *tzs* représente un autre triangle qui est aussi perpendiculaire sur le terrein à cause que son côté *zs* étant perpendiculaire sur la base du tableau, représente une droite perpendiculaire sur le terrein ; or, les deux triangles *efx*, *tzs* ont leurs bases *ex*, *tz* sur une même ligne droite ; donc ils sont dans un même plan, & par conséquent leurs côtés *fx*, *st*, se coupent au point *u*. Or, la partie *tx* de l'ombre *ex* étant interceptée en *t* par le plan incliné MNPQ ne peut plus s'étendre sur le terrein de *t* en *x* ; donc il faut qu'elle s'étende sur ce plan du point *t* au point *u* où le rayon solaire coupe le même plan, & partant la ligne *tu* est la partie de l'ombre de la droite *ef* qui tombe sur le plan incliné MNPQ.

De même soit dans le tableau la droite *yf* qui représente une droite élevée obliquement sur le plan, de façon que la droite *fe* soit l'apparence de la perpendiculaire menée sur le terrein du sommet de la droite représentée par *ef*. Je cherche, comme on vient de voir la partie *tu* de l'ombre de *ef* qui tombe sur le plan incliné MNPQ, je mene du point *y* la droite *yx* à l'extrêmité de l'ombre *ex* que la droite *ef* jetteroit sur le terrein, ce qui me donneroit sur le terrein l'ombre *yx* de la droite *yf* ; mais comme cette ombre coupe QM en *i*. Je mene du point *i* au point *u* la droite *iu*, & cette droite est la partie de l'ombre de *yf* qui tombe sur le plan incliné, ce qui est évident, puisque cette partie d'ombre est terminée au point *u* où le rayon solaire *fx* coupe le même plan.

Il seroit inutile d'entrer dans un plus grand détail de tout ceci, ce que nous venons de dire fait comprendre aisément de quelle maniere il faut se conduire dans les occasions qui peuvent se presenter.

Des Ombres au Flambeau.

137. Quoiqu'au Flambeau les ombres des lignes perpendcu-
laires ne ſoient pas paralelles entr'elles, comme les ombres ſolaires, cependant on peut trouver ces ombres par le moyen des
triangles ou plans d'ombre dont j'ai parlé ci-deſſus.

138. PROBLEME. *Trouver les ombres au Flambeau des lignes perpendiculaires ſur le terrein.* ·

Soit le tableau *abcd* (*Fig.* 91.) l'apparence d'une chambre dont
le plancher inférieur eſt *amnb*, le ſupérieur *defc*, le mur du fond
mefn, & les murs des côtés *amed, bnfc*; ſoit auſſi le point O l'apparence du point lumineux, la droite O*x* l'apparence de la hauteur de ce point au-deſſus du plancher inférieur *amnb*, & la droite
pt l'apparence d'une perpendiculaire élevée ſur ce plancher. Je
mene du point *x* la droite *xpq* qui paſſe par le pied *p* de la droite
pt, & du point O la droite O*tq* qui paſſe par le ſommet *t* de la
droite *pt*, & qui coupe *xq* en *q*, & la ligne *pq* eſt l'apparence de
l'ombre de la droite *pt*.

Car les points *x*, *p* étant les apparences des points qui ſont ſur
le plancher, la droite *xq* eſt l'apparence d'une ligne qui ſeroit tracée dans le plan du plancher. Or les droites O*x*, *pt* repréſentent
des perpendiculaires ſur le plancher & ſur la ligne *xq*, donc les
quatre lignes *x*O, O*t*, *tp*, *px* ſont dans un même plan, & comme les lignes *xp*, O*t* ne ſont pas paralelles; il eſt clair qu'en les
prolongeant elles doivent ſe couper en un point *q* qui terminera
l'ombre *pq*.

Et on trouvera de la même façon les apparences des ombres
des lignes perpendiculaires, lorſque ces ombres ſeront toutes en-
tieres ſur le plan du plancher.

Soit la ligne droite *yz* qui repréſente une autre perpendiculaire
ſur le plancher: Je mene du point *x* par le point *y* la droite *xy*2,
& du point O par le point *z* la droite O*z*3, & ces deux droites
coupent le mur *bnfc* avant de ſe couper; ainſi une partie de l'ombre de *yz* tombe ſur le mur, & pour la trouver je mene du point
2 une ligne 23 paralelle à *yz*, laquelle coupe la droite O3 au
point 3, & la partie de l'ombre qui tombe ſur le mur eſt la ligne
23, & l'autre la ligne *y*2.

Car les droites O*x*, *zy* étant perpendiculaires ſur le plancher,
la figure *x*O*zy* eſt l'apparence d'un plan perpendiculaire ſur le

plancher, & comme le mur *nfcb* est aussi perpendiculaire sur le plancher, la commune section du mur & du plan *xOzy* prolongé vers le mur doit être une droite perpendiculaire sur le plancher au point 2, où la ligne *x2* base du plan *xOzy* prolongé coupe la ligne *bn* base du mur, donc cette commune section doit être la ligne 23, & cette ligne est l'apparence de la partie d'ombre qui tombe sur le mur, puisqu'elle est terminée par le rayon lumineux O3 qui passe par le sommet *z* de la droite *yz*.

Et on trouvera de même que la droite 67 sur le mur du fond est la partie de l'ombre de la droite 45, & que l'autre partie de cet ombre sur le plancher est la droite 46.

Soit la droite *yz* (*Fig. 92.*) qui représente une autre droite élevée perpendiculairement sur le plancher ; je mene les droites *xy2*, O*z4*, & je trouve que le plan O*xyz* prolongé coupe les deux planchers *amnb*, *defc*, & le mur *amed*, & comme le plan O*xyz* est perpendiculaire sur le plancher *amnb*, de même que le mur *dema* ; la commune section de ces deux plans doit être perpendiculaire sur le plancher ; menant donc du point 2 où la ligne *xy2* coupe la base *am* du mur, la droite 23 cette ligne est l'apparence de la commune section, & par conséquent elle est aussi l'apparence de la partie d'ombre de la droite *yz* qui tombe sur le mur. Or les plans *amnb*, *defc* étant les apparences des deux planchers, lesquels sont paralelles entr'eux, & le plan O*zyx* prolongé étant l'apparence d'un plan perpendiculaire sur le plan d'en-bas, est aussi l'apparence d'un plan perpendiculaire sur celui d'en-haut, & par conséquent les lignes dans lesquelles le plan O*zyx* prolongé paroît couper les deux planchers, doivent être les apparences de deux lignes paralelles entr'elles ; or, dans le cas present la ligne *x2* dans laquelle le plancher inférieur paroît être coupé est paralelle à la base *ab* du tableau ; donc la ligne dans laquelle le plancher supérieur paroîtra être coupé doit être paralelle à *x2* ; ainsi menant du point 3 la droite 34 paralelle à *x2* & terminée par le rayon de lumiere O4 qui passe par le sommet *z* de la droite *yz*, cette droite 34 sera l'apparence de la partie de l'ombre qui tombe sur le plancher supérieur ; ainsi l'apparence de l'ombre totale de *yz* sera *y234*.

Maintenant soit la ligne *hi* qui est l'apparence d'une autre ligne perpendiculaire sur le terrein, je mene les lignes *xh5*, O*i6*, & le plan *xOih* prolongé, est l'apparence d'un plan perpendiculaire qui coupe les deux planchers, & le mur *bnfc* ; ainsi je trouve,

Z z iij

comme ci-deſſus, les apparences *hʒ*, *ʒ9* des parties d'ombre qui tombent ſur le plancher inférieur, & ſur le mur *bnfc* ; & quant à la partie d'ombre qui tombe ſur le plancher ſupérieur ; je vois que ſon apparence doit être celle d'une ligne paralelle à *hʒ*, à cauſe que les deux planchers étant paralelles ſont coupés par le plan O*ihx* prolongé en deux lignes paralelles ; c'eſt pourquoi je cherche par les Régles ordinaires l'apparence *h*8 d'une ligne élevée perpendiculairement ſur le terrein au point repréſenté par le point *h*, & qui ſeroit égale à la perpendiculaire compriſe entre les deux planchers ; ainſi les lignes *h*8, *ʒ9* ſont les apparences de deux lignes perpendiculaires ſur le plancher & égales entr'elles ; donc les lignes 89, *hʒ* ſont les apparences de deux lignes paralelles, dont l'une *hʒ* ſeroit dans le plan du plancher inférieur, & l'autre 89 ſeroit dans le plan du plancher ſupérieur, & qui toutes les deux ſont dans le plan *oihx* prolongé ; ainſi la partie 69 de la droite 89 étant compriſe entre le mur *bnfd*, & le rayon de lumiere O6 eſt l'apparence de la partie d'ombre qui tombe ſur le plancher ſupérieur.

138. PROBLEME. *Trouver ſur le tableau l'apparence de l'ombre au flambleau d'une ligne perpendiculaire quand une partie de cet ombre tombe ſur un plan incliné.*

Soit le tableau *abcd* (*Fig. 93.*) qui repréſente l'intérieur d'une chambre comme auparavant, le plan *irfc* repréſente un plan incliné ſur le plancher inférieur, & qui s'appuye ſur le mur *befe* ; le point O eſt l'apparence du point lumineux, la droite O*x* l'apparence de la hauteur du point lumineux au-deſſus du plancher, & la droite *pt* eſt l'apparence d'une perpendiculaire ſur le plancher.

Pour trouver la partie d'ombre qui tombe ſur le plan incliné *irfc* ; je mene les droites *xpl*, O*tl*, & du point 2 où la droite *xpl* prolongée, s'il le faut, coupe la baſe *eb* du mur, je mene la droite 23 paralelle à *pt*, puis du point 3 où cette droite coupe le côté *fc* du plan incliné, je mene la droite 34 au point 4 où la droite *xpl* coupe l'autre côté *ri* du plan incliné, & la partie 45 de cette droite 43 compriſe entre les droites *xpl*, O*tl* eſt la partie d'ombre qui tombe ſur le plan incliné.

Car à cauſe que la droite 23 repréſente une droite perpendiculaire ſur le plancher, le triangle 342 repreſente un triangle perpendiculaire ſur le plancher, & comme le triangle O*xl* eſt auſſi perpendiculaire ſur le plancher, & que ſa baſe *xl* tombe ſur la

bafe 42 de l'autre triangle 342 les côtés 34, O*l* de ces deux triangles fe coupent en un point 5 ; or, par la conftruction la droite
34 eft dans le plan incliné *irfc*, puifque fes deux points 3, 4 font
dans ce plan ; donc à caufe que la partie 45 eft terminée par le
rayon de lumiere O5 qui paffe par l'extrêmité *t* de la droite *pt*,
cette partie 45 eft l'apparence de la partie d'ombre qui tombe fur
le plan *rfci*.

Et on prouvera de la même façon que la droite 43 fur le plan
incliné eft la partie d'ombre de la perpendiculaire *mn*, & que
l'ombre totale de cette ligne eft *m*436.

De même à l'égard de la perpendiculaire *pt* du tableau *abcd*
(*Fig.* 94.), la partie d'ombre qui tombe fur le plancher inférieur
eft *p*4, & celle qui tombe fur le plan incliné *rfci* eft 45 ; & à
l'égard de la perpendiculaire *mn*, la partie d'ombre qui tombe
fur le terrein eft *m*4, celle qui tombe fur le plan incliné eft 43,
& celle qui tombe fur le plancher fupérieur eft 63.

139. P R O B L E M E. *Trouver fur le tableau les apparences des ombres au flambeau, des lignes droites élevées obliquement fur le terrein.*

Le Problême eft facile à refoudre, après ce que nous venons
de dire, mais de peur qu'on ne s'y trouve embarraffé :

Soit le tableau *abcd* (*Fig.* 98.) qui reprefente l'intérieur d'une
chambre, le point O l'apparence du point lumineux, la droite
O*x* l'apparence de la hauteur de ce point ; la droite *pt* l'apparence d'une ligne oblique fur le plancher, & la droite *tu* l'apparence de la perpendiculaire abaiffée fur le plancher inférieur du
fommet de la droite repréfentée par *pt*. Je cherche l'ombre *uz*
de la droite *tu*, & comme cette ombre eft toute entiere fur le
plancher, je mene la droite *zp* qui eft l'apparence de l'ombre de
la droite *tp*, ce qui eft évident.

Soit dans le même tableau la droite *rq* qui repréfente une droite
inclinée fur le plancher, & la droite *q*Q qui repréfente la perpendiculaire abaiffée fur le plancher du fommet de la droite repréfentée par *rq*. Je cherche l'ombre Q234 de la droite *q*Q, & l'ombre de la droite *rq* doit fe terminer entre les points *r*, *q*, de façon qu'une partie de fon ombre tombe fur le plancher inférieur,
une autre partie fur le mur *befc*, & l'autre fur le plancher fupérieur. Ainfi il s'agit de trouver les differentes directions que cet
ombre prendra fur ces trois plans.

Pour trouver la direction de cette ombre fur le plancher inférieur, je mene la droite Q*r*, je cherche fur la ligne *qr* un point *h* tel qu'un rayon de lumiere mené du point O par le point *h* aille couper le plancher inférieur . avant de rencontrer le mur *befc*. Je mene du point *h* la droite *hi* paralelle à *q*Q & qui coupe Q*r* en *i*, & cette droite *hi* repréfente par conféquent une ligne perpendiculaire fur le plancher inférieur, je cherche l'ombre *i6* de la droite *hi*, & comme cette ombre eft toute fur le plancher, je mene la droite *r6* qui eft l'ombre de la droite *hr* qui eft une partie de la droite *rq*; ainfi prolongeant *r6* en *m*, la droite *rm* eft la partie d'ombre de la droite *rq* qui tombera fur le plancher.

Je cherche fur la droite *qr* un autre point 8 tel que la droite O8*l* menée du point lumineux O par le point 8 coupe *befc*; du point 8 je mene la droite 8*9* paralelle à *q*Q, & qui coupe Q*r* au point *9*, & cette droite 8*9* repréfente par conféquent une ligne perpendiculaire fur le plancher inférieur, je cherche l'ombre *9yl* de cette droite, ainfi le point *l* eft le point qui doit terminer l'ombre de la droite *r8*; c'eft pourquoi menant la droite *ml*, j'ai la direction de la partie d'ombre de la droite *rq* qui tombe fur le mur, je prolonge *ml* en *n*, & menant la droite *n4*, cette droite eft la partie d'ombre qui tombe fur le plancher fupérieur.

Si l'on fuppofe que *ihr* foit un plan élevé perpendiculairement fur le plancher, fon ombre fera 1 6*r*; de même, fi l'on fuppofe que 8*9r* foit un autre plan perpendiculaire fur le plancher, fa partie d'ombre fur le terrein fera *r9ym*, & fon autre partie fur le mur fera *ylm*, & ainfi des autres.

Dans le tableau *abcd*, (*Fig.* 99.) le plan *futc* eft l'apparence d'un plan incliné fur le plancher & qui s'appuye fur le mur *befc*, la ligne *rq* eft l'apparence d'une droite inclinée fur le plancher, & la ligne *qp* eft l'apparence de la perpendiculaire qui feroit menée fur le plancher du fommet de la ligne repréfentée par *rq*. Je cherche l'ombre *p234* de la perpendiculaire *qp*, & comme l'ombre de *qr* doit être terminée par les points *r*, *q*, l'ombre de *qr* aura une partie fur le plancher inférieur, une autre fur le plan incliné, & une autre fur le plancher fupérieur. C'eft pourquoi je cherche fur *rq* un point *h* tel que le rayon de lumiere O*h6* qui paffera par ce point coupe le plancher en un point 6 avant de couper le plan incliné, je mene entre les droites *rq*, *rp* la droite *hi* paralelle à *pq*, & cherchant l'ombre *i6* de la perpendiculaire *hi*, la droite *r6* eft l'ombre de la partie *rh* de la droite *rq* : prolongeant donc *r6* en *m*, la droite *rm* eft la partie d'ombre que la droite *rq*

jette

jette fur le plancher. Je prens fur *rq* un autre point 8, tel que le rayon de lumiere O8*l* qui paffera par ce point coupe le plan incliné; du point 8 je mene entre les droites *rq*, *rp* la droite 89 dont je cherche l'ombre *9yl*, comme ci-deffus; ainfi l'ombre de la partie 8*r* de la droite *rq* eft *rml*, dont une partie *ml* eft fur le plan incliné; c'eft pourquoi je prolonge *ml* en *n*, & du point *n*, menant *n*4, j'ai l'ombre entiere *rmn*4 de la droite *rq*.

Si l'on conçoit que *pqr* foit un plan élevé fur le plancher, la partie de fon ombre qui tombera fur le plancher fera *p*2*rm*, celle qui tombera fur le plan incliné fera 23*nm*, & celle qui tombera fur le plancher fupérieur fera 34*n*, & ainfi des autres.

Dans la figure 100 la droite *pq* eft l'apparence d'une droite élevée en l'air entre les deux planchers, & les droites *pt*, *qu* font les apparences des perpendiculaires menées fur le plancher des extrêmités de la ligne repréfentée par *pq*. Je cherche les ombres de ces deux perpendiculaires, & trouvant que les ombres *y*, *z* de leurs fommets tombent fur le même mur *arhd*, je mene fa droite *yz* qui eft l'apparence de l'ombre de la droite *pq*.

Dans la même figure 100, la droite *mn* repréfente une autre droite élevée entre les deux planchers, & les droites *mi*, *nl* repréfentent les perpendiculaires abaiffées fur le plancher inférieur des extrêmités de la ligne repréfentée par *mn*. Je cherche les ombres de ces perpendiculaires, & les points 3, 2, font les ombres des fommets *m*, *n* des perpendiculaires; ainfi l'ombre de *mn* eft comprife entre ces deux points; mais comme le point 3 eft fur le mur du fond, & le point 2 fur le mur *befc*, & que ces murs font un angle, l'ombre de *mn* fera auffi un angle : & voici comme je le détermine. Je cherche fur *mn* un point 4 tel que le rayon de lumiere O46 qui paffera par ce point coupe le mur *befc*; je mene du point 4 entre les droites *mn*, *il* la droite 45 paralelle à *nl*, & qui par conféquent repréfentera une perpendiculaire fur le plancher; je cherche l'ombre de 45, & l'ombre du point 4 fur le mur *befc* eft le point 6; ainfi la droite 62 eft l'ombre de la partie 4*n* de la droite *mn*; je prolonge donc 62 jufqu'à ce qu'elle coupe la droite *fe* au point 8; puis menant la droit 83, j'ai l'ombre 382 de la droite *mn*; la partie 38 eft fur le mur du fond, & l'autre 82 eft fur le mur *befc*, & ainfi des autres.

Dans la figure 101 le folide *mn* eft l'apparence d'un paralellepipede perpendiculaire fur le plancher inférieur, le point O eft le point lumineux, la droite O*x* eft fa hauteur, & l'on voit de

quelle maniere il faut trouver l'ombre *muzytg* de ce folide. De
même le plan *pqri* eſt l'apparence d'un plan perpendiculaire fur
le plancher, & l'on comprendra aiſément que ſon ombre eſt
p23451, mais que le plan *pqri* en cache une partie.

Dans la figure 102, le plan ABCD eſt l'apparence d'un plan
élevé perpendiculairement fur le plancher inférieur, les points
O, P, ſont deux points lumineux, & les droites OX, PZ ſont les
apparences des hauteurs de ces points au-deſſus du plancher.
Or, dans ce cas, le plancher, les murs & le plancher ſupérieur
ſont éclairés d'une double lumiere; mais comme les rayons du
point lumineux O qui tombent fur le plan ABCD ne peuvent
éclairer la partie du plancher inférieur fur laquelle ils tomberoient ſi le plan ABCD n'étoit pas interpoſé, il s'enſuit que
cette partie du plancher doit être moins éclairée que le reſte du
plancher, quoiqu'il s'en trouve une partie qui peut être éclairée
par l'autre point lumineux P; par la même raiſon, les rayons du
point lumineux P qui tombent fur le plan ABCD ne pouvant
éclairer la partie du plancher fur laquelle ils tomberoient, cette
partie doit être auſſi moins claire que le reſte du plancher, quoiqu'il y en ait une partie qui ſoit éclairée par l'autre point lumineux O; ainſi le plan ABCD doit avoir deux ombres, l'une,
par rapport au point lumineux O, & l'autre par rapport au point
lumineux P.

Pour trouver la premiere, je mene du point X par les points
A, D, les droites XAH, XDL, & du point O par les points
B, C les droites OBH, OCL qui coupent les précedentes aux
points H, L, & menant la droite HL, j'ai l'ombre ADLH du
plan ABCD par rapport aux points lumineux O.

De même, du point Z par les points A, D, je mene ZF, ZG,
& du point P par les points B, C les droites PBF, PCG qui
coupent les précédentes aux points F, G, & menant la droite
FG, j'ai l'ombre ADGF du plan ABCD par rapport au point
lumineux P.

Or, il faut obſerver que ces deux ombres ADLH, ADGF
ont une partie commune, laquelle n'étant éclairée, ni par le
point lumieux O, ni par le point lumineux P, doit être plus obſcure que les deux autres parties EDLH, EAFG, dont la premiere eſt éclairée par le point lumineux P, & l'autre par le point
lumineux O; & que par conféquent on commettroit une grande
faute, ſi on ne faiſoit pas la partie AED plus obſcure que les
deux autres.

140. En voilà autant, & même plus qu'il n'en faut, pour donner l'intelligence des ombres au flambeau, & pour apprendre de quelle maniere on doit les repréfenter dans un tableau; les pratiques en font fûres & faciles, il ne faut que très-peu de Géometrie pour s'en fervir, & le tout confifte à fçavoir tirer des principes les plus fimples de la Perfpeétive, les conféquences qui fe préfentent naturellement à l'efprit, pour peu qu'on veuille y faire attention. Je ne fuis pas étonné que la plûpart des Peintres trouvent que les ombres, furtout au flambeau font des fujets très-difficiles à traiter; leur méthode ordinaire eft de chercher dans leur attelier les ombres au flambeau qu'ils veulent repréfenter; mais comme ces atteliers ne font pas toujours auffi fpacieux ni faits de la même façon que les lieux qu'ils repréfentent dans leurs tableaux, & que d'ailleurs ils n'ont pas toujours en main les figures dont ils cherchent les ombres, ils fe trouvent dans des embarras dont ils ne fortent qu'en travaillant à tâtons, & par-là leurs tableaux n'ont ni les beautés, ni les graces dont ils auroient pû les orner. J'efpere que le fecours que ce petit Traité leur préfente, fera pour eux de quelque utilité.

141. *REMARQUE.* En finiffant ici ce qui regarde les ombres & la Perfpeétive ordinaire, je fuis bien aife de réfoudre une difficulté qui fe préfente affez fouvent dans les tableaux d'Architeéture. Et c'eft ce qu'on va voir dans la Queftion fuivante.

QUESTION. *Uune Colonne etant élevée perpendiculairement fur le plan du Terrein, trouver la partie de cette colonne qu'on peut découvrir d'un coup d'œil, & la maniere de repréfenter cette partie.*

Soit le plan du terrein ABCD, (*Fig.* 103.) dont la ligne de terre eft AB, & dont le point R eft le lieu où font les pieds du fpeétateur foit dans ce plan, le cercle MNQ qui eft la bafe d'une colonne ou d'un cylindre élevé perpendiculairement fur ce plan. S l'on fuppofe d'abord que l'œil foit au point R, je mene du point R les tangentes RM, RN au cercle MNR, & il eft vifible que l'œil ne verra que l'arc MLN compris entre les deux tangentes, & par conféqnent moindre que l'autre arc MNQ; car à caufe que l'œil R eft fuppofé dans le même plan que celui du cercle, les rayons vifuels compris entre les deux tangentes feront interceptés par l'arc MLN, & ceux qui feront au-delà des deux tangentes n'iront aboutir à aucun point de la circonférence

Maintenant, fuppofons que l'œil foit élevé au-deffus du point

R d'une hauteur égale à RE ; du centre O du cercle & des points M , N d'attouchement j'éleve fur le plan des perpendiculaires OS, MP, NT égales chacune à RE, & menant les droites EP, ET, l'angle PET coupe le cylindre paralellement à la bafe, ainfi leur commune fection eft un cercle PT égal au cercle de la bafe, (je fais abftraction du renflement & de la diminution de la colonne), & les droites PE, TE font tangentes de ce cercle ; or, les droites MP, NT étant perpendiculaires fur la circonférence MLNQ de la bafe font fur la furface du cylyndre , & partant les plans PMRE, TNRE touchent le cylindre aux droites PM, TN, & l'œil ne peut voir de ce cylindre que la partie MLNTHP moindre que la moitié du cylindre.

Pour repréfenter donc ce cylindre en Perfpective, il faut chercher dans le tableau les apparences des points d'attouchement M, N, l'apparence de l'arc MLN, les apparences des perpendiculaires élevées fur les points M, N, & égale à la hauteur du cylindre, & la figure terminée par ces aparences repréfentera la partie du cylindre que l'on peut voir.

Quand les colonnes ont des renflemens & des diminutions, le cercle fupérieur eft moindre que le cercle inférieur, & fi l'on coupe la colonne au point du renflement par un plan paralelle au cercle inférieur, ce plan eft encore un cercle, ainfi on projettera fur le plan du terrein le cercle fupérieur & le cercle du renflement, c'eft-à-dire du centre O, on décrira deux cercles égaux aux cercles fupérieur & à celui du renflement. On menera du point R deux tangentes à chacun de ces cercles. Puis des points d'attouchement du cercle du renflement , on élevera fur le terrein deux perpendiculaires égales à la hauteur du renflement, & des points d'attouchement du cercle fupérieur on élevera fur le terrein deux perpendiculaires égales à la hauteur de la colonne, & toutes ces lignes étant mifes en Perfpective, on menera des apparences des points M, N des lignes aux apparences des fommets des perpendiculaires du renflement, & de-là on menera d'autres lignes aux apparences des fommets des perpendiculaires du cercle fupérieur, & l'on aura l'apparence de la colonne ; que fi les apparences des lignes comprifes entre le cercle inférieur & celui du renflement paroiffoient un peu trop droites, on leur donneroit une très petite courbure, afin qu'il ne parût pas qu'il fe fit un angle au point du renflement. Tout ceci eft fi facile que j'ai crû pouvoir me difpenfer d'en donner la figure.

Des *Perspectives à vûe d'Oiseau.*

142. La Perspective à vûe d'Oiseau a été imaginée pour représenter des cours environnées de Bâtimens, & comme on ne peut voir ces cours à moins qu'on ne soit élevé au-dessus des maisons qui les environnent; on se suppose élevé en l'air de façon que la hauteur de l'œil est extrêmement grande, c'est pourquoi on met le point de vûe & l'horizon beaucoup au-dessus du tableau.

Par exemple, supposé que le plan *adcb*, (*Fig. 95.*) soit celui du tableau, on prolonge ses côtés *ad*, *bc* jusqu'à ce qu'ils soient égaux à la hauteur de l'œil, & alors la ligne *lh* est l'apparence de la ligne horizontale. On y place l'apparence *r* du point de vûe *r*, les points de distance *h*, *l*, après quoi on représente les objets à la façon ordinaire. La figure 95 représente, comme on voit, une cour environnée de quatre murs, &c.

De la *Perspective Militaire.*

143. Dans la Perspective ordinaire, la représentation des objets tracés sur un plan est bien éloignée d'avoir les mêmes dimensions que celles du plan, & la même chose arrive à l'égard des représentations des objets élevés sur le plan. Or, comme le principal but des desseins de Fortifications est de faire voir les véritables mesures de chaque partie, on a crû pouvoir y parvenir par le moyen de la Perspective militaire, autrement dite *Cavaliere.*

Cette Perspective consiste à dessiner le plan au crayon dans ses véritables dimensions & avec toutes les largeurs de ses differentes pieces. Ensuite à tous les angles on mene des lignes paralelles à l'un des côtés du plan, & dont les hauteurs sont égales aux hauteurs des pieces qui sont sur ces angles, on joint les sommets de ces paralelles par des lignes droites, puis effaçant les lignes qui se trouvent cachées par les autres, & mettant les ombres convenables, le dessein est achevé.

Par exemple, supposons que la ligne 12 soit le côté du plan, la ligne 23 la base, la ligne ABCD l'extrêmité extérieure du parapet d'une face AB, d'un flanc BC & d'une courtine CD, que la ligne F456 soit l'extrêmité intérieure de ce parapet, que la ligne H789 foit l'extrêmité du terre-plein, & la ligne L*mnr* l'extrêmité du talud intérieur. De plus, que EA foit l'épaiffeur du talud du revêtement, la ligne AF l'épaiffeur du parapet, la ligne FH celle du terre-plein, & la ligne HL celle de fon talud. Je mene des points A, F des lignes AI, FP paralelles au côté 12 & égales à la hauteur du fommet du parapet au-deffus du plan; je mene auffi des points F, H des lignes FQ, HR paralelles au côté 12 & égales à la hauteur du terre-plein au-deffus du plan, je joins les droites IP, QR, RL; je fais la même chofe aux autres angles du plan, & joignant les fommets des paralelles élevées à tous les angles par des lignes droites qui fe trouveront paralelles à celle du plan, le deffein eft achevé, comme la figure 96 le fait voir.

Comme dans ces fortes de repréfentations il faut effacer les lignes qui fe trouvent cachées par les autres, la plûpart des lignes du plan ne fubfiftent plus, mais leurs dimenfions fe retrouvent dans les paralelles qui repréfentent les parties fupérieures; ainfi la ligne *ih* donne la mefure de la face AB, la ligne *ht* la mefure du flanc, &c.

Pour repréfenter le profil ABCDEFGHIL d'un rempart avec fon foffé, fon chemin couvert & fon glacis, je fais au point A avec la ligne de terre AG un angle MAG un peu aigu, & dont le côté AM eft d'une grandeur à volonté, je mene des autres angles B, C, D, &c. du profil, des droites BN, CR, &c. égales & paralelles à la droite AM; puis menant les droites MN, NR, &c. par les extrêmités de ces paralelles, la repréfentation du profil eft achevée, & ainfi des autres.

Ces Perfpectives peuvent être bonnes en quelques occafions; mais ordinairement on repréfente le plan & le profil à part, & l'on s'en tient là.

Fin du Tome Second.

TABLE
DES CHAPITRES ET DES TITRES
du fecond Volume.

LIVRE TROISIE'ME,

Contenant les Regles de l'Aritmétique des Infinis, & leur application à la Géométrie, la Méchanique, la Statique, l'Hydroſtatique, l'Airométrie, l'Hydraulique, & un Traité de Perſpeétive.

Fin de la Table du Tome ſecond.